土力学

主　编　徐长节　郑明新　杨仲轩

副主编　赵小平　赵秀绍　雷金波

中南大学出版社
www.csupress.com.cn

图书在版编目（CIP）数据

土力学/徐长节,郑明新,杨仲轩主编. —长沙:中南大学出版社,
2015.6
ISBN 978 – 7 – 5487 – 1555 – 9

Ⅰ.土... Ⅱ.①徐...②郑...③杨... Ⅲ.土力学
Ⅳ. TU43

中国版本图书馆 CIP 数据核字（2015）第 131760 号

土力学

主编 徐长节　郑明新　杨仲轩

□ 责任编辑	刘　辉	
□ 责任印制	易红卫	
□ 出版发行	中南大学出版社	
	社址:长沙市麓山南路	邮编:410083
	发行科电话:0731-88876770	传真:0731-88710482
□ 印　装	长沙市宏发印刷有限公司	

□ 开　本	787×1092　1/16	□ 印张 17 □ 字数 389 千字
□ 版　次	2015 年 7 月第 1 版	□ 印次　2015 年 7 月第 1 次印刷
□ 书　号	ISBN 978 – 7 – 5487 – 1555 – 9	
□ 定　价	36.00 元	

普通高校土木工程专业系列精品规划教材

编审委员会

前　言

　　土力学是土木工程、水利工程、交通工程等专业的重要基础课。随着国内外高层建筑、跨江海大桥、重要港口码头、大坝、高速公路、高速铁路等大量兴建，地基基础的安全性越来越引起工程界和学术界的关注。据统计，由于地下工程的隐蔽性和不确定性，全世界各地发生的工程建设事故中因地基原因导致的占大多数。因此，土力学是相关专业工程技术人员和学生必须掌握的专业基础课程。

　　1925 年太沙基（Karl Terzaghi）出版《土力学》，标志着土力学开始成为一门独立的学科问世，其后诸多学者如 Casagrande、Peck、Taylor、Skempton、Roscoe 等对土力学的发展做出了巨大的贡献，土力学在工程实践中逐渐丰富和成熟。我们期望编写一本简明扼要、深入浅出的土力学本科生教材，力求使相关专业大学生掌握其基本概念、基本原理，培养和激发他们学习土力学的兴趣，学会在工程实践中运用相关的知识。我们在教材编写中不仅注意了理论的系统性，还注重理论联系实际，编入较多的计算例题和工程实例，各章都附有重点内容和思考练习题。本教材紧密联系行业技术最新发展，相关技术标准采用《建筑地基基础设计规范》（GB50007 – 2011）、公路桥涵地基与基础设计规范（JTG D63 – 2007）与铁路桥涵地基与基础设计规范（TB 10002.5 – 2005）等新规范。

　　本书由华东交通大学/浙江大学徐长节教授、华东交通大学郑明新教授、浙江大学杨仲轩教授主编，华东交通大学赵小平副教授、赵秀绍副教授担任副主编，华东交通大学艾瑶副教授（第 2 章）、南昌航空大学雷金波副教授（第 6 章）参与了教材的编写。书中引用了许多国内外学者的文献和资料，在此不能一一列出，谨表深深的歉意和衷心的感谢。在编写过程中得到了中南大学出版社编辑同志的大力支持，在此表示衷心的感谢！

　　限于时间和水平，书中难免出现错误和不当之处，欢迎读者批评指正。

编者

2015 年 6 月

总　序

　　土木工程是促进我国国民经济发展的重要支柱产业。近30年来，我国公路、铁路、城市轨道交通等基础设施以及城市建筑进入了高速发展阶段，以高速、重载和超高层为特征的建设工程的安全性、经济性和耐久性等高标准要求向传统的土木工程设计、施工技术提出了严峻挑战。面对新挑战，国内、外土木工程行业的设计、施工、养护技术人员和科研工作者在工程实践和科学研究工作中，不断提出创新理念，积极开展基础理论和技术创新，研发了大量的新技术、新材料和新设备，形成了成套设计、施工和养护的新规范和技术手册，并在工程实践中大范围应用。

　　土木工程行业日新月异的发展，对现代土木工程专业技术人才培养提出了迫切需求。教材建设和教学内容是人才培养的重要环节。为面向普通高校本科生全面、系统和深入阐述公路、铁路、城市轨道交通以及建筑结构等土木工程领域的基础理论和工程技术成果，由中南大学出版社、中南大学土木工程学院组织国内土木工程领域一批专家学者组成"普通高校土木工程专业系列精品规划教材"编审委员会，共同编写这套系列教材。通过多次研讨，确定了这套土木工程专业系列教材的编写原则：

1. 系统性

　　本系列教材以《土木工程指导性专业规范》为指导，教材内容满足城乡建筑、公路、铁路以及城市轨道交通等领域的建筑工程、桥梁工程、道路工程、铁道工程、隧道与地下工程和土木工程管理等方向的需求。

2. 先进性

　　本系列教材与21世纪土木工程专业人才培养模式的研究成果密切结合，既突出土木工程专业理论知识的传承，又尽可能全面反映土木工程领域的新理论、新技术和新方法，注重各门内容的充实与更新。

3. 实用性

　　本系列教材针对90后学生的知识与素质特点，以应用性人才培养为目标，注重理论知识与案例分析相结合，传统教学方式与基于现代信息技术的教学手段相结合，重点培养学生的工程实践能力，提高学生的创新素质。这套教材不仅是面向普通高校土木工程专业本科生的课程教材，还可作为其他层次学历教育和短期培训的教材和广大土木工技术人员的专业参考书。

4. 严谨性

本系列教材的编写出版要求严格按国家相关规范和标准执行，认真把好编写人员遴选关、教材大纲评审关、教材内容主审关和教材编辑出版关，尽最大努力提高教材编写质量，力求出精品教材。

根据本套系列教材的编写原则，我们邀请了一批长期从事土木工程专业教学的一线教师负责本系列教材的编写工作。但是，由于我们的水平和经验有限，这套教材的编写肯定有不尽人意的地方，敬请读者朋友们不吝赐教。编委会将根据读者意见、土木工程发展趋势和教学手段的提升，对教材进行认真修订，以期保持这套教材的时代性和实用性。

最后，衷心感谢全套教材的参编同仁，由于他们的辛勤劳动，编撰工作才能顺利完成。真诚感谢中南大学校领导、中南大学出版社领导的大力支持和编辑们的辛勤工作，本套教材才能够如期与读者见面。

2014 年 7 月

目 录

绪 论 ……………………………………………………………………………… （1）

第1章 土的物理性质及其工程分类 ……………………………………… （7）

    第一节 土的形成 ………………………………………………………… （7）

    第二节 土的三相组成 …………………………………………………… （11）

    第三节 粘土颗粒与水的相互作用 ……………………………………… （18）

    第四节 土的结构和构造 ………………………………………………… （21）

    第五节 土的物理性质 …………………………………………………… （23）

    第六节 土的密实程度、压实特性与工程应用 ………………………… （35）

    第七节 粘性土的物理特性 ……………………………………………… （45）

    第九节 粘性土的胀缩性 ………………………………………………… （50）

    第十节 土的工程性质分类 ……………………………………………… （53）

第2章 土的渗透性及有效应力原理 ……………………………………… （64）

    第一节 土的渗透定律 …………………………………………………… （64）

    第二节 渗透系数的测定 ………………………………………………… （68）

    第三节 土的渗透破坏 …………………………………………………… （72）

    第四节 二维稳定渗流问题 ……………………………………………… （77）

    第五节 有效应力原理 …………………………………………………… （81）

    第六节 孔隙压力系数 …………………………………………………… （85）

第3章 土中应力计算 ……………………………………………………… （90）

    第一节 概 述 …………………………………………………………… （90）

    第二节 土中自重应力计算 ……………………………………………… （92）

    第三节 基底压力计算 …………………………………………………… （95）

    第四节 地基的附加应力计算 …………………………………………… （99）

第4章 土的变形性质及地基沉降计算 …………………………………… （118）

    第一节 概 述 …………………………………………………………… （118）

    第二节 土的压缩试验及压缩指标 ……………………………………… （119）

    第三节 土的前期固结压力与天然土层的应力历史 …………………… （125）

    第四节 试验方法测定土的变形模量 …………………………………… （128）

第五节 地基最终沉降量计算 ……………………………………… (132)

第六节 饱和粘土的渗透固结和太沙基一维固结理论 ………… (141)

第七节 地基变形特征 ……………………………………………… (151)

第5章 土的抗剪强度 …………………………………………… (158)

第一节 概 述 ……………………………………………………… (158)

第二节 摩尔 – 库仑强度理论 …………………………………… (159)

第三节 土的极限平衡条件 ………………………………………… (160)

第四节 抗剪强度的确定方法 ……………………………………… (163)

第五节 粘性土的抗剪强度 ………………………………………… (170)

第六节 砂土的抗剪强度 …………………………………………… (176)

第七节 应力路径及其影响 ………………………………………… (182)

第6章 天然地基承载力 ………………………………………… (187)

第一节 概 述 ……………………………………………………… (187)

第二节 地基临塑荷载和临界荷载 ………………………………… (190)

第三节 地基极限承载力 …………………………………………… (192)

第四节 规范法确定地基承载力 …………………………………… (201)

第五节 原位试验法确定地基承载力 ……………………………… (206)

第7章 土压力计算 ……………………………………………… (217)

第一节 土压力概述 ………………………………………………… (217)

第二节 静止土压力 ………………………………………………… (219)

第三节 朗肯土压力理论 …………………………………………… (222)

第四节 库仑土压力理论 …………………………………………… (227)

第五节 几种特殊情况下的土压力计算 …………………………… (233)

第六节 朗肯理论和库仑理论的比较 ……………………………… (238)

第8章 土坡稳定分析 …………………………………………… (240)

第一节 概 述 ……………………………………………………… (240)

第二节 无粘性土坡稳定分析 ……………………………………… (242)

第三节 粘性土坡稳定分析圆弧法 ………………………………… (244)

第四节 毕肖普条分法 ……………………………………………… (249)

第五节 泰勒分析法 ………………………………………………… (252)

第六节 折线型滑面稳定性分析 …………………………………… (255)

第七节 土坡稳定分析的几个问题讨论 …………………………… (257)

参考文献 ………………………………………………………… (261)

绪　论

一、土力学及其研究意义

土力学(soil mechanics)是研究土(或土体)的学科,即利用力学的一般原理研究土的物理、力学特性及其受力后强度和体积变化规律的学科,包括土体的应力、变形、强度、渗流及长期稳定性,它是力学的一个分支。需要用专门的土工试验技术研究其物理、力学性质以及受力后强度及体积的变化规律。随着现代生产发展的需要,土力学的研究领域正在不断扩大,现已形成许多分支,如软土力学、海洋土力学、非饱和土力学、冻土力学、环境岩土力学、土动力学、土塑性力学等。由于土体一般不能承受拉力,故土力学中一般规定应力受压为正。

土力学研究对象是土,指由地壳表层岩石经受强烈风化(包括物理风化、化学风化和生物风化作用)、搬运、沉积等地质作用形成的第四纪松散沉积物;各种地质作用使岩石破碎、矿物成分发生变化并产生有机质,是各种矿物颗粒组成的集合体,一般为固体颗粒、水和气体组成的孔隙松散介质体,为三相体系。可以讲,土是经过风化、搬运和沉积的过程产生的,经历了很长的地质历史年代,每一过程都对土的性质产生影响。因此,土是自然地质历史的产物,土的性质与成因有关。

地基(subsoil)指承受建筑物荷载的地层或土体。按地层岩性可分为土基和岩基;按设计施工可分为天然地基和人工地基。

土可以作为建筑物的地基和建筑材料,以及护层(或介质)。土木工程建筑和构筑物或修建在地表,或埋置于岩土之中,即土作为建筑物的地基在工程建设中可用来支承建筑物传来的荷载,如在土层上修建房屋、桥梁等;土也可作为建筑物材料,如在路堤和堤坝修筑过程中填筑土体作为建筑材料使用。此外,如隧道、涵洞及地下建筑等,土是作为建筑物周围的介质或环境。可见土与建筑物和构筑物有密切联系。

由于土是一种松散介质,具有压缩性大、强度低、渗透性强等特性,弄清土的物理、力学性质直接关系到建筑工程的安全使用与经济合理性。实践证明,许多建筑物和构筑物的事故均与土有关,并且事故一旦发生补救非常困难。

苏州虎丘塔,建于五代周显德六年至北宋建隆二年(公元 959—961)期间,7 级八角形砖塔,塔底直径 13.66 m,高 47.5 m,重 63000 kN。其下地基土层由上至下依次为杂填土、块石填土、亚粘土夹块石、风化岩石、基岩等,由于地基土压缩层厚度不均(覆盖土层一侧 3.8 m,另一侧 5.8 m)以及砖砌体偏心受压等原因,造成该塔向 NE 方向倾斜。

1956—1957 年间对上部结构进行修缮，但使塔重增加了 2000 kN，加速了塔体的不均匀沉降。1957 年，塔顶位移为 1.7 m，到 1978 年发展到 2.31 m，重心偏离基础轴线 0.924 m，砌体多处出现纵向裂缝，部分砖墩应力已接近极限状态。20 世纪 80 年代初采用桩排式地下墙及注浆法进行了托换处理，倾斜变形得到有效控制，现已基本稳定。

意大利比萨斜塔自 1173 年 9 月 8 日动工，至 1178 年建至第 4 层中部，高度 29 m 时，因塔明显倾斜而停工。1272 年复工，经 6 年时间建完第 7 层，高 48 m，再次停工中断 82 年。1360 年再次复工，至 1370 年竣工，前后历经近 200 年。该塔共 8 层，高 55 m，全塔总荷重 145MN，相应的地基平均压力约为 50 kPa。地基持力层为粉砂，下面为粉土和粘土层。由于地基的不均匀下沉，塔向南倾斜，南北两端沉降差 1.8 m，塔顶离中心线已达 5.27 m，倾斜 5.5°，成为危险建筑。由于倾斜程度过于危险，比萨斜塔曾在 1990 年 1 月 7 日停止向游客开放，经过 12 年的修缮，耗资约 2500 万美元，斜塔被扶正 44 cm，基本达到了预期的效果。专家认为，只要不出现不可抗拒的自然因素，经过修复的比萨斜塔，300 年内将不会倒塌。2001 年 12 月 15 日起再次向游人开放。

我国 1954 年兴建的上海工业展览馆中央大厅，因地基约有 14 m 厚的淤泥质软粘土，尽管采用了 7.27 m 的箱形基础，建成后当年就下沉 600 mm。1957 年 6 月展览馆中央大厅四角的沉降最大达 1465.5 mm，最小沉降量为 1228 mm。1979 年 9 月时，展览馆中央大厅平均沉降达 1600 mm，致使地下管道断裂损坏、地表水倒流等。

大量工程事故表明。如果对土力学理论和土层地基知识认识不足，对工程地基处理不当则损失很大。近年来我国道路、地铁、城市建设等基本建设方兴未艾，将会遇到许多新的土力学问题，因此研究与建筑物和构筑物有密切联系的土具有非常重要的意义。

图 0-1 虎丘塔

图 0-2 比萨斜塔

图 0-3 上海工业展览馆

二、土力学的发展与展望

土力学是一门既古老又新兴的学科,是人类在长期生产实践中不断发展过程中形成的。纵观国内外,其发展过程大概可分为四个阶段。

1. 经验积累基础上的感性认识阶段

人类自远古以来就广泛利用土作为建筑物地基和建筑材料。"水来土挡"就是我国古代劳动人民用土防御洪水的写照。古代许多宏伟的土木工程,如我国的万里长城、大运河、都江堰、故宫殿和世界上许多知名的建筑物,如比萨斜塔、金字塔等的修建。特别值得一提的是我国隋代李春设计的赵州石拱桥(595—605 年建成),设计者充分利用密实粗砂层的高承载力把桥台砌筑在其上(基底压力达到 500 ~ 600 kPa),至今沉降量很小,历经 1400 余年至今仍在使用。

图 0 - 4　赵州桥

这些均体现了古代劳动人民丰富的土木工程经验。但由于社会生产力和技术条件的限制,使这一阶段经历了很长时间,直到 18 世纪中叶,还停留在经验积累的感性认识阶段。

2. 经验积累基础上理论提高阶段

18 世纪欧美国家在产业革命后,大型建筑、桥梁、铁路、公路等建筑物的大量兴建,提出了许多与土力学有关的问题,尤其是许多工程事故的经验教训,促使人们对土的物理力学性质等一系列技术问题开展研究,迫使人们在经验的基础上寻求理论解释和新的解决途径。这一时期的主要成就有:法国科学家库仑(C. A. Coulomb,1773 年)发表了土压力滑动楔体理论及土的抗剪强度公式;法国学者达西(H. Darcy,1856 年)研究砂土的透水性,创立了层流渗透定律(达西公式);英国学者朗肯(W. J. M. Rankine,1857 年)发表了土压力弹塑性平衡理论,与库仑土压力理论共同形成了古典土压力理论;法国学者布辛内斯克(J. Boussinesq,1885 年)提出了半无限弹性体中应力分布计算公式,成为计算地基中附加应力计算的主要方法。

这一阶段人们在以前实践经验的基础上，从不同角度作了探索，在理论上有了突破，这些古典理论对土力学的发展起了很大的推进作用，一直沿用至今。但大多是局部理论的单独突破，还不能形成一个统一的理论体系，未形成独立的学科。

三、古典土力学的形成与完善阶段

自 20 世纪 20 年代以来，人类工程活动的深度、广度和建筑规模不断增大，遇到的工程地质条件更为复杂，迫使人们对土的研究作出更为全面和系统的研究，加之勘察技术、土工试验条件和设备有了长足进展，现场观测资料的不断积累，进一步推动了土力学的迅速发展，发表了许多有关理论著作。如由瑞典彼得森（K. E. Petterson，1916 年）提出、由费仑纽斯（W. Fellenius，1922 年）及美国泰勒（D. W. Taylor）进一步改进的土坡稳定分析的整体圆弧滑动计算法。法国普朗特（L. Prandtl，1920 年）发表了地基滑动面的数学计算公式；特别是 1925 年美籍奥地利人 K·太沙基（K. Terzaghi）发表了《土力学》专著一书，建立了饱和土体有效应力原理，提出了饱和土体一维固结理论，系统地论述了土力学的若干重要问题，出版了《土力学》专著，标志着土力学作为一门独立的学科问世了。之后，许多国家还成立了专业的土力学研究机构，对岩土工程中的一些普遍性事故进行了重点勘察和试验，对土的工程性质、地基基础设计进行了深入的研究，发表了许多理论著作。其中：在边坡稳定性分析的简单圆弧滑动法基础上，毕肖普（A. W. Bishop，1955 年）提出了考虑分条间竖向力、应用有效强度指标的计算方法；20 世纪 50 年代后期简布（N. Janbu）与摩根斯坦（N. R. Morgenstern）相继提出了不仅考虑条间力，而且滑动面可取任意形状的计算方法。在强度理论与强度试验方法方面发展了库仑－摩尔理论。对土的破坏准则、应力路线，尤其是对抗剪强度的有效应力原理作了深入细致的研究，并用三轴仪作了全面的验证。

对于土的有效应力原理、固结理论。变形理论、土体稳定问题、动力特性、流变理论等在土力学中的应用进一步完善，其中太沙基、泰勒、崔托维奇（H. A. ЦЫТОВИЧ）、斯开普顿（A. W. Skempton）、贝伦（L. Bjerrum）、毕肖普等人在这方面都做出了有效成绩。我国陈宗基、黄文熙在土力学方面也取得了出色的研究成果。20 世纪 20 年代到 60 年代，以上研究均是假设土为理想弹性体和理想塑性体，是以古典弹、塑性理论为基础的"古典土力学"的发展和完善阶段。

四、现代土力学发展阶段

当今由于高层建筑、高坝建筑及高速公路、高速铁路的大量兴建和地震的破坏作用，尤其是当今计算技术、各种测试技术及有关学科理论的快速发展，将土力学推向了一个全新的发展阶段，即将土作为真正的"土"进行研究。伦杜利克（L. Rendulic，1936 年）发现了土的剪胀性（一般固体材料不具有），得到土的应力－应变关系是非线性的，而且具有加工硬化或软化的性质。但由于没有现代化计算手段，非线性理论的发展受到了限制。随着电子计算机的出现和新计算技术的高速度发展，使土力学的研究也进入了一个全新阶段，即不必将土作为理想弹塑性体，而是作为非线性应力－应变关系来研究的新阶段，并提出了各种非线性应力－应变模型。从实验手段来说，在 20 世纪 60 年代以前，加载时量测力用的是标准压力计，仪器由人工操纵，数据眼看手记。而现在试验量测可用传感器，数据由电子仪器自动记录、显示，并可由计算机集中采集处理，得到了大量以往不可能得到的试验数据，为现代土力学的发展奠定了坚实基础。

我国土力学研究源于 20 世纪 40 年代，但发展缓慢。解放后随着经济的大力发展，得到了迅速发展，建立了许多专门科研机构，培养了大量的专业技术人才。如中国土木工程学会 1957 年起便设立了土力学及基础工程委员会，由茅以升教授主持并开展工作，并于 1978 年成立了土力学及基础工程学会。自 1962 年在天津召开第一届土力学及基础工程学术会议以来，1999 年改名为土力学及岩土工程学术会议。目前已经举办了十多届会议。许多专家学者对土力学的发展作出了较大贡献。其中黄文熙院士在 1983 年主编了一本理论性较强的土力学专著《土的工程性质》，书中系统地介绍了国内外有关各种土的应力应变本构模型的理论和研究成果。还有，孔德芳教授从地质体出发来研究土的性质，出版《工程岩土学》，较系统地探讨了土的微观结构及其性质。沈珠江院士在土体本构模型、土体静动力数值分析、非饱和土理论等方面取得了令人瞩目的成就，并于 2000年出版了《理论土力学》专著，较全面地总结了近 70 年来国内外学者的研究成果。钱家欢、殷宗泽教授 1999 年主编出版的《土工原理与计算》，较全面地总结了土力学的最新发展。

学术交流方面，国际上自 1936 年第一届国际土力学及基础工程学术会议在美国麻州坎布里奇召开以来，以后几乎每四年召开一次，目前改名为土力学及岩土工程学术会议，已经举办了近 20 届。另外各大洲区域性的土力学会 2 ~ 4 年召开一次，其他有关土力学的专门会议更多。这些学术会议大大促进了土力学学科的发展。预计 21 世纪土力学理论与实践在非饱和土力学、环境土力学、土破坏理论等方面将取得长足的发展。目前国际性土工刊物最著名的有美国的《岩土工程技术与环境工程》(Journal of Geotechnical and Geoenvironmental Engineering) 杂志，加拿大的《岩土工程技术》(Canadian Geotechnical Journal)。我国有"岩土工程学报"、"岩石力学与工程学报"、"岩土力学"、"岩土工程技术"、"岩土工程界"、"岩土工程师"等专业性刊物。这些都有助于本学科的交流，促进学术发展。

五、本课程的内容、要求及与专业课的关系

本书是根据土木工程专业中建筑工程、道路与铁道工程及其他交通土建方向的教学要求，并兼顾其他专业方向要求编写的。目前《土力学》教材有各种版本，该书吸收前人研究成果，注意深入浅出，明了易懂，同时注意行业特色，侧重了解土力学的基本概念、基本计算原理和方法，适当考虑了工程应用情况。内容包括土的物理性质及工程分类、土中水的运动规律、土中应力计算、土的压缩性与地基沉降计算、土的抗剪强度、土压力计算、地基承载力、土坡稳定分析等 8 章，每 1 章中均有关于工程应用的内容。总体上全书可分为两大部分：第一部分关于土的基本性质及基本规律的介绍；第二部分是土的应力、变形和强度的分析和土坡稳定性分析计算。

由于土是一种由固态、液态和气态物质组成的三相体系，具有一系列复杂的物理力学性质，容易受到湿度、地下水等环境条件变动的影响，在学习土力学基本理论时，一

定要结合身边的实际工程问题，不能单凭数学和力学的方法，还应通过试验、实习并紧密结合实践经验进行合理的简化假设，才能求得实际问题的妥善解决。可以说，土力学是一门理论性和实践性都很强的课程，在学习本课程时不但要着重于对基本概念和各种计算原理的理解，而且应结合工程地质及生活常识区分土的类型、掌握室内试验方法、了解野外测试技术，通过土的现场勘察及室内土工试验测定土的计算参数。

土力学是土木工程专业的必修课，属于专业基础课，它所包含的知识是土木工程专业学生必须掌握的专业基础知识，又是为"路基工程"、"基础工程"、"地基处理"等后续课程学习所必备的基础知识。学习时必须紧紧抓住土的应力、变形、强度、渗流及稳定这一主线，利用有效应力原理、将土的本构模型即土的应力、变形、强度等关联、贯穿起来，既要重视室内土工试验，又要注重理论联系实际的学习。

第1章

土的物理性质及其工程分类

第一节　土的形成

土是由岩石经过风化、搬运和沉积等一系列作用和变化后形成的，由各种大小不同的土粒、水和气体按不同比例组成的集合体，为固体、液体和气体的三相体系。在自然界中，岩石经过各种风化作用后形成松散矿物颗粒堆积土，经长期地质作用如压密、固结、结晶、成岩作用又形成岩石，之后出露在地表经过风化地质作用不断风化破碎再形成土。这一循环过程，永无止境地重复进行着。

一、土生成年代划分

工程上遇到的大多数土都是在第四纪地质历史时期内所形成的。第四纪地质年代的土又划分为更新世和全新世两类土，其中在人类文化期以来所沉积的土称为新近代沉积土，如表 1 - 1 所示。

表 1 - 1　土的生成年代

纪（或系）	世（或统）		年代（距今）
第四纪（Q）	全新世（Q_4）	Q_4^3（晚期）	<0.25 万年
		Q_4^2（中期）	0.25 ~ 0.75 万年
		Q_4^1（早期）	0.75 ~ 1.2 万年
	更新世（Q_p）	晚更新世（Q_3）	1.2 ~ 12.8 万年
		中更新世（Q_2）	12.8 ~ 73 万年
		早更新世（Q_1）	73 ~ 248 万年

二、土的形成分类

第四纪土，由于其搬运和堆积方式的不同，依据其地质作用形成过程和形成的特征可分为残积土、冲积土、坡积土、洪积土和湖泊沼泽沉积土等。

1. 残积土 (residual soil)

残积土是指母岩表层经风化作用破碎成为岩屑或细小颗粒后未经搬运、残留在原地的堆积物（见图 1 – 1 所示）。其特征是颗粒表面粗糙、多棱角、粗细不均、无明显层理。残积土厚度及其特征随所处地域的岩石不同而不同。

在残积土层上建造建筑物，如果其厚度较小，可以把这部分土挖掉，将建筑物直接建在下伏基岩上。

2. 坡积土 (colluvial soil)

坡积土是指坡面上的风化破碎物质在降雨洗刷作用或重力作用下在坡脚处形成的新的沉积层（见图 1 – 2 所示）。坡积土虽有一定的搬运距离，但这一类土多堆积在斜坡或坡脚地带，其成份与坡上的残积土基本一致。坡积土各种粒径都有，绝大部分属于粗粒，形状不规则、有棱角，堆积比较疏松。坡积物的厚度和粒度分布取决于它们所处斜坡的位置，一般距离坡脚越远、粒径越粗，且厚度越小。

在坡积土层上建造建筑物易于发生滑坡或不均匀沉降等问题。

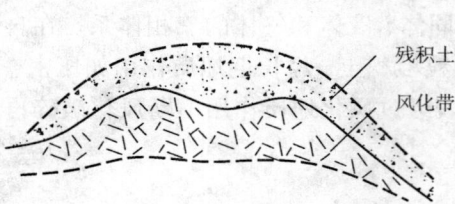

图 1 – 1　残积土

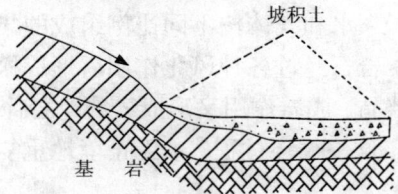

图 1 – 2　坡积土

3. 洪积土 (diluvial soil)

洪积土是山洪带来的碎屑物质，在山沟的出口处堆积而成的土（见图 1 – 3）。洪积土是水流作用的异地沉积土，一般在山丘和小盆地之间，形如扇形状。山洪流出沟口后，由于流速骤减，被搬运的粗碎屑物质（如块石、砾石、粗砂等）首先大量堆积下来，离山渐远，洪积物的颗粒随之变细，其分布范围也逐渐扩大。由于洪水在时间上的间歇性，导致洪积土在垂直方向和水平方向上粒度分布变化较大。山洪是周期性产生的，每次的大小不尽相同，堆积下来的物质也不一样。因此，洪积物常呈现不规则交错的层理构造，如具有夹层，尖灭或透镜体等产状（见图 1 – 4）。

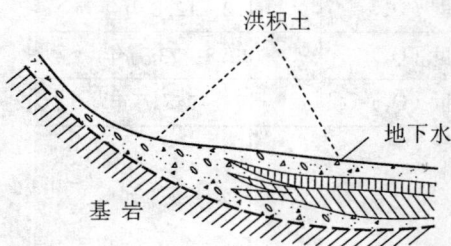

图 1 – 3　洪积土

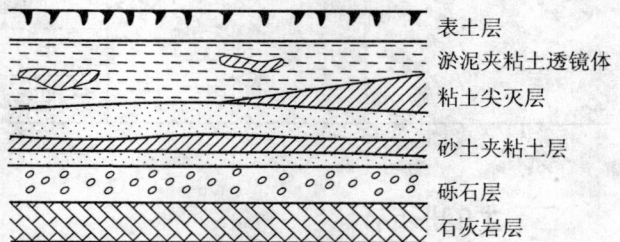

图 1 – 4　洪积土的层理构造

作为一个岩土工程技术人员，应该重视洪积土的成层性，特别要重视洪积土中的透镜体。透镜体会引起建筑物地基基础的不均匀沉降。

4. 冲积土 (alluvial soil)

冲积土是指土颗粒在水的搬运、沉积作用下形成的土体（见图 1 - 5）。通常具有粗－细粒土交互层结构。其特点是颗粒经过滚动和相互摩擦，具有一定的磨圆度，即颗粒因摩擦作用而变圆滑。当水流流速大时可以搬运粗粒物质运移，而当流速减小时粗粒物质则沉积下来，只携带一些细粒物质。沉积过程受水流等自然力的分选作用而形成颗粒粗细不同的层次。冲积物可沉积在大小河流出口地段，也能沉积在河流两岸阶地上。

在这类土上进行建筑，要特别注意建筑场地存在软弱夹层，因为这些软弱层会引起建筑物地基基础的过量沉降及长期沉降。

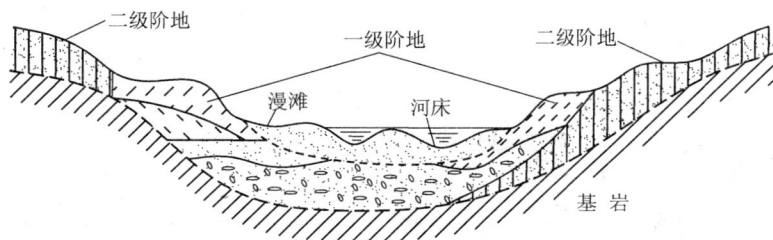

图 1 - 5　冲积土

5. 湖泊沼泽沉积土 (lacustrine sedimentary soil, paludal sedimentary soil)

湖泊沼泽沉积土是在极为缓慢水流或静水条件下沉积形成的堆积物。湖泊沉积物可分为湖边沉积物和湖心沉积物。湖泊如逐渐淤塞，则可演变成沼泽，形成沼泽沉积物。

湖边沉积物主要由湖浪冲蚀湖岸、破坏岸壁形成的碎屑物质组成。在近岸带沉积的多数是粗颗粒的卵石、圆砾和砂土，远岸带沉积的则是细颗粒的砂土和粘性土。湖边沉积物具有明显的斜层理构造。作为地基时，近岸带有较高的承载力，远岸带则差些。

湖心沉积物是由河流和湖流挟带的细小悬浮颗粒到达湖心后沉积形成的，主要是粘土和淤泥，常夹有细砂，粉砂薄层，称为带状粘土。这种粘土压缩性高，强度低。

沼泽沉积物又称沼泽土，主要是由含有半腐烂的植物残余体－泥炭组成的。泥炭的特征是：含水率高、透水性低、压缩性很高且不均匀、承载能力很低。因此，永久性建筑物不宜以泥炭层作为地基。腐殖质含量低的泥炭，当其含水率稍低时，则有一定的承载能力，但必须注意地基沉降问题。

6. 海相沉积土 (marine deposit)

由水流携带到大海沉积起来的堆积物。海洋按海水深度及海底地形划分为滨海带（指海水高潮位时淹没，而低潮位时露出的地带）、浅海区（指大陆架，水深 0 ~ 200 m，宽度 100 ~ 200 km）、陆坡区（指大陆陡坡，即浅海区与深海区之间过渡的陡坡地带，水深 200 ~ 1000 m，宽度 100 ~ 200 km）及深海区（海洋底盘，水深超过 1000 m）。与上述海洋分区相应的四种海相沉积物如下：

　　滨海沉积物主要由卵石、圆砾和砂等粗碎屑物质组成(可能有粘性土夹层)，具有基本水平或缓倾斜的层理构造，在砂层中常有波浪作用留下的痕迹。作为地基，其强度尚高，但透水性较大。粘性土夹层干时强度较高，但遇水软化后，强度很低。由于海水大量含盐，因而使形成的粘土具有较大的膨胀性。

　　浅海沉积物主要有细颗粒砂土、粘性土、淤泥和生物化学沉积物(硅质和石灰质等)。离海岸愈远，沉积物的颗粒愈细小。浅海沉积物具有层理构造，其中砂土较滨海带更为疏松，因而压缩性高且不均匀，一般近代粘土质沉积物的密度小，含水率高，因而其压缩性大，强度低。

　　陆坡和深海沉积物主要是有机质软泥或化学物质，成分均一。

7. 冰积土(glacial soil)

　　冰积土是由剥落、搬运形成的堆积物。其中几乎未经流水搬运直接从冰层中搁置下来的称为冰碛土，其特征是不成、喜忧参半，所含颗粒粒径的范围很宽，小至粘粒和粉粘，大至巨大的漂石。粗颗粒的形状是次圆或次棱解状，有时还有磨光面。由冰川融水搬运、堆积在冰层外围的冲积土称为冰水冲积土，具有与河流冲积土类似的性质，通常由砾石、砂和粉砂组成，是优良的透水材料和混凝土骨料。

8. 风积土(aeolian soil)

　　风积土是由风力搬运形成的堆积物，颗粒均匀，往往堆积层很厚而不具层理。风积土生成不受地形的控制，我国的黄土就是典型的风积土。主要分布在沙漠边缘的干旱与半干旱气候带。风积黄土的结构疏松，含水率小，浸水后具有湿陷性。

三、风化地质作用对土粒大小的影响

　　岩石和土在其存在、搬运和沉积的各个过程中都在不断发生破碎及成分变化，这一过程称为风化地质作用。风化作用过程包括物理风化和化学风化过程。二者经常是同时进行而且是互相加剧发展的进程。

　　地球表层的整体岩石在大气中经受长期的风化作用后形成形状不同、大小不等的颗粒，这些颗粒在不同的自然环境条件下堆积(或经搬运沉积)，即形成了通常所说的土。因此，可以说土是岩石风化后松散颗粒的堆积物。

　　物理风化作用是指岩石和土的粗颗粒受各种气候因素的影响，如温度的昼夜和季节变化，降水、风、冬季水的冻结等原因，导致体积胀缩而发生裂缝，或者在运动过程中因碰撞和摩擦而破碎。于是岩体逐渐变成碎块和细小的颗粒，粗的粒径可以米计，细的粒径可以在 0.05 mm 以下，但其矿物成分仍与原岩相同，称为原生矿物，常见的原生矿物有石英、长石和云母。物理风化作用后的土可以当成只是颗粒大小的变化。但颗粒之间存在着大量的孔隙，可以透水和透气，这就是土的第一个主要的特征——碎散性。

　　化学风化作用是指母岩表面和碎散的颗粒受环境因素的作用而改变其矿物的化学成分，形成新的矿物，也称次生矿物。如水、空气以及溶解在水中和岩石发生的化学作用过程。常见的化学风化反应如下：

1．水解作用

矿物成分被分解，并与水进行化学成分的交换，形成新的矿物。如正长石经过水解作用后，形成高岭石。

$$4KAlSi_3O_8 + 6H_2O \rightarrow Al_4Si_4O_{10}(OH)_8 + 8SiO_2 + 4KOH$$

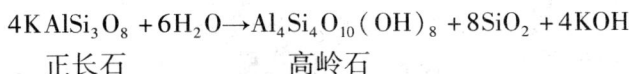

正长石　　　　　　　高岭石

2．水化作用

某些矿物与水接触后，发生化学反应。水按一定的比例加入矿物的组成中，改变矿物原有的分子结构，形成新的矿物。如土中的 $CaSO_4$（硬石膏）水化后成为 $CaSO_4 \cdot 2H_2O$（熟石膏）。

$$CaSO_4 + 2H_2O \rightarrow CaSO_4 \cdot 2H_2O$$

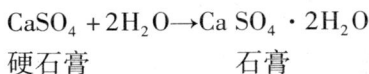

硬石膏　　　　　　石膏

3．氧化作用

土中的矿物与氧结合形成新的矿物，如 FeS_2（黄铁矿）氧化后变成 $FeSO_4$（铁矾）。

$$2FeS_2 + 7O_2 + 2H_2O \rightarrow 2FeSO_4 + 2H_2SO_4$$

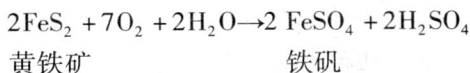

黄铁矿　　　　　　　铁矾

其他还有溶解作用、碳酸化作用等。化学风化的结果，形成十分细微的土颗粒，最主要的为粘土颗粒（<0.005 mm）以及大量的可溶性盐类。微细颗粒的表面积很大，具有吸附水分子的能力。

可见，自然界的土一般都是由固体颗粒、水和气体三种成分构成，即形成土的第二个特征——三相体系。土粒间的联结比较微弱，在外荷载作用下土体并不显示一般固体的特性，土粒间的联结既不像胶体那样易于相对滑移，也不像一般液体的流动特性。因此，在研究土的工程性质时，既要有别于固体力学，也有别于流体力学。由于空气易被压缩，水能从土体流出和流进，土的三相相对比例会随时间和荷载条件的变化而改变，土的性质也随之而改变。

由于土形成过程的自然条件不同，自然界的土也就多种多样。同一场地，不同深度处土的性质也不一样，甚至同一位置的土，其性质还往往随方向而异。例如沉积土竖直方向透水性往往较水平方向大。因此，土是自然界漫长的地质年代内所形成的性质复杂、不均匀、各向异性且随时间而在不断变化的材料，即土的第三个主要的特征——不均一性。

要描述和确定土的性质，仅仅了解土的沉积类型远远不够，还必须具体分析和研究土的三相组成，土的物理状态和土的结构特征等。

第二节　土的三相组成

土粒形成土体的骨架，土粒大小、形状、矿物成分及其排列和联结特征是决定土的物理力学性质的重要因素。粗大土粒具有松密的结构特征，细小土粒则与土中水相互作用呈现软硬的结构特征。土粒大小是影响土的性质最主要的因素，要研究土的性质就必须了解土的三相组成以及在天然状态下土的结构和构造等特征。

　　单位体积中土的三相分量不是固定不变的，而是随环境（压力、温度、地下水）而变化，如下雨时土的含水率增加，粘土会变软，干燥时则土体变硬。当土骨架的孔隙全部被水占满时，这种土称为饱和土；当骨架的孔隙仅含有空气时称为干土。一般在地下水位以上地面以下一定深度内土的孔隙中兼含空气和水，此时的土体属三相体系，称为湿土。

　　因此要研究土的性质首先要研究构成土的三相介质本身的性质，以及它们的含量和相互作用对土性的影响。土性取决于颗粒的形状、大小和矿物成分。

一、土中固体颗粒（固相）

　　土颗粒是土的主要组成部分，是决定土体性质的主要因素。土性取决于颗粒的形状、大小和矿物成分。

1. 土粒的矿物成分和形状

　　土粒的矿物成分主要取决于母岩成分及其所经受的风化作用后的产物。不同的矿物成分对土的性质有着不同的影响，其中以细粒组的矿物成分尤为重要。

　　土的固相物质包括无机矿物颗粒和有机质，是构成土的骨架基本物质。土中的无机矿物成分可以分为原生矿物和次生矿物两大类。

　　原生矿物是岩浆在冷凝过程中形成的矿物，如石英、长石、云母、角闪石和辉石等。次生矿物是由原生矿物经过风化作用后形成的新矿物，如粘土矿物及碳酸盐矿物等。

　　次生矿物按其与水的作用可分为易溶的、难溶的和不溶的，次生矿物的水溶性对土的性质有重要的影响。

　　漂石、卵石、圆砾等粗大土粒都是岩石的碎屑，它们的矿物成分与母岩相同，砂粒大部分是母岩中的单矿物颗粒，如石英、长石和云母等，为浑圆状或棱角状。粉粒的矿物成分是多样性的，主要是石英和 $MgCO_3$、$CaCO_3$ 等难溶盐的颗粒，粉粒也为浑圆状或棱角状。粘粒的矿物成分主要有粘土矿物、氧化物、氢氧化物和各种难溶盐类（如 $CaCO_3$ 等），它们都是次生矿物。粘土矿物是很细小的扁平颗粒，表面具有极强的和水相互作用的能力。颗粒愈细，表面积愈大，亲水的能力就愈强，对土的工程性质影响也就愈大。

　　粘土矿物基本上是由两种原子层（称为晶片）构成的。一种是硅氧晶片，它的基本单元是 Si – O 四面体；另一种是铝氢氧晶片，它的基本单元是 A1 – OH 八面体（见图 1 – 6 所示），由于晶片结合情况的不同，便形成了具有不同性质的各种粘土矿物（Clay minerals）。其中主要有蒙脱石、伊利石和高岭石三类，由于其亲水性不同，当其含量不同时土的工程性质也就不同。

　　蒙脱石（Montmorillonite）是化学风化的初期产物，其结构单元（晶胞）由两层硅氧晶片夹一层铝氢氧晶片组成，化学分子式为 $Al_2O_3 \cdot 4SiO_2 \cdot nH_2O$。由于晶胞的两个面都是氧原子，其间没有氢键，因此联结力很弱［见图 1 –7（a）］，水分子可以进入晶胞之间，从而改变晶胞间的距离，甚至达到完全分散到单晶胞为止。因此当土中蒙脱石含量较大时，则具有较大的吸水膨胀和脱水收缩的特性。

　　高岭石（Kaolinite）的结构单元［见图 1 –7（b）］由一层硅氧晶片和一层铝氢氧晶片组成，化学分子式为 $Al_2O_3 \cdot 2SiO_2 \cdot 2H_2O$。高岭石的矿物是由若干重复的晶胞构成的，这种晶胞一面露出氧离子，另一面露出氢氧基。晶胞之间的联结是氧原子与氢氧基之间的氢键,它具有较强的联结力,晶胞之间的距离不易改变,水分子不能进入,因此它的亲水性、膨胀性、收缩性较小。

伊利石(Illite)的结构单元[见图 1 – 7(c)]类似于蒙脱石,所不同的是 Si – O 四面体中 Si^{4+} 可以被 Fe^{3+}、Al^{3+} 所取代,土体从而产生过多的负电荷。为了补偿晶胞中正电荷的不足,在晶层之间常出现一价正离子(主要是 K^+)。由于一价正离子在晶胞间起一定的连结作用,而且平衡钾一般是不可交换的,所以伊利石的结晶构造没有蒙脱石那样活跃,其亲水性、膨胀性和收缩性介于蒙脱石和高岭石之间。

粘土矿物是很细小的扁平颗粒,颗粒表面具有很强的与水相互作用的能力。表面积愈大,这种能力就愈强。粘土矿物表面积的相对大小可以用单位体积(或质量)的颗粒总表面积(称为比表面)来表示。例如一个边长 1 cm 的立方体颗粒体积为 1 cm^3,总表面积 6 cm^2,比表面为 6 cm^2/cm^3 = 6 cm^{-1};若该立方体颗粒分割为棱边 0.01 mm 的多个立方体颗粒,则其总表面积达 6×10^3 cm^2,比表面为 6×10^3 cm^{-1}。因此,土粒大小不同会影响其比表面,进而影响土的物理力学性质。

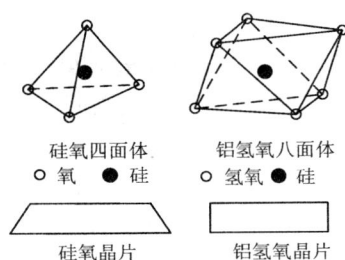

硅氧四面体　　铝氢氧八面体
○ 氧　● 硅　　　○ 氢氧　● 硅

硅氧晶片　　铝氢氧晶片

图 1 – 6　粘土矿物的晶片示意图

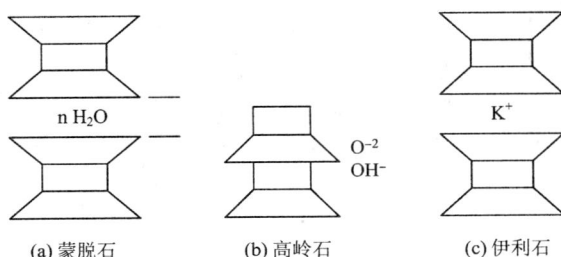

n H_2O　　　　　O^{-2} OH^-　　　　K^+

(a) 蒙脱石　　　(b) 高岭石　　　(c) 伊利石

图 1 – 7　粘土矿物晶胞单元示意图

2. 土的粒径级配

(1)土粒大小及粒组划分。

天然土是由大小不同的颗粒组成的,土粒的大小称为粒径。天然土的粒径一般是连续变化的,为了描述方便,工程上常把大小相近的土粒合并为组,称为粒组。颗粒大小不同土的工程性质相差较大。为便于研究,习惯上按土的粒径相近原则划分为 3 个粒组,《土的工程分类标准》(GB/T 50145—2007)对粒径的划分如表 1 – 2 所示。需要注意的是,不同部门对粒组的划分略有差异。

表 1 – 2　土粒粒组的划分

200		60		20		5		2		0.5		0.25		0.075		0.005(0.002)
巨粒组			粗粒组											细粒组	
漂石 (块石)	卵石 (碎石)	圆砾(角砾)			砂粒			粉粒	粘粒
		粗	中	细	粗	中	细		

注:粒径单位 mm,括号中的数字为《公路土工试验规程》(JTG E40—2007)中粘粒与粉粒的界限。

①巨粒组一般透水性很大，无粘性，无毛细水；

②粗粒组中圆砾(角砾)一般透水性大，无粘性，毛细水上升高度不超过粒径大小；

③粗粒组中砂粒一般易透水，当混入云母等杂质时透水性减小，而压缩性增加；无粘性，遇水不膨胀，燥时松散，毛细水上升高度不大，随粒径变小而增大；

④细粒级中粉粒一般透水性小，湿时稍有粘性，遇水膨胀弱，干时稍有收缩，毛细水上升高度较大较快，极易出现冻胀现象；

⑤细粒级中粘粒一般透水性很小，湿时有粘性、可塑性，遇水膨胀强，干时收缩显著；毛细水上升高度大，但速度较慢。

(2)土的颗粒级配。

天然土往往是由多个粒组混合而成，土粒的大小相差悬殊。如何表示土的组成？怎样定名？工程上常用土中各种不同粒组的相对含量(以干土质量的百分比表示)来描述土的颗粒组成情况，这种指标称为土的颗粒级配或粒度成分(grainularmetric analysis)，它可用以描述土中不同粒径土粒的分布特征。

土的粒径分析常用的方法有两种：对于粒径 $d \geqslant 0.075$ mm 的土一般采用筛分法；而对粒径 $d < 0.075$ mm 的土一般采用沉降分析法(常用密度计法)。

筛分法是利用一套孔径由大到小的筛子，如图 1-8 所示。将按四分法取得一定质量的干试样放入依次叠好的最上面一层筛中，置振筛机上充分振摇后(手工摇筛时不低于 15 min)，称出留在各级筛上的土粒质量，按下式算出小于某粒径的土粒含量百分数 X (%)。

$$X = \frac{m_i}{m} \times 100 \tag{1-1}$$

式中：m_i，m 分别为小于某粒径的土粒径质量及试样总质量(g)。

根据颗粒分析试验的结果，绘制土的颗粒级配曲线，如图 1-8 所示。由于土中的粒径相差悬殊，因此曲线粒径采用对数坐标绘制，以突出显示细小颗粒粒径。横坐标表示粒径大小，纵坐标为小于某一粒径(不是某一粒径)土粒的累计百分含量。必须指出，实际土粒的形状是各式各样的，很少呈球形，这里所述的土粒粒径是名义粒径，在筛分法中是以筛孔径代表的。

根据土的颗粒级配曲线可求得：

①土中各粒组的土粒含量，用于粗粒土的分类和大致评估土的工程性质；

②某些特征粒径，用于建筑材料的选择；

③评价土的级配的好坏。

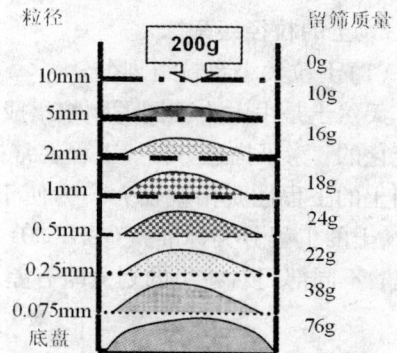

图 1-8 筛分试验

颗粒级配曲线适用于各种土级配好坏的相对比较。根据试验绘制级配的累计曲线，可以简单地确定土粒级配的两个定量指标：

不均匀系数(uniformity coefficient)：

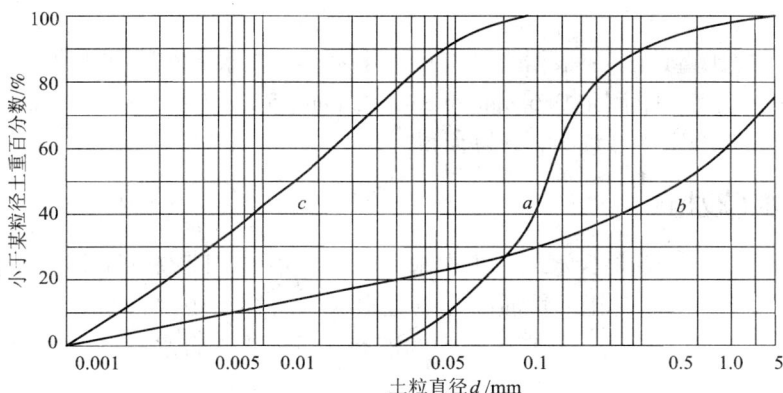

图 1 - 9　土的颗粒级配曲线

$$C_u = \frac{d_{60}}{d_{10}} \qquad (1-2)$$

曲率系数(coefficient of curvature):

$$C_c = \frac{d_{30}^2}{d_{10}d_{60}} \qquad (1-3)$$

式中: d_{10} 为级配曲线上纵坐标 10% 对应的粒径, 称为有效粒径; d_{30} 为级配曲线上纵坐标 30% 对应的粒径; d_{60} 为级配曲线上纵坐标 60% 对应的粒径, 称为限制粒径。

不均匀系数反映大小不同粒组的分布情况。C_u 越大, 表示土粒大小分布范围大, 土的级配良好。曲率系数 C_c 则是描述累计曲线的分布范围, 反映累计曲线的整体形状, 表示某粒组是否缺损的情况。

由累计曲线的坡度可以大致判断土粒的均匀程度或级配是否良好。如曲线较陡(曲线 a), 表示粒径大小相差不多, 土粒较均匀, 级配不良; 反之, 曲线平缓(曲线 b), 则表示粒径大小相差悬殊, 土粒不均匀, 即级配良好; 曲线 c 表示该土中砂粒极少, 主要是由细颗粒组成的粘性土。

一般工程上认为不均匀系数 $C_u < 5$ 时, 称为均粒土, 其级配不好; $C_u \geqslant 10$ 时, 称为级配良好的土。对于级配连续的土, 采用指标 C_u, 即可达到比较满意的判别结果。例如缺乏中间 d_{10} 与 d_{60} 之间粒径某粒组的土, 即级配不连续。此时, 则仅用单独一指标 C_u 难以确定土的级配情况, 还必须同时考察级配曲线的整体形状, 故需兼顾曲率系数 C_c 值。

当砾类土或砂类土同时满足不均匀系数 $C_u \geqslant 5$ 和曲率系数 $C_c = 1 \sim 3$ 两个条件时, 则为良好级配砾或良好级配砂; 如不能同时满足, 则为级配不良。如图 1 - 9 中曲线 a 的 $d_{10} = 0.09$ mm, $d_{30} = 0.23$ mm, $d_{60} = 0.39$ mm, 则 $C_u = 4.33$, $C_c = 1.51$, 土样 a 为级配不良的土。

3. 土的颗粒分析方法

(1)筛析法: 筛析法是将风干、分散的代表性土样通过一套自上而下孔径由大到小的标准筛(如 60 mm、40 mm、20 mm、10 mm、5 mm、2 mm、1 mm、0.5 mm、0.25 mm、0.1 mm、0.075 mm), 然后分别称出留在各个筛子上的干土质量, 并计算出各粒组相对含量。通过计算可得到小于某一筛孔直径土粒的累积重量及其累计百分含量, 即得土的颗粒级配。

(2)密度计法(比重计法):根据土粒直径大小不同,在水中沉降速度也有不同的特性。将密度计放入悬液中,测定 0.5 mm、1 mm、2 mm、5 mm、15 mm、30 mm、60 mm、120 mm 和 1440 min 的密度计读数,计算而得。

二、土中水(液相)

在自然条件下,土中总是含水的。土中水可以处于液态、固态或气态。土中细粒愈多,即土的分散度愈大,水对土的性质的影响也愈大。研究土中水,必须考虑到水的存在状态及其与土粒的相互作用。存在于土中的液态水可分为结合水和自由水两大类。

1. 结合水

结合水(bound water)是指受电分子吸引力吸附在土粒表面的土中水。这种电分子吸引力高达几千到几万个大气压,使水分子和土粒表面牢固地粘结在一起。由于土粒(矿物颗粒)表面一般带有负电荷,围绕土粒形成电场,在土粒电场范围内的水分子和水溶液中的阳离子(如 K^+、Ca^{2+}、Al^{3+})一起吸附在土粒表面。因为水分子是极性分子(氢原子端显正电荷,氧原子端显负电荷),它被土粒表面电荷或水溶液中离子电荷产生极化吸引而定向排列(见图 1-10)所示。

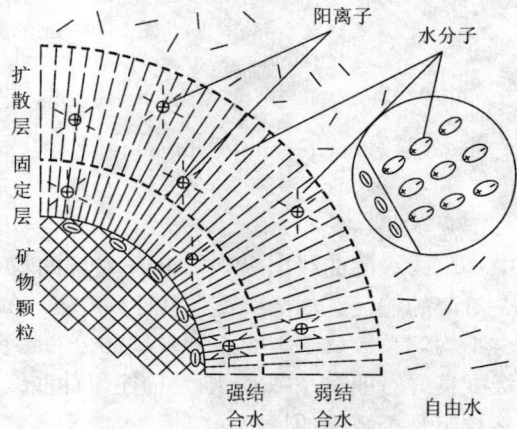

图 1-10 结合水定向排列示意图

结合水可分为强结合水和弱结合水两种。

(1)强结合水(吸着水)受粘土表面电分子力吸引紧靠土粒表面,只有几个水分子厚,厚度小于 0.003 μm,其性质接近于固体,密度为 1.2~2.4 g/cm³,冰点为 -78℃,不能传递静水压力,具有极大的粘滞性、弹性和抗剪强度。粘土只含强结合水时,呈固体状态,磨碎后成粉末状态;砂土的强结合水很少,仅含强结合水时呈散粒状。

(2)弱结合水(薄膜水)是在强结合水外围的结合水膜,厚度小于 0.5 μm,密度为 1.0~1.7 g/cm³,冰点为 -30~-0.5℃,不能传递静水压力,其性质随离开颗粒表面的距离而变化,由近固态到近自由态,不能自由流动,但水膜较厚的弱结合水会向邻近较薄的水膜缓慢移动,因而弱结合水使粘性土具有可塑性、粘性,并影响土的压缩性、透水性和强度,弱结合水对粘性土的影响最大。

2. 自由水

自由水是存在于土粒表面电场影响范围以外的水,它离开土颗粒表面较远,不受土颗粒电分子引力作用,且可以自由移动。它的性质与普通水一样能够传递静水压力,可在土的孔隙中流动,冰点为 0℃,有溶解盐类的能力。自由水按所受作用力的不同,又可分为重力水和毛细水两种。

（1）重力水（gravity water）是存在于地下水位以下的透水层中的地下水，在重力或水位差作用下能在土中流动的自由水。当存在水头差时，它将产生流动，对土颗粒有渗透力和浮力作用，重力水对土中的应力状态和开挖基槽、基坑以及修筑地下构筑物时所应采取的排水、防水措施有重要的影响。

（2）毛细水（capillarity water）是受到水与空气交界面处表面张力的作用、存在于地下水位以上透水层中的自由水。在工程中，毛细水的上升高度和速度对于建筑物地下部分的防潮措施和地基土的浸湿、冻胀等有重要影响。此外，在干旱地区，地下水中的可溶盐随毛细水上升后不断蒸发，盐分便积聚于靠近地表处而形成盐渍土。

毛细水在重力水位线之上，它取决于到水与空气界面的张力即毛细力的作用。毛细力的大小取决于颗粒表面的张力和孔隙的直径。毛细高度 H_c 是毛细水在毛细管内（土粒间孔隙内）上升的高度。理论上，毛细上升高度与表面张力 T 成正比，而与毛细管道直径或孔隙直径 d 成反比：

$$H_c = \frac{2T\cos\alpha}{d \cdot \gamma_w} \tag{1-4}$$

式中：α 为表示表面张力 T 的作用方向与毛细管壁的夹角。

毛细上升高度（毛细水区域）受水的清洁度的影响，对于污染水，毛细上升高度要低许多。依据太沙基和派克 1967 年的研究结果，H_c 亦可表示为：

$$H_c = \frac{c}{ed_{10}} \tag{1-5}$$

式中：H_c 为毛细上升高度，单位用 mm 表示，与土中最小孔隙的大小有关；e 为孔隙比；d_{10} 为有效粒径，mm；c 为常数，通常取 $10 \sim 20$ mm^2（对于清洁水）。

毛细上升高度还取决于粒径分布。通常，粒径越小，毛细上升越高。但粘粒例外，因为粘粒周围充满了结合水。

在潮湿的粉、细砂中孔隙水仅存在于土粒接触点周围，彼此是不连续的。这时，由于孔隙中的气与大气连通存在毛细现象，因此，孔隙水的压力将小于大气压力。于是，将引起相邻土粒相互挤紧的压力，这个压力称为毛管水压力，如图 1-11 所示，毛管水压力的存在，

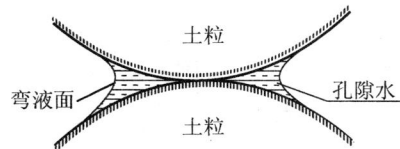

图 1-11　毛管水压力示意图

增加了粒间错动的摩阻力。这种由毛管水压力引起的摩擦阻力犹如给予砂土以某种粘聚力，以致在潮湿的砂土中能开挖一定高度的直立坑壁。但一旦砂土被水浸饱和，则弯液面消失，毛细水压力变为 0，这种粘聚力也不再存在。因而，把这种粘聚力称为假粘聚力。

需要注意的是重力水和毛细水是不同的，充满重力水的饱水带具有各向相同的静水压力，而毛细水产生的孔隙水压力是负值。

必须指出，水是三相土的重要组成部分，根据实用观点，一般认为它不能承受剪力，但能承受压力和一定的吸力；同时，水的压缩性相对土中的空气很小，在通常所遇到的压力范围内，它的压缩性可以忽略不计。

3. 固态水

当土中温度降至 0℃ 以下时，则土中水结冰，成为固态水，形成冰夹层或冰透镜体，即"冻土"。由于冰的体积膨胀常使基础产生冻胀现象，从而造成基础因鼓胀而损坏。另外，冻胀融化后土的强度急剧下降会造成基础或道路路面下沉。因此，在我国北方寒冷地区，道路路基、地基的冻融病害应引起高度重视。

4. 气态水

气态水即水汽，主要分布于土体表层，对土的性质影响不大。

此外，还应注意矿物颗粒内所含的层间结晶水。例如，蒙脱石矿物具有层间结构，其层内的水可能是矿物形成初期产生的，也可能是后来充填的。因此，层间水可能具有结合水性质，也可能具有自由水性质，若作为地基土容易产生胀缩现象。

三、土中气体(气相)

土中的气体存在于未被水所占据的孔隙之中。土中气体可分为两种：

1. 自由气体

与大气相连通的空气，它对土的力学性质影响不大，在粗粒土中常见。

2. 封闭气体

在细粒土中则常存在与大气隔绝的封闭气体，使土在外力作用下的弹性变形增加，透水性减小。对于淤泥和泥炭等有机质土，由于微生物(厌氧细菌)的分解作用，在土中蓄积了某种可燃气体(如硫化氢、甲烷等)，使土层在自重作用下长期得不到压密，而形成高压缩性土层。

含气体的土称为非饱和土，非饱和土的工程性质研究已形成土力学的一个热点。

第三节 粘土颗粒与水的相互作用

粘土颗粒与水的相互作用对粘性土的性质有很大的影响。因此了解粘土颗粒与水的相互作用是很有必要的。

一、粘土颗粒表面带电现象

1809 年，列依斯通过试验证明粘土颗粒是带电的。把两根带有电极的玻璃管插入一块潮湿的粘土块内，见图 1 - 12 所示。在玻璃管中撒一些洗净的砂，再加水至相同的高度，接通直流电源后发现：在阳极管中，水自下而上地浑浊起来。说明粘土颗粒在向阳极移动，与此同时，管中水位却逐渐下降；在阴极管中，水仍是清澈的，但水体在逐渐升高。这种现象称为动电现象(electrokinetic phenomenon)。

如在一块潮湿粘土块上直接插入两个直流电极，通电后发现阳极周围的土逐渐变干，而阴极周围的土

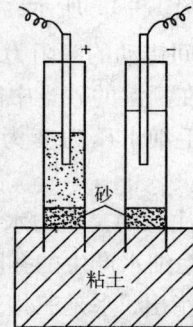

图 1 - 12 列依斯试验装置示意图

则逐渐变湿。说明粘土颗粒带有负电荷,我们把粘土颗粒在直流电作用下向阳极移动的现象称为电泳;而水分子向阴极移动的现象称为电渗。利用这一性质,人们发明了电渗固结法处理软弱地基的方法。如上海宝钢炼铁车间某基坑,深 15.35 m,分二级开挖,第一级挖深 4.5 m,采用轻型井点降水;第二级采用钢板桩支撑围护,在钢板桩外用电渗 – 喷射井点降水,用喷射井点管作阴极,用钢筋作阳极,开挖后坑底干燥,保证了深基坑工程顺利施工。

二、双电层的概念

带有负电荷的粘土颗粒与水相互作用时,在它的周围产生了一个电场,在土粒电场范围内的水分子和水溶液中的阳离子(如 Na^+、Ca^{2+}、Al^{3+} 等)一起吸附在土粒表面。土粒周围水溶液中的阳离子,一方面受到土粒所形成电场的静电引力作用,另一方面又受到布朗运动(热运动)的扩散力作用。在最靠近土粒表面处,静电引力最强,把水化离子和极性水分子牢固地吸附在颗粒表面上形成强结合水层(也叫固定层)。在固定层外围,静电引力比较小,因此水化离子和极性水分子的活动性比在固定层中大些,在土粒表面形成弱结合水层(也叫扩散层)。当然,在扩散层内阴离子则为土粒表面的负电荷所排斥,随着离土粒表面距离的加大,阴离子浓度逐渐增高,最后阴离子也达到水溶液中的正常浓度。固定层和扩散层中所含的阳离子与土粒表面的负电荷的电位相反,称为反离子,固定层和扩散层又合称为反离子层或外层(outer layer)。该反离子层与与土粒表面负电荷[或称内层(inner layer)]一起构成双电层(electrical double layer),见图 1 – 10 所示。

水溶液中的反离子(阳离子)的原子价愈高,它与土粒之间的静电引力愈强,则扩散层厚度愈薄。在实践中可以利用这种原理来改良土质,例如用三价及二价离子(如 Fe^{3+}、Al^{3+}、Ca^{2+}、Mg^{2+})处理粘土使得它的扩散层变薄,从而增加土体的稳定性,减少膨胀性,提高土的强度;有时,可用含一价离子的盐溶液处理粘土,使扩散层增厚,而大大降低土的透水性。

从上述双电层的概念可知,反离子层中的结合水分子和交换离子,愈靠近土粒表面,则排列得愈紧密和整齐,活动性也愈小。因而,结合水又可以分为强结合水和弱结合水两种。强结合水是相当于反离子层的内层(固定层)中的水,而弱结合水则相当于扩散层中的水。

三、双电层厚度的影响因素

颗粒表面电荷的多少决定着吸附异性离子和极性水分子的数量。研究表明:土的矿物成分是影响颗粒表面电荷数量的基本因素。蒙脱石具有很多的不平衡电荷,伊利石次之,高岭石最少。蒙脱石较高岭石的吸附能力高数十倍,其双电层要厚得多。

水溶液的 pH 也是影响颗粒带电性的重要因素,一般 pH 愈高,土带负电荷的能力愈大,双电层就越厚。

双电层的厚度既取决于颗粒表面的带电性,又取决于溶液中阳离子的价数。颗粒表面带电性相同时,数量较少的高价离子即可与之平衡,而低价的则需较多数量才能与之平衡。前者双电层较薄，而后者则较厚。

溶液中的离子与颗粒表面吸附的离子具有交换的能力，一般溶液中的高价离子置换土粒表面外层中的低价离子，此现象称为离子交换。一般高价离子的交换能力大于低价离子，同价离子中离子半径大的交换能力大于离子半径小的，下面是扩散层中阳离子与水溶液中的其他阳离子发生离子交换的顺序：

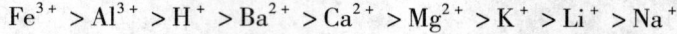

$$Fe^{3+} > Al^{3+} > H^+ > Ba^{2+} > Ca^{2+} > Mg^{2+} > K^+ > Li^+ > Na^+$$

利用离子交换可以改善土的工程性质。如用三价及二价离子（如 Fe^{3+}、Al^{3+}、Ca^{2+}、Mg^{2+}）处理粘土，使它的双电层变薄，从而增加土的水稳性，减少膨胀性，提高土的强度，如将石灰掺入土中，Ca^{2+} 置换了 Na^+，土的性质即可改善。有时也可用一价离子的盐溶液处理粘土，使扩散层增厚，而大大降低土的透水性等。

四、粘土颗粒间的相互作用力

土水悬浮液中当两粘土颗粒由于布朗运动而相互趋近时，在土粒间既有吸引力也有排斥力。

1. 粒间吸引力

土粒间吸引力主要来源于分子间的范德华力。对于一个原子对之间的范德华吸引力一般是不大的，而且随着原子对距离的增加而迅速衰减。原子对之间的范德华吸引力与原子间距离的 7 次方成反比，土粒间的吸引力等于一个土粒中各个原子与另一土粒中各个原子间所有吸引力的总和，大致与土粒表面的间距的 2 次方成反比（见图 1–13 所示），土粒间许多原子间吸引力的总和，不仅能产生较大的吸引力，也随距离增加的衰减慢些。

2. 土粒间的排斥力

土粒间的排斥力可以按土粒间中央处结合水的离子浓度与离土粒表面很远处正常水溶液的离子浓度之差计算而得。由于粒间中央处离子浓度高于水溶液正

图 1–13 排斥势能曲线

常离子浓度，出现渗透压力，即水分子向粒间渗透，使土粒互相排斥。这种排斥力的存在，使得要把分离很远的土粒互相趋近到指定的间距，需要作一定的功，这个功即排斥能（或排斥电势）V_R。作 V_R 随离土粒表面距离 d 的变化曲线，可得"排斥势能曲线"。

在水溶液电解质浓度高时，除极短距离出现排斥能外，在其他距离内都不出现排斥能，则土粒在悬浮液中以很快的速度发生凝聚（或胶凝）。

能量的大小，主要受双电层扩散层的厚度支配，也即主要受水溶液中与土粒表面电荷相反的反离子的离子价和浓度支配。而双电层扩散层中的反离子是可交换的离子。离子交换会改变双电层扩散层的厚度，从而改变土粒间的相互作用力。土粒间的排列及联结，对土的工程性质有极大影响。而物理化学环境的变化，会引起土粒间相互作用发生变化，从而使土的工程性质发生变化，实际工程中应注意这些变化。

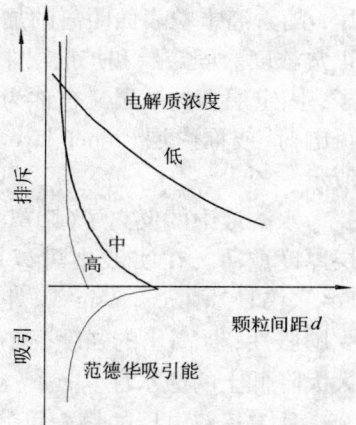

第四节　土的结构和构造

一、土的结构

1. 土的结构类型

土的结构(structure of soil)是指由土粒单元的大小、形状、相互排列及其联结关系等因素形成的综合特征。土扰动前后，力学性质差异很大，可见土的结构和构造对土的物理力学性质有重要的影响。土的结构一般分为单粒结构、蜂窝状结构和絮状结构三种基本类型。

单粒结构(single grained structure)：由粗大土粒在水或空气中下沉而形成的、全部由砂粒及更粗土粒组成的土都具有单粒结构［见图 1 – 14(a)］。因其颗粒较大、土粒间的分子吸引力相对很小，即土粒在沉积过程中主要受重力控制。当土粒在重力作用下下沉时，一旦与已沉稳的土粒相接触，就滚落到平衡位置形成单粒结构。这种结构的特征是土粒之间以点与点接触为主，粒间力以重力为主。

根据排列情况，单粒结构的土分为疏松和紧密的。紧密状单粒结构的土，强度较大，压缩性较小，是良好的天然地基。疏松单粒结构的土，其骨架是不稳定的，强度小，压缩性大，当受到震动及其他外力作用时，土粒易发生移动，引起土的大变形，因此，这种土层如未经处理一般不宜作为建筑物的地基。对于饱和松散的粉细砂，当受到地震等动力荷载作用时，极易产生液化而丧失其承载能力，发生砂土液化，必须引起重视。

蜂窝状结构(honeycomb structure)：主要由粉粒(0.075 ~ 0.005 mm)组成的土的结构形式，粒径在 0.005 ~ 0.075 mm 左右的土粒在水中沉积时，基本上是以单个土粒下沉。当碰上已沉积的土粒时，由于它们之间的相互引力大于其重力，因此土粒就停留在最初的接触点上不再下沉，形成具有很大孔隙的蜂窝状结构［见图 1 – 14(b)］。由于蜂窝状结构的土具有一定程度的粒间连接，使其可承担一定的水平静荷载，但当承受较高水平荷载和动力荷载时，其结构将破坏，引起土的很大变形，地基发生破坏。

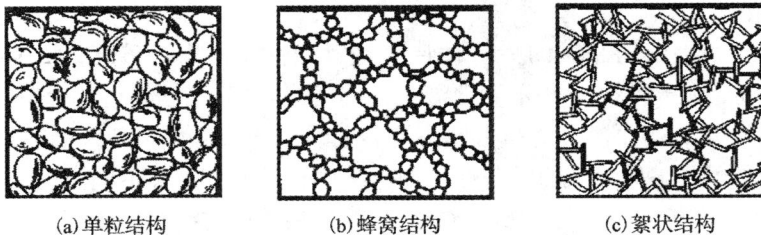

(a)单粒结构　　　　　(b)蜂窝结构　　　　　(c)絮状结构

图 1 – 14　土的结构

絮状结构(clusters group together peds)：由粘粒(< 0.005 mm)集合体组成的结构形式。粘粒能够在水中长期悬浮，不因自重而下沉。当这些悬浮在水中的粘粒被带到电解

质浓度较大的环境中(如海水)粘粒凝聚成絮状的集粒(粘粒集合体)而下沉,并相继和已沉积的絮状集粒接触,而形成类似蜂窝而孔隙很大的絮状结构(见图 1 - 14c)。粘土的性质主要取决于集粒间的相互联系与排列,当粘粒在淡水中沉积时,因水中缺少盐类,所以粘粒或集粒间的排斥力可以充分发挥,沉积物的结构是定向(或至少半定向)排列的,即颗粒在一定程度上平行排列,形成所谓分散型结构。当粘粒在海水中沉积时、由于水中盐类的离子浓度很大,减少了颗粒间的排斥力,所以土的结构是面 - 边接触的絮状结构。

土的结构在形成过程中,以及形成之后,当外界条件发生变化时(如荷载、湿度、温度或介质条件),都会使土的结构发生变化。土体失水干缩,会使土粒间的联结增强;土体在外力(压力或剪力)作用下,絮状结构会趋于平行排列的定向结构,使土的强度及压缩性都随之发生变化。具有蜂窝状结构和絮状结构的粘性土,其土粒间的联结强度(结构强度),往往由于长期的压密作用和胶结作用而得到加强。

2. 土的灵敏度

土的结构受扰动后强度降低,工程中通常以保持天然结构的原状土强度(无侧限抗压强度)与保持原含水率但天然结构被破坏的重塑土强度(无侧限抗压强度)的比值来作为土的结构性指标,称之为土的灵敏度(sensitivity of soil, S_t)。即:

$$S_t = \frac{q_u}{q_u'} \qquad\qquad (1-6)$$

式中: q_u、q_u' 分别为原状土无侧限抗压强度,重塑土无侧限抗压强度。

在工程上,由于软土的原状样不易取得,常采用十字板剪切试验进行灵敏度测试,先测试未扰动的强度,然后迅速转动 6 圈进行扰动,再测扰动后的强度,两者的比值即为软土的灵敏度。

S_t 的值越大,土的灵敏度越高,根据灵敏度可将饱和粘性土分为:低灵敏($1.0 < S_t$ ≤ 2.0)、中等灵敏($2.0 < S_t \leq 4$)和高灵敏($S_t > 4.0$)三类。土的灵敏度愈高,其结构性愈强,受扰动后土的强度降低就越严重。因此,工程中挖基槽或基坑和道路土方时,不能用机械一次性挖到设计标高,而应留 20 ~ 30 cm 的土由人工修平,以防土的结构受扰动后强度降低,压缩性增大。

3. 土的触变性

粘性土与灵敏度密切相关的另一种特性是触变性。结构受破坏,强度降低以后的土,若静止不动,则土颗粒和水分子反离子会重新组合排列,形成新的结构,强度又得到一定程度的恢复。这种含水率和密度不变,土因重塑而软化,又因静置而逐渐硬化,强度有所恢复的性质,称为土的触变性。如工程中桩基施工后,不同土层要求经过不同的时间,例如砂土 10 天、粘土 15 天、软粘土 25 天后才能进行桩基承载力检测。

二、土的构造

土的构造(texture of soil)是指土体中各结构单元之间的关系,是土层的层理、裂隙及大孔隙在空间上的宏观展布特征。主要特征是土的成层性和裂隙性,主要包括层理构造和裂隙构造,二者都造成了土的不均匀性。

1. 层理构造

层理构造，是土粒在沉积过程中，由于不同阶段沉积的物质成分、颗粒大小或颜色不同，而沿竖向呈现出成层特征，常见的有水平层理构造和交错层理构造。

对于沉积土，不管是风沉积的、水沉积的还是冰川沉积的土，它们都具有成层性，或是粗粒层，或是细粒层。细粒层常夹在粗粒层内，当然也常有粗粒层夹在细粒层中。从土力学的角度，高承载力的土(或低压缩性土)常常嵌入低承载力土体内，反之亦然。这些层状土会引起如下问题：

①由于软弱层而引起长期沉降。

②在水平方向上层状土体厚度变化引起的不均匀沉降。

③基础开挖引起沿软弱层的滑坡。

因此，为了更好地设计地基基础，现场需对软弱层作仔细调查。

2. 裂隙构造

土体被许多不连续的小裂隙所分割，在裂隙中常充填有各种盐类的沉淀物。裂隙的存在大大降低土体的强度和稳定性，增大透水性，对工程不利。

3. 结核或孔洞

此外，还应注意到土中的结核或孔洞，如腐殖物、贝壳、结核体等包裹物以及天然或人为孔洞，这些构造特征都造成土的不均匀性。

在土体研究中，我们应重视局部的非均质性，如高压缩性的透镜体，它们嵌于土体内，常会导致危害建筑物的非均匀沉降。

第五节　土的物理性质

自然界中土的性质是千变万化的，在工程实际中具有意义的往往是固、液、气三相的比例关系，相互作用以及在外力作用下所表现出来的一系列性质。土的物理性质是指三相的质量与体积之间的相互比例关系及固、液二相相互作用表现出来的性质。前者称为土的基本物理性质，主要研究土的密实程度和干湿状况；后者主要研究粘性土的可塑性、胀缩性及透水性等。土的物理性质在一定程度上决定了它的力学性质，其指标在工程计算中常被直接应用。

因为土是三相体系，不能用一个单一的指标来说明三相之间的比例关系，需要若干个指标来反映土中固体颗粒、水和空气之间的数量关系。土的三相组成实际上是混合分布的，为了使三相比例关系形象化和阐述方便，将它们分别集中起来画出土的三相草图，见图 1 - 15。

一、试验直接测定的物理性质指标(三个基本指标)

土的三个基本指标是指通过实验室有关试验直接测得的指标，共有三个指标，分别是天然密度、含水率及土粒比重。

1. 天然密度(ρ)和天然容重(γ)

(1)天然密度(ρ)

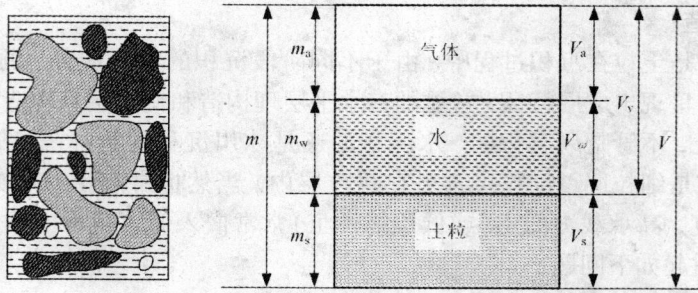

图 1 – 15 土的三相草图

天然密度（desity of natural soil）指天然状态下单位体积土的质量，即：

$$\rho = \frac{m}{V} = \frac{m_s + m_w}{V_s + V_v} = \frac{m_s + m_w}{V_s + V_w + V_a} \qquad (1-7)$$

式中：V 为土的总体积，单位为 cm^3；m 为土的总质量，单位为 g；V_s 为土中固体颗粒的体积，单位为 cm^3；m_s 为土的固体颗粒质量，单位为 g；V_v 为土中孔隙体积，cm^3；m_w 为土中液体的质量，单位为 g；V_w 为土中液体的体积，单位为 cm^3；m_a 为土中空气的质量，（$m_a \approx 0$）；V_a 为土中气体的体积，单位为 cm^3。

天然密度的大小取决于矿物成分、孔隙大小和含水情况，综合反映了土的物质组成和结构特征。同一种土越密实，含水率越高，则天然密度就越大，反之就越小。由于自然界土的松密程度与含水率变化较大，故天然密度变化较大，一般值为 $1.6 \sim 2.2\ g/cm^3$，小于土粒密度值。

测试方法：土的密度可采用"环刀法"、"蜡封法"、"灌砂法"、"灌水法"等方法测定，其中"环刀法"常用于细粒土的密度测定。环刀法是用一个圆环刀（刀刃向下）放置于削平的原状土样面上，垂直向下边压边削至土样伸出环刀口为止，削去两端余土，使与环刀口面齐平，称出环刀内土质量，求得它与环刀容积之比值即为土的密度。

（2）天然容重。

天然容重（unit weight）：指天然状态下单位体积土的重量，等于天然密度乘以重力加速度 g，即：

$$\gamma = \frac{W}{V} = \frac{mg}{V} = \rho \cdot g\ (kN/m^3) \qquad (1-8)$$

式中：W 为土的重量，单位为 kN；

2. 含水率（w）

土中所含水分的质量与土体颗粒质量之比，以百分数表示，又称土的含水量（water content）。

$$w = \frac{m_w}{m_s} \times 100\% \qquad (1-9)$$

含水率是可以直接测定的指标。一般用"烘干法"测定。先称小块原状土样的湿土质量 m，然后装入铝盒置于烘箱内维持 $100 \sim 105\ ℃$ 烘至恒重，烘干时间一般粘性土不少于 8 h，砂土不少于 6 h，再称干土质量 m_s，湿、干土质量之差 $m - m_s$ 与干土质量 m_s 之比值，就是土的含水率。

一般所说的含水率指的是天然含水率。土的含水率由于土层所处自然条件（如水的补给、气候、离地下水位的距离等），土层的结构构造（松密程度）以及沉积历史等的不同，其数值相差较大。如近代沉积的三角洲软粘土或湖相粘土，含水率可达 100% 以上，有的甚至高达 200% 以上；而有些密实的第四纪老粘土（Q_3 以前沉积），孔隙体积较小，即使孔隙中全部充满水，含水率也可能小于 20%。干旱地区，土的含水率可能微不足道或只有百分之几。一般砂类土的含水率都不会超过 40%，以 10% ~30% 为常见值，一般粘性土的常见值为 20% ~50%。粉土的湿度根据含水率 $w(\%)$ 的大小，按表 1 – 3 划分为稍湿、湿、很湿三种湿度状态。

表 1 – 3　粉土湿度分类（单位/%）

稍湿	湿	很湿
$w < 20\%$	$20\% \leqslant w \leqslant 30\%$	$w > 30\%$

3. 土粒比重（G_s）

土粒比重 G_s（specific gravity）指烘干土粒与同体积 4℃纯水之间的质量比，则：

$$G_s = \frac{m_s}{M_w} = \frac{m_s}{V_s \cdot \rho_{w4℃}} = \frac{\rho_s}{\rho_{w4℃}} \tag{1 – 10}$$

式中：$\rho_{w4℃}$ 指 4℃时纯水的密度。

土粒比重是实验室可以直接测定的指标。土粒比重较多用比重瓶煮沸法，即将干土粒放入比重瓶，加蒸馏水煮沸除气，测得土粒排开水的体积，代入公式 1 – 10 求得。如土中含有较多的水溶盐、亲水性胶体，特别是有机质时，求得土粒排开水的体积偏小，因而所得土粒比重偏大，应以苯、煤油等中性液体替换蒸馏水。

土粒比重多在 2.65 ~2.75 之间。砂土约为 2.65，粘性土变化范围较大，以 2.65 ~2.75 最常见。如土中含铁锰矿物较多时，比重较大；含有机质较多时土粒比重较小，可能会降到 2.4 以下。

二、土的其他物理性质指标

土的密度、含水率、土粒比重三个基本指标是可以在实验室直接测定的，其他物理指标都可通过三个基本指标换算得出。

1. 土的密度指标

土的密度是指土的总质量与总体积之比，即单位体积土的质量，其单位是 g/cm³，根据土所处的状态不同，土的密度可分为如下几种情况：

（1）密度指标。

① 土粒密度（ρ_s）。

土粒密度（solid desity）指固体颗粒的质量与其体积之比，即单位体积土粒的质量。

$$\rho_{s} = \frac{m_{s}}{V_{s}} = G_{s} \cdot \rho_{w4℃} \qquad (1-11)$$

土粒密度大小决定于土粒的矿物成分，与土的孔隙大小和含水多少无关，它的数值一般在 $2.60 \sim 2.80$ g/cm³ 之间。

一般情况下，土粒密度随有机质含量增多而减小，随铁镁质矿物增多而增大，它是土中各种矿物密度的加权平均值。由于土粒相对密度变化不大，通常可按经验数值选用，一般参考值如表 1-4 所示。

表 1-4　主要类型土的土粒密度

土的种类	砾类土	砂类土	粉土	粉质粘土	粘土
土粒密度（g/cm³）	$2.65 \sim 2.75$	$2.65 \sim 2.70$	$2.65 \sim 2.70$	$2.68 \sim 2.73$	$2.72 \sim 2.76$

由于 4℃ 纯水的密度为 1 g/cm³，根据公式可得土粒密度与土粒比重在数值上是相等的，采用 ρ_s 计算比 G_s 计算更容易，但其含义和量纲均不同，详见表 1-6。

② 干密度（ρ_d）。

土的干密度（dry desity）指单位体积干土的质量（土的孔隙中完全没有水时的密度），即

$$\rho_{d} = \frac{m_{s}}{V} \qquad (1-12)$$

干密度与土中含水多少无关，只取决于土的矿物成分和孔隙性。对于某一种土来说，矿物成分是固定的，土的密度大小只取决土的孔隙性，所以干密度能说明土的密实程度。工程上常用压实度（即干密度与最大干密度的比值）来评价土的压实程度。

干密度值越大越密实，反之越疏松。干密度可以实测，但一般用其他指标计算求得，土的干密度一般在 $1.4 \sim 1.7$ g/cm³ 之间，干密度与其他指标换算关系详见表 1-6。

③饱和密度（ρ_{sat}）。

土的孔隙完全被水充满时的密度称为土的饱和密度（saturated desity），是指土孔隙中全部充满液态水时的单位体积土的质量，即：

$$\rho_{sat} = \frac{m_{s} + V_{v} \cdot \rho_{w}}{V} \qquad (1-13)$$

式中：ρ_w 为水的密度（g/cm³），常近似取 1.0 g/cm³，饱和密度与其他指标换算关系详见表 1-6。

2. 容重（重度）指标

工程实际中，在计算土中自重应力时，须采用土的重力密度，简称为容重。

（1）天然容重（γ）。

天然容重指天然状态下单位体积土的重量。其值等于密度乘以重力加速度 g，即

$$\gamma = \frac{W}{V} = \frac{mg}{V} = \rho \cdot g \qquad (1-14)$$

式中：W 为土的重量；g 为重力加速度，工程上为了计算方便，一般取 $g = 10$ m/s²。容重

单位为 kN/m³。

土的天然容重是计算土中应力的重要指标，在实际工程中应用更加广泛。

（2）饱和容重（γ_{sat}）。

饱和容重（γ_{sat}）指土在完全饱和状态下，单位体积土的重量。

$$\gamma_{sat} = \frac{W_{sat}}{V} = \frac{m_s g + V_v \gamma_w}{V} = \rho_{sat} \cdot g \qquad (1-15)$$

式中：W_{sat} 为饱和土的重量；

（3）浮容重（γ'）。

处于地下水位以下的土层，如果土层是透水的，此时土受水的浮力作用，土的实际重量将减小，那么这种处于地下水位以下的有效容重常为土的浮容重（γ'），即

$$\gamma' = \frac{(m_s - V_s \cdot \rho_\omega)}{V} \cdot g \qquad (1-16)$$

浮容重等于土的饱和容重减去水的容重（γ_w），即

$$\gamma' = \gamma_{sat} - \gamma_w \qquad (1-17)$$

（4）干容重（γ_d）。

干容重（γ_d）指在标准烘干状态下，单位体积土的重量。其值等于干密度与重力加速度的乘积，即

$$\gamma_d = \frac{W_d}{V} = \frac{m_s g}{V} = \rho_d \cdot g \qquad (1-18)$$

式中：W_d 为干土的重量。

常用的换算关系如式（1-18）所示：

$$\gamma_d = \frac{W_d}{V} = \frac{\gamma_s}{1+e} = \frac{\gamma}{1+w} \qquad (1-19)$$

与工程有关的土一般都含有或多或少的水分，根据式（1-18）可知：在 γ_s 不变的情况下，γ_d 越大，e 越小，即土越密实，故铁路，公路等工程部门常以土压实后的干容重作为保证填土质量的指标。

对于同一种土来讲，土的天然容重、干容重、饱和容重、浮容重在数值上有如下关系：

$$\gamma_{sat} > \gamma > \gamma_d > \gamma'$$

在工程计算中，应根据具体情况采用不同状态土的容重。例如：作为天然地基的土在地下水位以上部分应采用原状土的容重，地下水以下部分常采用浮容重。有的部门根据土的透水性，透水的取浮容重，不透水的取饱和容重。

3. 土的含水性指标

土的含水性指土中含水情况，说明土的干湿程度，主要采用饱和度表达，下面先来看看饱和含水率（w_{sat}）。

土的孔隙中全被水充满时的含水率，称为饱和含水率 w_{sat}。

$$w_{sat} = \frac{V_v \cdot \rho_w}{m_s} \times 100\% \qquad (1-20)$$

饱和含水率既能反映土孔隙中全部充满水时含水多少，又能反映土的孔隙率大小。

（1）饱和度（S_r）

土的饱和度（Degree of saturation）：指土孔隙中所含水的体积与土中孔隙体积的比值，以百分数表示。

$$S_r = \frac{V_w}{V_v} \times 100\%\tag{1-21}$$

或天然含水率与饱和含水率之比：

$$S_r = \frac{w}{w_{sat}} \times 100\%\tag{1-22}$$

（2）饱和度划分

饱和度可以说明土孔隙中充水的程度，其数值为 0~100%。完全干燥土：$S_r = 0$；完全饱和土：$S_r = 100\%$。工程实际中，饱和度主要用于评述砂类土的含水状况（或湿度），按饱和度大小常将砂类土划分为如下三种含水状况（见表1-5）。

表 1-5　砂土含水状况评价

稍湿	很湿	饱和
$S_r < 50\%$	$50\% \leqslant S_r \leqslant 80\%$	$S_r > 80\%$

4. 土的孔隙性指标

土中孔隙大小、形状、分布特征、连通情况与总体积等，称为土的孔隙性。其主要取决于土的颗粒级配与土粒排列的疏密程度。实际上土的孔隙性指标一般反映的是土中孔隙体积的相对含量，主要有孔隙率和孔隙比两个指标。孔隙性指标只能反映土内孔隙总体积的大小，不能反映单个孔隙体积的大小。

（1）孔隙比（e）。

孔隙比（pore ratio）：指土中孔隙体积与土中固体颗粒总体积的比值，用 e 表示，

$$e = \frac{V_v}{V_s}\tag{1-23}$$

土的孔隙比说明土的密实程度，按其大小可对砂土或粉土进行密实度分类。如在《岩土工程勘察规范》（GB 50021—2001，2009 版）中，用天然孔隙比来确定粉土的密实度。$e < 0.75$ 为密实，$0.75 \leqslant e \leqslant 0.9$ 为中密，$e > 0.9$ 为稍密的粉土。工程实际中，除了用孔隙比评价砂类土或粉土的密实程度外，还用于地基沉降量的计算。

（2）孔隙率（n）。

孔隙率又称孔隙度（porosity），指土中孔隙体积与土的总体积之比，用百分数表示。

$$n = \frac{V_v}{V} \times 100\%\tag{1-24}$$

土的孔隙率取决于土的结构状态，砂类土的孔隙率常小于粘性土的孔隙率。土的孔隙率一般为 27%~52%。新沉积的淤泥，孔隙率可达 80%。

土的物性指标定义、表达式等参看汇总表 1-6。

表 1-6　土的基本物理性质指标

性质	指标	符号	定义	表达式	单位	常见值	求法	实际意义	影响因素
土粒密度	土粒密度	ρ_s	土的固体颗粒单位体积质量	$\rho_s = \dfrac{m_s}{V_s}$	g/cm³	2.65~2.75	直接测定（扰动样）	①换算 n, e, S_r ②颗粒分析计算用	①矿物成分 ②土类
土的密度	天然密度	ρ	天然状态下土的单位体积质量	$\rho = \dfrac{m}{V}$	g/cm³	1.60~2.20	直接测定（原状样）	①换算 ρ_d, n, e ②工程计算应用	①矿物成分 ②孔隙大小 ③水分多少
土的密度	干密度	ρ_d	土的单位体积中固体颗粒的质量	$\rho_d = \dfrac{m_s}{V}$	g/cm³	1.30~1.70	直接测定或 $\rho_d = \dfrac{\rho}{1+w}$	①换算 n, e ②评定土的密实度 ③检验填土质量	①矿物成分 ②孔隙大小
土的密度	饱和密度	ρ_{sat}	孔隙中全部充满液态水时，土的单位体积质量	$\rho_{sat} = \dfrac{m_s + V_w \rho_w}{V}$	g/cm³	1.80~2.30	$\rho_{sat} = \rho_d + n\rho_w$	工程计算应用	①矿物成分 ②孔隙大小
含水性	天然含水率	w	天然状态下，土中水分的质量与固体颗粒质量之比	$w = \dfrac{m_w}{m_s} \times 100\%$		10~50%	直接测定（扰动样）	①换算 ρ_d, S_r, n, e ②估算土干湿状况 ③估算液性指数	①所处自然条件 ②受力历史
含水性	饱和度	S_r	土中水的体积与孔隙体积之比	$S_r = \dfrac{V_w}{V}$		0.4~1.0	$S_r = \dfrac{w \cdot \rho_s}{e \cdot \rho_w}$	①说明孔隙中充水程度 ②评定土干湿程度	①土的埋藏条件 ②气候因素
孔隙性	孔隙率	n	土的孔隙体积与土的总体积之比	$n = \dfrac{V_v}{V} \times 100\%$		33~50%	$n = 1 - \dfrac{\rho_d}{\rho_s}$	①换算 e, ρ_{sat} 等 ②工程计算用	①颗粒级配
孔隙性	孔隙比	e	土的孔隙体积与固体颗粒体积之比	$e = \dfrac{V_v}{V_s}$		0.5~1.0	$e = \dfrac{\rho_s}{\rho_d} - 1$	①换算 n, S_r 等 ②压缩试验用 ③评定土的密度 ④地基变形计算	②结构 ③矿物成分 ④受力历史

三、常见土的物理性质指标参数参考值

自然界土的物理性质复杂，数值范围离散度大，现把常见几种土的孔隙率、孔隙比、饱和含水率、干密度和饱和容重指标的典型参考值列于表 1 – 7。

表 1 – 7　常见土的物理性质指标参数参考值

土的名称	孔隙率（%）	孔隙比	饱和含水率（%）	干密度（g/cm³）	饱和容重（kN/m³）
均匀松砂	46	0.85	32	1.44	18.5
均匀紧砂	34	0.52	19	1.74	20.5
不均匀松砂	40	0.67	25	1.59	19.5
不均匀紧砂	30	0.43	16	1.86	21.2
黄土	50	1.00	/	1.27	/
有机质软粘土	66	1.94	70	0.93	15.5
有机质粘土	75	3.00	110	0.69	14.0
漂石粘土	20	0.25	9	2.11	22.8
冰碛软粘土	55	1.20	45	1.21	11.5
冰碛硬粘土	37	0.59	22	1.70	20.3

四、土的基本物理性质指标之间的关系与工程应用

上述表示土的三相比例关系的指标一共有 9 个，即：V、V_v、V_s、V_a、V_w；m、m_s、m_w、m_a。已知这 9 个变量存在 5 个关系，即：

$$m = m_s + m_w + m_a \qquad m_a \approx 0 \qquad m_w = V_w \cdot \rho_w$$

$$V = V_s + V_\omega + V_a \qquad V_v = V_w + V_a$$

由于物性指标是比例关系，可假设任一参数为 1，则剩下 3 个独立的变量，3 个独立的变量由实验室测得，即实验室测得的基本指标（天然密度、含水率、土粒比重）来补充方程，则所有的变量可解。土的物性指标土粒密度、天然密度、干密度、饱和密度、浮容重、含水率、饱和度、孔隙率、孔隙比 9 个。它们主要反映了土的密实程度与干湿状态，而且相互之间都有内在联系。其中土粒密度、天然密度、含水率是 3 个基本实测指标、即通过试验直接测定。其余 6 个指标均可由 3 个实测指标换算取得。所有变量推导可以采用数学演算法、三相草图法及公式法。

1. 数学演算法

由实测指标换算求取，如：

$$\rho_d = \frac{m_s}{V} = \frac{m_s}{V} \cdot \frac{m}{m} = \frac{m/V}{m/m_s} = \frac{\rho}{\dfrac{m_s + m_w}{m_s}} = \frac{\rho}{1 + w}$$

$$e = \frac{V_v}{V_s} = \frac{V - V_s}{V_s} = \frac{V}{V_s} - 1 = \frac{m_s}{V_s} \cdot \frac{V}{m_s} - 1 = \frac{\rho_s}{\rho_d} - 1 = \frac{\rho_s(1 + w)}{\rho} - 1$$

2. 三相草图法

如图 1-15 所示,应用三相比例关系(三相草图),按照各指标的定义来计算导出。

(1)孔隙比与空隙率的关系

如图 1-16 所示,设土体内土粒的体积 V_s 为 1,则按式(1-23)的体积 V_v 为 e,土体的体积为 $(1+e)$,于是,按式(1-11)的定义,有

$$n = \frac{V_v}{V} = \frac{e}{1 + e} \qquad (1-25)$$

或

$$n = \frac{n}{1 - n} \qquad (1-26)$$

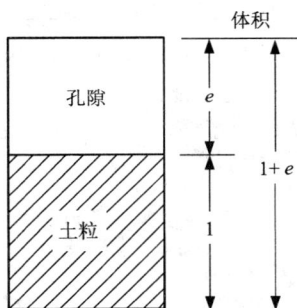

图 1-16　三相示意图

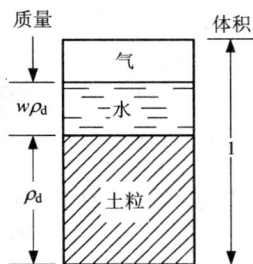

图 1-17　三相示意图

(2)干密度与湿密度和含水率的关系

如图 1-17 所示,设土体的体积 V 为 1,则按式(1-12),土体内土粒的质量 m_s 为 ρ_d,由式(1-9)水的质量 m_w 为 $w\rho_d$。于是,按式(1-7)的定义可得

$$\rho = \frac{m}{V} = \frac{\rho_d + \omega\rho_d}{1} = \rho_d(1 + \omega)$$

或

$$\rho_d = \frac{\rho}{1 + \omega} \qquad (1-27)$$

(3)孔隙比与比重和干密度的关系

设土体内土粒的体积 V_s 为 1,则按式(1-23),孔隙的体积 V_v 为 e;土粒的质量 m_s 为 ρ_s。于是,按式(1-12)的定义可得

$$\rho_d = \frac{m_s}{V} = \frac{\rho_s}{1 + e}$$

应用式(1-6)整理得

$$e = \frac{G_s \rho_w}{\rho_d} - 1 \qquad (1-28)$$

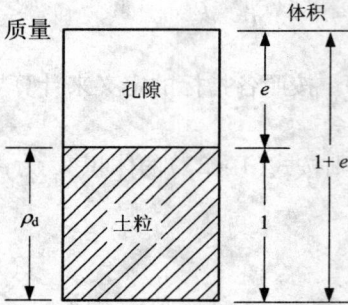

图1-18 三相示意图

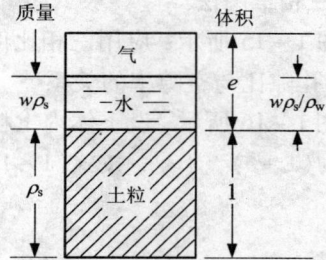

图1-19 三相示意图

(4)饱和度与含水率、比重和孔隙比的关系

设土体内土粒的体积 V_s 为1,则按式(1-10)空隙的体积 V_v 为 e;土粒的质量 m_s 为 ρ_s。按式(1-9),水的质量 m_w 为 $w\rho_s$,则水的体积 V_w 为 $w\rho_s/\rho_w$。于是,按式(1-21)可得

$$S_r = \frac{V_w}{V_v} = \frac{\dfrac{\omega \rho_s}{\rho_w}}{e} = \frac{\omega G_s}{e} \qquad (1-29)$$

当土饱和时,即 S_r 为100%,则

$$e = \omega_{sat} G_s \qquad (1-30)$$

式中:ω_{sat} 为饱和含水率。

(5)孔隙比与三相基本指标的关系.

假设 $V_s = 1$,根据孔隙比的定义,有

$$V_v = eV_s = e$$

则土的总体积为:

$$V = V_s + V_v = 1 + e$$

根据土粒比重和土粒密度的定义:

$$m_s = \rho_s \cdot V_s = G_s \rho_w$$

根据含水率的定义,有:

$$m_w = wm_s = wG_s\rho_w$$

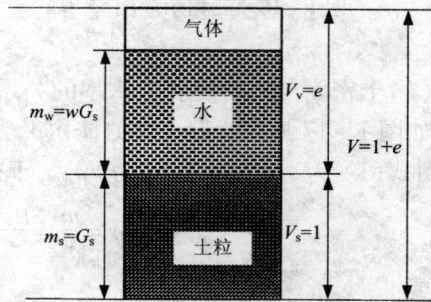

图1-20 三相草图换算关系

则土的总质量为:

$$m = m_s + m_w = (1 + w) G_s \rho_w$$

由密度的定义可得

$$\rho = \frac{m}{V} = \frac{(1+w) G_s \rho_w}{1+e}$$

$$e = \frac{(1+w)G_s\rho_w}{\rho} - 1 \qquad\qquad (1-31)$$

总之，利用三相图换算指标，就是利用已知的指标，计算出三相草图中的各相数值，再根据所求指标的定义直接计算。为了简化计算，常常可以假设三相中某相的值为 1 个单位，实用上最常用的是假设 $V_s = 1.0\ m^3$（或 cm^3）或 $V = 1.0\ m^3$（或 cm^3）进行计算。

为了应用方便，现将一些常用的物理性质指标之间的换算关系汇总于表 1-8 中，以备查算。但学生应掌握各指标换算公式的推演，不必背记。

3. 公式法

表 1-8 列出了常用土的物性指标换算公式，可以直接使用。

表 1-8　三项指标的换算公式

由试验测定的直接指标	换算的物理性质指标		
	名称	表达式	换算公式
ω——含水率 ρ——密度 G_s——土粒比重	孔隙比	$e = \dfrac{V_v}{V_s}$	$e = \dfrac{\rho_s}{\rho_d} - 1 = \dfrac{\rho_s(1+\omega)}{\rho} - 1 \qquad e = \dfrac{n}{1-n},\ e = \dfrac{\omega G_s}{S_r}$
	空隙率	$n = \dfrac{V_v}{V} \times 100\%$	$n = 1 - \dfrac{\rho_d}{\rho_s} = 1 - \dfrac{\rho}{\rho_s(1+\omega)},\ n = \dfrac{e}{1+e}$
	饱和度	$S_r = \dfrac{V_w}{V_v}$	$S_r = \dfrac{\omega G_s}{e}$
	干密度	$\rho_d = \dfrac{m_s}{V}$	$\rho_d = \dfrac{G_s\rho_w}{1+e},\ \rho_d = \dfrac{\rho}{1+\omega},\ \rho_d = \dfrac{nS_r}{\omega}\rho_w$
	饱和密度	$\rho_{sat} = \dfrac{m_s + V_v\rho_w}{V}$	$\rho_{sat} = \dfrac{G_s + e}{1+e}\rho_w,\ \rho_d = \rho_w + \rho',\ \rho_d = G_s\rho_w(1-n) + n\rho_w$
	浮密度	$\rho' = \dfrac{m_s - V_s\rho_w}{V}$	$\rho' = \dfrac{G_s - 1}{1+e}\rho_w,\ \rho' = \rho_{sat} - \rho_w,\ \rho' = (G_s - 1)(1-n)\rho_w$

例 1-1　某原状土样，经试验测得天然密度 $\rho = 1.91\ g/cm^3$，含水率 $w = 9.5\%$，土粒相对密度 $G_s = 2.70$。试计算：① 土的孔隙比 e、饱和度 S_r；② 土的饱水密度 ρ_{sat} 和含水率 w。

解：绘三相草图，如例图 1-1 所示，设土的体积 $V = 1\ cm^3$。

① 根据密度定义，得：

$$m = \rho V = 1.91 \times 1 = 1.91\ (g)$$

根据含水率的定义，得：

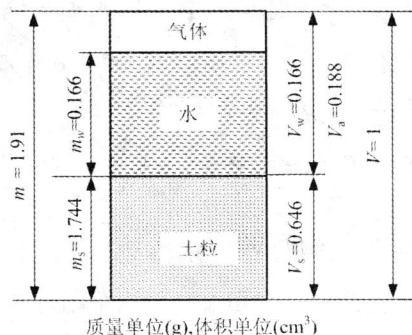

例图 1-1　三相草图法解题图

$m_w = wm_s = 0.095\ m_s(\mathrm{g})$

从三相草图知：$m = m_s + m_w = 1.91(\mathrm{g})$

得：$m_s = 1.744\ g$，$m_w = 0.166\ g$

根据土粒比重的定义，得土粒体积为：

$$V_s = \frac{m_s}{\rho_s} = \frac{m_s}{G_s \cdot \rho_{w1}} = \frac{1.744}{2.70} = 0.646(\mathrm{cm}^3)$$

水的体积为：$V_w = \dfrac{m_w}{\rho_w} = 0.166(\mathrm{cm}^3)$

气体体积为：$V_a = V - V_s - V_w = 0.188(\mathrm{cm}^3)$

所以：$e = \dfrac{V_v}{V_s} = \dfrac{V_a + V_w}{V_s} = \dfrac{0.354}{0.646} = 0.548$

$$S_r = \frac{V_w}{V_v} \times 100\% = 46.9\%$$

② 当土中孔隙充满水时，由饱和密度的定义，有：

$$\rho_{sat} = \frac{m_s + V_v\rho_w}{V} = \frac{1.744 + 0.354 \times 1}{1} = 2.10(\mathrm{g/cm}^3)$$

根据含水率的定义，有：$w = \dfrac{V_v\rho_w}{m_s} \times 100\% = 20.3\%$

例 1 - 2 自地下水位下某土层取一土样，质量 20.0 g，烘干后质量为 13.7 g，已知 $G_s = 2.70$，试求该土样的孔隙比 e、w、ρ_d。

解：由土样是地下水位以下取出可得该土样是饱和的，所以该土样是固和液两相体系，画出计算草图如例图 1 - 2 所示。

烘干后土的质量即为土粒质量，即 $m_s = 13.7\ g$

试样烘干前水的质量：$m_w = m - m_s = 6.3\ g$

可得土样的含水率：

$$w = \frac{m_w^*}{m_s} \times 100\% = \frac{6.3}{13.7} \times 100\% = 45.985\%$$

数值上 $\rho_s = G_s$，所以有：$G_s = \rho_s = m_s/V_s$，可得 $V_s = m_s/G_s = 5.074(\mathrm{cm}^3)$

$V_w = m_w/\rho_w = 6.3/1 = 6.3(\mathrm{cm}^3)$

根据孔隙比的概念：$e = \dfrac{V_v}{V_s} = \dfrac{V_w}{V_s} = \dfrac{6.3}{5.074} = 1.242$

根据干密度的概念：$\rho_d = \dfrac{m_s}{V} = \dfrac{13.7}{5.074 + 6.3} = 1.205(\mathrm{g/cm}^3)$

通过两个例题可知，三相草图是本章的基本解题方法之一，掌握了三相之间的关系及土的物理性质指标可以根据三相草图法求解。

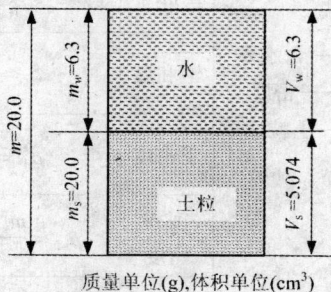

质量单位(g)，体积单位(cm³)

例图 1 - 2 三相草图法解题图

第六节　土的密实程度、压实特性与工程应用

一、无粘性土的密实程度

对无粘性土来说，土体的松密状态对土的工程性质影响很大。土的密实愈大则土的强度愈高、压缩性愈小，其工程特性愈好，是良好的天然地基；而无粘性土愈疏松则强度愈低、压缩性愈大，其工程特性愈差。描述无粘性土的密实程度指标有干密度、孔隙比等，但对不同的无粘性土来说难以定出通用的同一指标。

判断无粘性土密实度的方法有：孔隙率 n、相对密实度 D_r、标准贯入击数、碎石土密实度野外鉴别等。

1. 根据孔隙比 e 或孔隙率 n 判断

对于砾石类、碎石类填料，《铁路路基设计规范》规定采用土的孔隙率 $n(\%)$ 作为评价路基基床压实程度的指标。孔隙率越小表明土越密实。

孔隙率可以通过土的三项指标换算得出：设土粒体积为 1 个单位体积，则：

$$n = \frac{e}{1 + e} \qquad\qquad (1-32)$$

上式为工程中常用来计算孔隙率的公式。对于一般 I 级铁路，要求基床表层 $n \leqslant 28\%$，基床底层的 $n \leqslant 31\%$；对于客运专线及高速铁路，要求基床表层 $n \leqslant 18\%$，基床底层 $n \leqslant 28\%$。

用孔隙比 e 或孔隙率 n 评价粗粒土的密实程度优点是简单方便，但不能反映级配情况对土的影响，使用时也仅能用于同一种土的比较，对不同种土不能说孔隙比大其密实程度就一定低，如图 1-21 所示。

虽然图 1-21 中(b)图的孔隙比较(a)图中的小，假设土粒不可压缩时，两种土此时达到了相同的密实度，因此孔隙比和孔隙率宜用于同种土的密实度比较。

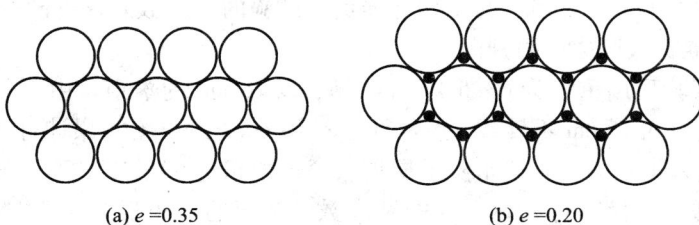

(a) $e = 0.35$　　　　　　　　(b) $e = 0.20$

图 1-21　不同种土的孔隙比比较

2. 根据相对密实度 D_r 判断

孔隙率评价土的密实状态，只适合于同一种土。由于颗粒的形状和级配对孔隙比有着极大的影响。而孔隙比又未能考虑级配的因素，有时可能会出现级配良好的松砂 e 小

于级配均匀的密砂，因此工程上为了更好地表明砂土所处的密实状态，常用砂土的相对密度（D_r，relative density）来表示。

$$D_r = \frac{e_{max} - e}{e_{max} - e_{min}} \qquad (1-33)$$

式中：e_{max} 为最大孔隙比，即最疏松状态下的孔隙比；e_{min} 为最小孔隙比，即紧密状态下的孔隙比；e 为天然孔隙比，即通常所指天然状态下的孔隙比。

$$D_r = \frac{(\rho_d - \rho_{dmin})\rho_{dmax}}{(\rho_{dmax} - \rho_{dmin})\rho_d} \qquad (1-34)$$

式中：ρ_{dmax} 为无粘性土的最大干密度；ρ_{dmin} 为无粘性土的最小干密度；ρ_{dmax} 为无粘性土的天然干密度或填筑干密度。

无粘性土的最大和最小干密度可直接由试验测定。将风干的无粘性土样用漏斗法测定其最小干密度，用振击法测定其最大干密度。具体试验步骤参见《土工试验方法标准》中的相对密实度试验。

由相对密实度定义公式可知，当 $D_r = 1$ 时 $e = e_{min}$，表示无粘性土处于最密实状态；当 $D_r = 0$ 时，$e = e_{max}$，此时无粘性土处于最松状态。砂土的天然孔隙比界于最大和最小孔隙比之间，故相对密实度 $D_r = 0 \sim 1$。

工程实际中，常用相对密实度判别砂土的震动液化，或评价砂土的密实程度。按相对密度值可将砂土分为三种密实状态：$D_r \leqslant 0.33$ 为疏松的砂，$0.33 < D_r \leqslant 0.67$ 为中密的砂，$D_r > 0.67$ 为密实的砂。

对于砂类土填料（粉砂除外），Ⅱ级铁路路基表层要求 $D_r \geqslant 0.8$，路基底层要求 $D_r \geqslant 0.75$。

相对密实度试验一般可采用"松散器法"测定最大孔隙比，采用"振击法"测定最小孔隙比。相对密实度对于土作为土工构筑物和地基的稳定性，特别是在抗震稳定性方面具有重要的意义。相对密实度能反映颗粒级配及形状，理论上是一较好的方法，但由于天然状态砂土的孔隙比值难以测定，尤其是位于地表下一定深度的砂层测定更为困难，此外按规程方法室内测定 e_{max} 和 e_{min} 时，人为误差较大，因此，我国现行的《建筑地基基础设计规范》（GB 50007—2002）又采用标准贯入试验的锤击数来评价砂类土的密实度。

3. 根据标准贯入试验击数判断

标准贯入试验采用重量为 63.5 kg 穿心锤，以 76 cm 的落距自由下落，把标准贯入靴打入土中，先打入 15 cm 不计数，接着每打入 10 cm 记下击数，累计打入 30 cm 的锤击数，即为标准贯入击数 N。若遇密实土层贯入锤击数超过 50 击时，不应强行打入，记录 50 击的贯入深度，并换算打入 30 cm 的锤击数。N 值的大小反映了天然土层的密实程度。按原位标准贯入试验锤击数 N 划分砂土密实度的界限值，如表 1-9 所示。

表 1-9   按原位标准贯入试验锤击数 N 划分砂土密实度

密实	中密	稍松	松散（极松）
$N > 30$	$30 \geqslant N > 15$	$15 \geqslant N > 10$	$N \leqslant 10$

4. 碎石土密实度野外鉴别

对于很难做室内试验或原位触探试验的大颗粒含量较多的碎石土，既难取原状土样，又不易打下标准贯入器，采用《建筑地基基础设计规范》(GB 50007—2002)中列出的野外鉴别方法，通过野外鉴别可将碎石土分为密实、中密、稍松、松散。参见表 1 – 10。

表 1 – 10　碎石土密实度野外鉴别方法

密实度	骨架颗粒含量和排列	可挖性	可钻性
密实	骨架颗粒质量大于总质量的 70%，呈交错排列，连续接触	锹镐挖掘困难，用撬棍方能松动，井壁一般较稳定	钻进极困难，冲击钻探时钻杆时钻杆、吊锤跳动剧烈，孔壁较稳定
中密	骨架颗粒质量等于总质量的 60%～70%，呈交错排列，大部分接触	锹镐可挖掘，井壁有掉块现象，从井壁取出大颗粒处，能保持颗粒凹面形状	钻进较困难，冲击钻探进钻杆、吊锤跳动不剧烈，孔壁有坍塌现象
稍密	骨架颗粒质量小于总质量的 60%，排列混乱，大部分不接触	锹可以挖掘，井壁易坍塌，从井壁取出大颗粒后，砂性土立即坍落	钻进较容易，冲击钻探时，钻杆稍有跳动，孔壁易坍塌

二、土的压实特性

在工程建设中经常会遇到需要将土按一定要求进行堆填和密实的情况，例如路堤、土坝、桥台、挡土墙、管道埋设、基础垫层以及基坑回填等。填土经挖掘、搬运之后，原状结构已被破坏，含水率亦发生变化，未经压实的填土强度低，压缩性大而且不均匀，遇水易发生塌陷、崩解等。为了改善这些土的工程性质，常采用压实的方法使土变得密实。土的压实也用在地基处理方面，如用重锤夯实处理松软土地基使之提高承载力。在室内通常采用击实试验测定扰动土的压实性指标，即土的压实度(压实系数)；在现场通过夯打、碾压或振动达到工程填土所要求的压实度。

1. 粘性土的压实特性

(1)粘性土的击实试验。

击实试验(compaction test)是在室内研究土压实性的基本方法。击实试验分重型和轻型两种。它们分别适用于粒径不大于 40 mm 的土和粒径小于 5 mm 的粘性土。击实仪主要包括击实筒、击锤及导筒等。击锤质量分别为 4.5 kg 和 2.5 kg，落高分别为45.7 mm和30.5 mm。

《土工试验方法》规定轻型击实试验使用语粒径小于 5 mm 的土，重型击实试验使用于粒径小于 40 mm 的土。轻型击实试验的击实筒容积为 947 cm³，击锤的质量为 2.5 kg，如图 1 – 22

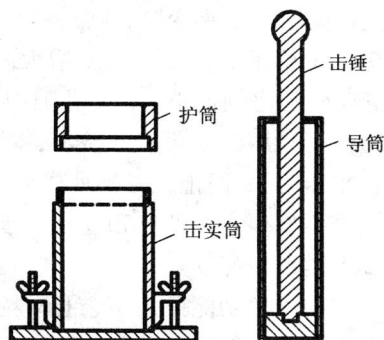

图 1 – 22　击实仪示意图

所示。试验时把制备成某一含水率的土样分三层装入击实筒,每装入一层均用击锤一次锤击 25 下,击锤落高为 30.5 cm,由导筒加以控制。

试验时,将含水率 w 一定的土样分层装入击实筒,每铺一层(共 3~5 层)后均用击锤按规定的落距和击数锤击土样,试验达到规定击数后,测定被击实土样含水率和干密度 ρ_d,如此改变含水率重复上述试验(通常为 5 个),并将结果以含水率 w 为横坐标,干密度 ρ_d 为纵坐标,绘制一条曲线,该曲线即为击实曲线(compaction curve),见图 1-15。

(2)影响压实效果的因素。

影响土压实性的因素主要有含水率、击实功、土的类型级配、毛细压力、孔隙压力。

①含水率的影响。

图 1-23 为某粘性土用标准重型击实试验测得的含水率-干密度曲线。由图中关系曲线的变化趋势可看出,曲线在含水率等于最优含水率(optimum water content,w_{op})具有峰值,称峰值时对应的含水率为最优含水率,称此时的干密度为土的最大干密度(ρ_{dmax})。当含水率低于最优含水率(w_{op})时,随着含水率的增加,干密度增加。当含水率高于最优含水率(w_{op})时,干密度下降。

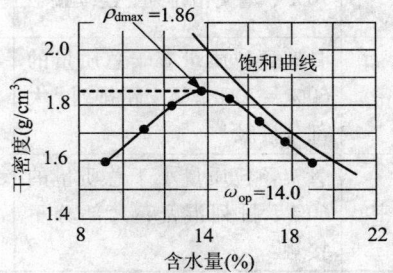

图 1-23 含水量-干密度曲线

根据上节推导的换算关系,可得

$$\rho_d = \frac{G_s \rho_w}{1 + G_s w / S_r} \tag{1-35}$$

当饱和度趋于 1 时,有

$$\rho_d = \frac{G_s \rho_w}{1 + G_s w} \tag{1-36}$$

击实原理:当击数一定时,只有在某一含水率下才能获得最佳的击实效果。由图 1-23 可知,含水率对土的干密度影响是明显的。含水率较低时,因粘粒间引力较大,土粒较难相对移动,一定的外加压实功作用不足以使土达到更紧密状态。此时增加含水率,使粒面结合水膜变厚,粒间相对移动和靠拢的阻力减小。如土的饱和度还较低,则它会更易于被压实,故干密度增大。当含水率超过相应的最优含水率时,土已接近饱和,空气所占比例很小,其在孔隙中被水包围而处于封闭状态。孔隙水和气体在瞬间夯击或短时间碾压时来不及被挤出,同时有很大一部分击实功被孔隙中的水所吸收(转化为孔隙水压力),而土粒骨架所受到的力较小,击实仅能导致土粒更高程度的定向排列,土体几乎不发生永久的体积变化。因而,干密度反而醉着含水率的增加而减小。

②土类及级配。

在相同击实功能条件下,土颗粒越粗,最大干密度就越大,最优含水率越小,土越容易击实;土中含腐植质多,最大干密度就小,最优含水率则大,土不易击实;级配良好的土击实后比级配均匀土击实后最大干密度大,而最优含水率要小,即级配良好的土容易击实。究其原因是在级配均匀的土体内,较粗土粒形成的孔隙很少有细土粒填充,而级配不均匀的土则相反，有足够的细土粒填充，因而可以获得较高的干密度。

③击实功。

图 1 – 24 表示同一种土在不同击实功能作用下所得到的击实曲线。由图 1 – 24 可见，随着击实功的增大，击实曲线形态不变，但位置发生了向左上方的移动，即最大干密度 ρ_{dmax} 增大，而最优含水率 w_{op} 却减小，且击实曲线均靠近于饱和曲线，即饱和度为 100% 时的含水率与干密度关系曲线。一般土达 w_{op} 时饱和度为 80% ~ 85%。

图 1 – 24 表明：

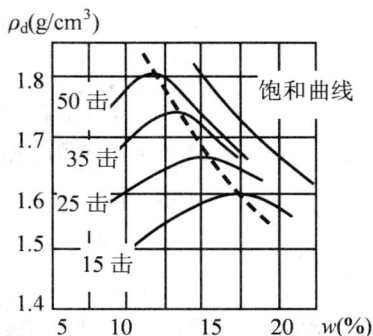

图 1 – 24　干密度与击实功的关系

①土料的最大干密度和最优含水率不是常数。最大干密度随击数的增加而逐渐增大，最优含水率则逐渐减小。但是这种增大或减小的速率是递减的，因此，光靠增加击实功能来提高土的最大干密度是有一定限度的。

②当含水率较低时击数的影响较显著。当含水率较高时，含水率与干密度关系曲线趋近于饱和线，也就是说，这时提高击实功能是无效的。

③当土偏干时，增加击实功对提高干密度的影响较大，偏湿时则收效不大，故对偏湿的土企图用增大击实功能的办法提高它的密度是不经济的。所以在压实工程中，土偏干时提高击实功能比偏湿时效果好。因此，若需把土压实到工程要求的干密度，必须合理控制压实时的含水率，选用适合的压实功能，才能获得预期的效果。

还应指出，填料的含水率过高或过低都是不利的。含水率过低，填土遇水后容易引起湿陷；过高又将恶化填土的其他力学性质。因此，在实际施工中填土含水率的控制得当与否，不仅涉及到经济效益，而且影响工程质量。实践表明，重型试验方法的压实功能相当于 12 ~ 15 t 压路机的碾压效果。轻型击实试验方法的压实功能相当于 6 ~ 8 t 压路机的碾压效果，因而其最大干密度比重型标准小 6% ~ 8%，最佳含水率大 2% ~ 8%。

④粗粒含量的影响。

由于击实仪尺寸的限制，《土工试验方法》中规定轻型击实试验允许试样的最大粒径为 5 mm，重型击实试验允许式样的最大粒径为 40 mm。当土内含有大于试验规程规定的粒径时，常需剔除超出粒径部分，然后进行试验。这样测得的最大干密度和最优含水率与实际土料在相同击实功能下的最大干密度和最优含水率不同。对于轻型击实试验，当土内粒径大于 5 mm 的土粒含量不超过 25% ~ 30%（土粒浑圆时，容许达 30%；土粒呈片状时，容许达 25%）时，可认为土内粗土粒可均匀分布在细土粒之内，同时细土粒达到了它的最大干密度。实际上土料的最大干密度和最优含水率可按下面两个经验式子校正

$$最大干密度 \ \rho'_{dmax} = \cfrac{1}{\cfrac{1-P_5}{\rho_{dmax}} - \cfrac{P_5}{\rho_w G_{s5}}} \tag{1 – 37}$$

式中：ρ_{dmax} 为粒径小于 5 mm 土料的最大干密度；ρ'_{dmax} 为相同击实功能下实际土料的最大干密度；P_5 为粒径大于 5 mm 的土粒含量（%）；G_{s5} 为粒径大于 5 mm 土粒的饱和面干比重（饱和面干比重指当土粒呈饱和面干状态时的土粒总质量相当于土粒总体积的纯水 4℃时质量的比值）。

$$最优含水率\ w'_{op} = w_{op}(1 - P_5) + w_{ab}P_5$$

式中：w_{op} 为粒径小于 5 mm 土料的最优含水率；w'_{op} 为相同击实功能下实际土料的最优含水率；w_{ab} 为粒径大于 5 mm 土粒的吸着含水率；

其余符号意义同前。

（3）压实土的优点。

在自然界中，松散土的地基承载力低，变形大，需要压实，在最优含水率下压实土具有以下优点：

①压实土的压缩变形量明显减小，在时压实的土可望得到最高的浸湿后的抗变形能力。

②压实土的抗剪强度增加，提高了地基的稳定性；

③压实土的渗透能力减小，这样就减小了水对路基的影响。

④从水稳定性角度，当接近或较大于最优含水率时，压实土的吸水量与膨胀量最小，最为稳定。

综合上述分析可以明显看出，地基、路基及水坝在最佳含水率状态下进行压实可以提高抗变形能力和水稳定性。

（4）压实标准。

①粘性土存在最优含水率 w_{op}，在填土施工中应该将土料的含水率控制在 w_{op} 左右，以期得到 ρ_{dmax}，通常取 $w = w_{op} \pm 2\% \sim 3\%$。

②工程上常采用压实系数（relative compaction，R.C K 或 λ）控制（作为填方密度控制标准）。

$$\lambda = \frac{填土的干密度}{室内标准击实的最大干密度} = \frac{\rho_d}{\rho_{dmax}} \qquad (1-38)$$

例如，一般 I 级铁路，基床表层要求 $\lambda \geqslant 93\%$，基床底层要求 $\lambda \geqslant 90\%$；

客运专线或高速铁路基床底层要求 $\lambda \geqslant 95\%$，基床表层不能用细粒土填筑，则不再描述；

I、II 级土石坝要求 $\lambda > 95\% \sim 98\%$，IV ~ V 级土石坝要求 $\lambda > 92\% \sim 95\%$；显然 $\lambda \leqslant 1$，λ 值越大，表示对压实质量的要求越高，对于路基的下层或次要工程，其值可取小些。

从现场压实和室内击实试验对比可见，击实试验既是研究土的压实特性的室内基本方法，而又对于实际填方工程提供了两方面用途：一是用来判别在某一击实功作用下土的击实性能是否良好及土可能达到的最佳密实度范围与相应的含水率值，为填方设计（或为现场填筑试验设计）合理选用填筑含水率和填筑密度提供依据；另一方面为制备试样以研究现场填土的力学特性时，提供合理的密度和含水率。

2. 无粘性土的压实特性

（1）无粘性土的压实特点。

① 不存在最优含水率；

② 在完全风干和饱和两种状态下易于击实；

③ 潮湿状态下 ρ_d 明显降低。

粗砂 $w = 4\% \sim 5\%$，中砂 $w = 7\%$ 时，干密度最小。

理论分析：对于砂性土，其干密度与含水率之间关系如图 1-25 所示。由图 1-25 可见，没有单一峰值点反映在击实曲线上，且干砂和饱和砂土击实时干密度大，容易密实；而湿的砂土，因有毛细压力作用使砂土互相靠紧，阻止颗粒移动，击实效果不好。故最优含水率的概念一般不适用于砂性土等无粘性土。无粘性土的压实标准，常以相对密实度 D_r 控制，一般不进行室内击实试验。

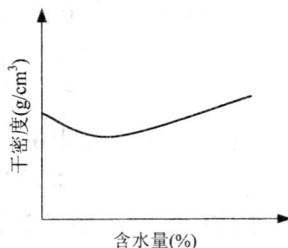

图 1-25   无粘性土击实曲线

（2）无粘性土的压实标准。

① 常用相对密度控制 $D_r > 0.7 \sim 0.75$；

② 施工过程中要么风干，要么就充分洒水，使土料饱和。

例 1-3   某处需压实土 7200 m^3，从铲远机卸下松土的容重为 15 kN/m^3，含水率为 10%，土粒比重为 2.7。求松土的孔隙比。如压实后含水率为 15%，饱和度为 95%，问共需松土多少立方米？并求压实土容重及干容重。

解：本题中，压实前状态用下标 1，压实后用下标 2。

由三相草图得：设压实前的土粒体积 $V_s = 1$，孔隙比为 e_1，得

$$V_1 = 1 + e_1 = \frac{m_1}{\rho_1} = \frac{m_s + m_w}{\rho_1} = \frac{V_s \cdot \rho_s + w_1 V_s \cdot \rho_s}{\gamma_1 / g} = \frac{G_s(1 + w_1)}{\gamma / g}$$

由此得

$$e_1 = \frac{G_s(1 + w_1)}{\gamma / g} - 1 = 0.98$$

由压实后的三相草图易知：由于土粒是不可压缩的，知压实后的体积 $V_s = 1$

$$S_r = \frac{V_w}{V_v} = \frac{V_w}{e_2}$$

则

$$V_w = S_r \cdot e_2 = \frac{m_w}{\rho_w} = \frac{w G_s \cdot V_s}{\rho_w} = w \cdot G_s$$

$$e_2 = \frac{w G_s}{S_r} = 0.426$$

由压实前后土粒质量（$m_{s1} = m_{s2}$）不变得

$$V_1 \cdot \frac{1}{1 + e_1} = V_2 \cdot \frac{1}{1 + e_2}$$

则

$$V_1 = V_2 \cdot \frac{1 + e_1}{1 + e_2} = 7200 \cdot \frac{1 + 0.98}{1 + 0.426} = 9997.2 \, (m^3)$$

则压实土的容重和干容重为

$$\gamma_2 = \frac{G_s \cdot g(1+w)}{1+e_2} = 21.77(\text{kN/m}^3)$$

$$\gamma_{2d} = \frac{\gamma_2}{1+w_2} = \frac{21.77}{1+0.15} = 18.93(\text{kN/m}^3)$$

例1-4 某工地在填土施工中所用土料的含水率为 $w_1 = 6\%$，把该土样进行室内标准重型击实试验得该土样的最优含水率为 $w_2 = 18\%$，为了便于夯实，需要把现场20000 kg土配水以达到最优含水率，问需要加多少水？

解：设应加水 x kg

加水前，20000 kg土中含水质量为：$m_{w1} = 20000 \times w_1/(1+w_1) = 1132.075(\text{kg})$

20000 kg土中含土粒质量为：$m_s = 20000 \times 1/(1+w_1) = 18867.92(\text{kg})$

加水前后土粒质量不变，则：

$$w_2 = 18\% = (x + m_{w1})/m_s$$

求得 $x = 2264.151(\text{kg})$

即应加水2264.151 kg后，方可用松土机翻匀整平后再用压路机压实。

三、工程应用

（1）现场密度测定。

测定压实路基的干密度，首先要测定路基土的密度。由于环刀法仅适用于细粒土，代表土的厚度和范围有限，且不适合于粗粒土，所以路基工程和水利工程常用灌水法与灌砂法测定压实土的密度。

1）灌砂法。

灌砂法是根据最大粒径确定试抗开挖尺寸（见表1-11），称取开挖出土的质量 m_1，并测定土的含水率 w；然后通过称量灌入试坑的标准砂的质量 $m_{砂}$ 及标准砂的密度 $\rho_{砂}$ 确定试坑的体积，从而可以计算压实土干密度。

图1-26 灌砂筒设备

灌砂法常用的公式为：

试坑体积计算：$V = \dfrac{m_{砂}}{\rho_{砂}}$

压实土的密度计算：$\rho = \dfrac{m_1}{V}$

则压实土的干密度计算，根据三相草图：

$$\rho_d = \frac{m_s}{V}$$

①

$$\rho = \frac{m_s + m_w}{V} \qquad V = \frac{m_s + m_w}{\rho} \qquad ②$$

将②式代入①式得

$$\rho_d = \frac{\rho m_s}{m_s + m_w} = \frac{\rho m_s}{m_s(1 + 0.01w)} = \frac{\rho}{1 + 0.01w}$$

此式是工程中常用的计算干密度的公式。

根据铁路或公路压实系数的概念：

$$\lambda = \frac{\rho_d}{\rho_{dmax}}$$

式中：ρ_{dmax} 为室内通过标准重型击实试验得出土的最大干密度

土的最大粒径不同，对试坑的要求也不同，试坑的要求如表 1-11 所示。

表 1-11　试坑尺寸(mm)

试样最大粒径	试坑尺寸(mm)	
	直径	深度
5(20)	150	200
40	200	250
60	250	300

灌砂法不但适合细粒土，而且也适合颗粒小于 60 mm 的粗粒土，其取样数量较大，能够较准确地反映压实土的干密度。缺点是标准砂的密度 $\rho_砂$ 标定较为繁琐，且标准砂用过一段后需重新标定，其次标准砂携带不够方便。

例 1-5　已知某客运专线铁路灌砂法测试记录如表 1-12 所示，标准砂的密度为 1.398 g/cm³，灌砂筒下漏斗锥体积为 481.2 cm³（此体积不是试坑体积，应去除），该土样经室内标准重型击实的干密度为 1.98 g/cm³，客运专线要求压实系数达到 91%，试问该压实土是否达标。

表 1-12　某客运专线铁路灌砂法测试记录

试坑编号	试验地点（位置）	灌满标准砂的密度测定器总质量(g)	密度测定器和剩余标准砂的质量(g)	土的质量(g)	土的含水率试验结果(g)		
					$m_盒$	$m_{盒+湿土}$	$m_{盒+干土}$
1	K1422+580(左)	8601	4365	5125	10.08	29.65	27.98

解：土的含水率：$w = \dfrac{m_水}{m_土} = \dfrac{29.65 - 27.98}{27.98 - 10.08} \times 100\% = 9.33\%$

试坑体积：$V = \dfrac{m_砂}{\rho_砂} - 481.2 = \dfrac{8601 - 4365}{1.398} - 481.2 = 2548.84$（cm³）

土的湿密度：$\rho = \dfrac{m_\pm}{V} = \dfrac{5125}{2548.84} = 2.01\ (\text{cm}^3)$

土的干密度：$\rho_d = \dfrac{\rho}{1+0.01\omega} = 1.84\ (\text{cm}^3)$

压实系数：$\lambda = \dfrac{\rho_d}{\rho_{dmax}} \times 100 = 92.93(\%) > 91\%$

故该土达到了压实要求。

2）灌水法。

灌水法测试坑体积用水来代替砂，开挖试坑与灌砂法相同，然后在挖好的试坑内铺上大于试坑容积的塑料膜袋，再通过有刻度的储水筒向试坑内注水至水面与试坑边缘齐平，则试坑的体积即为注水的体积。试样的密度可以按下式计算：

$$\rho = \dfrac{m_p}{V_p}$$

式中：ρ 为试样密度；m_p 为取自试坑的试样质量；V_p 为试坑体积。

两种试验方法具体要求见《土工试验方法标准》（GB/T 50123 – 1999）

3）核子密度仪法。

路基工程中可用核子湿度密度仪直接测量路基填土密度，其原理是利用元素的放射性来测定各种材料的密度和湿度。仪器内部带有两个辐射源，即用于测定密度铯 137γ 源和用于测定湿度的镅 241 – 铍中子源的复合源。

① 密度测量的原理是：铯 137γ 源旗出 γ 射线进入被测材料中与物质原子的外围电子发生碰撞而产生康普顿散射，散射后的 γ 射线能量将减少，方向会改变。若物质的密度越大，康普顿散射的 γ 射线越多，于是通过测量散射后的 γ 射线的数量，即可判断被测物质的密度。

图 1 – 27　核子密度仪

② 含水量测量的原理是：由镅 241 – 铍中子源产生的快中子射入被测材料中，与料层内物质发生碰撞散射，减速、扩散，使快中子最后变成热中子，热中子被探测器探测，这个作用主要是由物质中的含氢量决定，而氢主要在水中，若被测材料中含水量大，热中子数就多，反之就少。因此探测热中子数的多少即反映其含水量的大小。

与传统的灌水法和灌砂法相比，核子湿度仪有明显的优点：被测土壤体积大，结果更具有代表性；测量中不存在试样的影响或体积的变化，人为影响小；测量一次总耗时不超过 5 min，因此测量可以在压实机械来回通过的间隙时间内完成，可直接用来指导施工。其不足之处在于辐射源的辐射强度会随时间而变化，因此需经常对仪器进行标定，且仪器价格较贵。

（2）现场含水率测定。

计算路基土的干密度，除了要测定路基土的密度外，还要测定路基土的含水率。含水率测定常用方法有烘干法、酒精燃烧法、炒干法及微波炉法。

1）烘箱烘干法。

烘箱烘干法是室内测定含水率规范推荐方法，细粒土取样为 15～30 g，砂类土、有机土为 50 g，砂砾石为 1～2 kg。烘干温度控制在 105～110℃，一般粘性土烘干时间不低于 8 h，砂性土烘干时间不低于 6 h。对含有有机质超过 5% 的土或含石膏的土，应将温度控制在 60～70℃ 的恒温下，干燥 12～15 h 为好。现场一般不专门配备烘箱，要根据规范确定合适的取样量进行取样，一般采用塑料袋密封称量后带回实验室进行烘干。

2）酒精燃烧法。

由于现场一般不配备专业烘箱，现场常采用酒精燃烧法进行测定土的含水率。酒精燃烧法适用于快速简易测定细粒土（含有机质的土除外）的含水率。测定时，取代表性试样（粘质土 5～10 g，砂类土 20～30 g），称完质量后用滴管注入浓度为 95% 以上的酒精至盒中出现液面为止，将酒精和试样充分混合均匀，点燃酒精，燃至火焰熄灭；冷却数分钟再重复加酒精重复燃烧 2～3 次，称重得干土的质量。

3）微波炉烘干法。

微波加热原理及其特点：微波是指波长为 1 mm～1 m 的电磁波，其频率为 300～300000 Hz。由于微波具有透射性，能使物体中的极性分子（特别是水分子）剧烈运动产生热量，从而使物体温度上升。

微波炉对土体加热速度快，经测试 10 min 可将 30 g 的多个土样烘干。因土质及含水率的不同，可调节微波炉的功率。试验前可用同一土样先烘 10 min 并记录其干土质量，再以每级 5 min 递增和记录，直到干土质量不变（精确到 0.01 g），从而确定合适的烘干时间。采用微波炉加热时，取代表性试样 60～100 g，置于 100 mL 高温陶瓷坩埚中，称取湿土质量。将盛有土样的坩埚均匀放在微波炉内转盘上，关好门。将火力调为次高火，定时加热，加热时间约为每 10 g 土样 1 min。加热完毕，打开炉门约 10 min，以放出炉内水汽。再次反复加热，加热时间每次减半，复称土的质量至恒重（两次减少量不大于 0.02 g），然后根据称重干土计算土的含水率。

由于现场受电和其他条件限制，现场还用炒干法。

第七节　粘性土的物理特性

一、粘性土的状态与界限含水率

1. 粘性土的状态

粘性土因含水多少而表现出的稀稠软硬程度，称为稠度。因含水多少而呈现出不同的物理状态称为粘性土的稠度状态（consitence states）。土的稠度状态因含水率的不同，可表现为固态、塑态与流态三种状态（见图 1-28）。

固态：含水率相对较少，粒间主要为强结合水连结（强结合水或固定层重叠），连结

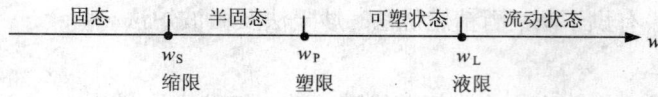

图 1-28   粘性土的界限含水率

牢固，土质坚硬，力学强度高，不能揉塑变形，形状大小固定。

塑态：含水率较固态为大，粒间主要为弱结合水连结（即弱结合水或扩散层重叠），在外力作用下容易产生变形，可揉塑成任意形状不破裂、无裂纹，去掉外力后不能恢复原状。

流态：含水率继续增加、粒间主要为液态水占据，连结极微弱，几乎丧失抵抗外力的能力，强度极低，不能维持一定的形状，土体呈泥浆状，受重力作用即可流动。

上面三种稠度状态中的每一种还可以进一步细分为两种稠度状态，见表 1-13。

表 1-13   粘性土的稠度状态和稠度界限

稠度状态		特征	稠度界限	体积缩小方向	含水率减小方向
流态	液流状态	土呈液体状，薄层状流动	触变限 液限 w_L （塑性上限） 粘着限 塑限 w_P （塑性下限） 收缩限 w_s	↓	↓
	粘流状态	土似粘滞液体，厚层状流动			
塑态	粘塑状态	土具塑性体性质，可塑成任意形状，且能粘着于其他物体上			
	稠塑状态	土具塑性体性质，可塑成任意形状，但不能粘着其他物体			
固态	半固体状态	土近似固体，力学强度较大，形状固定，不能揉塑变形			
	固体状态	土具固体性质，力学强度高，形状大小固定		体积不变	

2. 粘性土的界限含水率

粘性土稠度状态的变化是由于土中含水率的变化而引起的，粘性土由一种稠度状态转变为另一种稠度状态，相应于转变点（临界点）的含水率称为稠度界限或界限含水率（见图 1-29）。目前世界各国普遍应用的是由瑞典农学家阿登堡（Atterberg，1911）制定的稠度状态与相应的稠度界限标准（见表 1-13）。

液限（liquid limit，w_L）又称为液性界限、流限，它是流动状态与可塑状态的界限含水率，也就是可塑状态的上限含水率。

塑限（plastic limit，w_p）又称为塑性界限，它是可塑状态与半固体状态的界限含水率，也就是可塑状态的下限含水率。

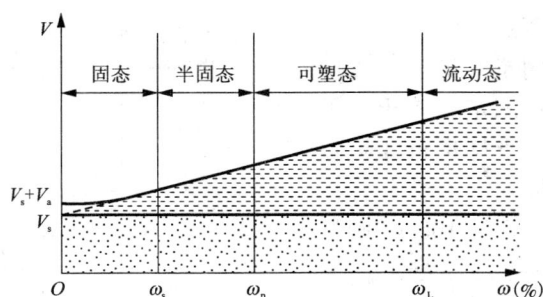

图 1 - 29　粘土的界限含水率

缩限(shrinkage limit, w_s)是半固体状态与固体状态的界限含水率,也就是粘性土随着含水率的减小,体积开始不变时的含水率。

稠度界限中最具实际意义的是塑限(w_P)和液限(w_L)。

粘性土随含水率的变化而表现出不同的稠度状态,是一种复杂的物理化学过程,与土粒组成、矿物成分和土粒表面吸附阳离子性质等有关,与粘性土周围水化膜的变化有直接关系。可以说界限含水率的大小反映了这些因素的综合影响,因而对粘性土的分类和工程性质的评价有着重要意义。

必须指出,粘性土从一种状态变为另一种状态是逐渐过渡的,本无明确的界限。目前只是根据某些通用的试验方法所测定的含水率来代表这些界限含水率。

二、粘性土界限含水率的测定方法

目前测定界限含水率主要有以下几种方法。

1. 碟式仪液限试验

图 1 - 30 为碟式液限仪,适用于粒径小于 0.5 mm 的土。它是将浓糊状土样装入碟内,刮平表面,用切槽器在土中划一条槽,槽底宽 2 mm。以每秒两转的速度转动摇柄,使铜碟反复起落,坠击于底座上,数记击数,直至槽底两边试样的合拢长度为 13 mm 时,记录击数,并在槽的两边取试样不应少于 10 g,放入称量盒内,测定含水率。击数为 25 次土样的含水率为液限。

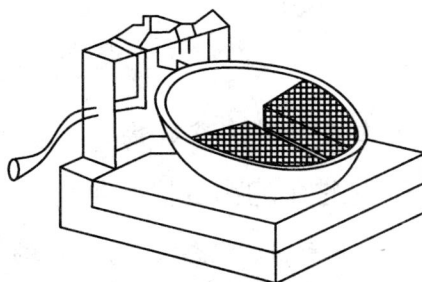

图 1 - 30　碟式液限仪

2. 滚搓法塑限试验

塑限可用搓条法测定,施工现场常用。把塑性状态的土重塑均匀后,用手掌在毛玻璃板上把土团搓成圆条土,当搓到土条直径恰好为 3 mm 左右时,土条自动断裂为若干段,此时土条的含水率即为塑限。搓条法受人为因素的影响较大,因而结果不稳定。人们通过实践证明,利用锥式液限仪联合测定液、塑限可以取代搓条法。

3. 液、塑限联合测定法

联合测定法是采用锥式液限仪以电磁放锥,利用光电方式测定锥入土中的深度,以不同的含水率土样进行 3 组以上试验,并将测定结果在双对数坐标纸上作出 76 g(水利部门采用 100 g)圆锥体的入土深度与含水率的关系曲线,它接近于一条直线,如图 1-31 所示。横坐标上对应于圆锥体入土深度 2 mm 时土样的含水率为该土塑限 w_P,横坐标上对应于圆锥体入土深度为 10 mm 时土样的含水率为土的液限 w_L,17 mm 时土样的含水率为土的 17 mm 液限。我国通常采用原苏联定义的 10 mm 液限对土进行定名,实际上,锥尖入土深度超过 10 mm 时,粘性土并未真正达到流动状态。美国采用碟式仪进行液限测定,其测出的液限与液塑限联合测定测出的 17 mm 液限值相当。

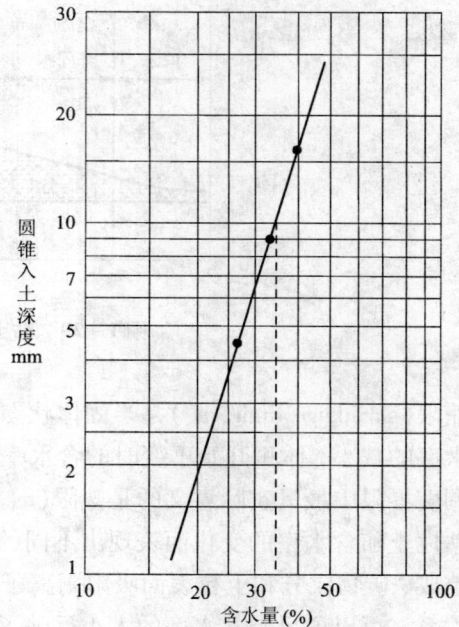

图 1-31 圆锥下沉深度与含水量关系

4. 收缩皿法缩限试验

土的缩限(shrinkage limit, w_s)把土样的含水率调制到大于土的液限,然后将其填实到一定容积 V_1 的容器,烘干,测出干试样的体积 V_2 并称出其质量 m_s 后,按下式求得缩限 w_s:

$$w_s = w_1 - \frac{V_1 - V_2}{m_s}\rho_w \qquad (1-39)$$

式中:w_1 为试样的制备含水率。

三、粘性土的稠度状态评价

土处于何种稠度状态取决于土中的含水率,但是由于不同土的稠度界限是不同的,因此天然含水率不能说明土的稠度状态。为判别自然界中粘性土的稠度状态,通常采用液性指数(liquid index, I_L)进行评价,即:

$$I_L = \frac{w - w_P}{w_L - w_P} \qquad (1-40)$$

当 $w > w_L$ 时,$I_L > 1$,则土处于流态;当 $w < w_P$ 时,$I_L < 0$,则土处于固态;当 $w_P < w < w_L$ 时,$0 < I_L < 1$,则土处于塑态。也就是说,天然含水率越高,I_L 就越大,土就越软;相反,天然含水率越低,I_L 越小,土就越硬。工程实际中常用 I_L 值判别土的稠度状态,见表 1-14。

表 1 – 14　按液性指数划分粘性土的稠度状态

《建筑地基基础设计规范》（GB 50007—2011）	状　态	坚　硬	硬　塑	可　塑	软　塑	流　塑
	液性指数	$I_L \leq 0$	$0 < I_L \leq 0.25$	$0.25 < I_L \leq 0.75$	$0.75 < I_L \leq 1$	$I_L > 1$
《公路桥涵地基与基础设计规范》（JTG D63—2007）	状　态	坚　硬	硬塑状态	软塑状态	流塑状态	
	液性指数	$I_L < 0$	$0 \leq I_L < 0.5$	$0.5 \leq I_L < 1$	$I_L \geq 1$	

　　稠度状态能说明粘性土的强度与压缩性，处于坚硬与硬塑状态的，土质较坚硬，强度较高且压缩性较低（变形量较小），处于流塑与软塑的土，土质软弱且压缩性较高，处于可塑状态的土，其性质界于前二者之间。

　　采用重塑土测定的，没有考虑土的结构影响，在含水率相同时，原状土比重塑土硬，故用 I_L 判断重塑土状态是合适的，但对原状土偏于保守。

四、土的可塑性

1. 粘性土的塑性指数

　　粘性土中含水率在液限与塑限两个稠度界限之间时，土处于可塑状态，具有可塑性，这是粘性土的独特性能。由于粘性土的可塑性是含水率界于液限与塑限之间表现出来的，故可塑性的强弱可由这两个稠度界限的差值大小来反映，即塑性指数（plastic index，I_P），即：

$$I_P = w_L - w_P \tag{1 – 41}$$

　　塑性指数越大，意味着粘性土处于可塑态的含水率变化范围越大，其可塑性就越强。说明土中弱结合水膜（扩散层）厚度越大，土中粘粒含量越多，且含亲水性强的矿物成分越多；反之亦然。所以在工程实际中直接按塑性指数大小对一般粘性土进行分类，1994 年开始国家标准《岩土工程勘察规范》按塑性指数 I_P（为方便而略去%）将粘性土分为两类，$I_P > 17$ 为粘土，$17 \geq I_P > 10$ 为粉质粘土，$I_P \leq 10$ 为粉土或砂类土。在以往的分类方案中，很多部门对粘性土多采用按颗粒级配进行分类，经研究表明，粘性土按塑性指数分类比按颗粒级配分类更能反映实际土体的工程特性，因为对粘性土，其性质不仅与颗粒级配有关，还与粘粒的形状、粘粒的亲水性强弱有关，而塑性指数综合反映了粘粒的含量及其亲水性。因此，目前新的规范要求主要按塑性指数对粘性土进行分类。

2. 影响粘性土可塑性的因素

　　粘性土可塑性强弱主要取决于粒间弱结合水膜厚度的大小，那么影响弱结合水膜（扩散层）厚度的因素主要是土的颗粒级配、矿物成分，水溶液的化学成分、浓度及 pH 值。因此，粘性土的可塑性强弱也受到这些因素的影响。

　　（1）粒径的影响。

　　从表 1 – 15 中可以看出，粘粒含量，特别是细粘粒含量的增高会增强可塑性。试验结果表明：随着粘粒含量增加，液限与塑限都在增长，但液限更为敏感，故塑性指数也在增长。液限的敏感性使它常常也成为评价粘性土工程性质的重要指标。

表 1 – 15　可塑性与粒径的关系

粒径(mm)	> 0.005	0.005 ~ 0.002	0.002 ~ 0.001	< 0.001	< 0.0005
可塑性	一般没有	微弱	不大	强烈	特强

（2）矿物成分和交换离子成分的影响。

粘粒矿物成分和交换离子成分对粘性土的影响是很大的。研究表明：粘土矿物亲水性越强，其液限和塑限越高，但液限提高比塑限提高幅度大，故塑性指数明显提高。交换离子成分对可塑性的影响则主要表面在亲水性强的蒙脱石。

（3）活性指数。

为了更明确的反映不同数量、不同矿物成分粘粒在可塑性中起的作用，引入胶体活动性指数，其定义如下：

$$A = \frac{I_p}{p_{0.002}} \tag{1 – 42}$$

式中：$p_{0.002}$ 为粒径小于 0.002 mm 的粘粒百分比。

土中含有蒙脱石越多，活性指数越大，活性越强。一般按活性指数划分粘性土的活动性见表 1 – 16。

表 1 – 16　粘性土的活性

A	< 0.75	0.75 ~ 1.25	> 1.25
活性等级	非活动性的	正常活动性的	活动性的

例 1 – 6　某土样的液限为 38.6%，塑限为 23.2%，天然含水率为 25.5%，试判断土的工程分类及该土样处于何种状态？

解：$I_p = w_L - w_P = 38.6 - 23.2 = 15.4$

$I_L = (w - w_p)/I_p = 0.15$

$10 < I_p < 17$ 且 $I_L < 0.25$

所以该土是处于硬塑状态的粉质粘土。

第九节　粘性土的胀缩性

一、粘性土的胀缩性指标

粘性土中含水率的变化不仅引起土稠度发生变化，也同时引起土的体积发生变化。粘性土由于含水率的增加，土体体积增大的性能称为膨胀性；由于含水率的减少，体积减少的性能称为收缩性。这种湿胀干缩的性质，统称为土的胀缩性。膨胀、收缩等特性是说明土与水作用时的稳定程度，故又称为土的抗水性。

土的膨胀可造成基坑隆起、坑壁拱起或边坡滑移；土体积收缩时常伴随着产生裂隙，从而增大土的透水性，降低土的强度和边坡的稳定性。因此，研究土的胀缩性对工程建筑物的安全和稳定具有重要意义。此外，还可利用细粒土的膨胀特性，将其作为填料或灌浆材料来处理裂隙。

1. 粘性土的膨胀性及其指标

（1）粘性土膨胀机理。

对土吸水膨胀、失水收缩的原因，主要是粘粒与水作用后，由于双电层的形成，使扩散层或弱结合水厚度变化所引起的；或者是由于某些亲水性较强的粘土矿物（如蒙脱石）层间结合水的吸水或析出所致。

土膨胀的机理是：

① 由于粘土矿物和有机质因水化而产生的结合水膜对土粒间的楔劈作用的结果；

② 某些亲水性能较强的粘土矿物，进入硅氧四面体和铝氧八面体的"层间结合水"的增加，使结晶格架膨胀，引起土体积膨胀，这称为层间膨胀或结晶内部膨胀。

（2）粘性土膨胀的指标。

表征土膨胀性的指标主要有膨胀率、自由膨胀率、膨胀力和膨胀含水率。

① 膨胀率。

原状土在一定压力和有侧限条件下浸水膨胀稳定后的高度增加量与原高度之比，称为膨胀率 δ_{ep}，用百分率（%）表示。其值愈大，说明土的膨胀性愈强。室内试验是用环刀取土测定的，由于是在有侧限条件下的膨胀，因此测得的膨胀率（线胀率）实际上就是体胀率即膨胀率，表达式为：

$$\delta_{ep} = \frac{h_w - h_0}{h_0} \times 100\% \qquad (1-43)$$

式中：h_0 为土样原始高度；h_w 为土样浸水膨胀稳定后的高度。

膨胀率的大小与土的天然含水率、土的密实程度及土的结构联结有关。工程实践中，应根据土层的埋藏条件和上部荷载，测定不同压力下的膨胀率，以满足工程需要。一般评价土的膨胀性时，可测定无荷载作用下的膨胀率 δ_{ep}，其值愈大，土膨胀性愈强。

② 自由膨胀率。

将一定体积的扰动烘干土样经充分吸水膨胀稳定后，测得增加的体积与原干土体积之比即为自由膨胀率 δ_{ef}，以百分率（%）表示：

$$\delta_{ef} = \frac{V_w - V_0}{V_0} \times 100\% \qquad (1-44)$$

式中：V_w 为土样在水中膨胀稳定后的体积；V_0 为土样原始体积。

自由膨胀率表明土在无结构力影响下的膨胀特性。工程上把 $\delta_{ef} \geq 40\%$ 称为膨胀土，其中 $40 \leq \delta_{ef} < 60$ 为弱膨胀土，$60 \leq \delta_{ef} < 90$ 为中等膨胀土；$\delta_{ef} \geq 90$ 为强膨胀土。

③ 膨胀力。

原始土样在体积不变时，由于浸水膨胀时产生的最大内应力称为膨胀力。膨胀力可用来衡量土的膨胀势和考虑地基的承载能力，某些细粒土的膨胀力可达 100 kPa 以上。

2. 土的收缩性与指标

土的收缩是由土中水分的减少而引起的。一般认为，土的失水收缩主要是因为双电层变薄、结合水减少引起的。

表征土收缩性的指标有以下几个:

(1)体缩率 δ_V。

土样失水收缩减少的体积与原体积之比,以百分率(%)表示:

$$\delta_V = \frac{V_0 - V_d}{V_0} \times 100\% \qquad (1-45)$$

式中:V_0 为土样收缩前的体积;V_d 为土样收缩后的体积。

(2)线缩率 δ_{si}。

土样失水收缩减少的高度与原高度之比,以百分率(%)表示:

$$\delta_{si} = \frac{h_0 - h_i}{h_0} \times 100\% \qquad (1-46)$$

式中:h_0 为土样原始高度;h_i 为土样收缩后的高度。

(3)影响粘性土胀缩性的因素。

影响粘性土胀缩性的因素,与影响结合水含量和水膜厚度的基本因素一致外,还有土的天然含水率和结构性等。天然含水率越小,膨胀性越大,反之则收缩性越大。扰动土的胀缩性比原状土大,因抵抗胀缩的联结强度较小。

二、土的冻胀

气温降到零度以下时,地面下水分开始结冰。土冻结后体积常有不同程度的膨胀,称为冻胀。较强的冻胀会使地面明显隆起,到春夏天暖时地面冻结部分融化,使土层变得稀软下沉,称为融沉。

1. 冻胀原因及冻胀力

当近地面的土层温度降到零度以下时,土中自由水首先冻结成冰,随着温度的继续降低,粘土表面最外层的弱结合水也开始冻结。因部分结合水冻结而使水膜变薄,粘粒表面的电荷就不平衡因而对它下面相邻粘粒表面上的结合水产生了吸附引力,造成未冻区粘粒面上被吸附不牢固的结合水向冻结区迁移,迁移到冻结区的弱结合水也会冻结成冰。如果冻结区下面有充足的水源和有向上及时输送水分的毛细通道,则水分迁移是连续的,因而冻结区的冰晶体就可能大量增加。

2. 冻胀指标与分类

(1)冻胀力。

冻胀主要是近地面处土中水分的积聚增加和冻结的结果。冻胀时土内会产生很大的内应力,称为冻胀力。据有关资料表明,基础侧面受到的切向冻胀力达 392 kPa,底面受到的法向冻胀力达 4.6 MPa,它将远大于一般建筑物可能有的自重应力。

(2)冻胀率。

冻胀率 n 指在冻结过程中土体积的相对膨胀量,或土层冻胀量与土层冻结深度的百分比。以百分率表示,即:

$$n = \frac{h_2 - h_1}{h_1} \times 100\% \qquad (1-47)$$

　　根据土的冻胀率可以将土分成四等：不冻胀土、弱冻胀土、冻胀土、强冻胀土，如表 1 – 17 所示。

表 1 – 17　土的冻胀率分级表

冻胀率 n	$n \leqslant 2\%$	$2\% < n \leqslant 3.5\%$	$3.5\% < n \leqslant 6\%$	$n > 6\%$
冻胀等级	不冻胀土	弱冻胀土	冻胀土	强冻胀土

　　（3）影响冻胀的主要因素。

　　影响冻胀的因素主要有：①粒径组成及矿物成分的影响；②水源的影响；③温度的影响。

第十节　土的工程性质分类

　　自然界的土类众多，工程性质各异。目前，国内外有两大类土的工程分类体系，一是建筑工程系统的分类体系，它侧重于把土作为建筑地基和环境，故以原状土为基本对象。对土的分类除考虑土的组成外，很注重土的天然结构性，即土粒联结与空间排列特征。例如《建筑地基基础设计规范》（GB 50007—2011）地基土的分类。二是工程材料系统的分类体系，侧重于把土作为建筑材料，用于路堤、土坝和填土地基等工程。故以扰动土为基本对象，注重土的组成，不考虑土的天然结构性，如《土的分类标准》（GB/T 50145—2007）工程用土的分类和《公路土工试验规程》（JTG E40—2007）的工程分类。

　　目前国内应用于对土仅此那个分类的标准、规程（规范）主要有以下几种：

　　（1）建设部《土的分类标准》（GBT 50145—2007）；

　　（2）建设部《建筑地基基础设计规范》（GB 5007—2011）；

　　（3）交通部《公路土工试验规程》（JTG E40—2007）；

　　（4）水利部《土工试验规程》（SL 237—1999）等。

　　（5）建设部《岩土工程勘察规范》（GB 50021—2001）2009 年版。

　　本节主要介绍《土的分类标准》（GBT 50145—2007）和《建筑地基基础设计规范》（GB 5007—2011）中对土的工程分类，主要目的是让读者了解土的分类原则和一般方法。

一、《土的分类标准》

　　该分类体系与一些欧、美国家的土分类体系再原则上没有大的差别，只是在某些细节上作了一些变动。土的总分类体系如图 1 – 32 所示。

　　对土进行分类时，应先判别该土属于有机质还是无机质土。若土的全部或大部分是有机质时，该土就属于有机土，含少量有机质时为有机质土，否则，就属于无机质土。土中有机质应根据未完全分解的动植物残骸和无定形物质判定。有机质呈黑色、青黑色或暗色，有臭味，有弹性和海绵感，可采用目测、手摸或臭感判别。当不能判别时，可由试验测定。若属无机土，则可根据土内各粒组的相对含量由粗到细把土分为巨粒土、含

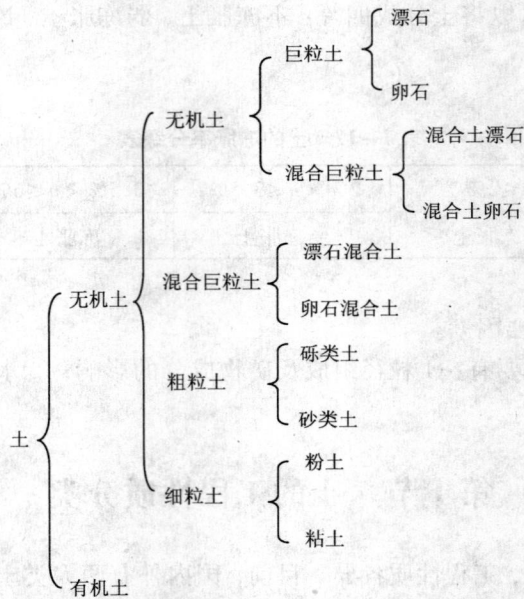

图 1 - 32　土体总的分类体系

巨粒土、粗粒土和细粒土四大类后再进一步细分。

土的粒组应根据下表规定的土颗粒粒径范围划分,粒组划分如表 1 - 18 所示。

表 1 - 18　粒组划分

粒组统称	粒组名称		粒组粒径 d 的范围(mm)
巨粒	漂石(块石)粒		$d > 200$
	卵石(碎石)粒		$200 \geqslant d > 60$
粗粒	砾粒	粗砾	$60 \geqslant d > 20$
		细砾	$20 \geqslant d > 2$
	砂粒		$2 \geqslant d > 0.075$
细粒	粉粒		$0.075 \geqslant d > 0.005$
	粘粒		$0.005 \geqslant d$

1. 巨粒土和含巨粒土的分类

巨粒土和含巨粒土应按试样中所含粒径大于 60 mm 的巨粒组含量来划分。试样中含巨粒组质量多于总质量的 50% 的土称为巨粒土;试样中巨粒组质量为总质量的 15% ~ 50% 的土称为巨粒混合土;试样中巨粒组质量少于总质量的 15% 的土,可扣除巨粒,按粗粒或细粒土的相应规定分类定名。

巨粒土和含巨粒土再结合漂石粒含量进一步按表 1 - 19 细分。

表 1 - 19　巨粒土和含巨粒土的分类

土类			土代号	土名称
巨粒土	巨粒含量 75% ~ 100%	漂石粒含量 > 50%	B	漂石
		漂石粒含量 ≤ 50%	Cb	卵石
混合巨粒土	50% < 巨粒含量 < 75%	漂石粒含量 > 50%	BSI	混合土漂石
		漂石粒含量 ≤ 50%	CbSI	混合土卵石
巨粒混合土	15% < 巨粒含量 < 50%	漂石粒含量 > 50%	SIB	漂石混合土
		漂石粒含量 ≤ 50%	SICB	卵石混合土

2. 粗粒土的分类

试样中粒径大于 0.075 mm 的粗粒组质量多于总质量 50% 的土称为粗粒土。粗粒土又分为砾类土和砂类土两类。试样中粒径大于 2 mm 的砾粒组质量多于总质量 50% 的土称为砾类土；试样中粒径大于 2 mm 的砾粒组质量少于或等于总质量 50% 的土称为砂类土。

砾类土或砂类土按至阳中粒径小于 0.075 mm 的细粒含量，液、塑限和土的级配可进一步细分。现以砾类土为例说明如下：

（1）若砾类土的细粒含量少于 5% ，则该土属（纯）砾。当土的不均匀系数大于或等于 5，且曲率系数在 1 ~ 3 之间，则属于级配良好砾（GW）；不能同时满足不均匀系数和曲率系数的上述规定，则属级配不良砾（GP）。

（2）若细粒含量占 5% ~ 15% ，则该砾类土属含细粒土砾（GF）。

（3）若细粒含量多于 15% ，少于或等于 50% ，则砾类土属细粒土质。再根据粒径小于 0.5 mm 土的液、塑限按塑性图（参见细粒土分类）分类属粘性土时，则该土属粘土质砾（GC）；按塑性图分类属粉土时，则该土属粉土质砾（GM）。

砾类土根据其中的细粒含量及类别、粗粒组的级配具体分类如表 1 - 20 所示。

若粗粒土属砂类土，它的进一步细分同砾类土，只需要将砾改为砂，代号 G 改为 S。砂类土根据其中的细粒含量及类别、粗粒组的级配具体分类如表 1 - 21。

表 1 - 20　砾类土的分类

土类		粒组含量		土代号	土名称
砾类土	砾	细粒含量 < 5%	级配：$C_u \geqslant 5$　$C_c = 1 \sim 3$	GW	级配良好砾
			级配：不能同时满足上述要求	GP	级配不良砾
	含细粒土砾	细粒含量 5% ~ 15%		GF	含细粒土砾
	细粒土质砾	细粒含量 > 50% ，≤ 50%	细粒为粘粒	GC	粘土质砾
			细粒为粉粒	GM	粉土质砾

表 1 – 21 砂类土的分类

土类			粒组含量		土代号	土名称
砂类土	砂	细粒含量 <5%	级配：$C_u \geqslant 5$ $C_c = 1 \sim 3$		SW	级配良好砾
			级配：不能同时满足上述要求		SP	级配不良砾
	含细粒土砂	细粒含量 5% ~15%			SF	含细粒土砾
	细粒土质砂	细粒含量 >50%，≤50%	细粒为粘粒		SC	粘土质砾
			细粒为粉粒		SM	粉土质砾

3. 细粒土的分类

试样中粒径小于 0.075 mm 的细粒组质量多于或等于总质量 50% 的土称为细粒土。细粒土应按下列规定划分：

(1)试样中粗粒组质量少于总质量 25% 的土称为细粒土；

(2)试样中粗粒组质量为总质量 25% ~50% 的土称含粗粒的细粒土；

(3)试样中含部分有机质的土称有机土。

细粒土可按塑性图进一步细分，塑性图的横坐标为土的液限(w_L)，纵坐标为塑性指数(I_p)。该标准规定有两种塑性图，可根据所采用不同液限的标准进行选用。当取质量为 76 g、锥角为 30°的液限仪锥尖入土深度为 17 mm 对应的含水率为液限时，应按塑性土图 1 – 33 进行分类；当取质量为 76 g，锥角为 30°的液限仪锥尖入土深度为 10 mm 对应的含水率为液限时，应按塑性土图 1 – 34 进行分类。目前国内不同的行业选用的液限标准不同，同学们应用时要注意。

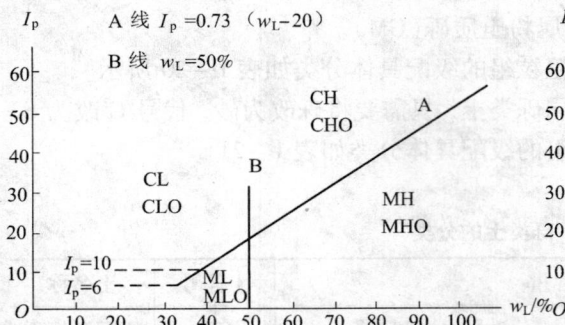

图 1 – 33 17 mm 液限所对应的塑性图

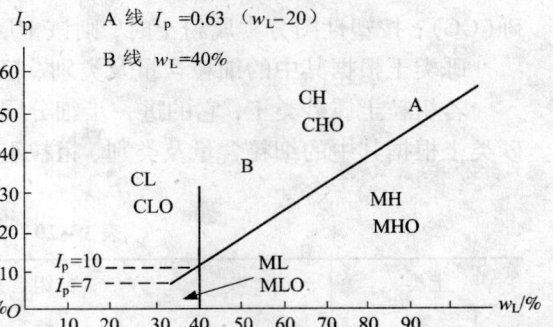

图 1 – 34 10 mm 液限所对应的塑性图

若土的液限和塑性指数落在图中 A 线以上，且 I_p 大于或等于 10，表示土的塑性高，属粘土或有机质粘土；若土的液限和塑性指数落在 A 线以下，且 I_p 小于 10，拜师土的塑性低，属粉土或有机质粉土。由于土的液限的高低可简单反映土的压缩性高低，即土的液限高，它的压缩性也高；反之，液限低，压缩性低。因此该分类方法又用一条竖线 B 把粘土和粉土各细分为两类，当采用图 1 – 33 所示的塑性图确定细粒土的类别时，土的具体定名和代号见表 1 – 22；当采用图 1 – 34 所示的塑性图确定细粒土的类别时，土的具体定名和代号见表 1 – 23。

表 1 – 22　细粒土的分类(17 mm 液限)

土的塑性指数在塑性图中的位置		土代号	土名称
塑性指数 I_p	液限 w_L		
$I_p \geqslant 0.73(\omega_L - 20)$ 和 $I_p \geqslant 10$	$w_L \geqslant 50\%$	CH	高液限粘土
	$w_L < 50\%$	CL	低液限粘土
$I_p < 0.73(\omega_L - 20)$ 和 $I_p < 10$	$w_L \geqslant 50\%$	MH	高液限粉土
	$w_L < 50\%$	ML	低液限粉土

表 1 – 23　细粒土的分类(10 mm 液限)

土的塑性指数在塑性图中的位置		土代号	土名称
塑性指数 I_p	液限 w_L		
$I_p \geqslant 0.63(w_L - 20)$ 和 $I_p \geqslant 10$	$w_L \geqslant 40\%$	CH	高液限粘土
	$w_L < 40\%$	CL	低液限粘土
$I_p < 0.63(w_L - 20)$ 和 $I_p < 10$	$w_L \geqslant 40\%$	MH	高液限粉土
	$w_L < 40\%$	ML	低液限粉土

注：① 若细粒土内含部分有机质，则土名前加形容词有机质，土代号后加 O，例如高液限有机质粘土(CHO)，低液限有机质粉土(MLO)等；

② 若细粒土内粗粒含量为 25% ~ 50%，则该土属含粗粒的细粒土。当粗粒中砂粒占优势，则该土属含砂细粒土，并在代号签加 S，如 CLS，MHS 等。

例题 1 – 7　有 A，B，C 三种土，它们的粒径分布曲线如图 1 – 35 所示。已知 B 土的液限为 38%，塑限为 19%，C 土的液限为 47%，塑限为 24%。试对这三种土进行分类。

解：(1)对 A 土进行分类。

① 从图 1 – 35 曲线 A 查得粒径大于 60 mm 的巨粒含量为零，而粒径大于 0.075 mm 的粗粒含量为 98%，大于 50%，所以 A 土属于粗颗粒。

② 从图中查得粒径大于 2 mm 的砾粒含量为 63%，大于 50%，多以 A 土属于砾类土；

③ 细粒土含量为 2%，少于 5%，该土属砾；

④ 从图中曲线查得 d_{10}，d_{30}，d_{60} 分别为 0.32 mm、1.65 mm、和 3.55 mm。

因此，土的不均匀系数

$$I_L = \frac{w - w_p}{w_L - w_p} = \frac{46.2 - 22.9}{19.5} = 1.19$$

土的曲率系数

$$I_L = \frac{w - w_p}{w_L - w_p} = \frac{46.2 - 22.9}{19.5} = 1.19$$

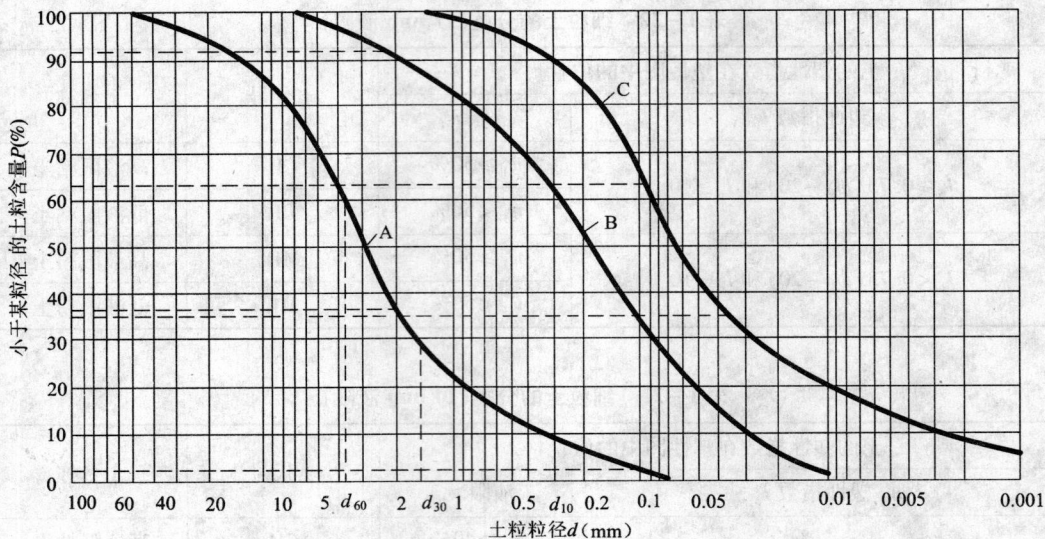

图 1 − 35　例题 1 − 7 附图

⑤ 由于 Cu > 5，Cc = 1 ~ 3，所以 A 土属于级配良好砾（GW）。

（2）对 B 土进行分类。

① 从图 1 − 35 的 B 曲线中查得大于 0.75 mm 的粗粒含量为 72%，大于 50%，所以 B 土属于粗粒土；

② 从图中查得大于 2 mm 的砾粒含量为 8%，小于 50%，所以 B 土属于砂类土，但小于 0.075 mm 的 细粒含量为 28%，在 15% ~ 50% 之间，因而 B 土属于细粒土质砂；

③ 由于 B 土的液限为 38%，塑性指数 $I_p = 38 - 19 = 19$，在 17 mm 塑性图上落在 CL 区，故 B 土最后应定名为粘土质砂（SC）。

（3）对 C 土进行分类。

① 从图 1 − 35 的 C 曲线中查得大于 0.075 mm 的粗粒含量为 46%，介于 25% ~ 50% 之间，所以 C 土属于含粗粒的细粒土；从图中查得大于 2 mm 的砾粒含量为零，该土属于含砂细粒土；

② 由于 C 土的液限为 47%，塑性指数 $I_p = 47 - 24 = 23$，在 17 mm 塑性图上落在 CL 区，故 C 土最后应定名为含砂低液限粘土（CLS）。

二、建筑地基及岩工程勘察规范土的分类

《岩土工程勘察规范》（GB 50021—2001）和《建筑地基基础设计规范》（GB50007—2011）分类体系的主要特点是：在考虑划分标准时，注重土的天然结构特性和强度，并始终与土的主要工程特性即变形和强度特征紧密联系。因此，首先考虑了按沉积年代和地

质成因的划分，同时将某些特殊形成条件和特殊工程性质的区域性特殊土与普通土区别开来。

1. 岩石

岩石为颗粒间牢固联结呈整体或具有节理裂隙的岩体。作为建筑物地基，岩石应划分其坚硬程度和完整程度。岩石的坚硬程度根据岩块的饱和单轴抗压强度分为坚硬岩、较硬岩、较软岩、软岩和极软岩。岩石的风化程度可分为未风化、微风化、中风化、强风化和全风化。关于岩石的物理力学行为是"岩石力学"研究的范畴。

2. 碎石土

粒径大于 2 mm 的颗粒含量超过全重 50% 的土称为碎石土。根据颗粒级配和颗粒形状按表 1-24 分为漂石、块石、卵石、碎石、圆砾和角砾。

表 1-24 碎石土分类

土的名称	颗粒形状	颗粒级配
漂石 块石	圆形及亚圆形为主	粒径大于 200 mm 的颗粒含量超过全重 50%
	棱角形为主	
卵石 碎石	圆形及亚圆形为主	粒径大于 20 mm 的颗粒含量超过全重 50%
	棱角形为主	
圆砾 角砾	圆形及亚圆形为主	粒径大于 2 mm 的颗粒含量超过全重 50%
	棱角形为主	

注：定名时应根据颗粒级配由大到小以最先符合者确定。

3. 砂土

粒径大于 2 mm 的颗粒含量不超过全重 50%，且粒径大于 0.075 mm 的颗粒含量超过全重 50% 的土称为砂土。根据颗粒级配按表 1-25 分为砾砂、粗砂、中砂、细砂和粉砂。

表 1-25 砂土分类

土的名称	颗粒级配
砾 砂	大于 2 mm 粒径的粒组含量占总重量的 25% ~50%
粗 砂	大于 0.5 mm 粒径的细粒含量超过总重量的 50%
中 砂	大于 0.25 mm 粒径的粒组含量超过总重量的 50%
细 砂	大于 0.075 mm 粒径的粒组含量超过总重量的 85%
粉 砂	大于 0.075 mm 粒径的粒组含量超过总重量的 50%

注：定名时应根据颗粒级配由大到小以最先符合者确定。

4. 粉土

粉土是介于砂土与粘性土之间,《岩土工程勘察规范》规定,以 76 g 圆锥仪入土深 10 mm 定重塑土的液限标准,塑性指数 $I_p \leq 10$,粒径大于 0.075 mm 的颗粒含量不超过全重 50% 的土。

资料表明,粉土的密实度与天然孔隙比 e 有关,一般 $e > 0.9$ 时,为稍密,强度较低,属软弱地基;$0.75 < e < 0.9$ 为中密;$e < 0.75$,为密实,其强度高,属良好的天然地基。

粉土的湿度状态可按天然含水率 $w(\%)$ 划分,当 $w < 20\%$,为稍湿;$20\% < w < 30\%$,为湿;$w > 30\%$,为很湿。粉土在饱水状态下易于散化与结构软化,以致强度降低,压缩性增大。野外鉴别粉土可将其浸水饱和,团成小球,置于手掌上左右反复摇晃,并以另一手振击,则土中水迅速渗出土面,并呈现光泽。

5. 粘性土

塑性指数 $I_p > 10$ 的土称为粘性土。《建筑地基基础设计规范》将粘性土根据 I_p 又可分为粉质粘土和粘土,见表 1 – 26。

表 1 – 26　GB 50007—2002 粘性土分类

塑性指数 I_p	$10 < I_p \leq 17$	$I_p > 17$
土的名称	粉质粘土	粘土

注:本分类采用 10 mm 液限。

6. 人工填土

人工填土是指由于人类活动而堆积的土,其物质成分杂乱,均匀性较差。人工填土可按堆填时间分为老填土和新填土,通常把堆填时间超过 10 年的粘性填土或超过 5 年的粉性填土称为老填土,否则称为新填土。根据其物质组成和成因又可分为素填土、压实填土、杂填土和冲填土几类。

(1)素填土:由碎石、砂土、粉土和粘性土等组成的填土。其不含杂质或含杂质很少,按主要组成物质分为碎石素填土、砂性素填土、粉性素填土及粘性素填土。

(2)压实填土:经分层压实或夯实的素填土称为压实填土。

(3)杂填土:含有大量建筑垃圾、工业废料或生活垃圾等杂物的填土。按组成物质分为建筑垃圾土、工业垃圾土及生活垃圾土。

(4)冲填土:由水力冲填泥砂形成的填土。

7. 特殊土

是指具有一定分布区域或工程意义上具有特殊成分、状态和结构特征的土。从目前工程实践来看,大体可分为:软土、红粘上、黄土、膨胀土、多年冻土、盐渍土等。

(1)软土。

指沿海的滨海相、三角洲相、内陆的河流相、湖泊相、沼泽相等主要由细粒土组成的孔隙比大($e \geq 1$)、天然含水率高($w \geq w_L$)、压缩性高、强度低和具有灵敏性、结构性的土层。其包括淤泥、淤泥质粘性土、淤泥质粉土等。

淤泥和淤泥质土是工程建设中经常遇到的软土。在静水或缓慢的流水环境中沉积，并经生物化学作用形成。当粘性土的 $w > w_L$，$e > 1.5$ 时称为淤泥；而当 $w > w_L$，$1.5 > e \geqslant 1.0$ 时称为淤泥质土。当土中有机质含量大于 5% 时称为有机质土，大于 60% 称为泥炭。

（2）红粘土。

指碳酸盐系的岩石经第四纪以来的红土化作用，形成并覆盖于基岩上，呈棕红、褐黄色的高塑性粘土。其特征是：$w_L > 50$，土质上硬下软，具有明显胀缩性，裂隙发育。已形成的红粘土经坡积、洪积再搬运后仍保留着粘土的基本特征，且 $w_L > 45$ 的称为次生红粘土。我国红粘土主要分布于云贵高原、南岭山脉南北两侧及湘西、鄂西丘陵山地等。

（3）黄土。

一种含大量碳酸盐类、且常能以肉眼观察到大孔隙的黄色粉状土。天然黄土在未受水浸湿时，一般强度较高，压缩性较低。但当其受水浸湿后，因黄土自身大孔隙结构的特征，压缩性剧增使结构受到破坏，土层突然显著下沉，同时强度也随之迅速下降，这类黄土统称为湿陷性黄土。湿陷性黄土根据上覆土自重压力下是否发生湿陷变形，又可分为自重湿陷性黄土和非自重湿陷性黄土。

（4）膨胀土。

指土体中含有大量的亲水性粘土矿物成分（如蒙脱石、伊利石等），在环境温度及湿度变化影响下，可产生强烈的胀缩变形的土。由于膨胀土通常强度较高，压缩性较低，而一旦遇水，就呈现出较大的吸水膨胀和失水收缩现象，其自由膨胀率 $\geqslant 40\%$。往往导致建筑物和地基开裂、变形而破坏。膨胀土大多分布于当地排水基准面以上的二级阶地及其以上的台地、丘陵、山前缓坡、垅岗地段，其分布多呈零星分布且厚度不均，不具绵延性和区域性，在我国十几个省均分布有膨胀土。

（5）多年冻土。

指土的温度等于或低于摄氏零度、含有固态水，且这种状态在自然界连续保持 3 年或 3 年以上的土。当自然条件改变时，它将产生冻胀、融陷、热融滑塌等特殊不良地质现象，并发生物理力学性质的改变。主要分布于我国西北和东北部分地区，青藏公路和青藏铁路沿线即遇大量多年冻土。

（6）盐渍土。

指易溶盐含量大于 0.5%，且具有吸湿、松胀等特性的土。由于可溶盐遇水溶解，可能导致土体产生湿陷、膨胀以及有害的毛细水上升，使建筑物遭受破坏。

例 1 - 7　已知某土样不同粒组的重量占全重的百分比如下：粒径 2 ~ 5 mm 占 3.1%，1 ~ 2 mm 占 6%，0.5 ~ 1 mm 占 14.4%，0.25 ~ 0.5 mm 占 41.5%，0.1 ~ 0.25 mm 占 26%，0.05 ~ 0.1 mm 占 9%，全重为 100%，试确定土的名称。

解：计算得粒径大于 2 mm 的占全重的 3.1% < 25%，不属于砾砂。粒径大于 0.5 mm 占 23.5% < 50%，不属于粗砂。粒径大于 0.25 mm 的占全重的 65% > 50%，故该土定名为中砂。

例 1 - 8　某土样的天然含水率 $w = 46.2\%$，天然容重 $\gamma = 17.15$ kN/m³，相对密度 G_s

=2.74，液限 $w_L = 42.4\%$，塑限 $w_p = 22.9\%$，试确定该土样的名称。

解：塑性指数 $I_p = w_L - w_p = 42.4 - 22.9 = 19.5$

液性指数 $I_L = \dfrac{w - w_p}{w_L - w_p} = \dfrac{46.2 - 22.9}{19.5} = 1.19$

孔隙比 $e = \dfrac{G_s \cdot \gamma_w (1 + w)}{\gamma} - 1 = 1.29$

因 $I_p > 17$、$I_L > 1$ 为流塑状态的粘土，又因 $w > w_L$、$1.5 > e > 1$，故该土定名为淤泥质粘土。

重点与难点

重点：(1)土的粒径组成与矿物成分；(2)土的常见的物理性质指标；(3)土的物理状态及相关指标；(4)土的工程分类及分类指标。

难点：(1)土的三相含量指标测定及计算；(2)土的物理状态及其相关指标。

思考与练习

1-1　土的矿物成分主要有哪些？主要粘土矿物有哪几种，其物理力学性质有何不同？

1-2　何谓土的颗粒级配？评价土的级配情况采用哪些指标？土级配良好的判别条件是什么？

1-3　如何评价土的密实度？无粘性土与粘性土的评价指标有何差异？

1-4　何谓粘土的最优含水量？影响粘土压实效果的因素有哪些？击实试验在实际工程中具体有哪些应用？

1-5　在路基工程中，测定路基土密度方法常采用哪些方法，含水率测定采用有哪些方法？

1-6　粘土的物理状态指标有哪些？简要说明其定义及其测定方法。

1-7　地基土分哪几类？划分的依据是什么？为什么不同行业有不同的分类方法？

1-8　在某住宅地基勘察中，已知一个钻孔原状土试样结果为：天然容重为 18.5 kN/m^3，土粒比重 $G_s = 2.70$，土的含水率为 18.0%。试求该土干容重、孔隙比和饱和度。

1-9　某住宅工程地质勘察中取原状土做试验。用天平称得 50 cm^3 的湿土质量为 95.15 g，烘干后质量为 75.05 g，并测得土粒比重为 2.67。计算此土样的天然密度、天然含水率、干密度、孔隙比和饱和度。

1-10　某砂层的天然容重为 15.7 kN/m^3，含水量为 16%。如果该砂土的最大和最小干容重分别为 17.2 kN/m^3 和 13.0 kN/m^3，问该土层处于何种物理状态。

1-11　某砂土层埋深 2 m，其标贯击数 $N = 14$，取土样测得其含水率 28.5%，天然容重 19.0 kN/m^3，土粒比重为 2.68，颗粒分析试验结果如习题表 1-1 所示，试确定该土的名称、孔隙比、饱和度，并根据标贯试验结果确定其密实度。

习题表 1 – 1　土的筛分结果

粒组(mm)	>2	0.5 ~2	0.25 ~0.5	0.075 ~0.25	<0.075
该粒级占干土质量的百分比(%)	9.4	18.6	21.0	37.5	13.5

1 – 12　某碾压路堤的土方量为 20 万 m³，设计填筑干密度为 1.65 g/cm³。料场土的含水率为 12.0%，天然密度为 1.70 g/cm³，液限为 32.0%，塑限为 20.0%，土粒比重为 2.72。问：

(1)为满足填筑土坝需要，料场至少要有多少方料？

(2)如每日路堤的填筑量为 3000 m³，该土的最优含水率为塑限的 95%，为达到最佳碾压效果，每天需加水多少？

(3)路堤填筑后的饱和度是多少？

第 2 章
土的渗透性及有效应力原理

第一节　土的渗透定律

一、渗透速度、总水头、水头损失和水力梯度

　　土是三相体，土中水流仅存在于孔隙空间，水的渗流是沿着一些形状不一、大小各异、弯弯曲曲的通道进行的[如图 2 – 1(a)所示]。研究个别孔隙中水的运动情况是很困难的，实际工程中也无此必要，因此只需研究具有平均性质的渗透规律。

　　垂直于渗流方向取一个截面，称为过水断面，过水断面面积为 A，如图 2 – 1(b) 所示。设通过过水断面的单位时间渗流流量为 q，则渗透速度定义为 $v = q/A$。渗透速度 v 代表水流在整个过水断面上的平均流速，不代表真实水流的速度。实际上真实水流仅发生在相应于断面 A 中所包含的孔隙面积 ΔA 内，因此水流的实际平均速

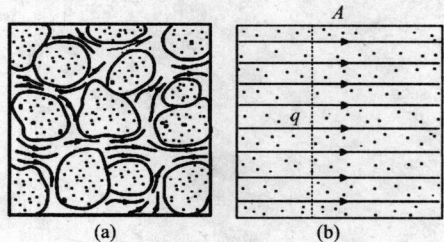

图 2 – 1　土孔隙中水的渗流

度 $\bar{u} = q/\Delta A$。由此 $v/\bar{u} = A/\Delta A = n$，$n$ 为土体的孔隙度。可以看出，渗透速度要小于真实水流速度。工程上采用渗透速度 v 较为方便。

　　土中水的渗流是从总水头高的部位沿着土中孔隙通道向总水头低处流动的。土中某点的总水头 h(total head)由位置水头 z(或称为势水头，代表流体的位置势能)、压力水头 h_w(或称为静水头，代表流体相对于大气压的压强势能)以及速度水头 h_v(或称为动水头，代表流体所具有的动能)三部分组成，即：

$$h = z + h_w + h_v \qquad\qquad (2-1)$$

　　式(2 – 1)中：总水头 h 代表流体所具有的总机械能。压力水头 $h_w = u/\gamma_w$，u 为该点的静水压力，在土力学中称为孔隙水压力。$z + h_w$ 称为测压管水头，代表流体所具有的总势能。由于水在土中渗流速度一般很小，因此速度水头 h_v 可以忽略不计，这样总水头可以用测压管水头代替。

　　如图 2 – 2 所示，土中 A、B 两点的位置水头为 z_A、z_B，压力水头为 h_{wA}、h_{wB}，A、B 两点的总水头为 h_A、h_B。因 $h_A > h_B$，故水流从 A 点流向 B 点。引起这两点间渗流的总水头

差为 $\Delta h = h_A - h_B$，Δh 即是从 A 点渗流至 B 点的水头损失（代表流体在流动过程中克服阻力作功而消耗的机械能，这部分机械能转化成热能而散失）。图 2 − 2 中 A、B 两点处测压管水头的连线叫做测压管水头线或总水头线。A、B 两点间的渗流路径或渗流长度为 L。单位流程的水头损失即为渗流的水力梯度，或叫做水力坡度（hydraulic gradient），通常用 i 表示，研究土的渗透性和渗流问题时，i 是一个重要的物理量。

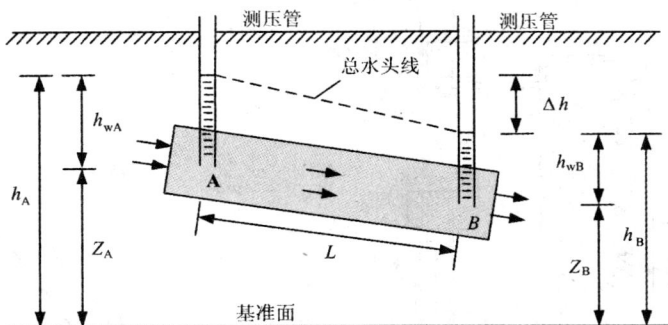

图 2 − 2　位置水头、压力水头、总水头和总水头差

$$i = \Delta h / L \qquad\qquad (2 - 2)$$

二、达西渗透定律

1. Darcy 公式

1856 年法国工程师 H. Darcy 在装满砂的圆筒中进行试验（如图 2 − 3 所示），得到如下关系式：

$$q = k \cdot A \cdot \frac{H_1 - H_2}{L} = k \cdot A \cdot i \qquad\qquad (2 - 3)$$

或

$$v = \frac{q}{A} = k \cdot i \qquad\qquad (2 - 4)$$

式中：q 为单位时间内的渗流量；H_1、H_2 为通过砂样前后的总水头；L 为砂样沿水流方向的长度；A 为试验圆筒的横截面积，包括砂粒和孔隙两部分面积在内；k 为比例系数，称为渗透系数；i 为水力梯度；v 为渗透速度。

式（2 − 3）、式（2 − 4）称为 Darcy 渗透定律（Darcy's law），它指出渗透速度 v 与水力梯度 i 成线性关系，故又称线性渗透定律。

Darcy 定律有一定的适用范围。达西定律可用来描述水流速度较低的层流状态下的渗透规律。多数情况下天然地下水运动服从 Darcy 定律，该定律对大多数工程中的渗透问题可以适用。但在某些砾石和卵石等粗粒土中，当水力梯度较大时，水的流速大而成紊流形态，v 与 i 则表现为非线性关系，此时达西定律就不再适用。另一方面，对于某些粘性土，有研究者认为存在一个起始水力梯度 i_0，即当实际水力梯度 i 小于 i_0 时，几乎不发生渗流。这主要是由于土颗粒周围存在着结合水,结合水因受到分子引力作用而呈现粘滞性,因此粘土中自由水的渗流因结合水的粘滞作用受到很大阻力。只有当 $i > i_0$ 时,克服结合水的抗剪强度后才会发生渗流,其后 v 与 i 之间近似呈线性关系(见图 2 - 4)。此时达西定律可表示为 $v = k(i - i_0)$。

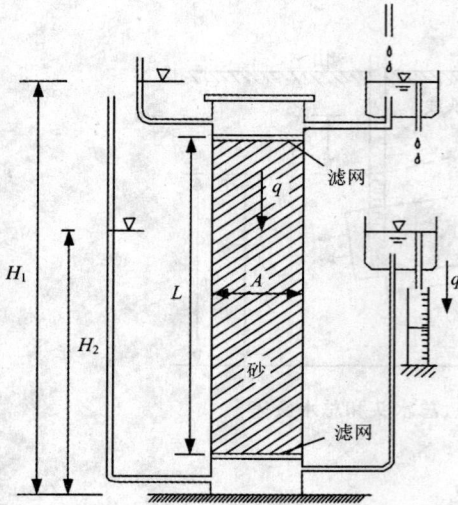

图 2 - 3 Darcy 实验装置

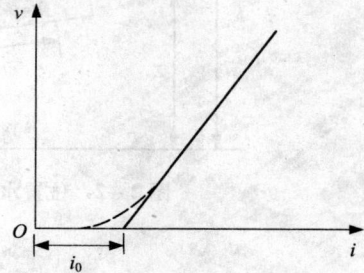

图 2 - 4 起始水力坡度

2. 渗透系数(coefficient of permeability)

达西公式中的渗透系数 k 是反映土体渗透能力的一个指标。当水力梯度 $i = 1$ 时,渗透系数在数值上等于渗透速度,因水力梯度无量纲,所以渗透系数具有速度的量纲,常用 cm/s 或 m/d 表示。在水力梯度一定的情况下,流速 v 大则 k 值大,反之 k 值小,而流速大小反映了土的渗透性强弱。故 k 值大的土,渗透性强,即容易透水,反之则渗透性弱,不易透水。

在与水的渗流有关的工程问题的分析计算中,渗透系数是一个重要的基本参数,其数值的正确确定对渗透计算有着非常重要的意义。如基坑涌水量的计算,饱和粘性土地基的变形计算,用排水固结法处理软弱地基的设计计算等。

影响土渗透系数的因素很多,而且也比较复杂。

土中颗粒的粗细和级配与孔隙通道的大小有关,会影响土的渗透性。一般来讲,细粒土的孔隙通道比粗粒土的小,所以渗透系数也小;粒径级配良好的土,粗颗粒间的孔隙被细颗粒所充填,与粒径级配均匀的土相比,前者孔隙通道较小,故具有较小的渗透系数。

在粘性土中,粘粒表面结合水膜的厚度与颗粒的矿物成分有很大关系,而结合水膜会使土的孔隙通道减小,渗透性降低,其厚度越大,影响越明显。

同一种土,孔隙比或孔隙率大,则土的密实度低,过水断面大,渗透系数也大;反之,则土的密实度高,渗透系数小。

土的结构和构造对土的渗透性也有较大影响。如当孔隙比相同时，具有絮凝结构的粘性土，其渗透系数比分散结构者大许多。其原因在于絮凝结构的粒团间有相当数量的大孔隙，而分散结构的孔隙大小则较为均匀。再如土在宏观构造上的成层性及扁平粘粒在沉积过程中的定向排列，使得粘性土在水平方向的渗透系数往往远大于垂直方向，两者之比可达 $10 \sim 100$。

如果土不是完全饱和而有封闭气体存在，也会对土的渗透性产生显著影响。土中存在封闭气泡不仅减小了土的过水断面，更重要的是它会填塞某些孔隙通道，从而降低土的渗透性。如果有水流可以带动的细颗粒或水中悬浮有其他固体物质，也对土的渗透性造成与封闭气泡类似的影响。

各种土的渗透系数 k 见表 $2-1$。工程中一般以渗透系数大于 10^{-3} cm/s（1.0 m/d）作为渗水土与非渗水土的一个重要分界指标。

表 2 - 1　土的渗透系数参考值

土的名称	渗透系数 k(cm/s)	土的名称	渗透系数 k(cm/s)
粘土	$< 1.2 \times 10^{-6}$	中砂	$6.0 \times 10^{-3} \sim 2.4 \times 10^{-2}$
粉质粘土	$1.2 \times 10^{-6} \sim 6.0 \times 10^{-5}$	粗砂	$2.4 \times 10^{-2} \sim 6.0 \times 10^{-2}$
粉土	$6.0 \times 10^{-5} \sim 6.0 \times 10^{-4}$	砾砂、砾石	$6.0 \times 10^{-2} \sim 1.8 \times 10^{-1}$
粉砂	$6.0 \times 10^{-4} \sim 1.2 \times 10^{-3}$	卵石	$1.2 \times 10^{-1} \sim 6.0 \times 10^{-1}$
细砂	$1.2 \times 10^{-3} \sim 6.0 \times 10^{-3}$	漂石	$6.0 \times 10^{-1} \sim 1.2 \times 10^{0}$

例 2 - 1　某渗透试验装置如例 2 - 1 图所示，土样 Ⅰ 渗透系数 $k_1 = 0.2$ cm/s，土样 Ⅱ 渗透系数 $k_2 = 0.1$ cm/s，土样横截面积 $A = 200$ cm^2，求：（1）土样中 $a-a$ 截面、$c-c$ 截面的总水头；（2）若在土样 Ⅰ 与土样 Ⅱ 分界面处引出一测压管，测压管内水将上升多高？（3）土样中单位时间渗流量 q 为多大？

解：（1）取 $c-c$ 截面为基准面。

$a-a$ 截面的位置水头：$z_a = 20 + 40 = 60$（cm）

$a-a$ 截面的压力水头（即假设从 $a-a$ 截面引出一测压管，管内水位上升高度）：

$h_{wa} = 30$（cm）

$a-a$ 截面的总水头：$h_a = 60 + 30 = 90$（cm）

$c-c$ 截面的位置水头：$z_a = 0$

$c-c$ 截面的压力水头（即假设从 $c-c$ 截面引出一测压管，管内水位上升高度）：

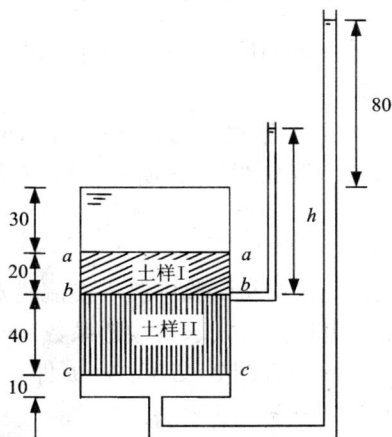

例 2 - 1 图

$h_{wc} = 80 + 30 + 20 + 40 = 170(\text{cm})$

$c - c$ 截面的总水头：$h_a = 0 + 170 = 170(\text{cm})$

（2）设测压管内水将上升 h，则：

$a - a$ 截面与 $b - b$ 截面之间的水头差：

$\Delta h_{ab} = h - 30 - 20 = h - 50$

$c - c$ 截面与 $b - b$ 截面之间的水头差：

$\Delta h_{bc} = 80 - (h - 30 - 20) = 130 - h$

因为土样 I 与土样 II 中单位时间渗流量相等（根据渗流连续性原理），由达西公式：

$q_1 = k_1 i_1 A = q_2 = k_2 i_2 A$

即：

$$k_1 \frac{\Delta h_{ab}}{L_{ab}} = k_2 \frac{\Delta h_{bc}}{L_{bc}}$$

$$0.2 \times \frac{h - 50}{20} = 0.1 \times \frac{130 - h}{40}$$

由此求得：$h = 66(\text{cm})$

（3）$q = k_1 i_1 A = 0.2 \times \dfrac{66 - 50}{20} \times 200 = 32(\text{cm}^3/\text{s})$

第二节　渗透系数的测定

一、试验方法测定渗透系数

渗透系数的确定可以通过在试验室或现场做试验来测定。下面介绍几种试验方法的基本原理。

1. 常水头渗透试验（constant head test）

试验装置如图 2 - 5 所示。试验过程中土样中水的渗流符合达西定律：

$$q = k \cdot A \cdot \frac{\Delta h}{L}$$

因此，只要从试验中测出渗流量 q、过水断面面积 A、总水头差 Δh、渗流长度 L 的数值，则可由达西公式求得渗透系数 $k = (q \cdot L)/(A \cdot \Delta h)$。

由试验装置图 2 - 5 可知，L 即土样高；A 即盛土样的圆筒的横截面积；Δh 为土样顶、底面位置之间的水头差，试验过程中总水头差 Δh 是不变的，可由试验装置图量出；q 为单位时间里透过土样的水量，可由量筒测出时间 t 内流出水量 Q，计算 $q = Q/t$。

常水头渗透试验适用于透水性较大的砂性土。

2. 变水头渗透试验（falling head test）

试验装置如图 2 - 6 所示。试验过程中土样中水的渗流符合达西定律 $q = k \cdot A \cdot \Delta h/L$。土样顶、底面位置之间的水头差 Δh 在起始时刻 t_1 时为 Δh_1，试验过程中，因变水头管内的水位逐渐下降，因此渗流的总水头差 Δh_t 随时间 t 逐渐减小，经过一定时间后记录 t_2

时刻的总水头差 Δh_2。

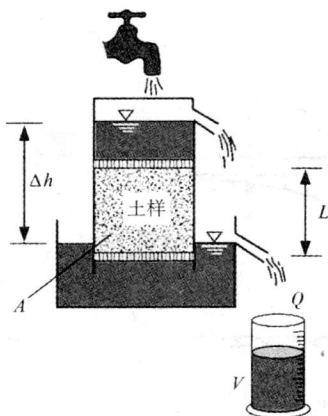

图 2-5　常水头渗透试验　　　　　　图 2-6　变水头渗透试验

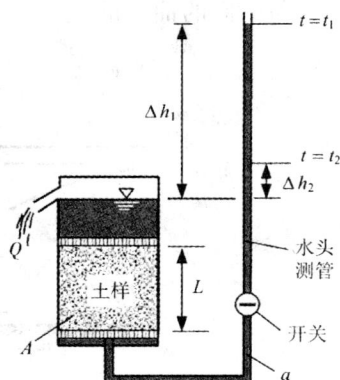

从变水头管来分析，$\mathrm{d}t$ 时间内水位下降 $-\mathrm{d}(\Delta h)$，下降水量 $\mathrm{d}Q$ 为：

$$\mathrm{d}Q = -a \cdot \mathrm{d}(\Delta h) \tag{2-5}$$

式中：a 为变水头管的内截面积。

从土样中水的渗流规律来分析，$\mathrm{d}t$ 时间内流过土样横截面积 A 的水量也应为 $\mathrm{d}Q$（根据渗流连续性原理），渗流符合达西定律。代入达西公式，得：

$$q = \frac{\mathrm{d}Q}{\mathrm{d}t} = k \cdot A \cdot \frac{\Delta h}{L}$$

由式（2-5）：

$$q = \frac{\mathrm{d}Q}{\mathrm{d}t} = \frac{-a \cdot \mathrm{d}(\Delta h)}{\mathrm{d}t}$$

由此可得：

$$\frac{k \cdot A}{L \cdot a}\mathrm{d}t = -\frac{\mathrm{d}(\Delta h)}{\Delta h}$$

两边积分：

$$\int_{t_1}^{t_2} \frac{k \cdot A}{L \cdot a}\mathrm{d}t = \int_{\Delta h_1}^{\Delta h_2} -\frac{\mathrm{d}(\Delta h)}{\Delta h}$$

根据积分结果整理可得渗透系数计算公式：

$$k = \frac{aL}{A(t_2 - t_1)}Ln\frac{\Delta h_1}{\Delta h_2} \tag{2-6}$$

变水头渗透试验适用于透水性较小的粘性土。

3. 现场抽水试验

图 2-7 为在潜水含水层中进行抽水试验的示意图。在测试现场打一个抽水孔，另在距抽水孔适当距离处打一个或两个观测孔，然后以不变的速率从抽水孔中连续抽水，其四周的地下水位随之逐渐下降，形成以抽水孔为轴心的漏斗状地下水面。假设抽水时水沿着水平方向流向抽水孔，则土中的过水断面是以抽水孔中心轴为轴线的圆柱面。用

h 表示距抽水孔 r 处的地下水位高度,则该处的过水断面面积(即圆柱面侧面积)$A =$ $2\pi rh$,该处水力梯度可表示为 $i = dh/dr$。当抽水稳定后,通过该处过水断面的流量等于抽水孔中单位时间的抽水量 q。

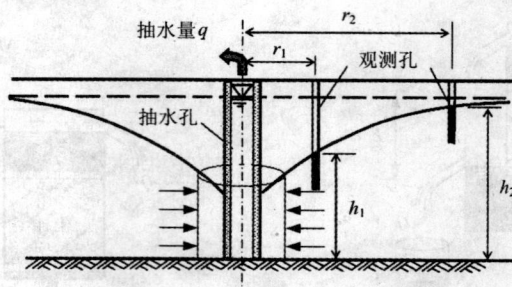

图 2 - 7   抽水试验示意图

根据达西定律得:

$$q = kAi = k \cdot 2\pi rh \cdot \frac{dh}{dr}$$

将该式改写成:

$$q\frac{dr}{r} = 2\pi kh \cdot dh$$

两边积分:

$$\int_{r_1}^{r_2} q\frac{dr}{r} = \int_{h_1}^{h_2} 2\pi kh \cdot dh$$

整理后可得渗透系数计算公式:

$$k = \frac{q}{\pi(h_2^2 - h_1^2)} Ln\frac{r_2}{r_1} \qquad\qquad (2-7)$$

二、成层土的平均渗透系数

成层性是大多数天然土的构造特征,对土的渗透性有影响。图 2 - 8 表示有 m 层土总厚度为 H,各层的厚度分别为 H_1,H_2,$\cdots$,H_m,渗透系数分别为 k_1,k_2,$\cdots$,k_m。研究这种情况下的渗流问题,可以根据渗流方向采用土层的水平向平均渗透系数 k_x 或垂直向平均渗透系数 k_y。

1. 渗流方向平行于土层

见图 2 - 8(a),根据达西定律 $q = kAi$ 以及以下两个条件:

(1)厚度 H 内的总流量 $q_总$ 等于各土层流量之和 $\sum_{j=1}^{m} q_j$;

(2)厚度 H 内的总水力梯度与各土层的水力梯度相等。

于是:

$$q_总 = k_x A \cdot i = \sum_{j=1}^{m} q_j = \sum_{j=1}^{m} k_j \cdot A_j \cdot i,$$

上式可写成:

$$q_总 = k_x H \cdot i = \sum_{j=1}^{m} k_j H_j \cdot i$$

则：
$$k_x = \frac{1}{H} \cdot \sum_{j=1}^{m} k_j H_j \qquad\qquad (2-8)$$

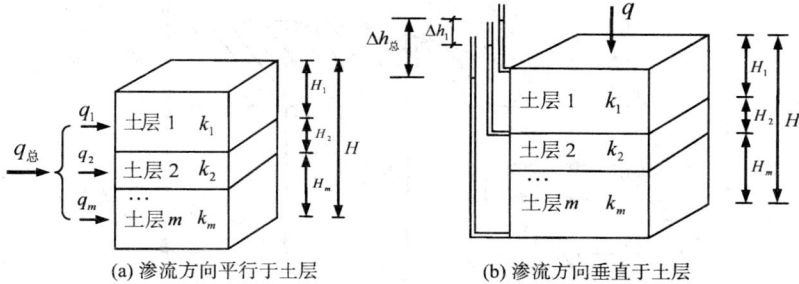

(a) 渗流方向平行于土层　　　　(b) 渗流方向垂直于土层

图 2 - 8　成层土的平均渗透系数

2. 渗流方向垂直于土层

见图 2 - 8(b)，根据达西定律以及以下两个条件：

(1) 流经每一土层的渗流量或渗透速度相等；

(2) 渗流的总水头损失 $\Delta h_{\text{总}}$ 等于流经各土层的水头损失之和 $\sum_{j=1}^{m} \Delta h_j$。

于是：$\Delta h_{\text{总}} = \frac{qH}{k_y A} = \sum_{j=1}^{m} \Delta h_j = \sum_{j=1}^{m} \frac{qH_j}{k_j A}$

则：
$$k_y = \frac{H}{\sum_{j=1}^{m} H_j / k_j} \qquad\qquad (2-9)$$

例 2 - 2　在例 2 - 2 图所示的装置中，土样横截面积为 80 cm²，从土样中两个不同位置处各引出一根测压管，测得试验开始后 10 min 内渗流出水量为 130 cm³，两测压管内水位差为 5 cm，求土样的渗透系数 k。

解：这是常水头渗透试验，由达西公式

$q = kA \dfrac{\Delta h}{L}$，得：

$$k = \frac{L \cdot q}{\Delta h \cdot A} = \frac{25 \times 130/10}{5 \times 80} = 0.8125 (\text{cm/min})$$

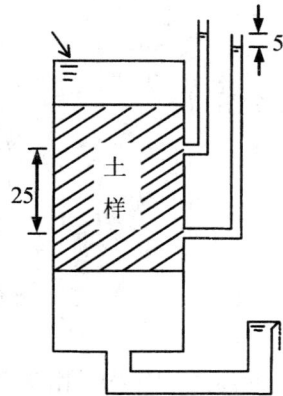

例 2 - 2 图

例 2 - 3　如例 2 - 3 图所示，在 5.0 m 厚的粘土层（隔水层）下有一含水砂土层，厚 6.0 m，其下为不透水基岩。为测定砂土层的渗透系数，打一钻孔到基岩顶面，并以 0.01 m³/s 的速率从孔中抽水。在距抽水孔 $r_1 = 15$ m 和 $r_2 = 30$ m 处各打一观测孔穿过粘土层进入砂土层，测得孔内稳定水位分别在地面以下 3.0 m 和 2.5 m，试求砂土渗透系数 k。

解：用 h 表示距抽水孔 r 处的地下水位高度，该处的过水断面面积为一圆柱体（半径

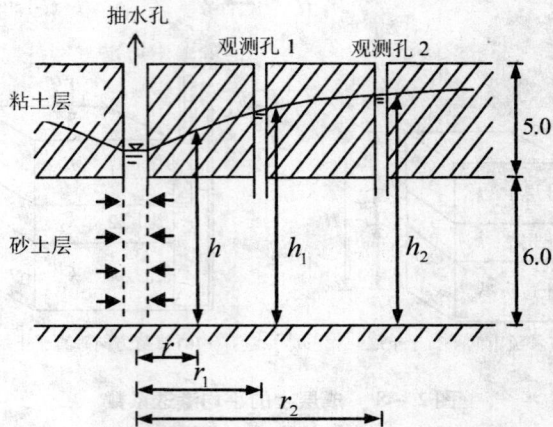

例 2－3 图

为 r、高度为 6 m)的侧面积, $A = 2\pi r \times 6$, 该处的水力梯度

$$i = \mathrm{d}h/\mathrm{d}r$$

由达西公式得:

$$q = k \cdot i \cdot A = 12\pi \cdot r \cdot k \cdot \mathrm{d}h/\mathrm{d}r$$

将上式改写成:

$$q \frac{\mathrm{d}r}{r} = 12\pi \cdot k \cdot \mathrm{d}h$$

等式两边分别积分:

$$\int_{r_1}^{r_2} q \frac{\mathrm{d}r}{r} = \int_{h_1}^{h_2} 12\pi \cdot k \cdot \mathrm{d}h$$

积分后得:

$$k = \frac{qLn\dfrac{r_2}{r_1}}{12\pi(h_2 - h_1)} = \frac{0.01 \times Ln\dfrac{30}{15}}{12 \times 3.14 \times 0.5} = 3.68 \times 10^{-4}\,(\mathrm{m/s})$$

第三节　土的渗透破坏

　　土的渗透破坏指土由于受渗流作用而发生的破坏。工程中发生土的渗流破坏往往会造成严重的甚至是灾难性的后果。如在南京长江大桥某桥墩的基础施工中,因在围堰内抽水引发大翻砂,约 3000 m^3 泥砂涌入围堰,高达 10 m 左右,使该直径约 20 m 的围堰被从内向外挤垮。再如美国建于 1972—1975 年的 Teton 土坝,高 90 m,长 1000 m,土坝于 1976 年 6 月失事,失事原因即由于水的渗流产生渗水洞,洞口不断扩大发展,最终致使坝体坍塌,洪水下泄,造成 14 人死亡,受灾 2.5 万人。因此,工程中应力求避免发生土的渗透破坏。

一、渗透力及临界水力梯度

1. 渗透力

水是具有一定粘滞度的液体，当其在土中渗流时，对土颗粒有推动、摩擦、拖曳作用，我们把水流作用在单位体积土体中土颗粒上的力称为渗透力（hydrodynamic force），记为 G_D。这个力的作用方向与水流方向一致。渗透力是一种体积力，其单位可用 kN/m^3。根据作用力与反作用力的原理，水在土中渗流时，也受到相同大小的土颗粒的阻力的作用，记作 T。

渗透力的计算在工程实践中具有重要意义，现结合图 2 – 9 对渗透力作分析。

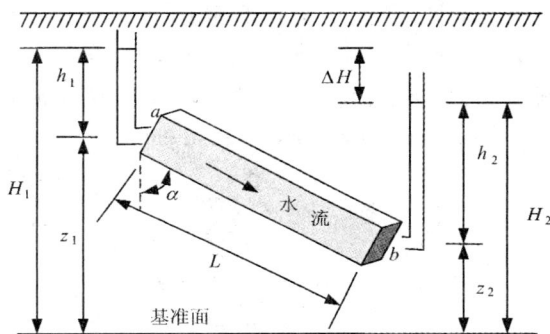

图 2 – 9　渗透力分析示意图

在土中沿水流的渗透方向，切取一个土柱体 ab，土柱体的长度为 L，横截面积为 A。已知 a、b 两点距基准面的高度分别为 z_1 和 z_2，两点的测压管水柱高分别为 h_1 和 h_2，则两点的总水头分别为 $H_1 = h_1 + z_1$ 和 $H_2 = h_2 + z_2$。

将土柱体 ab 内的水作为脱离体，考虑作用在水上的力系主要有：

（1）土柱体内水的重力；

（2）土柱体内土颗粒对水流的阻力；

（3）土柱体内水对于土颗粒的浮力的反作用力；

（4）作用在土柱体截面 a 处的水压力；

（5）作用在土柱体截面 b 处的水压力。

因为水流的流速变化很小，其惯性力可以略去不计。根据作用在土柱体 ab 内水上的各力在 ab 轴线方向分力的平衡条件可得：

$$\gamma_w h_1 A - \gamma_w h_2 A + \gamma_w n L A \cos\alpha + \gamma_w (1 - n) L A \cos\alpha - LAT = 0$$

式中：γ_w 为水的重度；n 为土的孔隙度；L 为土柱体的长度；A 为土柱体的截面积；α 为土柱体 ab 轴线与垂线的夹角；h_1 为作用在土柱体截面 a 处的压力水头高度；$\gamma_w h_1 A$ 为作用在截面 a 处的水压力，方向与水流方向一致；h_2 为作用在截面 b 处的压力水头高度；$\gamma_w h_2 A$ 为作用在截面 b 处的水压力，方向与水流方向相反；$\gamma_w n L A \cos\alpha$ 为土柱体内水的重力在 ab 方向的分力，其方向与水流方向一致；$\gamma_w (1 - n) L A \cos\alpha$ 为土柱体内水对于土颗粒作用的浮力的反作用力在 ab 方向的分力，其方向与水流方向一致；LAT 为水渗流时，土柱中的土颗粒对水的阻力，其方向与水流方向相反。

以 $\cos\alpha = \dfrac{z_1 - z_2}{L}$ 代入上式，可得：

$$T = \gamma_w \frac{(h_1 + z_1) - (h_2 + z_2)}{L} = \gamma_w \frac{H_1 - H_2}{L} = \gamma_w \cdot i \qquad (2-10)$$

故得渗透力的计算公式：

$$G_D = T = \gamma_w \cdot i \ (\text{kN/m}^3) \qquad (2-11)$$

2. 临界水力梯度

当水的渗流自上向下时[见图 2-10(a)]，渗透力与土体重力方向一致。这将增加土颗粒之间的压力；相反，若水的渗流方向自下而上时[见图 2-10(b)]，渗透力与土体重力方向相反，这将减小土颗粒之间的压力。若向上的渗透力与土有效重度 γ' 相等，这时土颗粒间的压力就等于零，说明向上的渗透力已使土颗粒处于失重或悬浮状态，此时的水力梯度称为临界水力梯度(critical hydraulic gradient)，记为 i_{cr}。

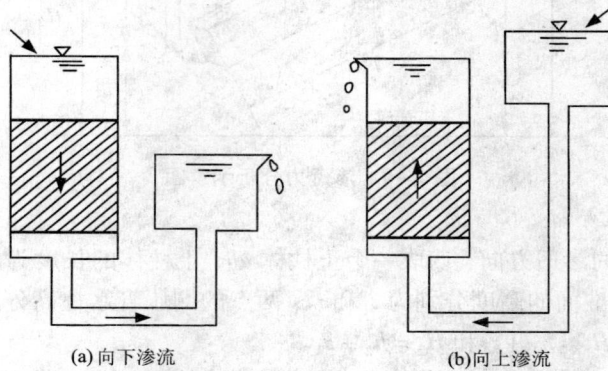

图 2-10　不同渗流方向对土的影响

由 $G_D = i_{cr}\gamma_w = \gamma'$，可得：

$$i_{cr} = \gamma'/\gamma_w \qquad (2-12)$$

工程中常用 i_{cr} 评价土是否会因水向上渗流而发生渗透破坏。

二、土的渗透破坏

土的渗透破坏主要表现形式有流土(或称流砂、翻砂)和管涌两种。

1. 流土

流土是指水向上渗流时，在渗流出口处一定范围内，土颗粒或其集合体浮扬而向上移动或涌出的现象。从颗粒开始浮扬到出现流土经历的时间较短，发生时一定范围内的土体会突然被抬起或冲毁。

如图 2-11，基坑开挖排水时，若采用表面直接排水，坑底土将受到向上的渗透力作用，可能发生流砂现象。这时坑底土一面挖一面会随水涌出，无法清除。由于坑底土随水涌入基坑，使坑底土的结构破坏，强度降低，重则造成坑底失稳，轻则将会造成建筑物的附加沉降。在基坑四周由于土颗粒流失，地面会发生凹陷，危及邻近的建筑物和地下管线，严重时会导致工程事故。水下深基坑或沉井排水挖土时，若发生流砂现象将危及施工安全，应引起特别注意。通常，施工前应做好周密的勘测工作，当基坑底面的土层容易引起流砂现象时，应避免采用表面直接排水，而可采用人工降低地下水位方法进行施工。

各种土都可能发生流土现象，至于某一土层是否会发生流土，可根据渗流的水力梯度 i 和土的临界水力梯度 i_{cr} 的相对大小来判断：若 $i < i_{cr}$，不会发生流土破坏；若 $i = i_{cr}$，处于临界状态；若 $i > i_{cr}$，会发生流土破坏。设计计算时不仅应使 $i < i_{cr}$，还需有一定的安全储备，即 i 应满足下列条件：

$$i \leqslant i_{cr}/F_s \tag{2-13}$$

式中 F_s 为安全系数，其取值尚不一致，但大多不小于 1.5。对于深开挖工程，有的研究者建议应不小于 2.5。

2. 管涌

管涌是土在渗流作用下，细颗粒在粗颗粒的孔隙中移动，以致被水流带出的现象。它可发生在渗流出口处，也可出现在土层内部，因而又称之为渗流引起的潜蚀。管涌破坏一般有一个发展过程，不像流土那样具有突发性。

如河滩路堤两侧有水位差时，见图 2-12。在路堤内或基底土内发生渗流，当水力梯度较大时，可能产生管涌现象，导致路堤坍塌破坏。

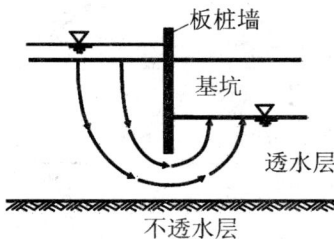

图 2-11　基坑开挖排水的渗流　　　图 2-12　河滩路堤下的渗流

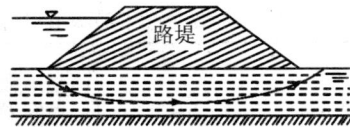

发生管涌的土一般为无粘性土。其产生的必要条件之一是土中含有适量的粗颗粒和细颗粒，且粗颗粒间的孔隙通道足够大，可容粒径较小的颗粒在其中顺水流翻滚移动。研究结果表明，不均匀系数 $C_u < 10$ 的土，颗粒粒径相差尚不够大，一般不具备上述条件，不会发生管涌。对于 $C_u > 10$ 的土，如果粗颗粒间的空隙为细颗粒所填满，渗流将会遇到较大阻力而难以使细颗粒移动，因而一般也不会发生管涌；反之，如果粗颗粒间的空隙中细颗粒不多，渗流遇到的阻力较小，就有可能发生管涌。发生管涌的另一个必要条件是水力梯度超过其临界值。但应注意，管涌的临界水力梯度与流土的水力梯度不同，有关的研究工作还不够，尚无公认合适的计算公式。一些研究者提出了管涌水力梯

度的容许值：颗粒级配连续的土为 $0.15 \sim 0.25$；级配不连续（即级配曲线出现水平段）的土为 $0.1 \sim 0.2$。设计时可以参考采用，但重要工程最好通过渗透破坏实验确定。

流土与管涌渗透破坏的主要特征对比见表 2-2。

工程中防治流土可以采取延长渗流途径、降低水头差、下游增加透水盖重等措施，如图 2-13 所示。防治管涌可以采取设置反滤层、减少渗透坡降等措施，如图 2-14 所示。

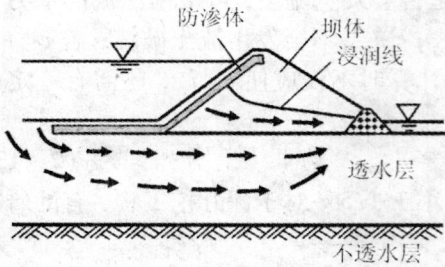

图 2-13　流土防治

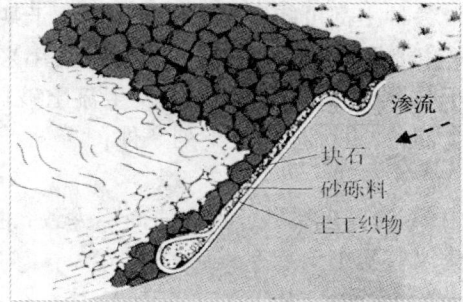

图 2-14　边坡反滤层

表 2-2　流土与管涌渗透破坏的特征对比

渗透破坏	流土	管涌
现象	土体局部范围的颗粒同时发生移动	土体内细颗粒通过粗粒形成的孔隙通道移动
位置	只发生在水流渗出的表层	可发生于土体内部和渗流溢出处
土类	只要渗透力足够大，可发生在任何土中	一般发生在特定级配的无粘性土或分散性粘土中
历时	破坏过程短	破坏过程相对较长
后果	导致下游坡面产生局部滑动等	导致结构发生塌陷或溃口

例 2-4　在例 2-4 图所示容器中的土样受到水的渗流作用，已知土样高度 $L = 0.45$ m，截面积 $A = 0.05$ m^2，土粒容重 $\gamma_s = 26.2$ kN/m^3，孔隙比 $e = 0.82$。求（1）作用在土样上的动水力大小及其方向；（2）若土样发生流砂现象时，其水头差 Δh 应是多少？

解：（1）土样顶、底面之间的水力梯度：

$$i = \frac{\Delta h}{L} = \frac{0.27}{0.45} = 0.6$$

作用在土样上的动水力：

$$G_D = i \cdot \gamma_w = 0.6 \times 9.8 = 5.88 (\text{kN/m}^3)$$

动水力方向：垂直向上。

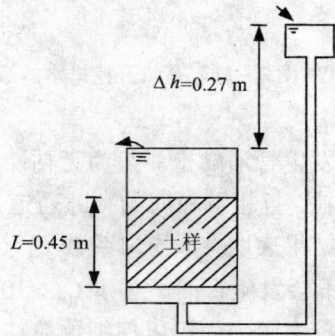

例 2-4 图

（2）土样浮重度：

$$\gamma' = \frac{\gamma_s - \gamma_w}{1 + e} = \frac{26.2 - 9.8}{1.82} = 9.01 (\text{kN/m}^3)$$

临界水力梯度：

$$i_{cr} = \gamma'/\gamma_w = 9.01/9.8 = 0.92$$

当 $i = \dfrac{\Delta h}{L} \geqslant i_{cr}$，即 $\Delta h \geqslant 0.45 \times 0.92 = 0.414 (\text{m})$ 时，土样将发生流砂现象。

第四节　二维稳定渗流问题

前面所研究的渗流情况比较简单，属一维渗流问题，可以直接根据达西定律建立计算公式求解。然而工程中的渗流问题常常较为复杂，土中各点的总水头、水力梯度及渗透速度都与其位置有关，属二维或三维渗流问题。

一、二维稳定渗流的基本微分方程

工程中二维渗流的情况较为常见。例如长度较大的板桩墙或混凝土连续墙下的渗流[见图 2-15(a)]，土坝下及坝体内的渗流[见图 2-15(b)]等，均可以近似地认为渗流仅发生在平行于渗流方向的垂直平面内，或者说在轴向方向上的任一个断面上，其渗流特性是相同的。这种渗流称为二维渗流或平面渗流。

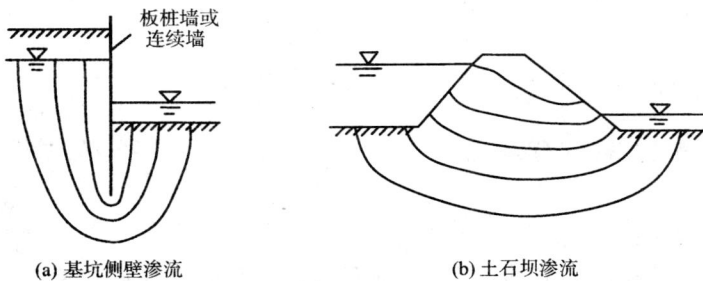

(a) 基坑侧壁渗流　　　　　　　　　(b) 土石坝渗流

图 2-15　二维渗流的例子

1. 渗流场内总水头分布的拉普拉斯（Laplace）方程

在二维渗流平面内取一微元体如图 2-16 所示，微元体边长为 dx、dz，厚度为 1。

假定渗流为稳定流（水流状态不随时间而变化），而土体骨架可以认为不产生变形，并假定流体是不可压缩的，则单位时间内流入微元体的水量应等于流出的水量，即：

$$q_x + q_z = (q_x + dq_x) + (q_z + dq_z)$$

由达西定律，上式可写成：

$$k_x i_x \cdot dz \cdot 1 + k_z i_z \cdot dx \cdot 1 = k_x (i_x + di_x) \cdot dz \cdot 1 + k_z (i_z + di_z) \cdot dx \cdot 1$$

则：

$$k_x \cdot di_x \cdot dz + k_z \cdot di_z \cdot dx = 0 \qquad (2-14)$$

若二维渗流平面内 (x, z) 点处的总水头为 $h(x, z)$，则：

$$i_x = \frac{\partial h(x, z)}{\partial x}, \ i_z = \frac{\partial h(x, z)}{\partial z} \qquad (2-15)$$

因而：

$$\mathrm{d}i_x = \frac{\partial^2 h(x, z)}{\partial x^2}\mathrm{d}x, \ \mathrm{d}i_z = \frac{\partial^2 h(x, z)}{\partial z^2}\mathrm{d}z \qquad (2-16)$$

代入式(2-14)，可得：

$$k_x \cdot \frac{\partial^2 h(x, z)}{\partial x^2} + k_z \cdot \frac{\partial^2 h(x, z)}{\partial z^2} = 0 \qquad (2-17)$$

若 $k_x = k_z$，式(2-17)可简化为：

$$\frac{\partial^2 h(x, z)}{\partial x^2} + \frac{\partial^2 h(x, z)}{\partial z^2} = 0 \qquad (2-18)$$

至此，求解二维渗流问题可归结为上述式(2-17)或式(2-18)描述渗流场内总水头分布的拉普拉斯(Laplace)方程的求解问题。结合渗流问题的具体边界条件便能求解得到二维渗流场内总水头的分布。

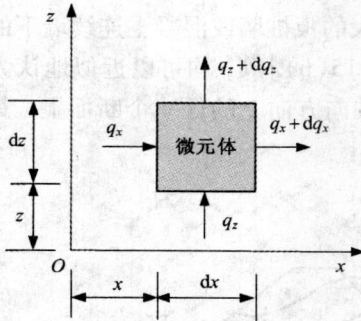

图 2-16　通过二维微元体的水流

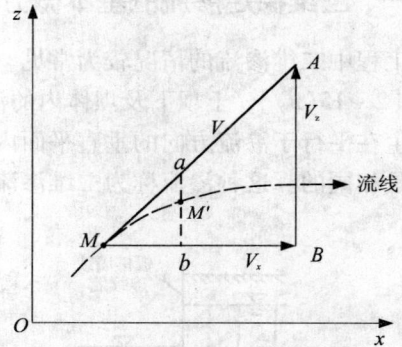

图 2-17　流线

2. 等势线与流线

渗流场中将总水头 h 相同的点连成的曲线称为等势线或等水头线。在渗流场中绘出与等势线垂直的曲线，称为流线，在流线上所有各质点的流速矢量都和该曲线相切，当流体作稳定运动时，流线与流体质点运动的轨迹线重合。

流线可以用流函数 $\psi(x, z)$ 来表示，可以证明流函数 ψ 也满足拉普拉斯方程(证明略)，即：

$$\frac{\partial^2 \psi}{\partial x^2} + \frac{\partial^2 \psi}{\partial z^2} = 0$$

下面说明流函数 ψ 的概念。如图 2-17 所示，在流线上取任意两点 $M(x, z)$、$M'(x + \mathrm{d}x, z + \mathrm{d}z)$。$M$ 点的渗透速度矢量为 V，在 x 轴、z 轴方向上的速度分量分别为 V_x、V_z。当 M、M' 无限逼近时，图中 ab 可用 $M'b$（即 $\mathrm{d}z$）来代替。因 ΔMAB 与 ΔMab 相似，所以：

$$\frac{Mb}{MB} = \frac{ab}{AB}, \quad 即 \frac{\mathrm{d}x}{V_x} = \frac{\mathrm{d}z}{V_z},$$

则：

$$V_x \cdot \mathrm{d}z - V_z \cdot \mathrm{d}x = 0 \qquad\qquad (2-19)$$

上式对流线上任一点都是正确的，可以用它来描述流线，把它看成是流线的方程。

取这样一种二元函数 $\psi(x, z)$，使：

$$\frac{\partial \psi}{\partial x} = -V_z, \quad \frac{\partial \psi}{\partial z} = V_x \qquad\qquad (2-20)$$

则：

$$\mathrm{d}\psi = \frac{\partial \psi}{\partial x}\mathrm{d}x + \frac{\partial \psi}{\partial z}\mathrm{d}z = -V_z\mathrm{d}x + V_x\mathrm{d}z \qquad\qquad (2-21)$$

由流线方程（2-19）可知，$\mathrm{d}\psi = 0$，积分后 $\psi =$ 常数。

由此可知沿同一流线，ψ 函数为常数，称函数 ψ 为流函数。不同的流线有不同的常数值，流函数决定于流线。

二、流网及其应用

流网（flow net）是二维稳定渗流基本微分方程的解的图解表示。在渗流场内，取一组流线和一组等势线组成的网格称为流网（如图 2-18 所示）。利用流网可以方便求得水头、渗透速度、水力梯度、流量、渗透力等渗流要素。

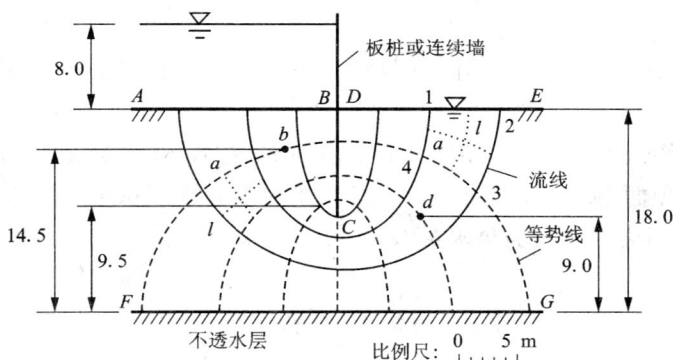

图 2-18　流网（单位：m）

1. 流网的特性及绘制方法

各向同性土的流网具有如下特性：

（1）流网是相互正交的网格，即流线与等势线具有相互正交的性质；

（2）在流网网格中，网格的长度与宽度之比（如图 2-18 中 a/l）通常取为定值，一般取 1.0，使方格网成为曲边正方形；

（3）任意两相邻等势线间的水头损失相等；

（4）相邻流线间的渗流区称之为流槽，每一流槽的单位时间渗流量相等。

流网的绘制方法大致有三种：

一种是解析法，即结合具体边界条件，对拉普拉斯方程求解，求出流函数及总水头分布，就可以绘出一簇流线和等势线。但在实际工程中，渗流问题的边界条件往往是比较复杂的，其严密的解析解一般很难求得。

第二种方法是模拟实验法，常用的有水电比拟法，利用水流与电流在数学和物理上的相似性，通过测绘相似几何边界电场中的等电位线，获取渗流的等势线和流线，再根据流网性质补绘出流网。实验方法在操作上比较复杂，不易在工程中推广应用。

第三种方法是手描法，根据流网特性和确定的边界条件，用作图方法逐步近似画出流线和等势线。步骤大致为：先根据渗流场的边界条件确定边界流线和边界等势线；然后初步绘制流网，按流动趋势画出流线，根据流网正交性画出等势线；再对初绘的流网检查流线与等势线的正交性以及四边形网格两个方向边长的比值，反复调整修改，直至合乎要求为止。近似作图法目前应用最为广泛。

2. 流网的工程应用

利用流网可以求解渗流各要素。下面仅就总水头、水力梯度和渗流量的计算，以图 2-18 所示的流网为例加以说明。

（1）总水头的计算。

对于图 2-18 所示的曲边正方形流网，任意相邻两等势线间的总水头差相等。设该水头差为 Δh，渗流场的总水头差为 ΔH。每一流槽的网格数（包括四边形和非四边形网格）为 N，则 $\Delta h = \Delta H/N$，按上式算出 Δh，确定基准面，就可以计算渗流场内任一点的总水头。

如图 2-18 中 b 和 d 是在不同等势线上的两点，分析其总水头 h_b、h_d 和静水头 h_{wb}、h_{wd}。

对于该图的渗流场和流网，$\Delta H = 8.0$ m，$N = 8$，按式 $\Delta h = \Delta H/N$，得 $\Delta h = 1.0$ m。

以不透水层顶面 FG 为基准面。因 b 点所在的等势线上总水头比边界等势线 AB 的总水头低 Δh，而后者总水头为势水头 18.0 m 与静水头 8.0 m 之和，故：$h_b = 18.0 + 8.0 - \Delta h = 25.0$（m）

从流网知，b 点的总水头比 d 点高 $5\Delta h$，故：

$$h_d = h_b - 5\Delta h = 20.0（m）$$

按比例从图中量出 b 和 d 两点至基准面 FG 的距离，得出它们的势水头 z_b、z_d 为：

$$z_b = 14.5（m），z_d = 9.0（m）$$

于是得：

$$h_{wb} = h_b - z_b = 10.5（m）$$

$$h_{wd} = h_d - z_d = 11.0（m）$$

（2）水力梯度的计算。

从流网可以求得任一网格的平均水力梯度 i：

$$i = \Delta h/l \tag{2-22}$$

式中：l 为所计算的网格流线的平均长度，可按比例从图中量得。

例如图 2-18 的网格 1234，从图中量得 $l = 5.2$ m，故该网格的平均水力梯度为：

$$i = \frac{1.0}{5.2} = 0.19$$

因流网中各网格的 Δh 相同，i 的大小只随 l 而变，故在网格较小或较密的部位，i 值较大。据此可从流网判定土体最易发生渗透破坏的部位，以便进行检算。对于图 2 – 18 所示板桩或连续墙下的渗流，CD 段渗流出口处的水力梯度常对土的渗透稳定性起控制作用。

（3）渗流量的计算。

由于绘制流网时使各流槽的单位时间流量 Δq 相等，若流网的流槽数为 F，则在垂直于纸面方向的单位长度内，流网中单位时间的总流量 q 为：

$$q = F \cdot \Delta q \tag{2 – 23}$$

根据达西定律，得：

$$\Delta q = kiA = k\frac{\Delta h}{l}a \cdot 1$$

对于曲边正方形流网，$\frac{a}{l} = 1$，因此 $\Delta q = k\Delta h$，则总流量 q 为：

$$q = F \cdot k \cdot \Delta h \tag{2 – 24}$$

在图 2 – 18 中，$F = 4$，若流场内土的渗透系数 $k = 0.002$ m/h，则

$$q = 4 \times 0.002 \times 1.0 = 8.0 \times 10^{-3} (\text{m}^3/\text{h})$$

第五节　有效应力原理

一、饱和土的有效应力、孔隙水压力及有效应力原理

在土中某点截取一水平截面，其面积为 A，截面上作用应力 σ（如图 2 – 19 所示），它是由上面土体的重力、静水压力及外荷载 p 所产生的应力，称为总应力（tatal stress）。这一应力一部分是由土颗粒间的接触面承担，称为有效应力（effective stress）；另一部分是由土体孔隙内的水及气体承担，称为孔隙应力。对于饱水情况下则为孔隙水压力（pore water pressure）。

考虑图 2 – 19 所示的土体平衡条件，沿 a – a 截面取脱离体，a – a 截面是沿着土颗粒间接触面截取的曲线形状截面，在此截面上土颗粒间接触面上作用法向应力为 σ_s，各土颗粒间接触面积之和为 A_s，孔隙水压力为 u_w，气体压力为 u_a，其相应的面积为 A_w 及 A_a，由此可建立平衡条件：

$$\sigma A = \sigma_s A_s + u_w A_w + u_a A_a \tag{2 – 25}$$

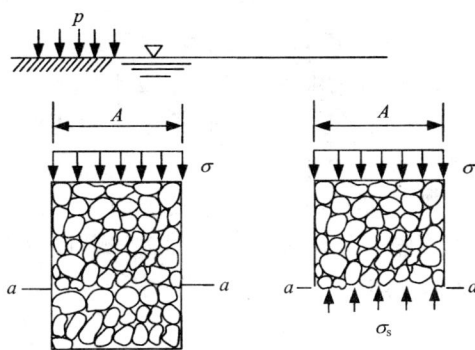

图 2 – 19　有效应力示意图

对于饱水土体,上式中 u_a、A_a 均等于零,则此式可写成:

$$\sigma A = \sigma_s A_s + u_w A_w = \sigma_s A_s + u_w(A - A_s) \qquad (2-26)$$

或:

$$\sigma = \sigma_s A_s / A + u_w(1 - A_s / A) \qquad (2-27)$$

由于颗粒间的接触面积 A_s 是很小的,毕肖普及伊尔定(Bishop and Eldin, 1950)根据粒状土的试验得到 A_s / A 一般小于 0.03,有可能小于 0.01。因此上式中第二项的 A_s / A 略去不计,式(2-27)可写成:

$$\sigma = \sigma_s A_s / A + u_w \qquad (2-28)$$

式中,$\sigma_s A_s / A$ 实际上是土颗粒间的接触应力在截面积 A 上的平均应力,称为土的有效应力,通常用 σ' 表示,并把孔隙水压力 u_w 用 u 表示。将上式改写成:

$$\sigma = \sigma' + u \qquad (2-29)$$

这就是著名的有效应力公式。

土中颗粒骨架所受到的力将通过颗粒及其相互接触点按一定方向传递。由于力的不平衡,颗粒之间将发生错动和压缩,造成土中孔隙的减小,导致土骨架收缩。这里假定固体颗粒本身的体积在外力作用下不会变化,因此这种由土颗粒承担的有效应力,能使土骨架产生压缩变形,而土骨架或土体的收缩量只不过是孔隙的变化量。

土中孔隙水所承担的压力称为孔隙水压力或孔隙压力,它包括水面以下水柱压力(称为静水压力)和作用在水面上的外力引起的附加的孔隙压力(称为超静水压),不论是静水压或超静水压都具有传递静水压的功能,都用 u 表示。孔隙水压又称中性压力,因为每颗土粒四周都受到同等水压,颗粒之间不会产生相互移动,所以土骨架不会变形(土颗粒本身的压缩量很微小,在土力学中均不考虑)。

由此得到土力学中很重要的有效应力原理,包含下述两点:

(1)土的有效应力 σ' 等于总应力 σ 减去孔隙水压力 u;

(2)土的有效应力控制了土的变形及强度性能。

二、饱和土中有效应力、孔隙水压力分析

土中有效应力,可来自外部施加的压力、土自重产生的压力以及由于水在土中渗流而产生的渗透力。

1. 来自于土自而产生的有效应力

图 2-20 可用来说明孔隙水处于静止状态时,饱和土中有效应力、孔隙水压力随深度的分布情况。

在图 2-20 中 $a-a$ 截面处引出一测压管,测压管内上升的水柱压力即为该截面处的孔隙水压。关于孔隙水压,在水面处 $u = 0$,在 $a-a$ 截面处 $u = \gamma_w(h_1 + h_2)$,故孔隙水压随水深成三角形分布(见图 2-20 中非阴影部分)。

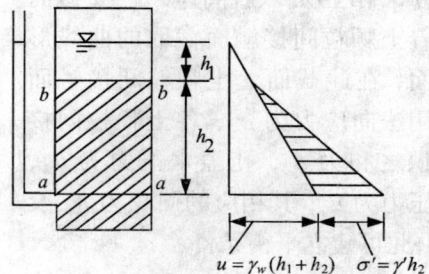

图 2-20 渗流时的有效应力和孔隙水压力

图 2 - 20 中 $a - a$ 截面处的有效应力根据有效应力公式：

$$\sigma' = \sigma - u = (\gamma_{sat} h_2 + \gamma_w h_1) - \gamma_w (h_1 + h_2) = \gamma' h_2$$

$b - b$ 截面处的有效应力：$\sigma' = \sigma - u = \gamma_w h_1 - \gamma_w h_1 = 0$

显然，在 γ' 为定值的情况下，σ' 随 h_2 成线性变化，故有效应力随深度成三角形分布（见图 2 - 20 中阴影部分）。

2. 来自于土自重及水的渗流而产生的有效应力

图 2 - 21 和图 2 - 22 表明当孔隙水处于流动状态（向上渗流及向下渗流）时，土中有效应力、孔隙水压力随深度的分布情况。

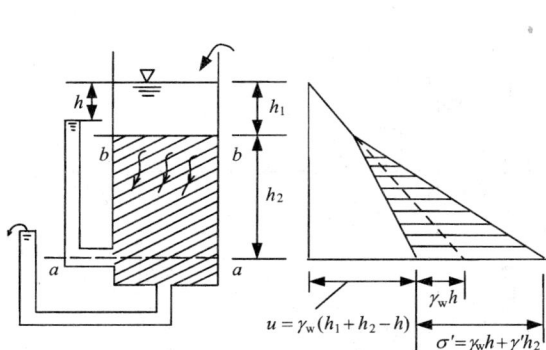

图 2 - 21　隙水向下渗流时的
有效应力和孔隙水压力

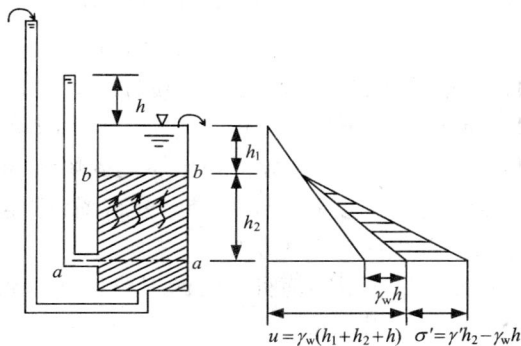

图 2 - 22　孔隙水向上渗流时的
有效应力和孔隙水压力

图 2 - 21 中在 $a - a$ 截面处引出一测压管，测压管内上升水面较容器水面低 h。$a - a$ 截面处的有效应力为：

$$\sigma' = \sigma - u = (\gamma_{sat} h_2 + \gamma_w h_1) - \gamma_w (h_1 + h_2 - h) = (\gamma' + \frac{h}{h_2} \gamma_w) h_2 = (\gamma' + i \gamma_w) h_2$$

可以看出，有效应力主要来自土浮重度 γ' 及渗透力 $i \gamma_w$，因两者方向都是向下作用，故两者应相加。有效应力 σ' 仍然随深度增加，成三角形分布（见图 2 - 21 中阴影部分）。而孔隙水压则由水面到 $a - a$ 截面处成折线分布（见图 2 - 21 中非阴影部分），主要由于水在土中渗流过程中存在水头损失，不同位置引出测压管的管内水面随深度增加成线性下降。

图 2 - 22 中在 $a - a$ 截面处引出一测压管，测压管内上升水面较容器水面高 h。$a - a$ 截面处的有效应力为：

$$\sigma' = \sigma - u = (\gamma_{sat} h_2 + \gamma_w h_1) - \gamma_w (h_1 + h_2 + h) = (\gamma' - \frac{h}{h_2} \gamma_w) h_2 = (\gamma' - i \gamma_w) h_2$$

可以看出，有效应力同样来自土浮重度 γ' 及渗透力 $i \gamma_w$，因渗透力 $i \gamma_w$ 的作用方向与 γ' 的重力方向正好相反，故其合力是两者之差。有效应力 σ' 仍然随深度增加，成三角形分布（见图 2 - 22 中阴影部分）。而孔隙水压则由水面到 $a - a$ 截面处成折线分布（见图 2 - 22 中非阴影部分），可以看出，孔隙水压由 $b - b$ 开始向下以更大的斜率成线性增加，这同样是由于水在土中渗流过程中存在水头损失，不同位置引出测压管的管内水面随深度减小成线性下降。

3. 来自于外部压力而产生的有效应力

当饱和土体受到外力 σ 突然作用，外力将由土颗粒、孔隙水分别承担，在 σ 刚作用瞬间，孔隙水来不及渗出，孔隙水压 u 将马上增加，形成超静水压，瞬时超静水压 u 等于外力 σ，而有效应力 $\sigma' = 0$。超静水压力一般不太稳定，随着土中渗流的发生会逐渐降低消失，这种现象叫消散。而静水压力在一般情况下是稳定不变的。因此土体受到外力 σ 作用，随着孔隙水渗出，超静水压逐步消散，u 减小，而有效应力 σ' 会随之提高，从而使土骨架产生压缩。此时超静水压消散完毕，孔隙水的外渗停止，此时超静水压力 u =0，外力 σ 全部由土粒承担，$\sigma' = \sigma$。

例2－5 地面以下土层分布情况及有关指标如例2－5图所示，地下水位保持在地面以下1.5 m处。若下层砂土中含承压水，其测压管水位高出地面3 m，试分析粘土层内孔隙水压力及有效应力随深度的变化并绘出分布图（假定承压水头全部损失在粘土层中）。

解：粘土层顶面处，假设引出一测压管，管内水面将上升2 m。

孔隙水压力：$u = 2 \times \gamma_w = 2 \times 9.8 = 19.6$（kPa）

总压力：$\sigma = 17.5 \times 1.5 + 19.6 \times 2.0 = 65.45$（kPa）

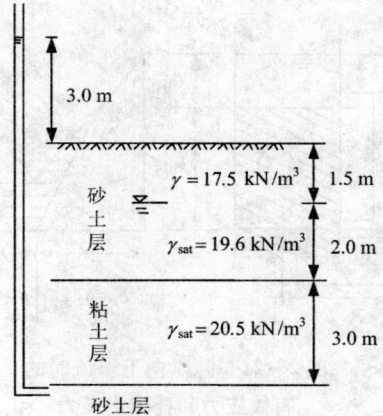

例2－5图

有效应力：$\sigma' = \sigma - u = 65.45 - 19.6 = 45.85$（kPa）

粘土层底面处，假设引出一测压管，管内水面将上升 3 + 1.5 + 2.0 + 3.0 = 9.5 m。

孔隙水压：$u = 9.5 \times \gamma_w = 9.5 \times 9.8 = 93.1$（kPa）

总压力：$\sigma = 17.5 \times 1.5 + 19.6 \times 2.0 + 20.5 \times 3.0 = 126.95$（kPa）

有效应力：$\sigma' = \sigma - u = 126.95 - 93.1 = 33.85$（kPa）

粘土层内孔隙水压力及有效应力分布图：

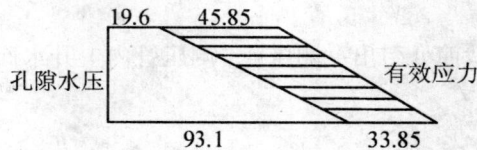

三、非饱和土的有效应力和孔隙压力

实际工程中大量遇到的是非饱和土，孔隙中不仅含水，也包含部分空气。由式（2－25）得：

$$\sigma = \sigma_s A_s/A + u_w A_w/A + u_a(1 - A_w/A - A_s/A) = \sigma' + u_w A_w/A + u_a(1 - A_w/A - A_s/A)$$

略去 A_{s}/A 一项，令 $\chi = A_{\mathrm{w}}/A$，可得非饱和土的有效应力公式：

$$\sigma' = \sigma - \chi u_{\mathrm{w}} + (1 - \chi) u_{\mathrm{a}} \qquad (2-30)$$

这个公式是毕肖普（Bishop，1961）提出的，式中 $\chi = A_{\mathrm{w}}/A$ 是由试验确定的参数，取决于土的类型及饱和度。一般认为有效应力原理适用于饱和土。

第六节　孔隙压力系数

根据有效应力原理，土的有效应力控制了土的变形和强度性能，因此掌握土中有效应力很重要。式(2-29)、式(2-30)表达了总压力与有效应力、孔隙压力的相互关系，如果知道土中孔隙压力变化情况也即掌握了土中有效应力变化情况。

土中有效应力和孔隙压力的产生和变化与土的排水性能及排水条件有关。对于粘土需要知道在不同应力条件作用下，土中会引起多大的孔隙压力。粘土渗透性很差，当外力作用时孔隙水来不及排出，工程上往往把此时的土体视为不排水。在不排水条件下如何计算某应力作用下土中产生的有效应力和孔隙压力，斯开普顿（Skempton）提出了孔隙压力系数法，即土中孔隙压力增量等于总应力增量乘上相应的系数，该系数称为孔隙压力系数。

一、孔隙压力系数 B

设取一不排水立方体土样，在三个主轴方向预先施加三个主应力 σ_1、σ_2、σ_3，并产生对应的孔隙压力 u_0，如图 2-23 所示。然后在三个主轴向施加相同的应力增量，即围压增量 $\Delta\sigma_3$，由此产生孔隙压力增量 Δu_3。$\Delta\sigma_3$ 与 Δu_3 之间存在如下关系：

$$\Delta u_3 = \Delta\sigma_3 \cdot B \qquad (2-31)$$

式中：B 为孔隙压力系数。

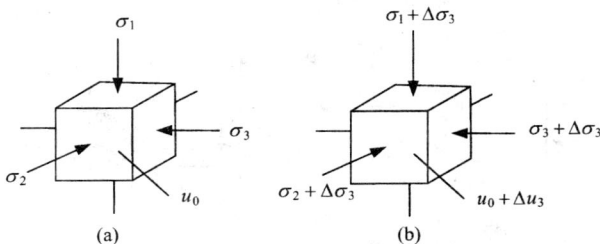

图 2-23　围压 $\Delta\sigma_3$ 引起孔隙压力 Δu_3

下面对此关系式以及系数 B 的理论公式进行说明。

设土样受围压作用后，土骨架体积的变化量等于土孔隙体积的变化量。

先分析土骨架体积变化量。使土骨架产生压缩变形的是有效压力 $\Delta\sigma'_3 = \Delta\sigma_3 - \Delta u_3$，设 C_{g} 为土骨架在围压作用下的压缩系数，V 为土骨架体积，则土骨架体积压缩量 ΔV_{g} 为：

$$\Delta V_g = C_g \cdot V \cdot (\Delta\sigma_3 - \Delta u_3) \qquad (2-32)$$

再分析孔隙空间压缩量。孔隙空间体积(包括水和气体)在孔隙压力 Δu_3 作用下的压缩量 ΔV_n 为:

$$\Delta V_n = C_n \cdot nV \cdot \Delta u_3 \qquad (2-33)$$

式中:C_n 为孔隙中流体(空气和水)的体积压缩系数;n 为孔隙率,nV 为孔隙体积。

令 $\Delta V_g = \Delta V_n$,整理后得:

$$\Delta u_3 = \frac{1}{1 + n\dfrac{C_n}{C_g}} \Delta\sigma_3 = B \cdot \Delta\sigma_3 \qquad (2-34)$$

因此理论上:

$$B = \frac{1}{1 + n\dfrac{C_n}{C_g}} \qquad (2-35)$$

对于饱和土,$\dfrac{C_n}{C_g} \to 0$,因此 $B \to 1$。

关于孔隙压力系数 B 的确定,一般使用三轴试验通过测定土中孔隙压力来计算。B 的变化与土的饱和度 S_r 有关,B 值随 S_r 的增加而增大。当 $S_r = 1$ 时,$B = 1$,但两者不是线性关系,其变化规律随土性质而异。

二、孔隙压力系数 A

设土样预先承受初始应力 σ_1、σ_2、σ_3($\sigma_2 = \sigma_3$),在不排水条件下,再沿最大主应力方向增加一个应力增量 $\Delta\sigma_1$,而在其他两个垂直方向应力维持不变,如图 2-24 所示。则土样中的孔隙压力将由原来的 u_0 增加到 $u_0 + \Delta u_1$,即增添了 Δu_1。

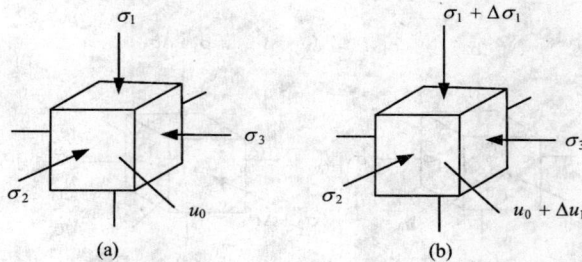

图 2-24　单轴压力 $\Delta\sigma_1$ 引起孔隙压力 Δu_1

按照一般固体力学理论,如把土骨架当成弹性介质,则促使土骨架产生体积变化的平均有效应力(或球形有效应力)σ'_m 为:

$$\sigma'_m = \frac{1}{3}(\Delta\sigma'_1 + \Delta\sigma'_2 + \Delta\sigma'_3) = \frac{1}{3}[(\Delta\sigma_1 - \Delta u_1) + (0 - \Delta u_1) + (0 - \Delta u_1)] = \frac{1}{3}(\Delta\sigma_1 - 3\Delta u_1)$$

根据土骨架体积的变化量 ΔV_g 等于土孔隙体积的变化量 ΔV_n,

$$\Delta V_g = C_g \cdot V \cdot \frac{1}{3}(\Delta\sigma_1 - 3\Delta u_1) = \Delta V_n = C_n \cdot nV \cdot \Delta u_1$$

式中：C_g、V、C_n、nV 意义同前。

则：

$$\Delta u_1 = \frac{1}{3}\left[\frac{1}{1 + n\dfrac{C_n}{C_g}}\right] \cdot \Delta\sigma_1 = \frac{1}{3}B \cdot \Delta\sigma_1$$

因土骨架并非理想弹性介质，上述公式不能完全反映土受力后孔隙压力变化的真实情况，所以为了具有普遍意义，把上式改写成：

$$\Delta u_1 = A \cdot B \cdot \Delta\sigma_1 \tag{2-36}$$

式中：A 为孔隙压力系数，和系数 B 一样，系数 A 也是由试验所确定。

如果对土样在 σ_2 和 σ_3 方向施加 $\Delta\sigma_3$ 的同时，又在 σ_1 方向施加 $\Delta\sigma_1$，如图 2-25 所示，则由此引起的孔隙压力增量 Δu，将可利用式(2-31)和式(2-36)求得：

$$\Delta u = \Delta\sigma_3 \cdot B + AB(\Delta\sigma_1 - \Delta\sigma_3) \tag{2-37}$$

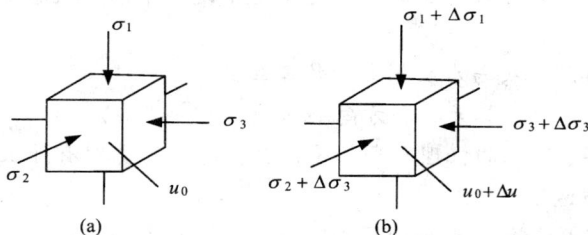

图 2-25　围压和单轴压力共同作用引起的孔隙压力

在上述各公式的推导中，把系数 A 和 B 当作常数对待。由于土的非线性性质，实际上系数 A 和 B 远非常数，它们将随试验时的应力水平而变。

例 2-6　取一粘土样，置入密封压力室中，不排水施加围压 $\Delta\sigma_3 = 30$ kPa（相当于球形压力），并测得孔隙压力为 30 kPa，另在土样的垂直方向再加压，使垂直中心轴线上总轴压 $\Delta\sigma_1 = 70$ kPa，同时测得孔隙压力为 60 kPa，求孔隙压力系数 A 和 B，并判别试验土样的饱和性？

解：土样初始孔隙压力 $u_0 = 0$，在三个主轴向施加相同的围压 $\Delta\sigma_3$，产生的孔隙压力增量 Δu_3 与 $\Delta\sigma_3$ 之间存在如下关系：$\Delta u_3 = \Delta\sigma_3 \cdot B$，因此，

$$B = \frac{\Delta u_3}{\Delta\sigma_3} = \frac{30 - 0}{30} = 1$$

该试验土样为完全饱和土。

土样初始孔隙压力 $u_0 = 0$，在施加围压和垂直压力后，产生的孔隙压力增量 Δu 与 $\Delta\sigma_3$、$\Delta\sigma_1$ 之间存在如下关系：$\Delta u = \Delta\sigma_3 \cdot B + AB(\Delta\sigma_1 - \Delta\sigma_3)$，因此：

$$A = \frac{\Delta u - \Delta\sigma_3 \cdot B}{B(\Delta\sigma_1 - \Delta\sigma_3)} = \frac{(60 - 0) - 30 \times 1}{1 \times (70 - 30)} = 0.75$$

重点与难点

重点：(1)达西定律以及渗透系数的意义；(2)渗透力及临界水力梯度的概念及计算；(3)流土、管涌渗透破坏的特征；(4)等势线与流线的概念及流网的特征；(5)有效应力的概念、意义及饱和土有效应力原理。

难点：(1)水力梯度分析；(2)渗透系数的现场试验测定；(3)二维稳定渗流的基本微分方程；(4)流网的特征、绘制及应用；(5)孔隙压力系数 A、B 的含义。

思考与练习

2-1 什么叫土的渗透性？影响土渗透性的因素有哪些？

2-2 若两种砂土按颗粒级配均属中砂，但两者的有效粒径 d_{10} 有显著差别，问它们是否会具有不同的渗透性，为什么？

2-3 用达西渗透定律计算出的渗透速度是不是土中的真实渗流速度，它们在物理概念上有何区别？

2-4 如何理解总水头与水头损失的物理含义？

2-5 什么叫渗透力，其大小和方向如何确定？

2-6 发生管涌、流土的机理与条件是什么？与土的类别有什么关系？在工程上如何判断土可能产生渗透破坏？

2-7 试述静水压和超静水压的区别？有效应力公式 $\sigma = \sigma' + u$ 中如何判断 u 是指静水压还是指超静水压？

2-8 在变水头渗透试验中，土样直径为 7.5 cm，高 1.5 cm，变水头管直径 1.0 cm，初始水头差 $\Delta h_0 = 25$ cm，经 20 min 后水头差降至 12.5 cm，求土样的渗透系数 k。

2-9 某场地土层如习题 2-9 图所示，其中粘性土饱和重度为 20.0 kN/m³，砂土层含承压水，其水头高出该层顶面 7.5 m，今在粘性土层内挖一深 6.0 m 的基坑，为使坑底土不致因渗流而破坏，问坑内水深 h 不得小于多少？

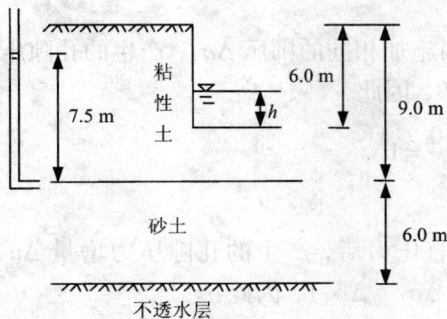

习题 2-9 图

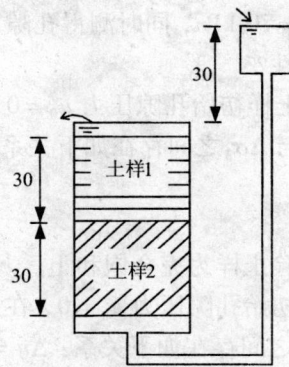

习题 2-10 图

2-10　如习题 2-10 图所示，在恒定的总水头差之下，水自下而上透过两个土样，从土样 1 顶面溢出。已知水流经土样 2 的水头损失为总水头差的 30%，土样 1、土样 2 的孔隙比分别为 0.7、0.55，土样 1、土样 2 的颗粒比重分别为 2.7、2.65。求(1)作用于两个土样的渗透力各为多少？(2)如果增大总水头差，问当其增至多大时，哪个土样的水力梯度首先达到临界值？此时作用于两个土样的渗透力各为多少？

2-11　如习题 2-11 图所示，有两种土，土样 1 位于土样 2 的上部，长度都是 20 cm，总水头损失 40 cm，土样 1 渗透系数为 0.03 cm/s，土样 2 水力坡降为 0.5。求土样 2 的渗透系数和土样 1 的水力坡降？

2-12　如习题 2-12 图所示，砂样置于一容器中的铜丝网上，砂样厚 25 cm，由容器底导出一水压管，使管中水面高出容器溢水面 h。若砂样孔隙比 $e=0.7$，颗粒重度 γ_s $=26.5$ kN/m^3，求(1)当 $h=10$ cm 时，砂样中切面 $a-a$ 上的有效应力？(2)若作用在铜丝网上的有效应力为 0.5 kPa，则水头差 h 值应为多少？

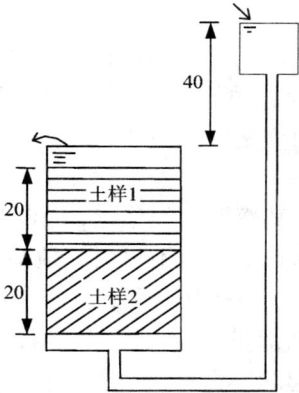

习题 2-11 图

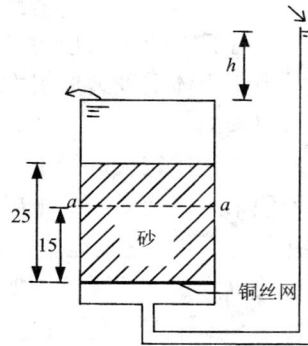

习题 2-12 图

第 3 章
土中应力计算

第一节 概 述

一、基本概念

土中应力(stresses in soil)是指土体在自身重力、建(构)筑物荷载以及其他因素如渗流、地震等作用下所产生的应力。按其产生的原因不同，可以分为自重应力和附加应力。前者是由于土体受到地球引力所产生的；后者是由于建(构)筑物或堆载等外荷载作用在土中所引起的。

对于形成年代比较久远的土，在自重应力作用下，其变形已经稳定，因此除新(近)期沉积或堆积未来得及固结的土层外，一般说来，土的自重应力不再引起地基沉降。但是，附加应力则不同，它是地基中新增加的应力，将会引起地基变形，从而使建(构)筑物产生一定的沉降量和沉降差。如果应力变化引起的变形量在容许范围以内，则不致对建筑物的使用和安全造成危害；但当外荷载在土中引起的应力过大时，则不仅会使建筑物产生不能容许的过大沉降，甚至可以使土体发生整体破坏而失去稳定。因此，开展土中应力计算和分布规律分析是研究地基和土工建筑物变形和稳定问题的依据。

二、土力学基本假设

土中的应力分布，主要取决于土的应力－应变关系特性。真实土的应力－应变关系是非常复杂的，实用中多对其进行简化处理。目前在计算地基中的附加应力时，主要采用弹性理论方法，假定地基土是连续的、均质的、各向同性的半无限弹性体。即假定土的应力－应变呈线弹性关系，服从广义虎克定律，从而可直接应用弹性理论得出应力的解析解。这同土体的真实性质虽有一定的差别，但基本可以满足工程实践的要求，主要表现在：

1. 关于连续介质的假设

土是由固、液、气三相物质组成的碎散颗粒集合体，当然不是连续介质。因此在研究土体内部微观受力情况时(例如颗粒之间的接触力和颗粒的相对位移)，必须把土当成散粒状的三相体来看待。但从工程角度看，主要研究宏观土体的受力问题，如建筑物地基的沉降问题，土的颗粒很细小，通常比土样尺寸小很多。例如，粉粒的粒径范围 $d =$

0.005 ~ 0.05 mm，压缩试验土样的直径 $D \approx 80$ mm，$d \approx (0.0000625 \sim 0.000625)D$。因此，工程上可以把土颗粒和孔隙混在一起，把土体当作连续介质来分析，从平均应力的概念出发，用一般材料力学的方法来定义土中的应力。

2. 关于均质各向同性的假设

所谓均质，是指受力体各点的性质相同。各向同性则是指在同一点处的各个方向上土的性质相同。天然地基往往是由成层土所组成，而且常常是各向异性的，因此，视土体为均质各向同性会带来误差。但当土层性质变化不大时，这样假定对竖直应力分布引起的误差，通常也在容许范围之内。当然，如果土层性质变化较大时，就要考虑非均质或各向异性的影响，进行必要的修正。

3. 关于弹性介质的假设

理想弹性体的应力－应变成正比直线关系，且应力卸除后变形可以完全恢复。而实际的土体应力－应变关系往往是非线性的和弹塑性的，如图 3-1 所示。即使在很低的应力情况下，土的应力应变关系也表现出了曲线特性，而且在应力卸除后，应变也不能完全恢复。考虑到一般建（构）筑物荷载在地基中引起的应力增量 $\Delta\sigma$ 不是很大，地基中产生的塑性区基本没有或相对较小，因此，对一般工程而言，可以将土考虑为线弹性介质，以便

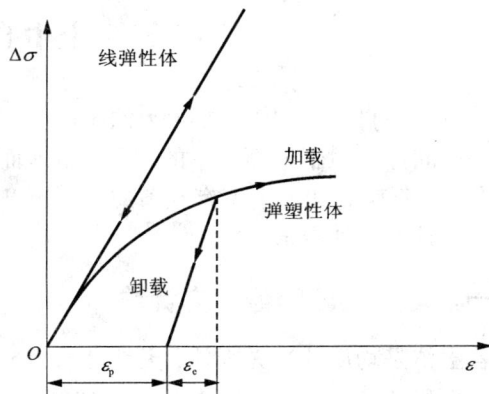

图 3-1　土的应力应变关系

直接用弹性理论求土中的应力分布。但需要指出的是，对于一些十分重要且对沉降有特殊要求的建（构）筑物，用弹性理论进行土体中的应力分析其精度是不够的。这时，必须借助土的弹塑性理论才能得到比较符合实际的应力与变形解答。

三、土力学中应力符号规定

土是散粒体，一般不能承受拉应力。在工程中，一般不允许土中出现拉应力。因此在土的应力计算中，我们约定：应力符号的规定法则与材料力学相同，但正负与材料力学相反。法向应力以压为正，拉为负；剪应力的正负号规定为：当剪应力作用面上的法向应力与坐标轴的正方向一致时，则剪应力的方向与坐标轴正方向一致时为正，反之为负；若剪应力作用面上的法向应力与坐标轴的正方向相反时，则剪应力的方向与坐标轴正方向一致时为负，反之为正。在图 3-2 中所示的法向应力与剪应力均为正值。

对于二维平面问题，应力正负号约定可简化为：法向应力以压为正，拉为负；剪应力以逆时针为正，顺时针为负，如图 3-3 所示。

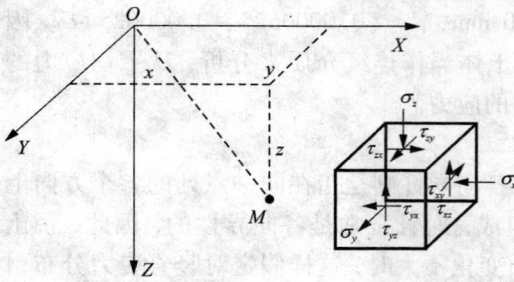

图 3 – 2　土中一点应力状态

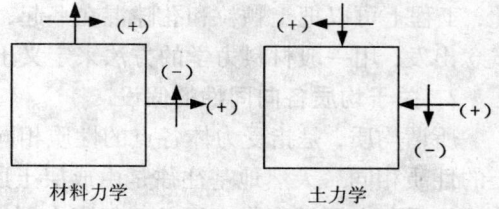

图 3 – 3　平面问题应力符号的规定

第二节　土中自重应力计算

计算土中自重应力时，假定天然土体在水平方向及在地面下都是无限的，即地基为半无限空间体。对于地面水平的均质土，地面以下任一深度处竖向自重应力都是无限均匀分布的，且竖直切面上不存在剪应力。因此，在自重作用下，地基土只产生竖向变形，无侧向位移及剪切变形。

一、均质土体自重应力计算

若土体是均质的半无限体，天然容重为 γ，现取截面面积 $A = 1$、高度为 z 的土柱，如图 3 – 4 所示。设土柱的重力为 W，底截面上的应力大小为 σ_{cz}，则 z 方向的静力平衡方程为：

$$\sigma_{cz} A = W = \gamma z A$$

即：

$$\sigma_{cz} = \gamma z \qquad (3 - 1)$$

由式 3 – 1 可以看出，土体中自重应力 σ_{cz} 随深度呈线性增加，且呈三角形分布。

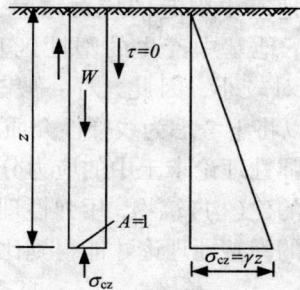

根据弹性力学中的广义胡克定律可知：

图 3 – 4　均质土的竖向自重应力分布

$$\left.\begin{array}{l} \varepsilon_x = \dfrac{\sigma_{cx}}{E} - \dfrac{\mu(\sigma_{cy} + \sigma_{cz})}{E} \\[3mm] \varepsilon_y = \dfrac{\sigma_{cy}}{E} - \dfrac{\mu(\sigma_{cx} + \sigma_{cz})}{E} \end{array}\right\} \qquad (3 - 2)$$

由 $\varepsilon_x = \varepsilon_y = 0$ 可知，地基中竖直面上也作用着水平向应力，其大小为：

$$\sigma_{cx} = \sigma_{cy} = K_0 \sigma_{cz} \qquad (3 - 3)$$

式中：K_0 为土的侧压力系数（也称静止土压力系数），其理论值为 $\dfrac{\mu}{1 - \mu}$。

二、层状土体自重应力计算

1. 层状土体情况

天然地层很少是均一土层，往往是层状土，且每层土的性质都不一样。设土层厚度及天然容重分别为 h_i 和 γ_i，类似于式（3-1）的推导，得自重应力的计算公式为：

$$\sigma_{cz} = \gamma_1 h_1 + \gamma_2 h_2 + \cdots + \gamma_n h_n = \sum_{i=1}^{n} \gamma_i h_i \qquad (3-4)$$

从图 3-5 上两层土的自重应力分布图中可以看出，因 γ_i 值不同，故自重应力沿深度呈折线分布。因此，只要算出各分层顶底两个特征点的自重应力值就能画出应力分布图。

2. 土层中有地下水情况

当土体中存在自由水位面时，如图 3-5 所示。水位以下的土受到水的浮力作用，减轻了土的有效重力，计算时应该取土的有效容重 γ' 代替天然容重。用有效容重计算的自重应力实际上为作用在土骨架

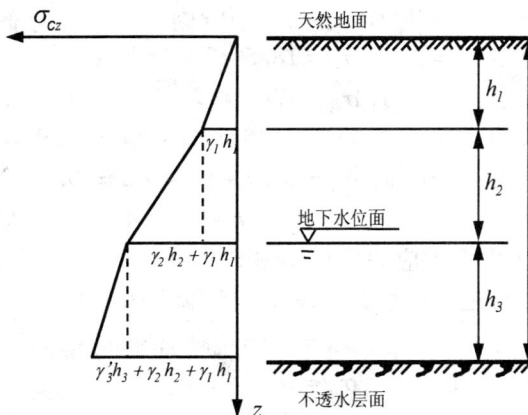

图 3-5　成层土的自重应力分布

上的应力，所以称为有效自重应力。此时该点的总应力应为有效自重应力与静水压力之和。为了书写方便，多数土力学书中将"有效"二字省去，简称自重应力。

土体的自重应力取决于土的有效容重。在饱和状态下，土的有效容重是一个值得深入讨论的问题，应根据土的性质确定是否需考虑水的浮力作用。通常认为砂土、碎石土等粗颗粒土及液性指数 $I_L \geqslant 1$ 的粘性土，在地下水位以下土粒间存在着大量的自由水，应考虑水的浮力作用，计算时有效容重应取浮容重。若粘土的液性指数 $I_L \leqslant 0$，则土处于固体状态，土中自由水受到土粒间结合水膜的阻碍不能传递静水压力，故认为土体不受水的浮力作用。若粘土的液性指数 $0 < I_L < 1$，土处于塑性状态，土粒是否受到水的浮力作用就较难确定，在实践中一般均按不利状态来考虑，多采用浮容重进行计算。

例 3-1　某土层分布如例图 3-1（a）所示，第一层土为粉砂，厚度 6 m，$\gamma_1 = 18.5$ kN/m³，$\gamma_{1sat} = 21.4$ kN/m³；第二层土为粘土，厚度 4 m，$\gamma_2 = 16.8$ kN/m³，$\gamma_{2sat} = 19.7$ kN/m³，$w = 50\%$，$w_L = 48\%$，$w_P = 25\%$，地下水位距地表 3 m，水的重度按 10 kN/m³ 计算。求：

（1）土中自重应力；

（2）如果地下水位下降 1.0 m，不考虑毛细现象，土的自重压力将出现怎样变化？

解：第一层土为细砂，地下水位以下考虑浮力作用

$$\gamma_1' = \gamma_{1sat} - \gamma_w = 21.4 - 10 = 11.4 \text{ kN/m}^3$$

第二层为粘土层，其液性指数

$$I_L = \frac{w - w_P}{w_L - w_P} = \frac{50 - 25}{48 - 25} = 1.09 > 1$$

故受水的浮力作用,浮容重为

$$\gamma'_2 = \gamma_{2sat} - \gamma_w = 19.7 - 10 = 9.7 \text{ kN/m}^3$$

为了比较土中自重应力的变化,计算 a 点($z=0$ m)、b 点($z=2$ m)、c 点($z=3$ m)、d 点($z=4$ m)、e 点($z=6$ m)、f 点($z=10$ m)等 6 点的应力。

(1)地下水位距地表 3 m。

a 点: $z=0$ m, $\sigma_{sz} = \gamma z = 0$ kPa;

b 点: $z=2$ m, $\sigma_{sz} = 18.5 \times 2 = 37$ kPa;

c 点: $z=3$ m, $\sigma_{sz} = 37 + 18.5 \times 1 = 55.5$ kPa;

d 点: $z=4$ m, $\sigma_{sz} = 55.5 + 11.4 \times 1 = 66.9$ kPa

e 点: $z=6$ m, $\sigma_{sz} = 66.9 + 11.4 \times 2 = 89.7$ kPa

f 点: $z=10$ m, $\sigma_{sz} = 89.7 + 9.7 \times 4 = 128.5$ kPa

土中自重应力分布如例图 3-1(b)所示。

(2)地下水位距地表 4 m(下降 1.0 m)。

a 点: $z=0$ m, $\sigma_{sz} = \gamma z = 0$ kPa;

b 点: $z=2$ m, $\sigma_{sz} = 18.5 \times 2 = 37$ kPa;

c 点: $z=3$ m, $\sigma_{sz} = 37 + 18.5 \times 1 = 55.5$ kPa;

d 点: $z=4$ m, $\sigma_{sz} = 55.5 + 18.5 \times 1 = 74$ kPa;

e 点: $z=6$ m, $\sigma_{sz} = 74 + 11.4 \times 2 = 96.8$ kPa;

f 点: $z=10$ m, $\sigma_{sz} = 96.8 + 9.7 \times 4 = 135.6$ kPa。

土中自重应力分布如例图 3-1(c)所示。

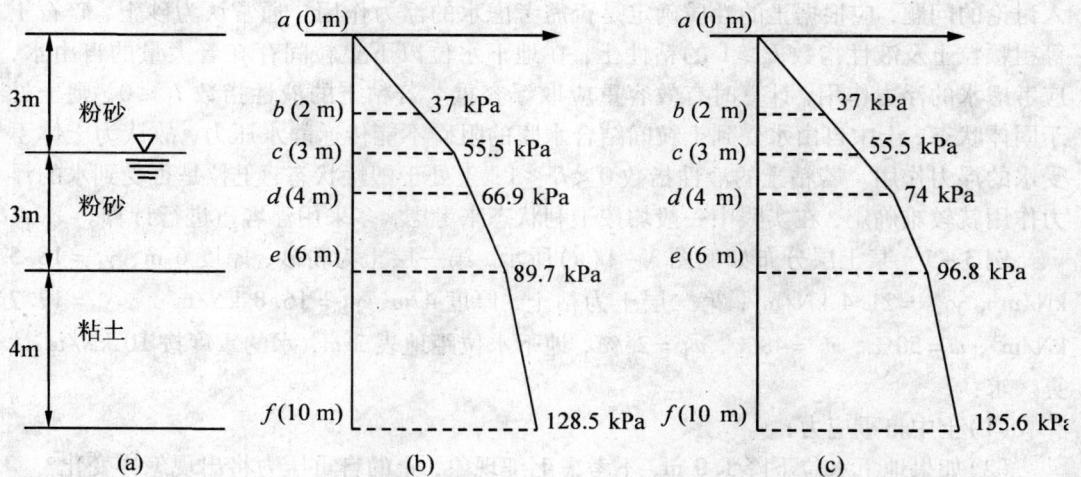

例图 3-1 土层分布及应力分布示意图

以上计算可以看出,地下水位变化及填土对土中自重应力有一定的影响。一般形成年代久远天然土层在自重应力作用下变形早已稳定,但当地下水位下降时或土层为新近沉积或地面有大面积的人工填土时,土中的自重应力会增大(其中地下水位下降情况,例题 3 - 1 已经计算),如图 3 - 6 所示,这时应考虑土体在自重应力增量作用下的变形。

　　造成地下水位下降的原因主要有城市过量开采地下水及基坑开挖时的降水,其直接后果是导致地面下沉。地下水位下降后,新增加的自重应力会引起土体本身产生压缩变形,进而引起地面沉降。我国上海、西安等城市均出现较大沉降,已引起市政部门的高度重视。地下水位上升也会带来一些不利影响。在人工抬高蓄水水位的地区,滑坡现象明显多于其他地区。

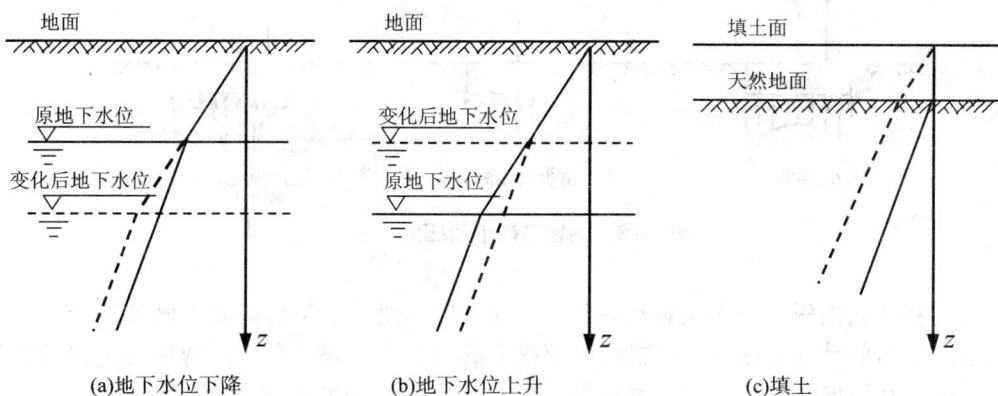

(a)地下水位下降　　　　　　(b)地下水位上升　　　　　　(c)填土

图 3 - 6　由于填土或地下水位升降引起自重应力的变化

(实线:变化前自重应力;虚线:变化后自重应力)

第三节　基底压力计算

　　基础底面压力(pressure at the bottom of foundation)是建(构)筑物荷载通过基础传递给地基的压力;其反作用力,即地基反作用于基础底面的反力称为基底反力。基底压力的分布规律对于土中附加应力以及基础自身结构的计算是十分重要的荷载条件。

　　基底压力的分布与基础的大小和刚度、作用于基础上荷载大小和分布、地基土的力学性质、地基的均匀程度以及基础的埋深等许多因素有关。当基础是柔性的(抗弯刚度很小),基底压力分布图形与上面荷载分布图形一致,如图 3 - 7(a)所示;如由土筑成的路堤,可以近似认为它是一种柔性基础,路堤自重引起的基底压力分布就与路堤断面形状相似,近似呈倒梯形分布,如图 3 - 7(b)所示。

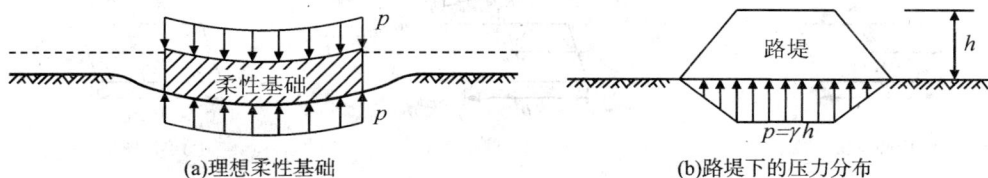

(a)理想柔性基础　　　　　　　　　　(b)路堤下的压力分布

图 3 - 7　柔性基础下的压力分布图

若基础刚度很大或为绝对刚性($EI\to\infty$)，基底压力分布则比较复杂。理论与试验证明，当荷载较小、中心受压时，基底压力分布呈马鞍形，如图 3-8(a)所示；当荷载增大，基础边缘地基土中产生塑性变形区，即局部剪裂后，边缘应力不再增大，应力向基础中心转移，基底压力分布变为抛物线形，如图 3-8(b)所示；当上部荷载继续增大，接近地基的极限荷载时，基底压力分布会继续发展成倒钟形，如图 3-8(c)所示。

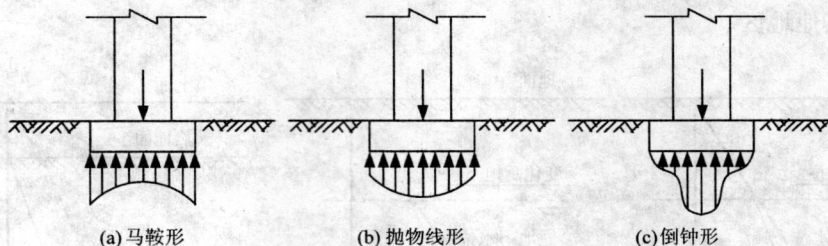

(a) 马鞍形　　　　　　(b) 抛物线形　　　　　　(c) 倒钟形

图 3-8　刚性基础下的压力分布图

上述基础底面压力分布呈各种曲线，实际应用不便。鉴于目前尚无既精确又简便的有关基底压力的计算方法，且根据弹性理论中的圣维南原理，在总荷载保持定值的前提下，基底压力分布形状对土中应力分布的影响超过一定深度后就不显著了。因此，对于一般基础，可采用简化算法，即认为基底压力按线性规律分布。

一、中心荷载作用时的基底压力计算

当上部竖向荷载的合力通过基础底面的形心 O 点时，如图 3-9(a)所示，基础底面压力均匀分布，并按下式计算：

$$p = \frac{F+G}{A} = \frac{R}{A} \tag{3-5}$$

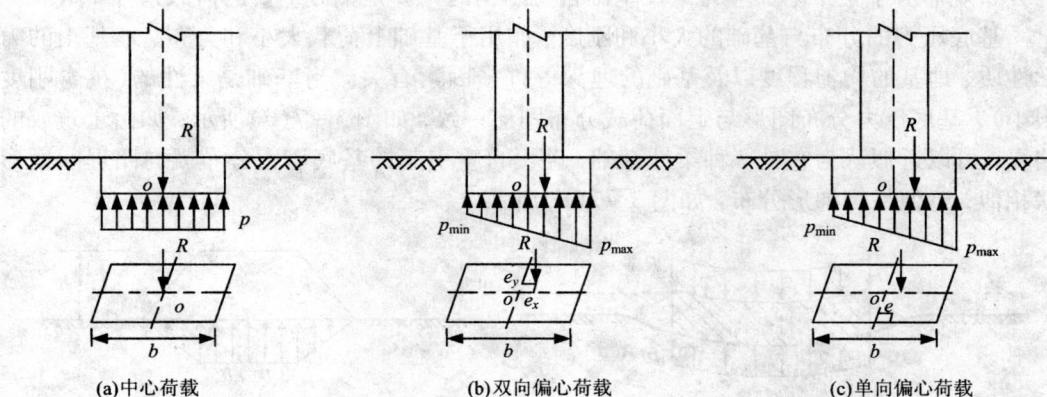

(a) 中心荷载　　　　　　(b) 双向偏心荷载　　　　　　(c) 单向偏心荷载

图 3-9　基底压力分布的简化计算

式中：p 为基础底面处的平均压力值，kPa；F 为上部结构传至基础顶面的竖向荷载，kN；G 为基础自重和基础上土重的标准荷载，kN，$G = \gamma_G Ad$，其中 γ_G 为基础及回填土的平均容重，通常取 $\gamma_G = 20$ kN/m³，在地下水位以下的部分取 $\gamma'_G = 10$ kN/m³；d 为基础平均埋深（m），必须从设计地面［图 3 - 10(a)］或室内外平均设计地面［图 3 - 10(b)］算起。R 为作用在基础底面的竖向合力设计值，$R = F + G$，kN；A 为基础底面面积，m²。

如基础的长度大于宽度的 10 倍，则按条形基础分析。通常沿基础长度方向取 1 m 来计算。此时，公式(3 - 5)中的 F、G 为每延米的相应值，A 为 1 m 长基础底面积（即 $b \times 1$）。

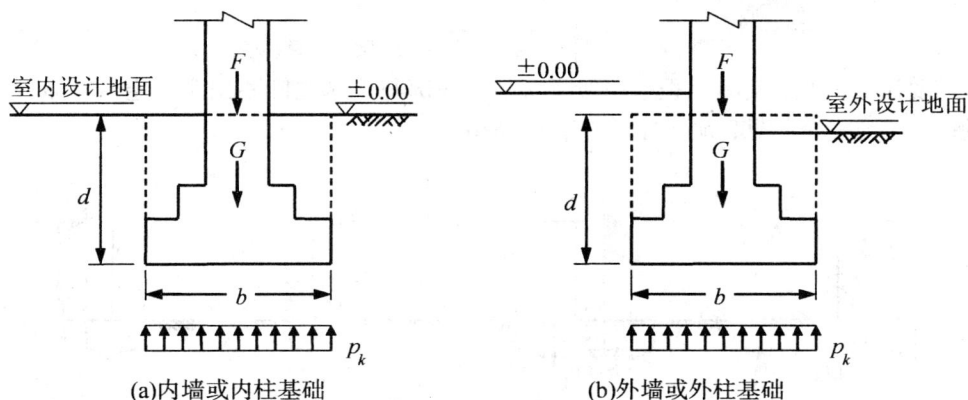

图 3 - 10　基底埋深计算示意图

二、偏心荷载作用时的基底压力计算

当上部竖向荷载的合力不通过基础底面的形心 O 点时，如图 3 - 9(b)所示，基础底面压力呈线性分布，按下式计算：

$$p(x,\ y) = \frac{R}{A} \pm \frac{M_x}{W_x} \pm \frac{M_y}{W_y} \qquad (3-6)$$

式中：M_x、M_y 为相应于荷载效应标准组合时，作用于基础底面 x、y 向弯矩值，kN·m；W_x、W_y 分别为基础 x、y 向抵抗矩，m³；R、F、G 为含义同公式(3 - 5)。

工程上常见的偏心荷载一般作用于矩形基础底面 x、y 两个主轴中的一个主轴上，如图 3 - 9(c)所示，此时基础底面边缘的压力按下式计算：

$$p = \frac{F + G}{A} \pm \frac{M}{W} = \frac{F + G}{A}\left(1 \pm \frac{6e}{b}\right) \qquad (3-7)$$

式中：M 为相应于荷载效应标准组合时，作用于基础底面的力矩值，kN·m；W 为抵抗矩，m³，$W = \dfrac{lb^2}{6}$，l 为另一边长；b 为力矩 M 作用方向的基础边长，m；e 为偏心矩，m，$e = \dfrac{M}{F + G}$；p_{max}、p_{min} 为基础底面边缘的最大、小压力值，kPa；R、F、G 为含义同公式(3 -

5)。

由式(3-7)可知,按荷载偏心矩 e 的大小,基底压力的分布可能出现下述三种情况:

(1)当 $e < b/6$ 时,$p_{min} > 0$,基底压力呈梯形分布,如图 3-11(a)所示;

(2)当 $e = b/6$ 时,$p_{min} = 0$,基底压力呈三角形分布,如图 3-11(b)所示;

(3)当 $e > b/6$ 时,$p_{min} < 0$,即产生拉力,如图 3-11(c)所示,这表明产生拉力部分的基底将与地基脱离,不能传递荷载。工程应用上认为此时基底压力重新分布,如图 3-11(d)所示。根据偏心荷载与基底压力的平衡条件,可求得重新分布后的基底最大压力:

$$p'_{max} = \frac{2(F+G)}{3(b/2-e)l} \tag{3-8}$$

需要注意的是,实际工程中一般要求基础底部与地基之间不出现脱空区,即进行基础设计时,为安全起见,须保证偏心矩 $e < b/6$。

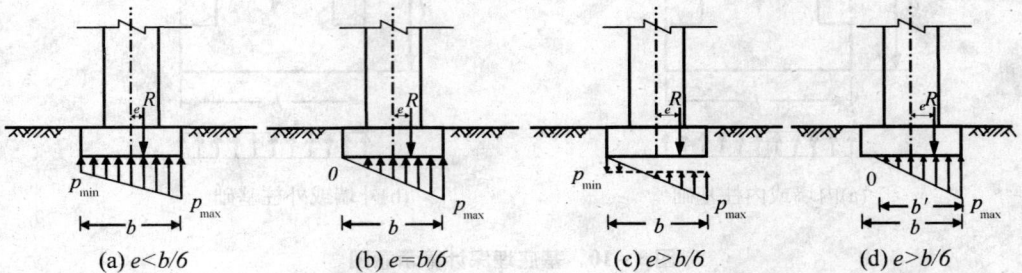

图 3-11 偏心荷载时基底压力分布的几种情况

三、基底附加压力计算

一般基础总是埋置在天然地面下一定深度处,如图 3-12 所示。在建(构)筑物建造之前,土中早已存在着自重应力。一般天然土层在自重应力作用下的变形也早已稳定。因此,由建(构)筑物引起的基底压力扣除基底标高处的自重应力才是基底平面处新增加的地基净压力,称作基底附加压力,它是引起地基沉降的根源。基底平均附加压力 p_0 按下式计算:

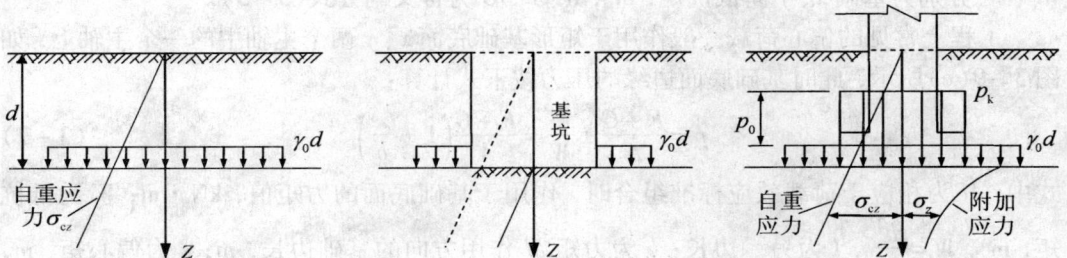

图 3-12 基底平均附加应力

$$p_0 = p - \sigma_{cz} = p - \gamma_0 d \qquad (3-9)$$

式中：p 为基底平均压力，kPa，按式(3-5)计算；σ_{cz} 为基底处土的自重压力，kPa，按式(3-4)计算；γ_0 为基底标高以上天然土层的加权平均容重，kN/m^3；d 为基础埋深，m，必须从天然地面算起，新填土场地则应从老天然地面起算。

例 3-2 某外墙柱下独立基础底面尺寸为 3 m×2.4 m，如例图 3-2 所示，柱传给基础顶部的竖向荷载标准值 $F = 900$ kN，弯矩 $M = 150$ kN·m，求基础底部的压力 p、p_{max}、p_{min} 和基底附加压力 p_0。

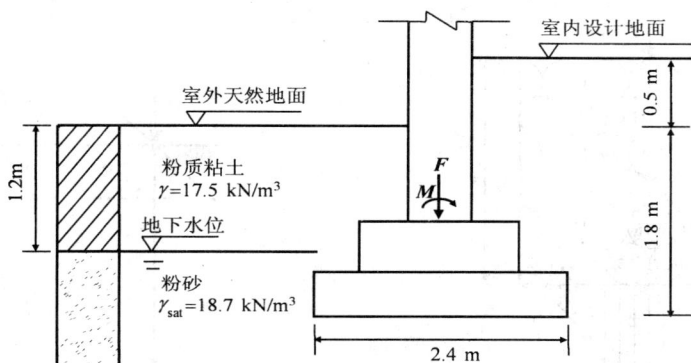

例图 3-2 柱下独立基础示意图

解：基底平均埋深：$d = \dfrac{1.8 + 2.3}{2} = 2.05$ m

$$p = \frac{F + G}{A} = \frac{900 + [20 \times (2.05 - 0.6) + 10 \times 0.6] \times 3 \times 2.4}{3 \times 2.4} = 160 \text{ kPa}$$

$$p = \frac{F + G}{A} \pm \frac{M}{W} = 160 \pm \frac{6 \times 150}{3 \times 2.4^2} = \begin{cases} 212.1 \text{ kPa} \\ 107.9 \text{ kPa} \end{cases}$$

$$p_0 = p - \gamma_0 d = 160 - (17.5 \times 1.2 + 8.7 \times 0.6) = 133.8 \text{ kPa}$$

第四节 地基的附加应力计算

地基中的附加应力(superimposed stress, stress increases in the ground)是指建筑物荷载在土中自重应力基础上引起的应力增量。由于土木工程中的应力增量一般不大，可按弹性理论计算。本章节对地基作如下几点假设：①地基是半无限空间弹性体；②地基土是连续均匀的，即各处的变形模量 E、泊松比 μ 相等；③地基土是各向同性的，即任一点的 E 和 μ 各个方向相等。

一、竖向集中力作用下土中附加应力计算

1. 地基中附加应力扩散

为了说明问题，考虑无数直径相同的小球放置于两玻璃板之间，设顶部中心受一个

竖向集中力 $P = 1$ 作用,则各层圆球的附加荷载如图 3 – 13 所示。

由图可见,新增加的荷载产生应力扩散,附加应力的平面分布范围随深度增加而增大,但附加应力值减小。同一深度表现为中部附加应力最大,而向两侧渐小。

2. 地基中应力计算

将地基视为一个具有水平表面沿三个空间坐标 (x, y, z) 方向无限伸展的均质弹性体,亦即半无限空间弹性体。设此地基表面作用有一个竖向集中力 P,如图 3 – 14 所示,地基中引起的应力如何计算?

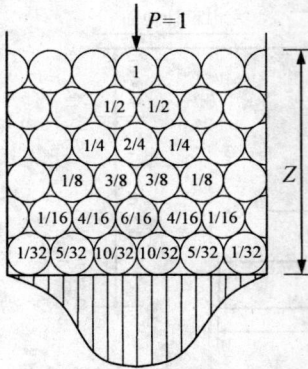

图 3 – 13   地基中附加应力扩散示意图   图 3 – 14   半无限空间弹性体表面受集中力作用

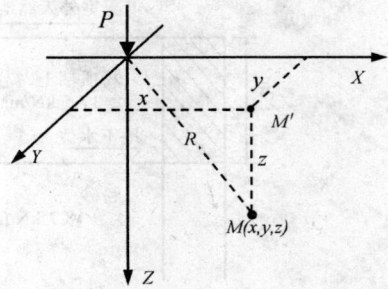

1885 年,法国学者布辛奈斯克(Boussinesq)采用弹性理论解答了上述问题,得出了半无限空间弹性体内任一点 $M(x, y, z)$ 的应力和位移:

法向应力:

$$\sigma_x = \frac{3P}{2\pi}\left\{\frac{zx^2}{R^5} + \frac{1-2\mu}{3}\left[\frac{R^2 - Rz - z^2}{R^3(R+z)} - \frac{x^2(2R+z)}{R^3(R+z)^2}\right]\right\} \qquad [3-10(a)]$$

$$\sigma_y = \frac{3P}{2\pi}\left\{\frac{zy^2}{R^5} + \frac{1-2\mu}{3}\left[\frac{R^2 - Rz - z^2}{R^3(R+z)} - \frac{y^2(2R+z)}{R^3(R+z)^2}\right]\right\} \qquad [3-10(b)]$$

$$\sigma_z = \frac{3Pz^3}{2\pi R^5} \qquad [3-10(c)]$$

剪应力:

$$\tau_{xy} = \tau_{yx} = \frac{3P}{2\pi}\left[\frac{xyz}{R^5} - \frac{1-2\mu}{3} \cdot \frac{xy(2R+z)}{R^3(R+z)^2}\right] \qquad [3-10(d)]$$

$$\tau_{zx} = \tau_{xz} = -\frac{3Pxz^2}{2\pi R^5} \qquad [3-10(e)]$$

$$\tau_{yz} = \tau_{zy} = -\frac{3Pyz^2}{2\pi R^5} \qquad [3-10(f)]$$

X、Y、Z 轴方向的位移分别为:

$$u = \frac{P(1+\mu)}{2\pi E}\left[\frac{xz}{R^3} - (1-2\mu)\frac{x}{R(R+z)}\right] \qquad [3-10(g)]$$

$$v = \frac{P(1+\mu)}{2\pi E}\left[\frac{yz}{R^3} - (1-2\mu)\frac{y}{R(R+z)}\right] \qquad [3-10(\text{h})]$$

$$w = \frac{P(1+\mu)}{2\pi E}\left[\frac{z^2}{R^3} + 2(1-\mu)\frac{1}{R}\right] \qquad [3-10(\text{i})]$$

式中：x、y、z 为 M 点的坐标；E、μ 为弹性模量及泊松比；R 为 M 点与集中力作用点的距离，$R = \sqrt{x^2 + y^2 + z^2}$。

对土木工程地基沉降计算，主要考虑竖向正应力 σ_z，将式［3－10(c)］变换为：

$$\sigma_z = \frac{3Pz^3}{2\pi R^5} = \frac{3}{2\pi\left[1+(r/z)^2\right]^{\frac{5}{2}}} \cdot \frac{P}{z^2} = \alpha \cdot \frac{P}{z^2} \qquad (3-11)$$

式中：r 为 M 点与集中力作用点的水平距离，$r = \sqrt{x^2 + y^2}$；α 为附加应力分布系数，是 r/z 的函数，可根据公式计算，也可由表 3－1 查得。

3. 集中荷载作用下地基中附加应力分布的特点

由于竖直向集中力作用下地基中的应力状态是轴对称空间问题，因此可以在通过 P 作用线所切出的任意竖直面上进行 σ_z 分布特征的讨论。

（1）在集中力 P 作用线上的 σ_z 分布。

在 P 作用线上，$r = 0$，则 $\alpha = \dfrac{3}{2\pi}$，$\sigma_z = \dfrac{3P}{2\pi z^2}$。

从而当 $z = 0$ 时，$\sigma_z = \infty$。出现这一结果是由于将集中力作用面积看作零所致。它一方面说该解不适用集中力作用点处及其附近，因此在选择应力计算点时，不应过于接近集中力作用点；另一方面也说明在靠近 P 作用线处应力 σ_z 很大。

当 $z = \infty$ 时，$\sigma_z = 0$。

可见，沿 P 作用线上 σ_z 的分布是随深度增加而递减，如图 3－15 所示。

（2）在 $r > 0$ 的竖直线上的 σ_z 分布。

随着 z 的增加，σ_z 从零逐渐增大，至一定深度后又随着 z 的增加逐渐变小，如图 3－15 中所示。

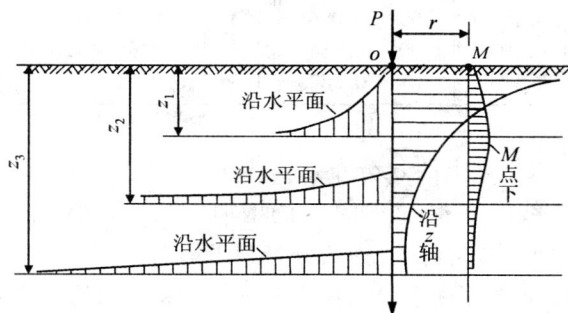

图 3－15　集中力作用下土中应力 σ_z 的分布

表 3 − 1   集中力作用下半无限表面竖向附加应力系数

r/z	a	r/z	a	r/z	a	r/z	a	r/z	a	r/z	a
0.00	0.4775	0.34	0.3632	0.68	0.1846	1.02	0.0803	1.36	0.0348	1.70	0.0160
0.01	0.4773	0.35	0.3577	0.69	0.1804	1.03	0.0783	1.37	0.0340	1.72	0.0153
0.02	0.4770	0.36	0.3521	0.70	0.1762	1.04	0.0764	1.38	0.0332	1.74	0.0147
0.03	0.4764	0.37	0.3465	0.71	0.1721	1.05	0.0744	1.39	0.0324	1.76	0.0141
0.04	0.4756	0.38	0.3408	0.72	0.1681	1.06	0.0727	1.40	0.0317	1.78	0.0135
0.05	0.4745	0.39	0.3351	0.73	0.1641	1.07	0.0709	1.41	0.0309	1.80	0.0129
0.06	0.4732	0.40	0.3294	0.74	0.1603	1.08	0.0691	1.42	0.0302	1.82	0.0124
0.07	0.4717	0.41	0.3238	0.75	0.1565	1.09	0.0674	1.43	0.0295	1.84	0.0119
0.08	0.4699	0.42	0.3183	0.76	0.1527	1.10	0.0658	1.44	0.0288	1.86	0.0114
0.09	0.4679	0.43	0.3124	0.77	0.1491	1.11	0.0641	1.45	0.0282	1.88	0.0109
0.10	0.4657	0.44	0.3068	0.78	0.1455	1.12	0.0626	1.46	0.0275	1.90	0.0105
0.11	0.4633	0.45	0.3011	0.79	0.1420	1.13	0.0610	1.47	0.0269	1.92	0.0101
0.12	0.4607	0.46	0.2955	0.80	0.1386	1.14	0.0595	1.48	0.0263	1.94	0.0097
0.13	0.4579	0.47	0.2899	0.81	0.1353	1.15	0.0581	1.49	0.0257	1.96	0.0093
0.14	0.4548	0.48	0.2843	0.82	0.1320	1.16	0.0567	1.50	0.0251	1.98	0.0089
0.15	0.4516	0.49	0.2788	0.83	0.1288	1.17	0.0553	1.51	0.0245	2.00	0.0085
0.16	0.4482	0.50	0.2733	0.84	0.1257	1.18	0.0359	1.52	0.0240	2.10	0.0070
0.17	0.4446	0.51	0.2679	0.85	0.1226	1.19	0.0526	1.53	0.0234	2.20	0.0058
0.18	0.4409	0.52	0.2625	0.86	0.1196	1.20	0.0513	1.54	0.0229	2.30	0.0048
0.19	0.4370	0.53	0.2571	0.87	0.1166	1.21	0.0501	1.55	0.0224	2.40	0.0040
0.20	0.4329	0.54	0.2518	0.88	0.1138	1.22	0.0489	1.56	0.0219	2.50	0.0034
0.21	0.4286	0.55	0.2466	0.89	0.1110	1.23	0.0477	1.57	0.0214	2.60	0.0029
0.22	0.4242	0.56	0.2414	0.90	0.1083	1.24	0.0466	1.58	0.0209	2.70	0.0024
0.23	0.4197	0.57	0.2363	0.91	0.1057	1.25	0.0454	1.59	0.0204	2.80	0.0021
0.24	0.4151	0.58	0.2313	0.92	0.1031	1.26	0.0443	1.60	0.0200	2.90	0.0017
0.25	0.4103	0.59	0.2263	0.93	0.1005	1.27	0.0433	1.61	0.0195	3.00	0.0015
0.26	0.4054	0.60	0.2214	0.94	0.0981	1.28	0.0422	1.62	0.0191	3.50	0.0007
0.27	0.4004	0.61	0.2165	0.95	0.0956	1.29	0.0412	1.63	0.0187	4.00	0.0004
0.28	0.3954	0.62	0.2117	0.96	0.0933	1.30	0.0402	1.64	0.0183	4.50	0.0002
0.29	0.3902	0.63	0.2070	0.97	0.0910	1.31	0.0393	1.65	0.0179	5.00	0.0001
0.30	0.3849	0.64	0.2024	0.98	0.0887	1.32	0.0384	1.66	0.0175		
0.31	0.3796	0.65	0.1998	0.99	0.0865	1.33	0.0374	1.67	0.0171		
0.32	0.3742	0.66	0.1934	1.00	0.0844	1.34	0.0365	1.68	0.0167		
0.33	0.3687	0.67	0.1889	1.01	0.0823	1.35	0.0357	1.69	0.0163		

（3）在 z 为常数的水平面上的 σ_z 分布。

σ_z 值在集中力作用线上最大，并随着 r 的增加而逐渐减小。随着深度 z 增加，集中力作用线上的 σ_z 减小，而水平面上应力的分布趋于均匀，如图 3 − 15 中所示。若在空间将 σ_z 相同的点连接成曲面，平面上可以得到如图 3 − 16 所示的 σ_z 等值线，其空间曲面的形状如泡状，所以也称为应力泡。

通过上述对应力 σ_z 分布图形的讨论，可以建立起土中应力分布的正确概念：即集中力 P 在地基中引起的附加应力 σ_z 的分布是向下、向四周无限扩散开的，与杆件中应力的传递完全不一样。

当地基表面作用有几个集中力时，可分别算出各集中力在地基中引起的附加应力，然后根据弹性体应力叠加原理求出附加应力的总和。图 3 - 17 中曲线 a 表示集中力 P_1 在 z 深度水平线上引起的应力分布，曲线 b 表示集中力 P_2 在同一水平线上引起的应力分布，把曲线 a 和曲线 b 相加得到曲线 c 就是该水平线上总的应力。

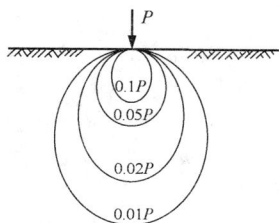

图 3 - 16　σ_z 的等值线　　　　　图 3 - 17　两个集中力作用下土中 σ_z 的叠加

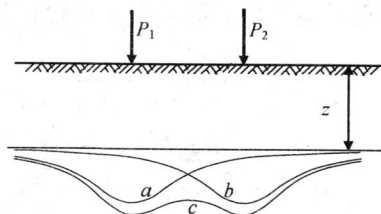

在实际工程中，当基础底面形状不规则或荷载分布较复杂时，可将基底分为若干个小面积，把每个小面积上的荷载当成集中力，然后利用上述公式计算附加应力。如果小面积的最大边长小于计算应力点深度的 1/3，用此法所得的应力值与正确应力值相比，误差不超过 5%。

二、矩形分布荷载下的地基附加应力计算

实际工程中，荷载不可能以集中力的形式作用在地基上，而是通过基础分布在一定面积上。若基础底面的形状或基底下的荷载分布不规则，则可以把分布荷载分割为许多集中力，然后用布辛奈斯克公式和叠加方法计算土中应力；若基础底面的形状及分布荷载都是有规律的，则可以用积分的方法得到相应的土中应力。

为方便使用，工程技术人员已对常见的基础形状和分布荷载作用下地基中附加应力分布规律进行了计算，并将之简化。矩形基础是建筑工程中最常用的，根据简化算法，基底压力按线性分布荷载计算。此时，地基中的应力可根据地表受竖向集中力作用的公式，通过积分求得。下面分三种情况说明：

1. 矩形均布荷载角点下土中竖向应力计算

设矩形基础均布荷载面的长度和宽度分别为 l 和 b，作用于地基上的竖向均布荷载（例如中心荷载下的基底附加压力）为 p_0，如图 3 - 18 所示。

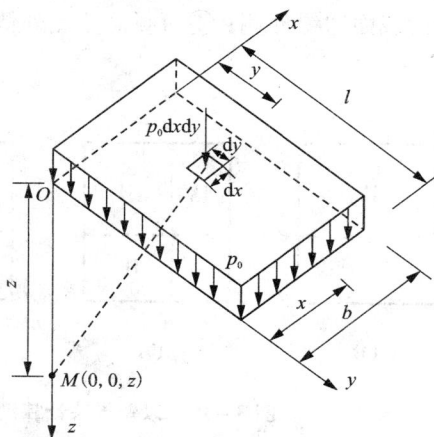

图 3 - 18　矩形均布荷载角点下的附加应力计算图

以矩形荷载面角点为坐标原点 O，在荷载面积内坐标为 (x, y) 处取一微面积 $\mathrm{d}x\mathrm{d}y$，并将其上的分布荷载以集中力 $p_0\mathrm{d}x\mathrm{d}y$ 来代替，则在角点 O 下任意深度 z 的 M 点处由该集中力引起的竖向附加应力 $\mathrm{d}\sigma_z$，按式（3 - 10c）为：

$$\mathrm{d}\sigma_z = \frac{3}{2\pi} \frac{p_0 z^3}{(x^2 + y^2 + z^2)^{5/2}} \mathrm{d}x\mathrm{d}y \qquad (3-12)$$

将它对整个矩形荷载面 A 进行积分：

$$\sigma_z = \iint_A \mathrm{d}\sigma_z = \frac{3p_0 z^3}{2\pi} \int_0^l \int_0^b \frac{1}{(x^2 + y^2 + z^2)^{5/2}} \mathrm{d}x\mathrm{d}y$$

$$= \frac{p_0}{2\pi} \left[\frac{lbz(l^2 + b^2 + z^2)}{(l^2 + z^2)(b^2 + z^2)\sqrt{l^2 + b^2 + z^2}} + \arctan \frac{lb}{\sqrt{l^2 + b^2 + z^2}} \right] \qquad (3-13)$$

令：

$m = l/b$，$n = z/b$（注意其中 b 为荷载面的短边宽度）；

$$\alpha_c = \frac{1}{2\pi} \left[\frac{mn(m^2 + 2n^2 + 1)}{(m^2 + n^2)(1 + n^2)\sqrt{m^2 + n^2 + 1}} + \arctan \frac{m}{n\sqrt{m^2 + n^2 + 1}} \right]$$

得：

$$\sigma_z = \alpha_c p_0 \qquad (3-14)$$

α_c 为矩形均布荷载角点下的竖向附加应力系数，简称角点应力系数，可按 m 及 n 值由表 3 - 2 查得。

2. 矩形均布荷载任意点下土中竖向应力计算

在矩形面积上作用均布荷载时，若要求计算非角点下的土中竖向应力，可先将矩形面积按计算点 O 的位置分成 n 个小矩形，如图 3 - 19 所示。在计算出小矩形面积角点下土中竖向附加应力后，再采用叠加原理求出计算点的竖向附加应力 σ_z 值。这种计算方法一般称为角点法，根据点的位置不同，主要有以下四种情况：①荷载面边缘；②荷载面内；③荷载面边缘外侧；④荷载面角点外侧，如图 3 - 19 所示。

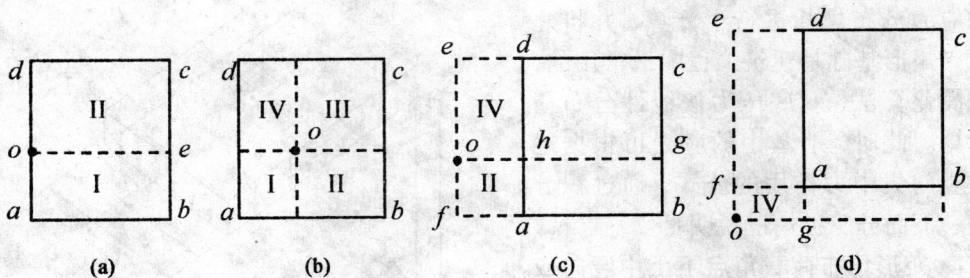

图 3 - 19　以角点法计算均布矩形荷载下的地基附加应力

表 3－2　矩形均布荷载作用时角点附加应力系数

$n = z/b$	$m = l/b$										
	1.0	1.2	1.4	1.6	1.8	2.0	3.0	4.0	5.0	6.0	10.0
0.0	0.2500	0.2500	0.2500	0.2500	0.2500	0.2500	0.2500	0.2500	0.2500	0.2500	0.2500
0.2	0.2486	0.2489	0.2490	0.2491	0.2491	0.2491	0.2492	0.2492	0.2492	0.2492	0.2492
0.4	0.2401	0.2420	0.2429	0.2434	0.2437	0.2439	0.2442	0.2443	0.2443	0.2443	0.2443
0.6	0.2229	0.2275	0.2300	0.2351	0.2324	0.2329	0.2339	0.2341	0.2342	0.2342	0.2342
0.8	0.1999	0.2075	0.2120	0.2147	0.2165	0.2176	0.2196	0.2200	0.2202	0.2202	0.2202
1.0	0.1752	0.1851	0.1911	0.1955	0.1981	0.1999	0.2034	0.2042	0.2044	0.2045	0.2046
1.2	0.1516	0.1626	0.1705	0.1758	0.1793	0.1818	0.1870	0.1882	0.1885	0.1887	0.1888
1.4	0.1308	0.1423	0.1508	0.1569	0.1613	0.1644	0.1712	0.1730	0.1735	0.1738	0.1740
1.6	0.1123	0.1241	0.1329	0.1436	0.1445	0.1482	0.1567	0.1590	0.1598	0.1601	0.1604
1.8	0.0969	0.1083	0.1172	0.1241	0.1294	0.1334	0.1434	0.1463	0.1474	0.1478	0.1482
2.0	0.0840	0.0947	0.1034	0.1103	0.1158	0.1202	0.1314	0.1350	0.1363	0.1368	0.1374
2.2	0.0732	0.0832	0.0917	0.0984	0.1039	0.1084	0.1205	0.1248	0.1264	0.1271	0.1277
2.4	0.0642	0.0734	0.0812	0.0879	0.0934	0.0979	0.1108	0.1156	0.1175	0.1184	0.1192
2.6	0.0566	0.0651	0.0725	0.0788	0.0842	0.0887	0.1020	0.1073	0.1095	0.1106	0.1116
2.8	0.0502	0.0580	0.0649	0.0709	0.0761	0.0805	0.0942	0.0999	0.1024	0.1036	0.1048
3.0	0.0447	0.0519	0.0583	0.0640	0.0690	0.0732	0.0870	0.0931	0.0959	0.0973	0.0987
3.2	0.0401	0.0467	0.0526	0.0580	0.0627	0.0668	0.0806	0.0870	0.0900	0.0916	0.0933
3.4	0.0361	0.0421	0.0477	0.0527	0.0571	0.0611	0.0747	0.0814	0.0847	0.0864	0.0882
3.6	0.0326	0.0382	0.0433	0.0480	0.0523	0.0561	0.0694	0.0763	0.0799	0.0816	0.0837
3.8	0.0296	0.0348	0.0395	0.0439	0.0479	0.0516	0.0645	0.0717	0.0753	0.0773	0.0796
4.0	0.0270	0.0318	0.0362	0.0403	0.0441	0.0474	0.0603	0.0674	0.0712	0.0733	0.0758
4.2	0.0247	0.0291	0.0333	0.0371	0.0407	0.0439	0.0563	0.0634	0.0674	0.0696	0.0724
4.4	0.0227	0.0268	0.0306	0.0343	0.0376	0.0407	0.0527	0.0597	0.0639	0.0662	0.0696
4.6	0.0209	0.0247	0.0283	0.0317	0.0348	0.0378	0.0493	0.0564	0.0606	0.0630	0.0663
4.8	0.0193	0.0229	0.0262	0.0294	0.0324	0.0352	0.0463	0.0533	0.0576	0.0601	0.0635
5.0	0.0179	0.0212	0.0243	0.0274	0.0302	0.0328	0.0435	0.0504	0.0547	0.0573	0.0610
6.0	0.0127	0.0151	0.0174	0.0196	0.0218	0.0233	0.0325	0.0388	0.0431	0.0460	0.0506
7.0	0.0094	0.0112	0.0130	0.0147	0.0164	0.0180	0.0251	0.0306	0.0346	0.0376	0.0428
8.0	0.0073	0.0087	0.0101	0.0114	0.0127	0.0140	0.0198	0.0246	0.0283	0.0311	0.0367
9.0	0.0058	0.0069	0.0080	0.0091	0.0102	0.0112	0.0161	0.0202	0.0235	0.0262	0.0319
10.0	0.0047	0.0056	0.0065	0.0074	0.0083	0.0092	0.0132	0.0167	0.0198	0.0222	0.0280

任意点下的附加应力等于各个小矩形角点下附加应力的总和，即：

$$\sigma_z = \sum_{i=1}^{n} \alpha_{ci} p_0 \qquad (3-15)$$

这种计算方法称为角点法(corner - points method)。

应用角点法时应注意几个问题：

(1)划分的每一个矩形，都有一个角点为计算点 O；

(2)所有划分的各矩形面积的总和，应等于原有受荷的面积；

(3)所划分的每一个矩形面积中，l 为长边，b 为短边。

例 3－3　某矩形基础长 $l = 4.0$ m，宽 $b = 2.0$ m，基底作用有均布荷载 $p = 200$ kPa，

如例图 3 - 3 所示，计算图中 A 点、E 点、O 点、F 点、G 点下 2.0 m 深处的附加应力。

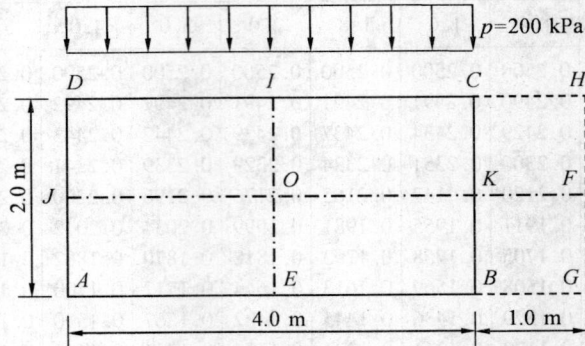

例图 3 - 3

解：(1)A 点下的应力。

由 $l/b = 4.0/2.0 = 2.0$，$z/b = 2.0/2.0 = 1.0$，查表 3 - 2 得：$\alpha_c = 0.1999$

$$\sigma_{zA} = 0.1999 \times 200 \approx 40 \text{ kPa}$$

(2)E 点下的应力。

作辅助线 EI，将原来矩形荷载 $ABCD$ 分解为两个相等的矩形：$AEID$ 和 $BEIC$。

由 $l/b = 2.0/2.0 = 2.0$，$z/b = 2.0/2.0 = 1.0$，查表 3 - 2 得：$\alpha_c = 0.1752$

$$\sigma_{zE} = 2 \times 0.1752 \times 200 \approx 70 \text{ kPa}$$

(3)O 点下的应力。

作辅助线 EI 和 JK，将原来矩形荷载 $ABCD$ 分解为四个相等的矩形：$AEOJ$、$OJID$、$BEOK$ 和 $OKIC$。

由 $l/b = 2.0/1.0 = 2.0$，$z/b = 2.0/1.0 = 2.0$，查表 3 - 2 得：$\alpha_c = 0.1202$

$$\sigma_{zO} = 4 \times 0.1202 \times 200 \approx 96.2 \text{ kPa}$$

(4)F 点下的应力。

作辅助线 JF、CH、HG 和 BG，将原来矩形荷载 $ABCD$ 分解为两两相等的 $AGFJ$、JF-HD 和 $BGFK$、$KFHC$ 四个矩形。

在长矩形 $AGFJ$、$JFHD$ 中，由 $l/b = 5.0/1.0 = 5.0$，$z/b = 2.0/1.0 = 2.0$，查表 3 - 2 得：$\alpha_{cⅠ} = 0.1363$

在短矩形 $BGFK$、$KFHC$ 中，由 $l/b = 1.0/1.0 = 1.0$，$z/b = 2.0/1.0 = 2.0$，查表 3 - 2 得：$\alpha_{cⅡ} = 0.0840$

$$\sigma_{zF} = 2 \times (0.1363 - 0.0840) \times 200 \approx 21 \text{ kPa}$$

(5)G 点下的应力。

作辅助线 CH、HG 和 BG，将原来矩形荷载 $ABCD$ 分解为 $AGHD$ 和 $BGHC$。

在长矩形 $AGHD$ 中，由 $l/b = 5.0/2.0 = 2.5$，$z/b = 2.0/2.0 = 1.0$，查表 3 - 2 得：$\alpha_{cⅠ}= 0.2016$

在短矩形 $BGHC$ 中，由 $l/b = 2.0/1.0 = 2.0$，$z/b = 2.0/1.0 = 2.0$，查表 3 - 2 得：$\alpha_{cⅡ}$ = 0.1202

$$\sigma_{zG} = (0.2016 - 0.1202) \times 200 \approx 16.3 \text{ kPa}$$

3. 矩形三角形分布荷载任意点下土中竖向应力计算

设竖向荷载沿矩形面积一边 b 方向上呈三角形分布（沿另一边 l 的荷载分布不变），荷载的最大值为 p_0（kPa），取荷载零值边的角点为坐标原点 O（见图 3 - 20），则可将荷载面内某点 (x, y) 处所取微面积 $dxdy$ 上的分布荷载以集中力 $\dfrac{x}{b} p_0 dxdy$ 代替。坐标原点下深度 z 处的 M 点由该集中力引起的附加应力 $d\sigma_z$，按式 [3 - 10 (c)] 为：

$$d\sigma_z = \frac{3}{2\pi} \frac{p_0 x z^3}{b (x^2 + y^2 + z^2)^{5/2}} dxdy$$

(3 - 16)

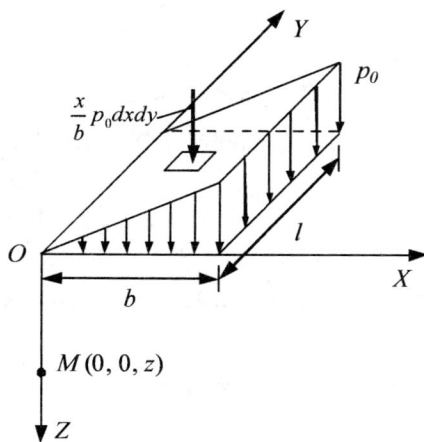

图 3 - 20　三角形分布矩形荷载角点下的 σ_z

在整个矩形荷载面积进行积分后得原点（角点）下任意深度 z 处竖向附加应力 σ_z：

$$\sigma_z = \alpha_{ct} p_0$$

(3 - 17)

式中：

$$\alpha_{ct} = \frac{mn}{2\pi} \left[\frac{1}{\sqrt{m^2 + n^2}} - \frac{n^2}{(1 + n^2) \sqrt{m^2 + n^2 + 1}} \right]$$

α_{ct} 为 $m = l/b$ 和 $n = z/b$ 的函数，可由表 3 - 3 查用。必须注意 b 是沿三角形分布荷载方向的边长。

应用上述矩形基础均布和三角形分布荷载下的附加应力系数 α_c、α_{ct}，即可用角点法求算梯形分布时地基中任意点的竖向附加应力值 σ_z。

例题 3 - 4　某矩形基础的底面尺寸及基底附加压力如例图 3 - 4 所示。试分别计算 A、B、C 点以下 3 m 处的竖向附加应力。

解：(1) A 点下的附加应力：

将梯形荷载分为矩形 $abcd$（$p_0 = 200$ kPa）和三角形 cdf（$p_0 = 600 - 200 = 400$ kPa）分布荷载。

在矩形荷载 $abcd$ 作用下，由 $l/b = 4/2 = 2$，$z/b = 3/2 = 1.5$，查表 3 - 2 得：$\alpha_{cA} = 0.1563$

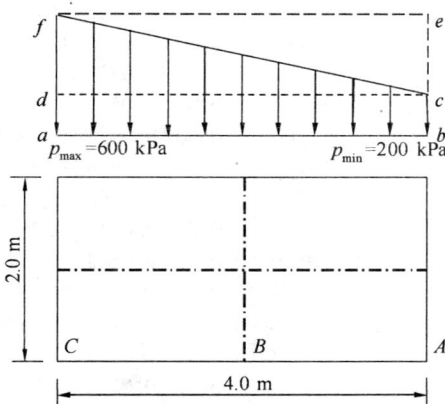

例图 3 - 4

$$\sigma_{zAI} = 0.1563 \times 200 \approx 31.3 \text{ kPa}$$

在三角形荷载 cdf 作用下，由于 $l/b = 2/4 = 0.5$（注意 b 取三角形荷载分布边边长），$z/b = 3/4 = 0.75$，查表 3 - 3 得：$\alpha_{ctA} = 0.0491$

$$\sigma_{zAII} = 0.0491 \times 400 \approx 19.6 \text{ kPa}$$

$$\sigma_{zA} = \sigma_{zAI} + \sigma_{zAII} = 31.3 + 19.6 = 50.9 \text{ kPa}$$

（2）B 点下的附加应力：

由于 B 点位于荷载中部，可按均布荷载计算，$p_0 = (200 + 600)/2 = 400 \text{ kPa}$。过 B 点将基底面积分为相同的两小块，则 $l/b = 2/2 = 1$，$z/b = 3/2 = 1.5$，查表 3 - 2 得：$\alpha_{cB} = 0.1046$，于是

$$\sigma_{zB} = 2 \times 0.1046 \times 400 \approx 83.7 \text{ kPa}$$

（3）C 点下的附加应力：

将梯形荷载分为矩形 $abef(p_0 = 600 \text{ kPa})$ 和三角形 $cef(p_0 = 200 - 600 = -400 \text{ kPa})$ 分布荷载。

在矩形荷载 $abef$ 作用下，由 $l/b = 4/2 = 2$，$z/b = 3/2 = 1.5$，查表 3 - 2 得：$\alpha_{cC} = 0.1563$

$$\sigma_{zCI} = 0.1563 \times 600 \approx 93.8 \text{ kPa}$$

在三角形荷载 cef 作用下，由于 $l/b = 2/4 = 0.5$（注意 b 取三角形荷载分布边边长），$z/b = 3/4 = 0.75$，查表 3 - 3 得：$\alpha_{ctC} = 0.0491$，

$$\sigma_{zCII} = 0.0491 \times 400 \approx 19.6 \text{ kPa}$$

$$\sigma_{zC} = \sigma_{zCI} - \sigma_{zCII} = 93.8 - 19.6 = 74.2 \text{ kPa}$$

表 3 - 3　矩形三角形分布荷载作用角点下应力系数 α_{ct} 值

$n = z/b$	$m = l/b$										
	0.2	0.4	0.6	1.0	1.4	2.0	3.0	4.0	6.0	8.0	10.0
0.0	0.0000	0.0000	0.0000	0.0000	0.0000	0.0000	0.0000	0.0000	0.0000	0.0000	0.0000
0.2	0.0223	0.0280	0.0296	0.0304	0.0305	0.0306	0.0306	0.0306	0.0306	0.0306	0.0306
0.4	0.0269	0.0420	0.0487	0.0531	0.0543	0.0547	0.0548	0.0549	0.0549	0.0549	0.0549
0.6	0.0259	0.0448	0.0560	0.0654	0.0684	0.0696	0.0701	0.0702	0.0702	0.0702	0.0702
0.8	0.0232	0.0421	0.0553	0.0688	0.0739	0.0764	0.0773	0.0776	0.0776	0.0776	0.0776
1.0	0.0201	0.0375	0.0508	0.0666	0.0735	0.0774	0.0790	0.0794	0.0795	0.0796	0.0796
1.2	0.0171	0.0324	0.0450	0.0615	0.0698	0.0749	0.0774	0.0779	0.0782	0.0783	0.0783
1.4	0.0145	0.0278	0.0392	0.0554	0.0644	0.0707	0.0739	0.0748	0.0752	0.0752	0.0753
1.6	0.0123	0.0238	0.0339	0.0492	0.0586	0.0656	0.0697	0.0708	0.0714	0.0715	0.0715
1.8	0.0105	0.0204	0.0294	0.0435	0.0528	0.0604	0.0652	0.0666	0.0673	0.0675	0.0675
2.0	0.0090	0.0176	0.0255	0.0384	0.0474	0.0553	0.0607	0.0624	0.0634	0.0636	0.0636
2.5	0.0063	0.0125	0.0183	0.0284	0.0362	0.0440	0.0504	0.0529	0.0543	0.0547	0.0548
3.0	0.0046	0.0092	0.0135	0.0214	0.0280	0.0352	0.0419	0.0449	0.0469	0.0474	0.0476
5.0	0.0018	0.0036	0.0054	0.0088	0.0120	0.0161	0.0214	0.0248	0.0253	0.0296	0.0301
7.0	0.0009	0.0019	0.0028	0.0047	0.0064	0.0089	0.0124	0.0152	0.0186	0.0204	0.0212
10.0	0.0005	0.0009	0.0014	0.0023	0.0033	0.0046	0.0066	0.0084	0.0111	0.0123	0.0139

三、圆形均布荷载下的地基附加应力计算

设圆形基础荷载面积的半径为 r_0，作用于地基表面上的竖向均布荷载为 p_0（kPa）。以荷载中心为坐标原点 O（见图 3 – 21），并在荷载面积上取微元面积 $dA = rd\theta dr$，以集中力 $p_0 dA$ 代替微元面积上的分布荷载，则可运用式[3 – 10(c)]以积分法求得均布圆形荷载中点下任意深度 z 处 M 点的 σ_z 如下：

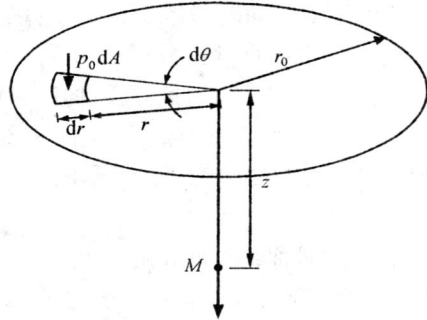

图 3 – 21　圆形基础均布荷载中点下的 σ_z

$$\sigma_z = \iint_A d\sigma_z = \frac{3p_0 z^3}{2\pi} \int_0^{2\pi} \int_0^r \frac{rd\theta dr}{(r^2 + z^2)^{\frac{5}{2}}}$$

$$= p_0 \left[1 - \frac{z^3}{(r_0^2 + z^2)^{\frac{3}{2}}} \right] = \alpha_r p_0 \qquad (3 – 18)$$

式中：α_r 为圆形均布荷载中心点下的附加应力系数，它是(z/r_0)的函数，由表 3 – 4 查得。

表 3 – 4　圆形均布荷载作用中心点下应力系数 α_r 值

$n = z/r$	$m = l/r$					
	0.0	0.4	0.8	1.2	1.6	2.0
0.0	1.000	1.000	1.000	0.000	0.000	0.000
0.2	0.993	0.987	0.890	0.077	0.005	0.001
0.4	0.949	0.922	0.712	0.181	0.026	0.006
0.6	0.864	0.813	0.591	0.224	0.056	0.016
0.8	0.756	0.699	0.504	0.237	0.083	0.029
1.2	0.646	0.593	0.434	0.235	0.102	0.042
1.4	0.461	0.425	0.329	0.212	0.118	0.062
1.8	0.332	0.311	0.254	0.182	0.118	0.072
2.2	0.246	0.233	0.198	0.153	0.109	0.074
2.6	0.187	0.179	0.158	0.129	0.098	0.071
3.0	0.146	0.141	0.127	0.108	0.087	0.067
3.8	0.096	0.093	0.087	0.078	0.067	0.055
4.6	0.067	0.066	0.063	0.058	0.052	0.045
5.0	0.057	0.056	0.054	0.050	0.046	0.041
6.0	0.040	0.040	0.039	0.037	0.034	0.031

注：r 为圆形面积的半径。

四、条形分布荷载下的地基附加应力计算

设在地基表面上作用有无限长的条形荷载，且荷载沿宽度可按任何形式分布，但沿长度方向则不变，此时地基中产生的应力状态属于平面问题。在工程建筑中，当然没有

无限长的受荷面积，不过，当荷载面积的长宽比 $l/b \geq 10$ 时，计算的地基附加应力值与按 $l/b = \infty$ 时的解相比误差甚少。因此，对于条形基础，如墙基、挡土墙基础、路基、坝基等，常可按平面问题考虑。为了求算条形荷载下的地基附加应力，首先从线形荷载作用下的附加应力计算进行分析。

1. 线形荷载作用下的地基附加应力计算

作用在地面上的垂直线形荷载 $\bar{p}$ 沿 Y 轴分布，如图 3 – 22 所示。在任意位置作一与 Y 轴垂直的截面，则截面两侧的荷载对称，该面上无剪应力，在 Y 轴方向应变为 0，即可简化为平面应变问题。土中任一点 M 的附加应力可通过对微分段 dy 上荷载所引起的应力进行积分求得。作用 dy 段上的荷载为 $\bar{p}$dy，它在 M 点引起的附加应力 $d\sigma_z$。此时，设 M 点位于与 Y 轴垂直的 xoz 平面内，直线 $OM = R_1 = \sqrt{x^2 + z^2}$ 与 Z 轴的夹角为 β，则 $\sin\beta = x/R_1$ 和 $\cos\beta = z/R_1$。于是可以用下列积分求得 M 点的 σ_z：

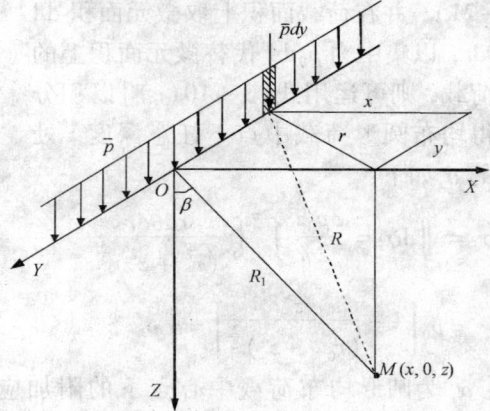

图 3 – 22 线荷载作用下地基中应力

$$\sigma_z = \int_{-\infty}^{+\infty} d\sigma_z = \int_{-\infty}^{+\infty} \frac{3z^3 \bar{p} dy}{2\pi R^5} = \frac{2\bar{p}z^3}{\pi R_1^4} = \frac{2\bar{p}}{\pi R_1} \cos^3\beta \tag{3-19}$$

同理得：

$$\sigma_x = \frac{2\bar{p}x^2 z}{\pi R_1^4} = \frac{2\bar{p}}{\pi R_1} \cos\beta\sin^2\beta \tag{3-20}$$

$$\tau_{xz} = \tau_{zx} = \frac{2\bar{p}xz^2}{\pi R_1^4} = \frac{2\bar{p}}{\pi R_1} \cos^2\beta\sin\beta \tag{3-21}$$

由于线荷载沿 Y 轴均匀分布而且无限延伸，因此与 Y 轴垂直的任何平面上的应力状态都完全相同。这种情况就属于弹性力学中的平面问题，此时：

$$\tau_{xy} = \tau_{yx} = \tau_{xy} = 0 \tag{3-22}$$

$$\sigma_y = \mu(\sigma_x + \sigma_z) \tag{3-23}$$

因此，在平面问题中需要计算的应力分量只有 σ_z、σ_x 和 τ_{xz} 三个。

2. 条形均布荷载作用下的地基附加应力计算

当基础的长宽比 $l/b \geq 10$ 时，称为条形基础，如建筑工程中的条基、挡土墙基础及公路、铁路的路基等，如图 3 – 23 所示。此类基础基底压力沿长度方向相同时，地基附加应力计算可按平面问题考虑，即任意横截面上附加应力分布规律都是相同的。

在条形均布荷载作用下，地基中任意一点的附加应力 σ_z，可以采用线荷载的附加应力公式沿荷载宽度方向进行积分求解，得到计算公式如下：

$$\sigma_z = \frac{p_0}{\pi}\left[\arctan\frac{1-2n}{m} + \arctan\frac{1+2n}{m} - \frac{4\,m(4n^2 - 4\,m^2 - 1)}{(4n^2 + 4\,m^2 - 1)^2 + 16\,m^2} \right] = \alpha_s p_0 \tag{3-24}$$

式中：α_s 均布条形荷载下的附加应力系数，是 $m=z/b$ 和 $n=x/b$ 的函数，可由表 3-5 查得。

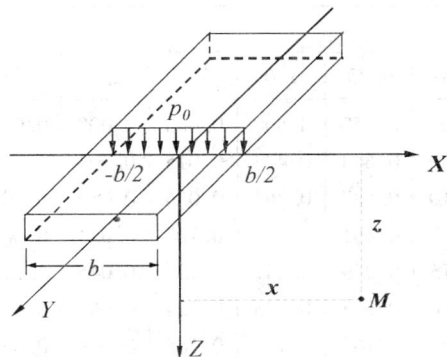

图 3-23　均布的条形荷载作用下地基应力计算

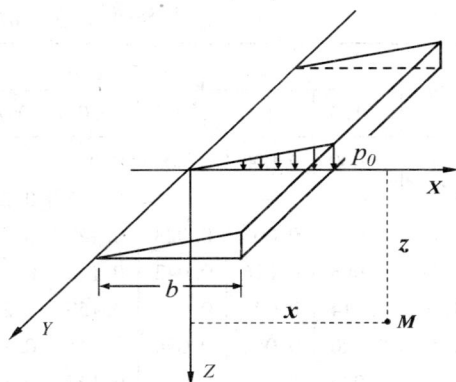

图 3-24　条形三角形分布荷载
作用下地基应力计算

表 3-5　条形面积上竖直均布荷载作用下的附加应力系数 α_s

z/b	x/b										
	0.00	0.25	0.50	0.75	1.00	1.50	2.00	2.50	3.00	4.00	5.00
0.00	1.000	1.000	0.500	0.000	0.000	0.000	0.000	0.000	0.000	0.000	0.000
0.25	0.960	0.905	0.496	0.088	0.019	0.002	0.001	0.000	0.000	0.000	0.000
0.50	0.820	0.735	0.481	0.218	0.082	0.017	0.005	0.002	0.001	0.000	0.000
0.75	0.668	0.610	0.450	0.263	0.146	0.040	0.017	0.005	0.005	0.001	0.000
1.00	0.552	0.513	0.410	0.288	0.185	0.071	0.029	0.013	0.007	0.002	0.001
1.50	0.396	0.379	0.332	0.273	0.211	0.114	0.055	0.030	0.018	0.006	0.003
2.00	0.306	0.292	0.275	0.242	0.205	0.134	0.083	0.051	0.028	0.013	0.006
2.50	0.245	0.239	0.231	0.215	0.188	0.139	0.098	0.065	0.034	0.021	0.010
3.00	0.208	0.206	0.198	0.185	0.171	0.136	0.103	0.075	0.053	0.028	0.015
4.00	0.160	0.158	0.153	0.147	0.140	0.122	0.102	0.081	0.066	0.040	0.025
5.00	0.126	0.125	0.124	0.121	0.117	0.107	0.095	0.082	0.069	0.046	0.034

3. 条形三角形分布荷载作用下的地基附加应力计算

当条形荷载在宽度方向成三角形分布，取荷载顶点为坐标原点，如图 3-24 所示。三角形终端荷载为 p_0，荷载分布宽度为 b。与条形均布荷载的推导类似，可得地基中任意一点的附加应力为：

$$\sigma_z = \frac{p_0}{\pi}\left[n\left(\arctan\frac{n}{m} - \arctan\frac{n-1}{m}\right) - \frac{m(n-1)}{(n-1)^2 + m^2}\right] = \alpha_{st}p_0 \qquad (3-25)$$

式中：α_{st} 为应力系数，是 $n=x/b$ 和 $m=z/b$ 的函数，由表 3-6 查得。

需要注意：在使用表 3-6 时，坐标原点在三角形顶点上，x 轴正向为荷载增长方向，反之为负。

表 3 − 6 条形三角形分布荷载的应力系数 α_{st}

z/b	x/b										
	−1.5	−1.0	−0.5	0.0	0.25	0.50	0.75	1.0	1.5	2.0	2.5
0.00	0.000	0.000	0.000	0.000	0.250	0.500	0.750	0.500	0.000	0.000	0.000
0.25	—	—	0.001	0.075	0.256	0.480	0.643	0.424	0.015	0.003	–
0.50	0.002	0.003	0.023	0.127	0.263	0.410	0.477	0.363	0.056	0.017	0.003
0.75	0.006	0.016	0.042	0.153	0.248	0.335	0.361	0.293	0.108	0.024	0.009
1.0	0.014	0.025	0.061	0.159	0.223	0.275	0.279	0.241	0.129	0.045	0.013
1.5	0.020	0.048	0.096	0.145	0.178	0.200	0.202	0.185	0.124	0.062	0.041
2.0	0.033	0.061	0.092	0.127	0.146	0.155	0.163	0.153	0.108	0.069	0.050
3.0	0.050	0.064	0.080	0.096	0.103	0.104	0.108	0.104	0.090	0.071	0.050
4.0	0.051	0.060	0.067	0.075	0.078	0.085	0.082	0.075	0.073	0.060	0.049
5.0	0.047	0.052	0.057	0.059	0.062	0.063	0.063	0.065	0.061	0.051	0.047
6.0	0.041	0.041	0.050	0.051	0.052	0.053	0.053	0.053	0.050	0.050	0.045

例 3 − 5 考虑两条形基础的相互影响，计算例图 3 − 5 中甲、乙两基础中心点下 4 m 处 A、B 两点的竖向附加应力。

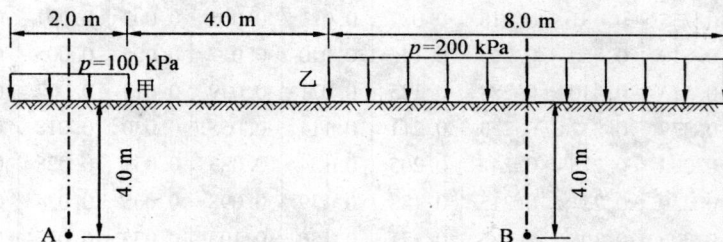

例图 3 − 5

解：(1)由甲基础荷载产生的附加应力。

A 点：由 $x/b = 0/2 = 0$，$z/b = 4/2 = 2$，查表 3 − 5 得：$\alpha_{sA} = 0.31$

$$\sigma_{zA\,I} = 0.31 \times 100 = 31 \text{ kPa}$$

B 点：由于，$x/b = 9/2 = 4.5$，此值已超出表 3 − 5 的范围，这说明甲基础对乙基础中点下附加应力的影响可忽略不计，故乙基础中点下的竖向附加应力仅由其本身荷载所产生。

(2)由乙基础荷载产生的附加应力。

A 点：由 $x/b = 9/8 = 1.125$，$z/b = 4/8 = 0.5$，查表 3 − 5 得：$\alpha_{sA} = 0.06$

$$\sigma_{zA\,II} = 0.06 \times 200 = 12 \text{ kPa}$$

B 点：由 $x/b = 0/8 = 0$，$z/b = 4/8 = 0.5$，查表 3 - 5 得：$\alpha_{sA} = 0.82$

$$\sigma_{zB} = 0.82 \times 200 = 164 \text{ kPa}$$

所以，A 点的附加应力为 $31 + 12 = 43 \text{ kPa}$；B 点的附加应力为 164 kPa。

五、非均质各向异性土中的附加应力分布

1. 非均质与各向异性对土中附加应力分布的影响

上面介绍的地基中附加应力的计算，都是按弹性理论把地基土视为均质各向同性的线弹性体，而实际遇到的地基均在不同程度上与上述情况有所不同。因此，理论计算得出的附加应力与实际土中的附加应力相比都有一定的误差。根据一些学者的试验研究及量测结果认为，当土质较均匀，土颗粒较细，且压力不很大时，用上述方法计算出的竖直向附加应力 σ_z 与实测值相比，误差不是很大；当不满足这些条件时将会有较大误差。下面简要讨论实际土体的非均质和各向异性对土中应力分布的影响。

（1）非线性材料的影响。

事实上，土体是非线性材料。许多学者的研究表明，非线性对于土体的竖直附加应力 σ_z 计算值有一定的影响，最大误差可达到 25% ~ 30%；对水平附加应力也有显著的影响。

（2）成层地基的影响。

天然土层往往是成层的，其中还可能具有尖灭和透镜体等交错层理构造，使土呈现不均匀性和各向异性，造成其变形特性差别较大。在这种情况下，地基中的应力分布显然与连续均质土体不相同。对这类问题的解答比较复杂，目前弹性力学只对其中某些简单的情况有理论解。如常遇到双层地基的情况：一种是上软下硬、另一种是上硬下软。前者将发生应力集中现象，且随着下卧硬层埋藏越浅应力集中越显著，如图 3 - 25(a) 所示；后者将发生应力扩散现象，且随着上部硬层厚度的增大而愈显著，如图 3 - 25(b) 所示。对于这样一些问题的考虑是比较复杂的，目前也未得到完全的解答。

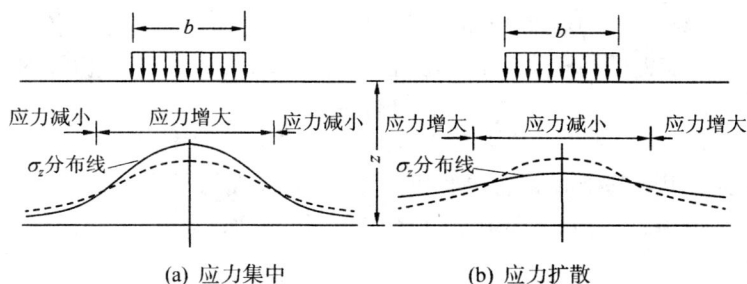

图 3 - 25　非均质和各向异性地基对附加应力的影响

（3）变形模量随深度增大的影响。

地基土的另一种非均质性表现为变形模量 E 随深度增加而逐渐增大，在砂土地基中尤为常见。这种土的非均质现象也会使地基中的应力向荷载中轴线附近集中。

（4）各向异性的影响。

对天然沉积的土层而言，其沉积条件和应力状态常常造成土体具有各向异性特征。研究表明，土在水平方向上的变形模量 $E_x(=E_y)$ 与竖直方向上的变形模量 E_z 并不相等。但当土的泊松比 μ 相同时，若 $E_x > E_z$，则在各向异性地基中将出现应力扩散现象；若 $E_x < E_z$，地基中将出现应力集中现象。

2. 上硬下软双层地基附加应力简化算法

在地基基础设计中，常常遇到上硬下软的情况，如基础工程设计中的软弱下卧层验算、地基处理中换填深度的计算。二者的算法是一致的，下面以软弱下卧层验算为例，说明该简化算法。

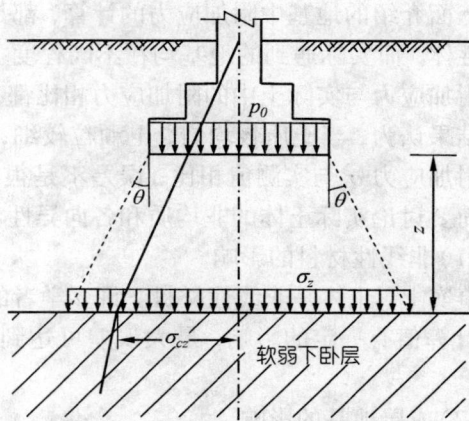

图 3 – 26　软弱下卧层顶面的总压应力

当地基受力层范围内存在软弱下卧层，其承载力显著低于持力层时，在依据持力层土的承载力计算得出基础底面所需的尺寸之后，还必须对软弱下卧层进行验算，要求作用在软弱下卧层顶面处的附加应力与自重应力之和不超过它的承载力设计值，即

$$\sigma_z + \sigma_{cz} \leqslant f_z \tag{3 – 26}$$

式中：σ_z 为软弱下卧层顶面处的附加应力设计值；σ_{cz} 为软弱下卧层顶面处土的自重应力标准值；f_z 为软弱下卧层顶面处经深度修正后的地基承载力设计值。

关于附加应力 σ_z 的计算，《建筑地基基础设计规范》（GB 50007—2011）通过试验研究并参照双层地基中附加应力分布的理论解答提出了以下简化方法：当持力层与下卧软弱土层的压缩模量比值 $E_{s1}/E_{s2} \geqslant 3$ 时，对矩形或条形基础，式（3 – 26）中的 σ_z 可按压力扩散角的概念计算。如图 3 – 26 所示，假设基底处的附加压力 p_0 往下传递时按某一角度 θ 向外扩散分布于较大的面积上。根据扩散前后各面积上的总压力相等的条件，可得：

$$\sigma_z = \frac{lb(p - \sigma_c)}{(l + 2z\tan\theta)(b + 2z\tan\theta)} \tag{3 – 27}$$

式中：l、b 分别为矩形基础底面的长度和宽度；p 为基底的平均压力设计值；σ_c 为基底处土的自重应力标准值；z 为基底至软弱下卧层顶面的距离；θ 为地基压力扩散角，可按表 3 – 7 采用。

对条形基础，仅考虑宽度方向的扩散，并沿基础纵向取单位长度为计算单元，于是可得：

$$\sigma_z = \frac{b(p - \sigma_c)}{b + 2z\tan\theta} \tag{3 – 28}$$

表 3 – 7　地基压力扩散角 θ

E_{s1}/E_{s2}	z/b	
	0.25	0.50
3	6°	23°
10	20°	30°

注：①E_{s1} 为上层土压缩模量；E_{s2} 为下层土压缩模量；

②$Z < 0.25b$ 时，一般取 $\theta = 0°$，必要时，宜由试验确定；$Z > 0.50b$ 时 θ 值不变。

重点与难点

重点：(1)土中自重应力计算；(2)基底压力计算；(3)圆形面积均布荷载、矩形面积均布荷载、矩形面积三角形分布荷载以及条形荷载等条件下的土中竖向附加应力计算方法。

难点：(1)矩形面积均布荷载、矩形面积三角形分布荷载等条件下的土中竖向附加应力计算方法。

思考与练习

3 – 1　何谓土层的自重应力？土的自重应力沿深度有何变化？土的自重应力是否在任何情况下都不会引起地基的沉降？

3 – 2　抽取地下水的地区往往会产生地面下沉现象，为什么？

3 – 3　自重应力与附加应力有何联系与不同，两者沿深度的分布有什么特点？

3 – 4　哪些因素影响刚性基础基底应力分布？一般工程中采用的基底应力简化计算有何依据？怎样计算中心荷载与偏心荷载作用下的基底应力？

3 – 5　基底压力与基底附加应力有何联系与不同？

3 – 6　作用在同一地基上两个长度相同、宽度不同的基础，基底附加应力相同，问基底下同一深度处，哪一个产生的附加应力大，为什么？

3 – 7　附加应力在地基中的传播、扩散有何规律？目前附加应力计算的依据是什么？附加应力计算有哪些假设条件？与工程实际是否存在差别？

3 – 8　某地层剖面如习题 3 – 8 图所示。试求该土层的竖向应力分布图。如果地层中的地下水位从原来的天然地面以下 2.0 m 处下降至 3.0 m，土中的自重应力分布将有何变化？

3 – 9　某柱下方形基础边长为 2 m，埋深为 1.5 m。柱传给基础的竖向力为 800 kN，地下水位在地表下 0.5 m 处（即地下水埋深为 0.5 m），试求基底压力 p。

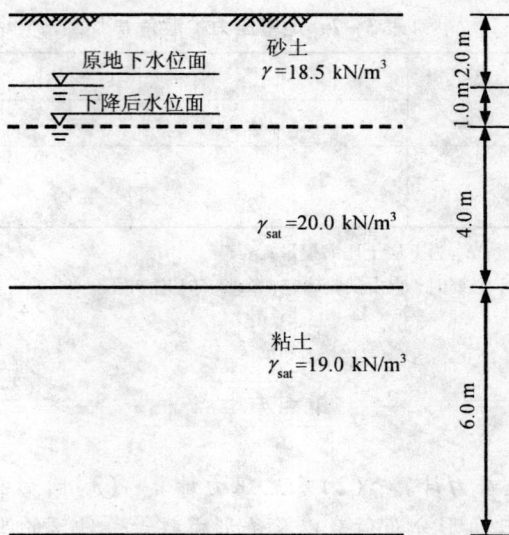

习题 3 - 8 图

3 - 10   柱下单独基础底面尺寸为 3 m × 2 m,如习题 3 - 10 图所示,柱传给基础的竖向力为 1000 kN,弯矩为 180 kN·m,试求基底压力和基底附加压力,并画出基底压力分布图。

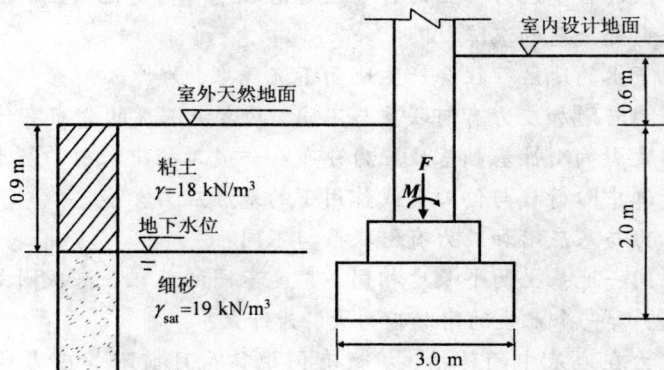

习题 3 - 10 图

3 - 11   某基础平面呈 T 形截面,如习题 3 - 11 图所示。作用在基底的附加压力 p_0 = 150 kPa,试求 A 点下 10 m 深处的附加应力 σ_z 值。

3 - 12   某矩形基础的底面尺寸及基底附加压力如习题 3 - 12 图所示,试分别计算 A、B、C 三点以下 3 m 处的竖向附加应力。

3 - 13   有一路堤如习题 3 - 13 图所示,已知填土容重 $\gamma = 20$ kN/m³,求路堤中线下 M 点($z = 10$ m)及边角下 $N(z = 10$ m)点的竖向应力 σ_z 值。

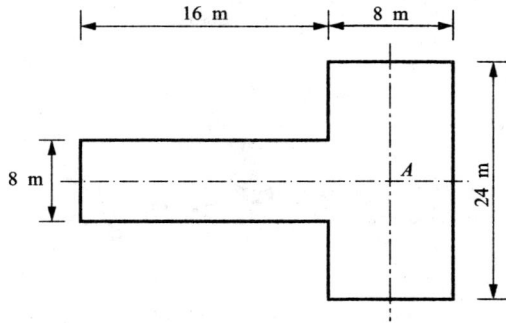

习题 3 – 11 图

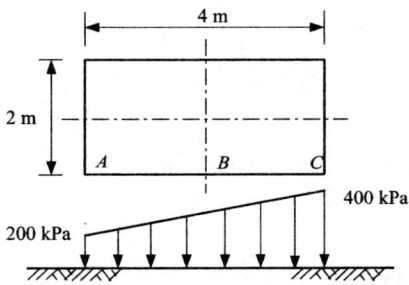

习题 3 – 12 图

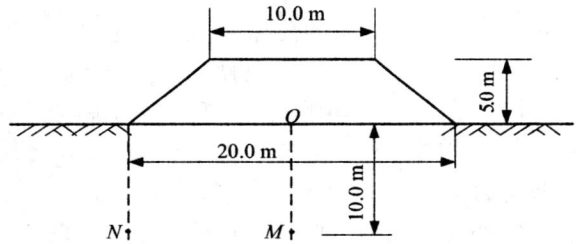

习题 3 – 13 图

3 – 14　有一个环形烟囱基础,外径 $R = 8$ m,内径 $r = 4$ m。在环基上作用着均布荷载 100 kPa,计算环基中心点 O 下 16 m 处的竖向附加应力值。

第4章
土的变形性质及地基沉降计算

第一节 概　述

天然土是由土颗粒、水、空气组成，土颗粒相互接触或胶结形成土骨架，水和空气主要存在与土骨架的孔隙中，在压力的作用下，土骨架发生变形，接隙中水和空气被排出，孔隙减少，土体体积将减小，土的这一特性称为土的压缩性。但与金属等其他材料不同，土受压力作用后的压缩并不是瞬时完成的，而是随时间逐步发展并最终趋于稳定，土的这一现象也称为固结。从有效应力原理观点来看，土的压缩和固结就是土中有效应力随时间不断增大，并最终等于土体所受外力的过程。

外荷载是引起地基变形的外因，土的压缩性和固结特性是地基变形的根本内因。地基的变形既有垂向的，也有水平的，我们通常所说的基础沉降量是指地基的垂向变形量。地基的变形主要可分为沉降量、沉降差、倾斜、局部倾斜等，其中沉降量是其他变形特征值的基本量。

地基沉降计算是工程设计的重要内容，对建筑工程、高等级公路、机场等工程尤其重要。地基的不均匀沉降对建筑物的危害较大（见图4-1），可能导致建筑物的开裂或局部构件的断裂，危及建筑物的安全。地基变形计算的目的在于确定建筑物可能出现的最大沉降量和沉降差，为建筑物设计或地基处理提供依据。

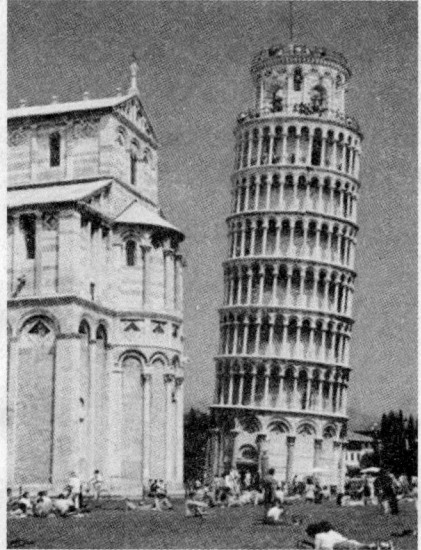

图4-1　比萨斜塔

在工程计算中，首先关心的是建筑物的最终沉降量（或地基最终沉降量）。地基最终沉降量（final settlement）是指在外荷作用下地基土层被压缩达到稳定时基础底面的沉降量。此外粘土型地基的最终沉降需要有一个时间过程，所需时间主要取决于土层的透水性和荷载的大小，饱水的厚层粘土上的建筑物沉降往往需要几年、几十年或更长的时间才能完成，其变形速率主要取决于孔隙水的排出速度。在地基变形计算中，除了计算地基最终沉降量外，有时还需要知道地基沉降过程，掌握沉降规律，即沉降与时间的关系，计算不同时间的沉降量。

第二节　土的压缩试验及压缩指标

地基产生变形是因为土体具有可压缩的性能，因此研究土的压缩性和固结规律是合理计算地基沉降的基础。

一、土的压缩原理

土层在压力的作用下，土骨架发生变形，孔隙中水和空气被挤出，孔隙减少，土体体积将减小，土的这一特性称为土的压缩性。土体积减少包括三部分：

（1）土颗粒发生相对位移，孔隙中水和空气被排出，土孔隙体积减小；

（2）土颗粒本身的压缩；

（3）土中水和空气被压缩。

不过，实验研究表明，在一般建筑物荷重（100～600 kPa）作用下，土颗粒和孔隙水的压缩量占土体总压缩量的比例极其微小（不到 1/400），以致完全可以忽略不计。除此之外，由于自然界中土一般处于开启系统，孔隙中的水和气体在压力作用下不可能被压缩而是被排出的，因此目前研究土的压缩变形都假设：土粒与水本身的微小变形可忽略不计，可以认为土的压缩就是土中孔隙体积的减少，即土中孔隙气体的压缩以及孔隙水和气的排出，对于饱和土就是土中孔隙水的排出。变形过程与水和气体的排出速度有关，开始时变形量较大，然后随着颗粒间接触点的增大，土粒移动阻力增大，变形逐渐减弱。

二、室内压缩试验和压缩曲线

室内压缩试验（confined compression test）是使用压缩仪（见图 4 - 2）进行压缩试验，了解土的孔隙随压力变化的规律，并测定土的压缩指标，评定土的压缩性大小。

试验时，先用金属环刀取高为 20 mm，直径为 50 mm（或 30 mm）的原状土样，并置于压缩仪的刚性护环内。土样上下面均放有透水石，以允许土样受压后土中的孔隙水自由排出。在上透水石顶面装有金属圆形加压板，

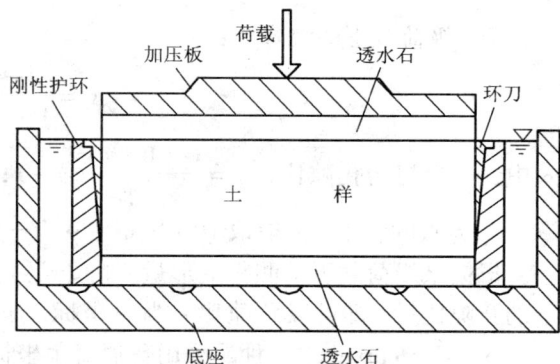

图 4 - 2　室内压缩试验

以便施加荷载传递压力，需要时可在土样四周加水以使土样饱和。压力按规定分级施加。在每组荷载作用下（一般按 $p = 50$、100、200、300、400 kPa 加载），压至变形基本稳定（约为 24 h），用百分表测出土样的变形量，然后再加下一级荷载。试验过程的 $p - t$、e

$-t$、$s-t$ 关系曲线参见图 4-3。

压缩试验的结果通常整理为压缩曲线，该曲线表示各级压力作用下土样压缩稳定时的孔隙比与相应压力的关系。在压缩过程中，由于环刀和护环的限制，土样在金属环内不会有侧向膨胀，只有竖向变形，这种方法称为侧限压缩试验。

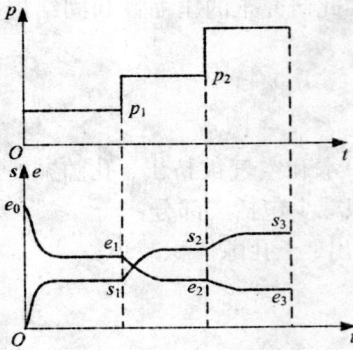

图 4-3   试验记录曲线

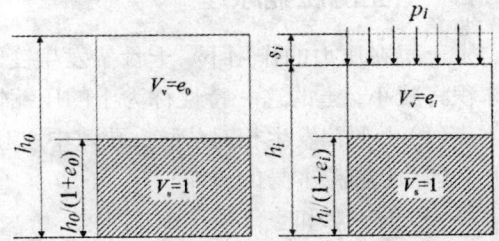

图 4-4   压缩过程中的孔隙比变化

设土样初始高度为 h_0（见图 4-4），横截面面积为 A，初始孔隙比 e_0，土颗粒体积 V_s，压缩后土样横截面积不变，孔隙比为 e_i，高度变形量 s_i，土颗粒体积为 V_{si}，前面已假定土颗粒是不可压缩的，所以有 $V_s = V_{si}$，则根据图 4-4 所示三相草图得：

$$\frac{h_0}{1+e_0} = \frac{h_i}{1+e_i} = \frac{h_0 - s_i}{1+e_i}$$

则第 i 级荷载下的孔隙比为：

$$e_i = e_0 - \frac{s_i}{h_0}(1+e_0)$$

第 i 级荷载下的沉降为：

$$s_i = \frac{e_0 - e_i}{1+e_0}h_0$$

式中：e_0 为初始孔隙比，$e_0 = \dfrac{G_s(1+w)\gamma_w}{\gamma} - 1$；$G_s$ 为土粒相对密度；w 为土的天然含水率；γ_w 为水的容重，一般取 10 kN/m³；γ 为土的天然容重。

根据某级荷载下的测得变形量 s_i，按式（4-1）求得相应的孔隙比 e_i。求得各级压力下的孔隙比后，即可以孔隙比 e 为纵坐标，压力 p 为横坐标按两种方式绘制压缩曲线（compression curve）。一种是采用普通直角坐标绘制，称为 $e-p$ 曲线（见图 4-5(a)），另一种采用半对数（指常用对数）坐标位置，称为 $e-\lg p$ 曲线（见图 4-5(b)）。

需要说明的是，土的压缩也是土中有效应力逐步趋于土体所受压力的过程，因此，在各级压力作用下压缩稳定时土中的竖向有效应力 σ_z' 必然等于土体所受到的竖向压力 p，也就是说，土的压缩曲线也就是土的孔隙比 e 与有效应力 σ_z' 的关系曲线。

三、压缩性指标

1. 压缩系数 a

不同的土具有不同的压缩性，因而就有形状不一的压缩曲线（图 4-5），这些曲线反映了土的孔隙比随压力的增大而减小的规律。一种土的压缩曲线越陡则表示这种土随着压力的增大孔隙比的减小越显著，因此压缩性越高。故可用 $e-p$ 曲线的切线斜率来

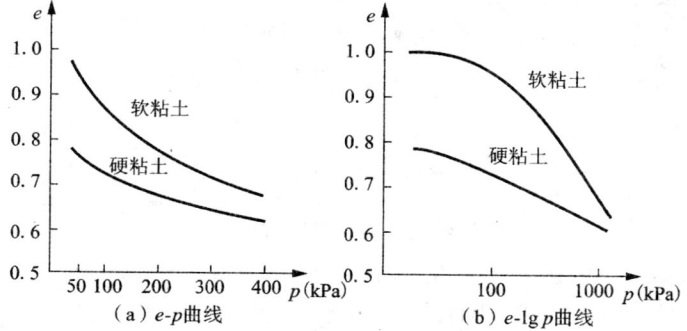

图 4-5　土的压缩曲线

表示土的压缩性，该斜率即称为土的压缩系数（coefficient of compressibility），定义为：

$$a = -\frac{\mathrm{d}e}{\mathrm{d}p}$$

显然，$e-p$ 曲线上各点的斜率不同，因此土的压缩系数不是常数，对应于不同的压力 p，就有不同的值。实际上，当压力由 p_1 至 p_2 的压力变化范围不大时，可以用割线斜率来近似代替切线斜率，如图 4-6 所示，若 M_1 点的压力为 p_1，相应的孔隙比为 e_1，M_2 点的压力 p_2，相应的孔隙比为 e_2，则

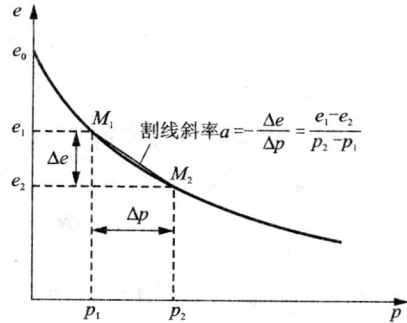

$$a = \tan\alpha = -\frac{\Delta e}{\Delta p} = \frac{e_1 - e_2}{p_2 - p_1}$$

图 4-6　由 $e-p$ 曲线确定压缩系数 a

由图 4-6 可知，同一种土的压缩系数并不是常数，而是随所取压力变化范围的不同而改变。因此，评价不同类型和状态土的压缩性时，必须以同一压力变化范围中的压缩系数来比较。在《建筑地基基础设计规范》（GB50007—2002）中规定，以 $p_1 = 100\ \mathrm{kPa}$，$p_2 = 200\ \mathrm{kPa}$ 时对应的压缩系数 a_{1-2} 来评价土的压缩性，具体评定标准见表 4-1。

表 4-1　土的压缩性评定标准

压缩系数 a_{1-2}（MPa^{-1}）	压缩指数 C_c	压缩模量 E_{s1-2}（MPa）	土的压缩性
≥0.5	>0.4	<4	高压缩性
0.1~0.5	0.2~0.4	4~15	中压缩性
≤0.1	<0.2	>15	低压缩性

2. 压缩指数 C_c

大量实验研究证明，$e - \lg p$ 曲线后半段接近于直线（见图 4 – 7），该直线的斜率就称为土的压缩指数 C_c（compression index），其值可由直线段上任两点的 e、p 值确定，即：

$$C_c = \frac{e_1 - e_2}{\lg p_2 - \lg p_1} = (e_1 - e_2) / \lg \frac{p_2}{p_1}$$

显然，压缩指数越大，则土的压缩性越高。一般认为土的 C_c 值大于 0.4，属高压缩性；小于 0.2，则属低压缩性，如表 4 – 1 所示。

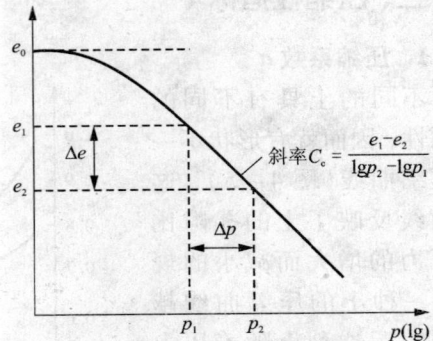

图 4 – 7　由 $e - \lg p$ 曲线确定压缩指数 C_c

压缩系数 a 和压缩指数 C_c 同为土的压缩性指标，但存在一定的差异和联系。对于同一种土，a 是变数且有量纲（单位为 MPa^{-1} 或 kPa^{-1}），而 C_c 是无量纲常数。对于正常固结的粘性土，压缩系数和压缩指数之间又存在如下关系：

$$C_c = \frac{a(p_2 - p_1)}{\lg p_2 - \lg p_1} \quad \text{或} \quad a = \frac{C_c}{p_2 - p_1} \lg \frac{p_2}{p_1}$$

3. 压缩模量 E_s

通过 $e - p$ 曲线，还可求得土的另一个压缩性指标——压缩模量（oedometric modulus），其定义是土在完全侧限条件下压力增量 $\Delta\sigma_z$ 与相应的竖向应变增量 $\Delta\varepsilon_z$ 的比值，即

$$E_s = \frac{\Delta\sigma_z}{\Delta\varepsilon_z}$$

土的压缩模量也可以从压缩试验得到，它与土的压缩系数 a 有以下关系：

$$\varepsilon_1 = \frac{\Delta h_1}{h_0} = \frac{e_0 - e_1}{1 + e_0}$$

$$\varepsilon_2 = \frac{\Delta h_2}{h_0} = \frac{e_0 - e_2}{1 + e_0}$$

$$a_{1-2} = -\frac{\Delta e}{\Delta p} = \frac{e_1 - e_2}{p_2 - p_1}$$

则：

$$E_s = \frac{\Delta\sigma_z}{\Delta\varepsilon_z} = \frac{p_2 - p_1}{\varepsilon_2 - \varepsilon_1} = \frac{1 + e_0}{a_{1-2}}$$

从式（4 – 8）可知，土的体积压缩系数越大，土的压缩模量就越小。因此，E_s 越小，则土的压缩性越高。与土的压缩系数 a_{1-2} 类似，工程上通常用从 100～200 kPa 压力范围内的压缩模量 E_{s1-2} 来衡量土的压缩性，具体评定标准见表 4 – 1。

4. 体积压缩系数 m_v 及变形模量 E_0

土的体积压缩系数 m_v（coefficient volume change）是与土的压缩模量相对应的另一个

压缩指标,其定义是土在完全侧限条件下体积应变增量与使之产生的压力增量之比,即:

$$m_v = \frac{\Delta\varepsilon_v}{\Delta p} = \frac{1}{E_s} = \frac{a}{1+e_0}$$

由式(4-9)可知,土的压缩系数即为压缩模量的倒数,其值越大,则土的压缩性越高。相对而言,土的压缩模量在国内使用较多,而国外则偏爱土的体积压缩系数。

变形模量 E_0 是无侧限条件下土的竖向应力增量与相应的竖向应变增量之比,即:

$$E_0 = \frac{\Delta\sigma_z}{\Delta\varepsilon_z}$$

可见,土的变形模量 E_0 与弹性力学中材料的杨氏模量 E 的定义相同。然而,与连续介质材料不同,土的变形模量与实验条件,尤其是排水条件密切相关。对于不同的排水条件, E_0 具有不同的值。一般而言,土的不排水变形模量大于土的排水变形模量。

对于压缩试验,土的侧向变形为零,即 $\Delta\varepsilon_x = \Delta\varepsilon_y = 0$,因此变形模量 E_0 与压缩模量 E_s 存在如下关系:

$$E_0 = \frac{\sigma}{\varepsilon} = E_s\left(1 - \frac{2\mu^2}{1-\mu}\right) = \beta E_s$$

式中: μ 为土的泊松比。

$$\beta = 1 - \frac{2\mu^2}{1-\mu}。$$

一般情况下, $0 < \mu < 0.5$,故 $0 < \beta < 1$, $E_0 < E_s$,因此土的排水变形模量一般小于土的压缩模量。

土的变形模量也可由现场载荷试验测定。由于现场试验不能控制地基土的排水条件,故可以认为由此得到的土的变形模量一般介于土的排水变形模量和不排水变形模量之间。

5. 回弹曲线和再压缩曲线

通过压缩试验还可以得到土的回弹曲线和再压缩曲线(见图 4-8)。在压缩试验过程中加压至某值 p_b[图 4-8(a)中 b 点]后逐级卸压,土样即回弹,测得其回弹稳定后的孔隙比,可绘制相应的孔隙比与压力的关系曲线,该曲线即称为回弹曲线,如图 4-8(a)中 bc 段所示。由于土体不是弹性体,故卸压完毕后土样在压力 p_b 作用下发生的总压缩变形(即与土中初始孔隙比 e_0 和 p_b 对应的孔隙比 e_b 的差值 $e_0 - e_b$ 相当的压缩量)并不能完全恢复,而只能恢复一部分。可恢复的这部分变形(即图中与孔隙比差值 $e_c - e_b$ 相当的压缩量)是弹性变形,不可恢复的变形(即土中与孔隙比差值 $e_0 - e_c$ 相当的压缩量)则称为残余变形。如卸压后又重新逐级加压至 p_f,并测得土样在各级压力下再压缩稳定后的孔隙比,则据此绘制的曲线段为再压缩曲线,如图 4-8(a)中 cdf 所示。试验研究表明,再压缩曲线段 df 与原压缩曲线 ab 之间的连接一般是光滑的,即 df 段与土样未经卸压和再压而直接逐级加载至 p_f 的压缩曲线 abf 是基本重合的。

同样也可在半对数坐标上绘制土的回弹曲线和再压缩曲线,如图 4-8(b)所示。可以看到在图 4-8(a)和图 4-8(b)中的回弹和再压缩曲线构成了一回滞环,研究表明,土体在回弹和再压缩的过程中，回滞环的面积常常不大。因而，实际应用时可认为回弹和再压缩曲线（在 $e-\lg p$ 平面内）为直线，且其直线的斜率近似相等。该直线的坡度称为再压缩指数或回弹指数，用 C_s 表示。从图 4-8(b) 可以看出，C_s 比 C_c 小得多，一般为 $C_s = (0.1 \sim 0.2) C_c$，同样说明在回弹和再压缩阶段，土的压缩性大为减小。

图 4-8(a) 和 4-8(b) 都表明，土体如果曾经受到比现在大的应力，即现在处于再压缩或回弹阶段，则其压缩性大大降低。也就是说，土的应力历史对压缩性有很大的影响，因此工程上利用土的这种特性，提出了一种软土地基加固处理方法，即预先对地基进行加压，待压缩到一定程度以后，再把压力卸除，然后在其上修建建筑物，这样建筑物基础的沉降就会大大减少。

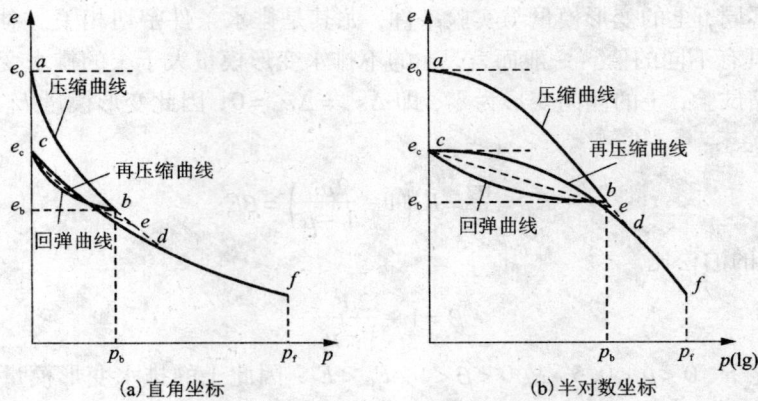

(a) 直角坐标　　　　　　　　　　　(b) 半对数坐标

图 4-8　土的回弹曲线和再压缩曲线

例 4-1　某工程地基钻孔取样，进行室内压缩试验，试样高 $h_0 = 20$ mm，在 $p_1 = 100$ kPa 时测得压缩量 $s_1 = 1.1$ mm，在 $p_2 = 200$ kPa 时的压缩量为 $s_2 = 0.64$ mm。土样的初始孔隙比 $e_0 = 1.4$，试计算压力 $p = 100 \sim 200$ kPa 范围内的土的压缩系数、压缩模量，并评价土的压缩性。

解：方法 1：

在 $p_1 = 100$ kPa 作用下的孔隙比：

$$e_1 = e_0 - \frac{s_1}{h_0}(1 + e_0) = 1.4 - \frac{1.1}{20} \times (1 + 1.4) = 1.268$$

在 $p_2 = 200$ kPa 作用下的孔隙比：

$$e_2 = e_0 - \frac{s_1 + s_2}{h_0}(1 + e_0) = 1.4 - \frac{1.1 + 0.64}{20} \times (1 + 1.4) = 1.1912$$

$$a_{1-2} = \frac{e_1 - e_2}{p_2 - p_1} = \frac{1.268 - 1.1912}{200 - 100} = 0.000768 \,(\text{kPa}^{-1}) = 0.768 \,(\text{MPa}^{-1})$$

$$E_{s1-2} = \frac{1 + e_0}{a_{1-2}} = \frac{1 + 1.4}{0.768} = 3.125 \,(\text{MPa}^{-1})$$

方法 2：

根据定义：

$$E_{s1-2} = \frac{\sigma}{\varepsilon} = \frac{100 \times 10^{-3}}{0.64/20} = 3.125 \, (\mathrm{MPa}^{-1})$$

根据表 4 - 1，由 a_{1-2} 或 E_{s1-2} 来判断可知该土为高压缩性土。

第三节　土的前期固结压力与天然土层的应力历史

　　天然沉积的原状土，在漫长的地质历史年代中，有的是在很早以前形成的，有的是近代(约一万年以来)沉积而成的(如海相或河湖相等)。一般来说，沉积时间较长的土层相对埋藏深，承受上覆压力大，经历固结时间长，故土层比较密实，压缩性较低。沉积时间较短的土层一般埋藏浅，上覆压力小，经历固结时间较短，故土层比较疏松，压缩性较高。有的土层曾在自重压力作用下完成固结稳定，后因构造变动使上覆土层被冲刷削蚀掉；有的土层在自重压力作用下还未完全固结就接受了新的沉积。

　　由此可见，土的压缩性与其沉积和受荷历史(即应力历史)有密切的关系。

一、土的固结状态

　　土层在地质历史过程中受到过的最大固结应力(包括自重和外荷)称为前期固结压力 p_c(preconsolidation pressure)。引出这个概念的目的在于：一是与现今天然状态下土层自重应力 p_0 进行对比，说明土层现时的固结状态，从而判断现今土层的压缩性能；二是评价土层在未来条件下(加外荷或失水等)是否会产生新的压缩固结，可进行地面沉降预测。天然土层根据 p_c 与 p_0 大小进行对比可分为三种固结状态，如图 4 - 9 所示。

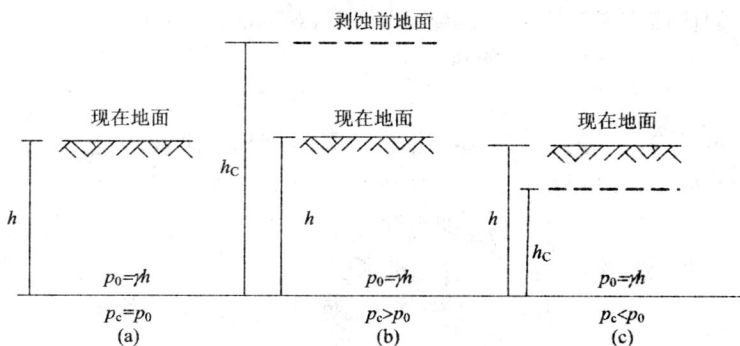

图 4 - 9　天然土层的三种固结状态

1. 正常固结土(normally consolidated soil)

　　$p_c = p_0$，表征某一深度的土层在地质历史上所受过的最大压力 p_c 与现今的自重应力 p_0 相等，土体处于正常固结状态。一般来说，这种土层沉积时间较长，在其自重应力作用下已达到了最终的固结，沉积后土层厚度没有什么变化，也没有收到过侵蚀或其他卸荷作用等。

2. 超固结土(overconsolidated soil)

$p_c > p_0$，表征某一深度的土层在地质历史上所受过的最大压力 p_c 比现今的自重应力 p_0 要大，土体处于超固结状态。如土层在过去地质历史上曾有过相当厚的沉积物，后来由于地壳上升而河流冲刷将上部土层剥蚀；或者古冰川下层受过冰荷重的压缩，后来气候转暖冰川融化，压力减小；或者由于古老建筑物的拆毁、地下水位的长期变化以及土层的干缩；或者是人类工程活动如碾压、打桩等，这些都可以使土层形成超固结状态。

3. 欠固结土(underconsolidated soil)

$p_c < p_0$，表征某一深度的土层在地质历史上所受过的最大压力 p_c 小于现今的自重应力 p_0，土体尚未达到最终固结状态，处于欠固结状态。一般来说，这种土层的沉积时间较短，土层在其自重作用下还未完成固结，还处于继续压缩之中。如新近沉积的淤泥、冲填土等属欠固结土。

由此可见，前期固结压力是反应土层的原始应力状态的一个指标。一般当施加于土层的荷重小于或等于土的前期固结应力时，土层的压缩变形将极小，甚至可以忽略不计。当荷重超过土的前期固结压力时，土层的压缩变形量将会产生很大的变化。当其他条件相同时，超固结土的压缩变形量常小于正常固结土的压缩量，而欠固结土的压缩量则大于正常固结土的压缩量。因此，在计算地基变形量时，必须首先弄清土层的受荷历史，以便分别考虑这三种不同固结状态的影响，使地基变形量的计算尽量符合实际情况。

二、土的固结状态评价指标

前期固结应力常用于判断土的固结状态。为此，将土的前期固结应力 p_c 与土现今的自重应力 p_0 的比值定义为土的超固结比 OCR(overconsolidation ratio)，即

$$OCR = \frac{p_c}{p_0}$$

用 OCR 来定量表征土的天然固结状态，对天然地基土而言，p_0 一般指现有上覆土层自重压力，若 $OCR = 1$，属正常固结土；$OCR > 1$，属超固结土；$OCR < 1$，属欠固结土。

对室内压缩试验的土样而言，p_0 即为施加于土样上的当前压力。当土样的应力状态位于 $e - \lg p$ 曲线的直线段上，表示土样当前所受的压力就是最大压力，则 $OCR = 1$，土样处于正常固结状态。当土样的应力状态位于某回弹或再压缩曲线上，则 $OCR > 1$，土样处于超固结状态。

显然，土的固结状态在一定条件下是可以相互转化的。例如：对于原位地基中沉积已经稳定的正常固结土，当地表因流水或冰川等剥蚀作用而降低，或因开挖卸载等，就成为超固结土；而超固结土则可因足够大的堆载加压而成为正常固结土。新近沉积土和冲填土等在自重应力作用下尚未完成固结，故为欠固结土；但随着时间推移，在自重应力作用下的压缩会渐趋稳定从而转化为正常固结土。对于室内压缩稳定并处于正常固结状态的土样，经卸载就会进入超固结装填；而处于超固结状态的土样则可经施加更大的压力而进入正常固结状态。

三、前期固结压力的确定

前期固结压力是指土层在地质历史过程中受到过的最大竖向有效应力。为了判断天然土层的固结状态及应力历史对地基变形的影响，需要确定土的前期固结压力。但由于土的沉积和受荷历史极其复杂，因此确定前期固结压力至今无精确方法。

由于土的沉积和受荷历史极其复杂，因此确定先期固结压力至今无精确方法。但从前述分析可以认为，在压缩试验中只有当压力大于前期固结压力，土样才会发生较明显的压缩，故先期固结压力必应位于 $e - \lg p$ 曲线上较平缓的前半段与较陡的后半段的交接处附近。基于这一认识，卡萨格兰德（A. Cassagrande）于 1936 年提出了确定先期固结压力的经验作图法（见图 4 - 10），这也是至今确定 p_c 值最为常用的一种近似法，其步骤如下：

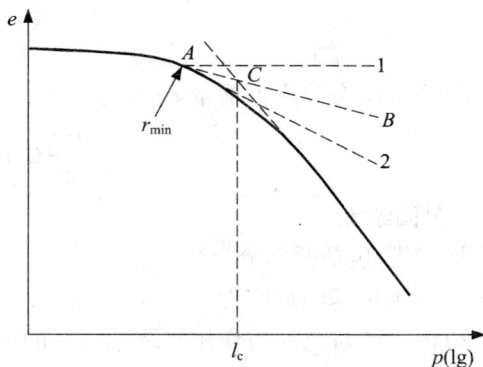

图 4 - 10　前期固结应力的确定

（1）在 $e - \lg p$ 曲线上找出曲率半径最小的一点 A，过 A 点作水平线 $A1$ 和切线 $A2$；

（2）作角 $1A2$ 的平分线 AB，与 $e - \lg p$ 曲线后半段（即直线段）的延长线交于 C 点；

（3）C 点所对应的压力即为先期固结压力 p_c。

卡萨格兰德法简单、易行，但其准确性很大程度上取决于土样的质量（如扰动程度）和作图经验（例如比例尺的选取）等。

四、应力历史对地基沉降计算的影响

考虑应力历史影响，在沉降计算时应分别对待：

1. 正常固结状态

由原始压缩曲线确定压缩指数 C_c 后，按下式计算：

$$s = \sum_{i=1}^{n} \frac{h_i}{1 + e_{0i}} \left[C_{ci} \lg \left(\frac{p_{1i} + \Delta p_i}{p_{1i}} \right) \right]$$

式中：Δp_i 为第 i 层土附加应力的平均值；p_{1i} 为第 i 层土自重应力的平均值；e_{0i} 为第 i 层土的初始孔隙比；C_{ci} 为从原始压缩曲线确定的第 i 层土的压缩指数；h_i 为第 i 层土的厚度。

2. 超固结土

由原始压缩曲线确定压缩指数 C_c 和回弹指数 C_s 后：

（1）当分层有效应力增量 $\Delta p > (p_c - p_1)$ 时：

$$s_i = s_{1i} + s_{2i}$$

式中：

$$s_{1i} = \frac{h_i}{1 + e_{0i}} C_{si} \lg \frac{p_{ci}}{p_{0i}}$$

$$s_{2i} = \frac{h_i}{1 + e_{0i}} C_{ci} \lg \frac{p_{0i} + \Delta p_i}{p_{ci}}$$

则：

$$s = \sum_{i=1}^{n} s_i = \sum_{i=1}^{n} (s_{1i} + s_{2i}) = \sum_{i=1}^{n} \frac{h_i}{1 + e_{0i}} \left[V \lg \frac{p_{ci}}{p_{0i}} + C_{ci} \lg \frac{p_{0i} + \Delta p_i}{p_{ci}} \right]$$

（2）当分层有效应力增量 $\Delta p \leqslant (p_c - p_1)$ 时：

$$s_i = \frac{h_i}{1 + e_{0i}} C_{si} \lg \left(\frac{p_{0i} + \Delta p_i}{p_{0i}} \right)$$

3. 欠固结土

固结沉降包括两部分：

（1）由于地基附加应力所引起的沉降；

（2）由土的自重应力作用将继续固结的沉降。

$$s_i = \frac{h_i}{1 + e_{0i}} C_{ci} \left[\lg \frac{p_{0i}}{p_{ci}} + \lg \frac{p_{0i} + \Delta p_i}{p_{0i}} \right] = \frac{h_i}{1 + e_{0i}} C_{ci} \lg \frac{p_{0i} + \Delta p_i}{p_{ci}}$$

$$s = \sum_{i=1}^{n} s_i = \sum_{i=1}^{n} \frac{h_i}{1 + e_i} C_{ci} \lg \frac{p_{0i} + \Delta p_i}{p_{ci}}$$

第四节　试验方法测定土的变形模量

土的变形模量是无侧限条件下应力与应变比值，它可用室内三轴试验测定，也可用现场试验测定。如在成层土中进行静载荷试验，能得变形模量，也可在现场进行旁压试验或者触探试验间接确定土的变形模量。

一、静载荷试验

1. 试验方法

静载荷试验（field loading test）是通过荷载板在指定的地基土上逐级加载，同时量测相应沉降，以得到的压力沉降（$p-s$）关系曲线确定土的变形模量及地基承载力。载荷试验一般适应于在浅层土中进行，因为压力的影响深度可达 $1.5 \sim 2$ 倍的荷载板边长，能较好的反映天然土体的压缩性。

图 4-11 为试验加载简图，试验一般是在试坑内进行，试坑的宽度不应小于 3 倍承载板宽度或直径，其深度根据测试土层的深度而定，荷载板的底面积一般为 $0.25 \sim 0.50$ m²。试验的加荷标准应满足下列要求：加载等级应不少于 8 级，最大加载量不应少于设计荷载的 2 倍。每级加载之后，按间隔 10 min、10 min、10 min、15 min、15 min 测读百分表，以后为每隔半小时测读一次。当在连续 2 h 内，每小时的沉降量小于 0.1 mm 时，则认为已趋于稳定，可加下一级荷载。当出现下列情况之一时，即可终止加载：①荷载板周围的土明显侧向挤出；② 沉降 s 急骤增大，荷载-沉降（$p-s$）曲线出现陡降段；

③ 在某一荷载下，24 h 内沉降速率不能达到稳定标准；④ 沉降量与承压板宽度或者直径之比大于或等于 0.06。

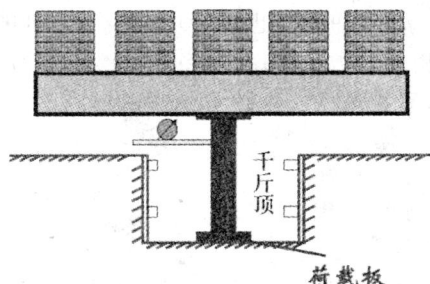

图 4-11　试验加载简图

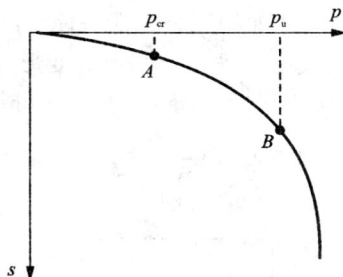

图 4-12　$p-s$ 曲线

2. 变形模量

图 4-12 为根据各级荷载及相应的沉降量绘制的 $p-s$ 关系曲线。$p-s$ 曲线开始部分往往接近于直线，与直线段终点 A 对应的荷载 p_{cr} 称为地基的比例界限荷载，与非线性段点 B 对应的荷载称为地基的 p_u 称为极限荷载。一般地基承载力设计值取接近于或稍超过此比例极限值，所以通常地基的变形阶段处于直线变形阶段，可以利用弹性力学公式来反求地基的变形模量 E_0，即

$$E_0 = w(1 - \mu^2)\frac{p_{cr}b}{s_1}$$

式中：w 为沉降影响系数，对刚性方形荷载板，$w = 0.88$；对于刚性圆形荷载板 $w = 0.79$；μ 为土的泊松比；b 为荷载板的边长或直径；p_{cr} 为地基的比例界限荷载；s_1 为与 p_{cr} 对应的沉降量。

通过式（4-15）即可计算出荷载板下压缩土层（大致 $3b$）内的平均 E_0 值，并可用于分层总和法以计算地基沉降。必须指出荷载试验的模型性质，由于荷载板尺寸比基础要小得多，其试验的 $p-s$ 曲线不能代表基础荷载与沉降的关系。沉降量的大小不仅与压力的大小有关，而且也取决于基础的尺寸。同样大的 p，基础愈宽，应力影响深度愈大，因而地基沉降量也必然愈大。

由于荷载试验不能控制地基土的排水条件，故可以认为由此得到的地基土的变形模量 E_0 一般介于土的排水变形模量和不排水变形模量之间。另外该试验的 E_0 不能盲目的用于基础的整个压缩层，若在压缩层内尚有软弱下卧层，把表层荷载试验所得到的 E_0 用于整个压缩层，其总沉降的计算结果必然较地基的实际沉降为低，这是偏危险的。

二、旁压试验

1. 试验方法

旁压试验（pressuremeter test）是利用旁压仪在原位测试不同深度上的变形性质和强度指标的试验方法。如图 4-13 所示，旁压仪由包括圆柱形测试探头、监测装置以及加

压系统等部件组成。有预钻式和自钻式两种，前者是将探头插入预先钻好的孔中，适用于粘性土、粉土、砂土、碎石土、残积土、极软岩和软岩；后者是这种探头自己能钻入土中，适用于粘性土、粉土、砂土，尤其适用于软土。在试验时，其探头的空腔中施加压力水，量测所施加的压力与探头体积间的关系，得到 $p-V$ 曲线，也称旁压曲线。合理的分析试验曲线可以确定地基土的变形和强度性质及相关参数。旁压试验可以在不同深度上进行测试，所求基本承载力高，但是其缺点是受成孔影响大，在软土中测试精度不高。

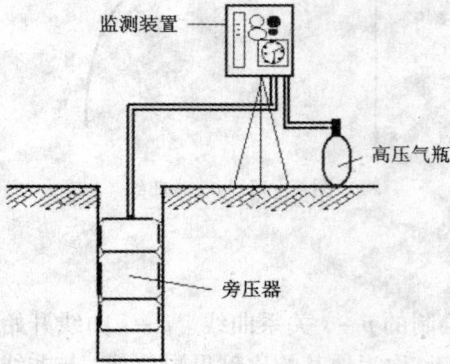

图 4 – 13 旁压仪

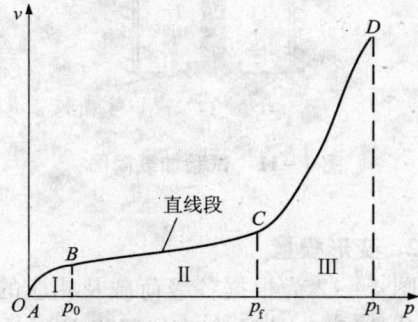

图 4 – 14 旁压曲线

2. 变形模量

从图 4 – 14 的 $p-V$ 曲线找出一直线段 BC，该直线段起始点 B 的体积膨胀值为 V_0，相应的压力值为 p_0，同时又找到直线终点 C 体积膨胀值为 V_f 及相应的压力值为 p_f，从而可以由下式求出土的旁压剪切模量 G_m：

$$G_m = \left(V_c + V_0 + \frac{\Delta V}{2} \right) \cdot \Delta p / \Delta V$$

式中：$\Delta p = p_f - p_0$；$\Delta V = V_f - V_0$；$\Delta p / \Delta V$ 为直线的斜率；V_c 为旁压器的固有体积。

土的变形模量 E_0 与旁压剪切模量 G_m 有着对应的关系，根据实验统计，对于粘性土其关系可按表 4 – 2 求得。

对于砂土，其关系可按下式估算

$$E_0 = K \cdot G_m$$

式中：K 为变形模量转换系数，可按表 4 – 3 取值。

表 4 – 2　粘性土的 G_m 与 E_0 关系

G_m(MPa)	0.5	1.0	1.5	2.0	2.5	3.0
E_0(MPa)	2.0 ~ 4.0	3.3 ~ 4.8	4.3 ~ 7.2	5.8 ~ 9.6	7.2 ~ 12.0	8.7 ~ 14.4
G_m(MPa)	3.5	4.0	5.0	6.0	7.0	8.0
E_0(MPa)	10.1 ~ 16.8	11.6 ~ 19.2	14.5 ~ 24.0	17.4 ~ 28.8	20.3 ~ 33.6	23.2 ~ 38.4

注：E_0 的系数取值按土的稠度状态来定，由流塑和硬塑取值由低值到高值。

表 4 – 3　砂性土变形模量转换系数

砂土类	粉砂	细砂	中砂	粗砂
K	4.0～5.0	5.0～7.0	7.0～9.0	9.0～11.0

三、实验室确定土的变形模量

目前室内常用的试验方法是利用三轴仪(如图 4 – 15 所示)对地基土的原状土样进行试验,以确定土的变形模量。

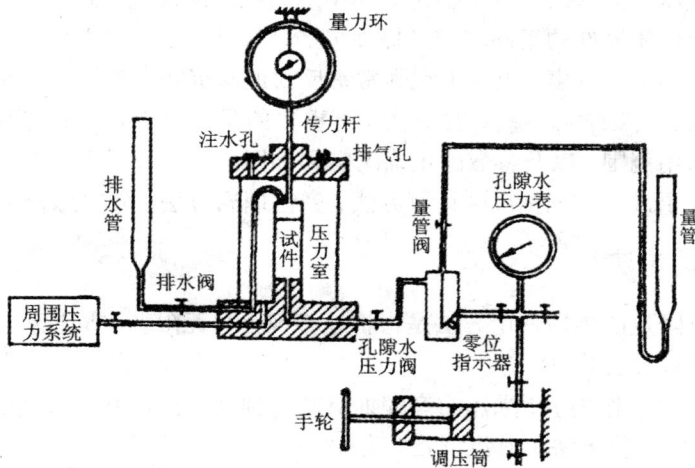

图 4 – 15　三轴压缩试验装置

(1)取高质量的原状土试样,在三轴仪中施加其在地基中的垂直压力 q(土的自重应力)的 1/2～2/3 的各向等压应力,将其各向等压固结。

(2)在不排水条件下施加轴压力,即预计荷载产生的偏应力 $(\sigma_1 - \sigma_3)$,卸荷至偏应力为零,如此重复五六次,如图 4 – 16所示。

(3)在最后一次循环的再加荷线上的 $(\sigma_1 - \sigma_3)/2$ 处作曲线的切线,其斜率即为 E_u。

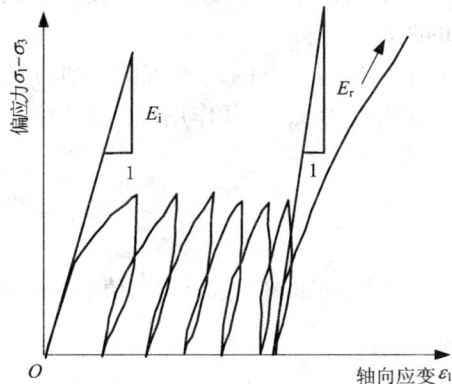

图 4 – 16　变形模量确定

这是一个经验值,根据与现场实测土的 E_0 值对比,两者在数值上大致是相同的,故可用来取代地基土的 E_0 值。

第五节　地基最终沉降量计算

地基最终沉降量计算是工程设计中的重要内容,因为沉降与变形的结果是建筑物各部位发生位移与相对位移,可能影响建筑物的正常工作,或因相对位移衍生的次应力过大导致结构的开裂,甚至破坏。计算最终沉降量可以帮助我们预知在建筑物建成之后将产生的地基变形,判断其值是否超过允许的范围,为采取相应的工程措施提供科学依据,保证建筑物的安全。

地基最终沉降量大小主要取决于使地基土体产生压缩的原因和土体本身性状两方面。使土体产生压缩变形的原因主要是土体中应力状态的改变。地基中的附加应力的正确计算和地基土体压缩性的正确测定是提高沉降计算精度的两个关键问题。然而影响沉降计算精度的影响因素很多,土木工程师常常反映地基沉降量难以正确估算。在学习地基沉降计算时,不仅要学习一些计算方法,更重要的是要掌握地基产生沉降的原理,各种计算方法的适用范围,以及参数的正确测定和选用。

本节主要介绍常用的地基沉降计算方法:弹性理论方法、分层总合法、规范法。

一、弹性理论法

地基最终沉降量的弹性理论方法是指将地基视为半无限各向同性弹性体,根据弹性理论得到的沉降计算公式。

在竖向集中力 P 作用下,采用布辛涅斯克解得到其表面位移 $w(x, y, 0)$ 即地基表面的沉降量 s 的沉降计算方法。其沉降量 s 为:

$$s = \frac{P}{\pi r} \cdot \frac{1 - \mu^2}{E}$$

式中:μ 为地基土的泊松比;E 为地基土的变形模量;r 为地基表面任意点到集中力 P 作用点的距离。

对于局部荷载下的地基沉降,则可利用上式根据叠加原理求得。均布柔性圆形荷载,荷载密度为 p,荷载作用区的半径为 b,直径为 $B = 2b$。荷载作用下地面($z = 0$)沉降计算式为:

$$s = \frac{pb(1 - \mu^2)}{E} I_1$$

式中:I_1 为沉降影响系数,与 $\frac{r}{b}$ 值有关,见表 4-4,$r = \sqrt{x^2 + y^2}$。

表 4-4　$z = 0$ 时沉降影响系数 I_1

$\frac{r}{b}$	0	0.2	0.4	0.6	0.8	1.0	1.5	2.0	4.0	8.0	12.0
I_1	2.000	1.980	1.918	1.806	1.626	1.273	0.712	0.517	0.252	0.125	0.083

均布柔性矩形荷载荷载密度为 p，荷载作用面积 $L \times B$。在荷载作用下，荷载作用面角点处（$z = 0$）沉降计算式为：

$$s_{角点} = \frac{pB(1 - \mu^2)}{2E} I_2$$

荷载作用面中心处沉降采用迭加法，由角点处沉降计算式得到，即

$$s_{中心} = 4\left[\frac{p(B/2)(1 - \mu^2)}{2E} I_2\right] = \frac{pB}{E}(1 - \mu^2) I_2$$

式中：I_2 为 $z = 0$ 时的沉降影响系数，查表可以获得。

采用弹性理论计算式计算沉降有一定的应用范围，主要是应用于砂土地基沉降的计算，饱和软粘土地基初始沉降的计算，有时也应用于排水条件下固结沉降的估算。

二、分层总和法

分层总和法是一类沉降计算方法的总称，在这些方法中，将压缩层范围内的地基土层分成若干层，分层计算土体竖向压缩量，然后求和得到总竖向压缩量，即总沉降量。

1. 基本假设

地基是均质、各向同性的半无限线性变形体，可按弹性理论计算土中应力在压力作用下，地基土不产生侧向变形，可采用侧向条件下的压缩性指标。一般取基底中心点下的附加应力进行计算，以基底中点的沉降代表基础的平均沉降。

2. 基本原理

该方法只考虑地基的垂直向变形，没有考虑侧向变形，地基的变形同室内侧向压缩试验中的情况基本一致，属一维压缩问题。计算地基最终沉降量的土体压缩性指标可采用压缩试验测定，如采用 $e - p$ 曲线，或 $e - \lg p$ 曲线。无侧向变形条件下的土层压缩量计算公式为：

$$s = \frac{e_1 - e_2}{1 + e_1} H$$

式中：s 为地基最终沉降量，mm；e_1 为地基受荷前（自重应力作用下）的孔隙比；e_2 为地基受荷（自重与附加应力作用下）沉降稳定后的孔隙比；H 为土层的厚度，mm；

计算沉降量时，在地基可能受荷变形的压缩层范围内，根据土的特性，应力状态以及地下水位进行分层。然后按式（4 - 23）计算各分层的沉降量 s_i。

3. 计算步骤

（1）首先根据建筑物基础的形状，结合地基中土层性状，选择沉降计算点的位置；再按作用在基础上的荷载性质，求出基底压力的大小和分布。

（2）将地基分层。成层土的层面（不同土层压缩性和容重不同）及地下水面（水面上下土的有效容重不同）应为分层面，分层厚度一般不宜大于 $0.4b$（b 为基底宽度）。

（3）计算地基中土的自重应力分布。求出计算点垂线上各分层层面处（如图 4 - 17 中的 0，1，2，…）的竖向自重应力 σ_c（应从地面算起），并绘制它的分布曲线。

（4）计算地基中竖向附加应力分布。求出计算点垂线上各分层层面处的竖向附加应力 σ_z，并绘制它的分布曲线，如图 4 - 17 所示。并以 $\sigma_z = 0.1\sigma_c$ 或 $\sigma_z = 0.2\sigma_c$ 的标准确定

压缩层的厚度 H。应当注意,当基础埋置深度为 d 时,应采用基底净压力 $p_0 = p - \gamma d$ 去计算地基中的附加应力。

(5)按算术平均求各分层平均自重应力 σ_{ci} 和平均附加应力 σ_{zi},如图 4 – 17 所示。

$$\sigma_{ci} = \frac{(\sigma_{ci})_{上} + (\sigma_{ci})_{下}}{2}$$

$$\sigma_{zi} = \frac{(\sigma_{zi})_{上} + (\sigma_{zi})_{下}}{2}$$

式中:$(\sigma_{ci})_{上}$,(σ_{ci}) 为第 i 分层上、下面的自重应力;$(\sigma_{zi})_{上}$,(σ_{zi}) 为第 i 分层上、下面的附加应力;

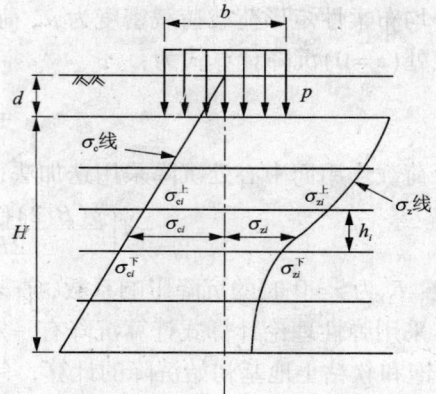

图 4 – 17　分层总和法沉降计算图例

(6)计算各分层土的压缩量 s_i:

$$s_i = \frac{e_{1i} - e_{2i}}{1 + e_{1i}} h_i = \frac{\sigma_{zi}}{E_{si}} h_i$$

(7)计算压缩层的总沉降量:

$$s = \sum_{i=1}^{n} s_i$$

例 4 – 2　某柱基础,底面尺寸 $l \times b = 4 \times 2 (\mathrm{m}^2)$,埋深 $d = 1.5$ m。传至基础顶面的竖向荷载 $N = 1192$ kN,各土层计算指标见表 4 – 5 和表 4 – 6。试计算柱基础最终沉降量。假定地下水位深 $d_w = 2$ m。

表 4 – 5　土层计算指标

土层	$\gamma(\mathrm{kN/m}^2)$	$a(\mathrm{MPa}^{-1})$	$E_s(\mathrm{MPa})$
粘土	19.5	0.39	4.5
粉质粘土	19.8	0.33	5.1
粉砂	19.0	0.37	5.0
粉土	19.2	0.52	3.4

表 4 – 6　土层侧限压缩试验 e – p 曲线

土层 ＼ $p(\mathrm{kPa})$	0	50	100	200
粘土	0.820	0.780	0.760	0.740
粉质粘土	0.740	0.720	0.700	0.670
粉砂	0.890	0.860	0.840	0.810
粉土	0.850	0.810	0.780	0.740

解：基底平均压力 p：

$$p = \frac{N}{l \times b} + \gamma_G \times b = \frac{1192}{4 \times 2} + 20 \times 1.5 = 179 \text{ kPa}$$

基底附加压力 p_0：

$$p_0 = p - \gamma d = 179 - 19.5 \times 1.5 = 150 \text{ kPa}$$

取水的重度 $\gamma_w \approx 10$ kN/m³，则有效重度 $\gamma' = \gamma - 10$，基础中心线下的自重应力和附加应力计算结果见图 4 – 18。到粉砂层层底，$\sigma_z = 14.4$ kPa $< 0.2\sigma_c = 0.2 \times 91.9 = 18.3$ kPa，因此，沉降计算深度取为 $H = 2.0 + 4.0 + 1.5 = 7.5$ m，从基底起算的土层压缩层厚度为 $Z_n = 7.5 - 1.5 = 6.0$ m。

按 $h_i \leqslant 0.4b = 0.4 \times 2 = 0.8$ m 分层。$h_1 = 0.50$ m，$h_2 \sim h_6 = 0.80$ m，$h_7 = h_8 = 0.75$ m。柱基础最终沉降量计算结果如下：

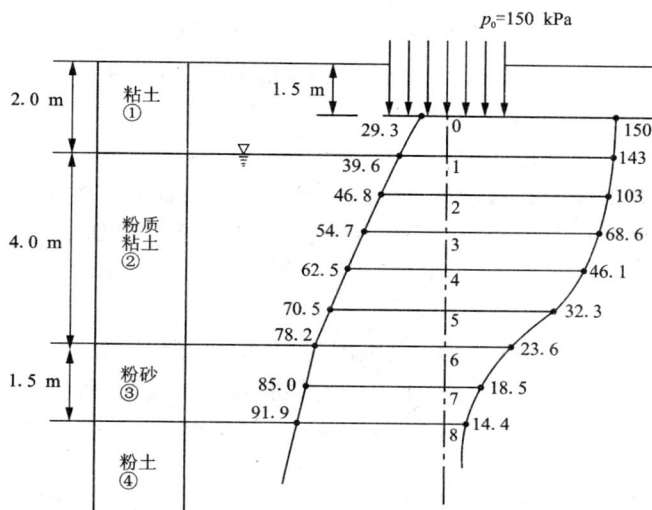

图 4 – 18　土层自重应力和附加应力分布

按公式 $s_i = \dfrac{e_{1i} - e_{2i}}{1 + e_{1i}} h_i$ 计算，因此，$s = \sum s_i = 77.44$ mm

表 4 – 7　各分层土沉降量计算程序

土层	分层	h_i(m)	P_{1i}(kPa)	e_{1i}	P_{2i}(kPa)	e_{2i}	s_i(mm)
粘土	0 – 1	0.50	34.2	0.7995	180.7	0.7439	15.45
粉质粘土	1 – 2	0.80	42.9	0.7228	165.9	0.6802	19.78
	2 – 3	0.80	50.8	0.7197	136.6	0.6890	14.28
	3 – 4	0.80	58.4	0.7166	115.8	0.6953	9.93
	4 – 5	0.80	66.2	0.7135	105.4	0.6984	7.05
	5 – 6	0.80	74.0	0.7104	102.0	0.6994	5.14
粉砂	6 – 8	0.75	81.6	0.8474	102.7	0.8392	3.33
	7 – 8	0.75	88.4	0.8446	104.9	0.8385	2.48

三、建筑地基基础设计规范法

通过大量的建筑物沉降观测，并与理论计算相对比发现两者数值上相差较大。凡是坚实地基，用单向分层总和法计算的沉降值比实测值显著偏大；遇到软弱地基，则计算值比实测值偏小。为了使计算值与实测值相符合，并简化单向分层总和法的计算工作，我国《建筑地基基础设计规范》（GB 50007—2002）所推荐的沉降计算方法在总结大量实践经验的基础上，经统计引入沉降系数 ψ_s，对分层总和法的计算结果进行修正。

（1）采用平均附加应力系数计算沉降量的基本公式。

在规范法中，采用侧限条件下的压缩性指标，并应用平均附加应力系数计算。平均附加应力系数意义见图 4-19 所示。将地基视为半无限各向同性弹性体假设土体侧限条件下压缩模量 E_s 不随深度改变，于是从基地到地基任意深度 z 范围内的压缩量为：

$$s' = \int_0^z \varepsilon_z \mathrm{d}z = \frac{1}{E_s}\int_0^z \sigma_z \mathrm{d}z = \frac{A}{E_s}$$

式中：A 为深度为 z 范围内附加应力面积。

附加应力面积 A 也可用附加应力系数 K_s 来表示，

$$A = \int_0^z \sigma_z \mathrm{d}z = p_0 \int_0^z K_s \mathrm{d}z$$

式中：p_0 为对应于荷载效应永久组合时的基础底面处的附加应力，即荷载作用密度。

为了方便计算，引进平均附加应力系数 $\bar{\alpha}$，

$$\bar{\alpha} = \frac{1}{z}\int_0^z K_s \mathrm{d}z$$

$\bar{\alpha}$ 值可以查表，表 4-9 及表 4-10 分别给出了均布矩形荷载角点下的平均竖向附加应力系数 $\bar{\alpha}$ 值及圆形面积均布荷载中心点下平均竖向附加应力系数 $\bar{\alpha}$ 值。

于是第 i 层土体压缩量为：

$$\Delta s' = \frac{p_0}{E_{si}}(z_i\,\bar{\alpha}_i - z_{i-1}\bar{\alpha}_{i-1})$$

式中：E_{si} 为基础底面下第 i 层土的弹性模量（MPa），应取土的自重应力至土的自重应力与附加应力之和的应力段计算；z_i，z_{i-1} 分别为基础底面至第 i 土、第 $i-1$ 层底面的距离；$\bar{\alpha}_i$，$\bar{\alpha}_{i-1}$ 分别为基础底面计算点

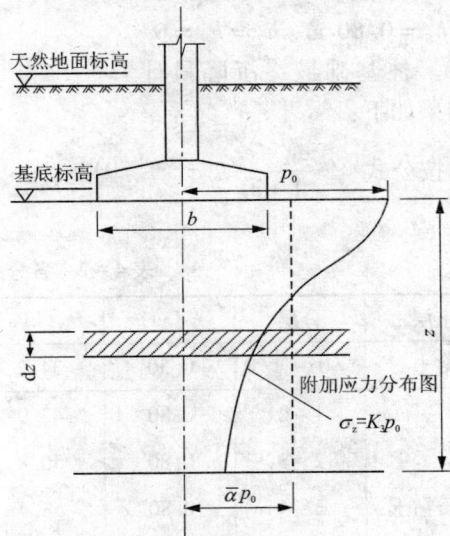

图 4-19　平均附加应力系数示意图

至第 i 土、第 $i-1$ 层土底面范围内平均附加应力系数，可查表。

（2）规范法计算最终沉降量公式。

由（4-31）式乘以沉降计算经验系数 ψ_s，即为《规范》推荐的沉降计算公式：

$$s = \psi_s \cdot s' = \psi_s \sum_{i=1}^{n} \frac{p_0}{E_{si}} (z_i \overline{\alpha_i} - z_{i-1} \overline{\alpha_{i-1}})$$

式中：s 为地基最终沉降量（mm）；ψ_s 为沉降计算经验系数，应根据同类地区已有房屋和构造物实测最终沉降乐于计算沉降量对比确定，一般采用表 4 - 8。n 为地基压缩层（即受压层）范围内所划分的土层数；z_i，z_{i-1} 分别为基础底面至第 i 土、第 $i-1$ 层底面的距离；$\overline{\alpha_i}$，$\overline{\alpha_{i-1}}$ 分别为基础底面计算点至第 i 土、第 $i-1$ 层土底面范围内平均附加应力系数，可查表。

表 4 - 8　沉降计算经验系数 ψ_s

基底附加压力 p_0（MPa）＼压缩模量 E_s（MPa）	2.5	4.0	7.0	15.0	20.0
$P_0 \geqslant f_k$	1.4	1.3	1.0	0.4	0.2
$P_0 \leqslant 0.75 f_k$	1.1	1.0	0.7	0.4	0.2

注：①E_s 为沉降计算深度范围内压缩模量的当量值，可按附加应力面积 A 的加权平均值计算；
②f_k 为地基承载力标准值。

表 4 - 9　均布矩形荷载角点下的平均竖向附加应力系数 $\overline{\alpha}$

z/b	l/b												
	1.0	1.2	1.4	1.6	1.8	2.0	2.4	2.8	3.2	3.6	4.0	5.0	10.0
0.0	0.2500	0.2500	0.2500	0.2500	0.2500	0.2500	0.2500	0.2500	0.2500	0.2500	0.2500	0.2500	0.2500
0.2	0.2496	0.2497	0.2497	0.2498	0.2498	0.2498	0.2498	0.2498	0.2498	0.2498	0.2498	0.2498	0.2498
0.4	0.2474	0.2479	0.2481	0.2483	0.2483	0.2484	0.2485	0.2485	0.2485	0.2485	0.2485	0.2485	0.2485
0.6	0.2423	0.2437	0.2444	0.2448	0.2451	0.2452	0.2454	0.2455	0.2455	0.2455	0.2455	0.2455	0.2456
0.8	0.2346	0.2372	0.2387	0.2395	0.2400	0.2403	0.2407	0.2408	0.2409	0.2409	0.2410	0.2410	0.2410
1.0	0.2252	0.2291	0.2313	0.2326	0.2335	0.2340	0.2346	0.2349	0.2351	0.2352	0.2352	0.2353	0.2353
1.2	0.2149	0.2199	0.2229	0.2248	0.2260	0.2268	0.2278	0.2282	0.2285	0.2286	0.2287	0.2288	0.2289
1.4	0.2043	0.2102	0.2140	0.2164	0.2190	0.2191	0.2204	0.2211	0.2215	0.2217	0.2218	0.2220	0.2221
1.6	0.1939	0.2006	0.2049	0.2079	0.2099	0.2113	0.2130	0.2138	0.2143	0.2146	0.2148	0.2150	0.2152
1.8	0.1840	0.1912	0.1960	0.1994	0.2018	0.2034	0.2055	0.2066	0.2073	0.2077	0.2079	0.2082	0.2084
2.0	0.1746	0.1822	0.1875	0.1912	0.1938	0.1958	0.1982	0.1996	0.2004	0.2009	0.2012	0.2015	0.2018
2.2	0.1659	0.1737	0.1793	0.1833	0.1862	0.1883	0.1911	0.1927	0.1937	0.1943	0.1947	0.1952	0.1955
2.4	0.1578	0.1657	0.1715	0.1757	0.1789	0.1812	0.1843	0.1862	0.1873	0.1880	0.1885	0.1890	0.1895
2.6	0.1503	0.1583	0.1642	0.1686	0.1719	0.1745	0.1779	0.1799	0.1812	0.1820	0.1825	0.1832	0.1838
2.8	0.1433	0.1514	0.1574	0.1619	0.1654	0.1680	0.1717	0.1739	0.1753	0.1763	0.1769	0.1777	0.1784
3.0	0.1369	0.1449	0.1510	0.1556	0.1592	0.1619	0.1658	0.1682	0.1698	0.1708	0.1715	0.1725	0.1733
3.2	0.1310	0.1390	0.1450	0.1497	0.1533	0.1562	0.1602	0.1628	0.1645	0.1657	0.1664	0.1675	0.1685
3.4	0.1256	0.1334	0.1394	0.1441	0.1478	0.1508	0.1550	0.1577	0.1595	0.1607	0.1616	0.1628	0.1639
3.6	0.1205	0.1282	0.1342	0.1389	0.1427	0.1456	0.1500	0.1528	0.1548	0.1561	0.1570	0.1583	0.1595
3.8	0.1158	0.1234	0.1293	0.1340	0.1378	0.1408	0.1452	0.1482	0.1502	0.1516	0.1526	0.1541	0.1554

续表 4－9

z/b	l/b												
	1.0	1.2	1.4	1.6	1.8	2.0	2.4	2.8	3.2	3.6	4.0	5.0	10.0
4.0	0.1114	0.1189	0.1248	0.1294	0.1332	0.1362	0.1408	0.1438	0.1459	0.1474	0.1485	0.1500	0.1516
4.2	0.1073	0.1147	0.1205	0.1251	0.1289	0.1319	0.1365	0.1396	0.1418	0.1434	0.1445	0.1462	0.1479
4.4	0.1035	0.1107	0.1164	0.1210	0.1248	0.1279	0.1325	0.1357	0.1379	0.1396	0.1407	0.1425	0.1444
4.6	0.1000	0.1070	0.1127	0.1172	0.1209	0.1240	0.1287	0.1319	0.1342	0.1359	0.1371	0.1390	0.1410
4.8	0.0967	0.1036	0.1091	0.1136	0.1173	0.1204	0.1250	0.1283	0.1307	0.1324	0.1337	0.1357	0.1379
5.0	0.0935	0.1003	0.1057	0.1102	0.1139	0.1169	0.1216	0.1249	0.1273	0.1291	0.1304	0.1325	0.1348
5.2	0.0906	0.0972	0.1026	0.1070	0.1106	0.1136	0.1183	0.1217	0.1241	0.1259	0.1273	0.1295	0.1320
5.4	0.0878	0.0943	0.0996	0.1039	0.1075	0.1105	0.1152	0.1186	0.1211	0.1229	0.1243	0.1265	0.1292
5.6	0.0852	0.0916	0.0968	0.1010	0.1046	0.1076	0.1122	0.1156	0.1181	0.1200	0.1215	0.1238	0.1266
5.8	0.0828	0.0890	0.0941	0.0983	0.1018	0.1047	0.1094	0.1128	0.1153	0.1172	0.1187	0.1211	0.1240
6.0	0.0805	0.0866	0.0916	0.0957	0.0991	0.1021	0.1067	0.1101	0.1126	0.1146	0.1161	0.1185	0.1216
6.2	0.0783	0.0842	0.0891	0.0932	0.0966	0.0995	0.1041	0.1075	0.1101	0.1120	0.1136	0.1161	0.1193
6.4	0.0762	0.0820	0.0869	0.0909	0.0942	0.0971	0.1016	0.1050	0.1076	0.1096	0.1111	0.1137	0.1171
6.6	0.0742	0.0799	0.0847	0.0886	0.0919	0.0948	0.0993	0.1027	0.1053	0.1073	0.1088	0.1114	0.1149
6.8	0.0723	0.0779	0.0826	0.0865	0.0898	0.0926	0.0970	0.1004	0.1030	0.1050	0.1066	0.1092	0.1129
7.0	0.0705	0.0761	0.0806	0.0844	0.0877	0.0904	0.0949	0.0982	0.1008	0.1028	0.1044	0.1071	0.1109
7.2	0.0688	0.0742	0.0787	0.0825	0.0857	0.0884	0.0928	0.0962	0.0987	0.1008	0.1023	0.1051	0.1090
7.4	0.0672	0.0725	0.0769	0.0806	0.0838	0.0865	0.0908	0.0942	0.0967	0.0988	0.1004	0.1031	0.1071
7.6	0.0656	0.0709	0.0752	0.0789	0.0820	0.0846	0.0889	0.0922	0.0948	0.0968	0.0984	0.1012	0.1054
7.8	0.0642	0.0693	0.0736	0.0771	0.0802	0.0828	0.0871	0.0904	0.0929	0.0950	0.0966	0.0994	0.1036
8.0	0.0627	0.0678	0.0720	0.0755	0.0785	0.0811	0.0853	0.0886	0.0912	0.0932	0.0948	0.0976	0.1020
8.2	0.0614	0.0663	0.0705	0.0739	0.0769	0.0795	0.0837	0.0869	0.0894	0.0914	0.0931	0.0959	0.1004
8.4	0.0601	.0649	0.0690	0.0724	0.0754	0.0779	0.0820	0.0852	0.0878	0.0989	0.0914	0.0943	0.0988
8.6	0.0588	0.0636	0.0676	0.0710	0.0739	0.0764	0.0805	0.0836	0.0862	0.0882	0.0898	0.0927	0.0973
8.8	0.0576	0.0623	0.0663	0.0696	0.0724	0.0749	0.0790	0.0821	0.0846	0.0866	0.0882	0.0912	0.959
9.2	0.0554	0.0599	0.09637	0.0697	0.0721	0.0761	0.0792	0.0817	0.0837	0.0853	0.0882	0.0813	0.0931
9.6	0.0533	0.0577	0.0614	0.0672	0.0696	0.0734	0.0765	0.0789	0.0809	0.0825	0.0855	0.0738	0.0905
10.0	0.0514	0.0556	0.0592	0.0649	0.0672	0.0710	0.0739	0.0763	0.0783	0.0799	0.0829	0.0719	0.0880
10.4	0.0496	0.0537	0.0572	0.0627	0.0649	0.0686	0.0716	0.0739	0.0759	0.0775	0.0804	0.0682	0.0857
10.8	0.0479	0.0519	0.0553	0.0606	0.0628	0.0664	0.0693	0.0717	0.0736	0.0751	0.0781	0.0649	0.0834
11.2	0.0463	0.0502	0.0535	0.0563	0.0587	0.0609	0.0644	0.0672	0.0695	0.0714	0.0730	0.0759	0.0813
11.6	0.0448	0.0486	0.0518	0.0545	0.0569	0.0590	0.0625	0.0652	0.0675	0.0694	0.0709	0.0738	0.0793
12.0	0.0435	0.0471	0.0502	0.0529	0.0552	0.0573	0.0606	0.0634	0.0656	0.0674	0.0690	0.0719	0.0774
12.8	0.0409	0.0444	0.0474	0.0499	0.0521	0.0541	0.0573	0.0599	0.0621	0.0639	0.0654	0.0682	0.0739
13.6	0.0387	0.0420	0.0448	0.0472	0.0493	0.0512	0.0543	0.0568	0.0589	0.0607	0.0621	0.0649	0.0707
14.4	0.0367	0.0398	0.0425	0.0448	0.0468	0.0486	0.0516	0.0540	0.0561	0.0577	0.0592	0.0619	0.0677
15.2	0.0349	0.0379	0.0404	0.0426	0.0446	0.0463	0.0492	0.0515	0.0535	0.0551	0.0565	0.0592	0.0650
16.0	0.0332	0.0361	0.0385	0.0407	0.0425	0.0442	0.0469	0.0492	0.0511	0.0527	0.0540	0.0567	0.0625
18.0	0.0297	0.0323	0.0345	0.0364	0.0381	0.0396	0.0422	0.0442	0.0460	0.0475	0.0487	0.0512	0.0570
20.0	0.0269	0.0293	0.0312	0.0330	0.0345	0.0359	0.0383	0.0402	0.0418	0.0432	0.0444	0.0468	0.0524

表 4 – 10　圆形均布荷载中心点下平均竖向附加应力系数 $\overline{\alpha}$

中点 o 下应力面积	z/a	$\overline{\alpha}$	z/a	$\overline{\alpha}$	z/a	$\overline{\alpha}$
	0.0	1.000	2.1	0.640	4.1	0.401
	0.1	1.000	2.2	0.623	4.2	0.439
	0.2	0.998	2.3	0.606	4.3	0.336
	0.3	0.993	2.4	0.590	4.4	0.379
	0.4	0.986	2.5	0.574	4.5	0.372
	0.5	0.974				
	0.6	0.960	2.6	0.560	4.6	0.365
	0.7	0.942	2.7	0.546	4.7	0.359
	0.8	0.923	2.8	0.532	4.8	0.353
	0.9	0.901	2.9	0.519	4.9	0.347
	1.0	0.878	3.0	0.507	5.0	0.341
	1.1	0.855	3.1	0.495	6.0	0.292
	1.2	0.831	3.2	0.484	7.0	0.255
	1.3	0.808	3.3	0.473	8.0	0.227
	1.4	0.784	3.4	0.463	9.0	0.206
	1.5	0.762	3.5	0.453	10.0	0.187
	1.6	0.739	3.6	0.443	12.0	0.156
	1.7	0.718	3.7	0.434	14.0	0.134
	1.8	0.697	3.8	0.425	16.0	0.117
	1.9	0.677	3.9	0.417	18.0	0.104
	2.0	0.658	4.0	0.409	20.0	0.094

E_s 按附加应力面积 A 的加权平均值：

$$\overline{E_s} = \sum A_i \Big/ \sum \frac{A_i}{E_{si}}$$

（3）规范法计算深度的确定。

与分层总和法规定不同，该法规定地基沉降计算深度 Z_n 应符合下式要求：

$$\Delta s_n' \leqslant 0.025 \sum_{i=1}^{n} \Delta s_i'$$

式中：$\Delta s_n'$ 为在深度 Z_n 处，向上取计算厚度为 ΔZ 的计算变形值，ΔZ 可查表 4 – 11；$\Delta s_i'$ 为在深度 Z_n 范围内，第 i 层土的计算变形量。

表 4 – 11　Δz 值表

基底宽度 b(m)	$\leqslant 2$	$2 < b \leqslant 4$	$4 < b \leqslant 8$	$8 < b \leqslant 15$	$15 < b \leqslant 30$
Δz(m)	0.3	0.8	1.0	1.2	1.5

按式(4-34)所确定的沉降计算深度下如有较软土层时,尚应向下继续计算,直至软弱土层中所取规定厚度 Δz 的计算沉降量满足式(4-34)的要求为止。

当沉降计算深度范围内存在基岩(不可压缩层)时, z_n 可取至基岩表面为止。

当无相邻荷载影响,基础宽度在 1~50 m 范围内,基础中点的地基沉降计算深度 $z_n(\text{m})$ 也可按下式估算:

$$Z_n = b(2.5 - 0.4lnb)$$

式中: b 为基础宽度(m)。

例 4-3 已知条件同例题 4-2,地基承载力标准值 $f_k = 200$ kPa。试用规范法计算地基最终沉降量。

解: 由例题 4-2 知,基底附加压力 $p_0 = 150$ kPa,预取压缩层深度 $z = 7.5$ m,即取基底以下 $z_n = 6.0$ m,本例是矩形面积上的均布荷载,将矩形面积分成四个小块,计算边长 $l_1 = 2$ m,宽度 $b_1 = 1$ m,各分层沉降计算结果见表 4-12。

因此 $s = \sum s_i = 74.11$ mm

因为 $b = 2$ m,根据表 4-11 应从 $z = 6.0$ mm 上取 0.3 m,计算 $z = 5.7~6.0$ m 土层的沉降量,以验算压缩层厚度是否满足要求。按 $l/b = 2$, $z/b = 5.7$ 查表 4-9, $\overline{\alpha_{i-1}} = 0.1061$,因此:

$$z_{i-1}\overline{\alpha_{i-1}} = 5.7 \times 0.1061 = 0.6048$$

$$\Delta s'_n = 4p_0(z_i\overline{\alpha_i} - z_{i-1}\overline{\alpha_{i-1}})/E_{si} = 4 \times 150 \times (0.6126 - 0.6048)/5.0 = 0.94$$

$$\Delta s'_n/s' = 0.94/74.11 = 0.013 < 0.025$$

因此,压缩层计算深度满足要求。

表 4-12 各分层沉降量计算程序

分层 i	深度 z (m)	$\dfrac{l_1}{b_1}$	$\dfrac{z}{b_1}$	$\overline{\alpha}$	$z_i\overline{\alpha_i}$	$4p_0(z_i\overline{\alpha_i} - z_{i-1}\overline{\alpha_{i-1}})$	E_s (MPa)	$s_i = 4p_0(z_i\overline{\alpha_i} - z_{i-1}\overline{\alpha_{i-1}})/E_{si}$
0	0	2	0	0	0			
1	0.5	2	0.5	0.247	0.1234	74.04	4.5	16.45
2	4.5	2	4.5	0.126	0.5670	266.16	5.1	52.19
3	6.0	2	6.0	0.102	0.6126	27.36	5.0	5.47

确定经验系数 ψ_s:

$$\sum A_i = 150 \times 4 \times 0.6126 = 367.56$$

$$\sum (A_i/E_{si}) = 74.04/4.5 + 266.16/5.1 + 27.36/5.0 = 74.11$$

$$\overline{E_s} = 367.56/74.11 = 4.96 \text{ MPa}$$

查表 4-8, $\psi_s = 0.905$

因此 $s = \psi_s s' = 0.905 \times 74.11 = 67.07$ mm

第六节　饱和粘土的渗透固结和太沙基一维固结理论

第五节阐述的地基沉降计算为地基的最终沉降量，是指地基在外荷载产生的附加应力作用下，受压层中的孔隙发生压缩达到稳定后的沉降量。然而土在荷载作用下的压缩和变形并不是在瞬间完成，而是随时间逐步发展并趋于稳定的。

透水性大的饱和无粘性土（包括巨粒土和粗粒土，或指碎石类土和砂类土），其压缩过程在短时间内就可以结束，固结稳定所经历的时间很短，可以认为在外荷载施加完毕时，其固结变形已基本完成。因此，在实践中一般不考虑无粘性土的固结问题。然而，粘性土及有机土完成固结所需时间较长，特别是深厚软粘土层，其固结变形需要几年甚至即使几十年时间才能完成。粘性土的固结（压密）问题，实质上就是研究土中有效应力增长全过程的理论问题。

土体在固结过程中如果渗流和变形均只沿一个方向发生，则称此为一维（单向）固结问题。太沙基（K. Terzaghi）早在 1925 年提出的饱和土中的有效应力原理和一维（单向）固结理论，是粘性土固结的基本理论，主要适用于大面积堆载的情况。实际工程中由于荷载作用面积不可能无限大，地基固结时其中渗流和变形通常发生在两个方向或以上，因此一般属于二维固结或三维固结问题，如路堤、水坝荷载是长条形分布，地基中既有竖向也有水平向的变形及孔隙水渗流，属于二维固结平面应变问题；在厚土层上作用局部荷载的，属于三维固结问题；在软粘土层中设置排水砂井时，除竖向渗流外，还有水平径向渗流，因而属于三维固结轴对称问题。

本节重点介绍饱和土的一维（单向）固结问题，与之相关的理论称为一维固结理论。

一、饱和土的一维固结试验

在外荷载作用下，饱和土孔隙中的一些自由水将随时间而逐渐被排出，同时孔隙体积也随之减少，这个过程称为饱和土的渗透固结（permeability consolidation）。

饱和土的渗透固结，可借助弹簧活塞模型来说明，如图 4 – 20 所示。

在一个盛满水的圆筒中，装一个带有弹簧的活塞，弹簧上下端连接活塞和筒底，活塞上有许多透水的小孔。弹簧表示土的颗粒骨架，弹簧刚度的大小就代表了土压缩性的大小。圆筒内的水相当于土孔隙中的自由水，带孔的活塞则表征土的透水性。圆筒是刚性的，活塞只能沿筒壁作竖向运动，因而当活塞受荷载作用后下移时，水只能向上从活塞小孔排出，弹簧也只能作竖向压缩，象征土固结时其中的渗流和变形均是一维的。由于模型中只有固、液两相介质，则对于外力 p_0 的作用只能是水与弹簧两者来共同承担。

利用该模型可形象地描述饱和土一维渗透固结过程中土中应力和变形的发展过程。当在活塞上施加外力后的一瞬间，弹簧没有受压而全部压力由圆筒内的水所承担，此时测压管内水位上升的高度为 $h = \dfrac{p_0}{\gamma_w}$。水受到孔隙水压力后开始经活塞小孔逐渐排出，测压管内水位上升高度 $h' < h$，受压活塞随之下降，弹簧受压且承担的压力逐渐增加，直至外压力全部由弹簧承担，此时测压管内水位上升高度 $h' = 0$。

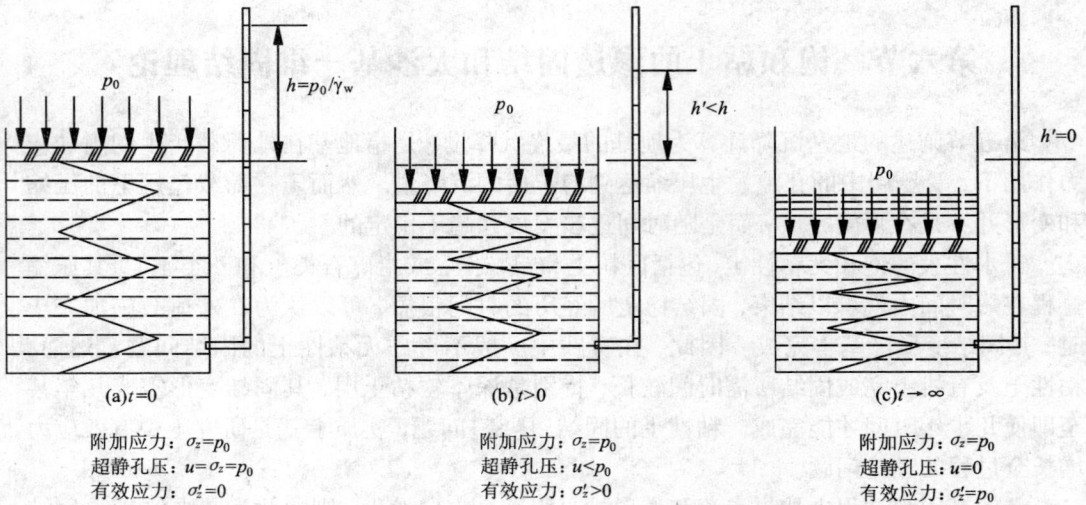

图 4-20 渗流固结过程的弹簧活塞模拟示意图

该弹簧活塞模型可用来说明饱和土在渗透固结中，土骨架和孔隙水对压力的分担作用，即施加在饱和土上的外压力开始时全部由土中水承担，随着土孔隙中一些自由水的挤出，外压力逐渐转嫁给土骨架，直至全部由土骨架承担。那么在土的固结过程中，土骨架和孔隙水是如何分担压力的？孔隙水压力又是如何转化为有效应力的？

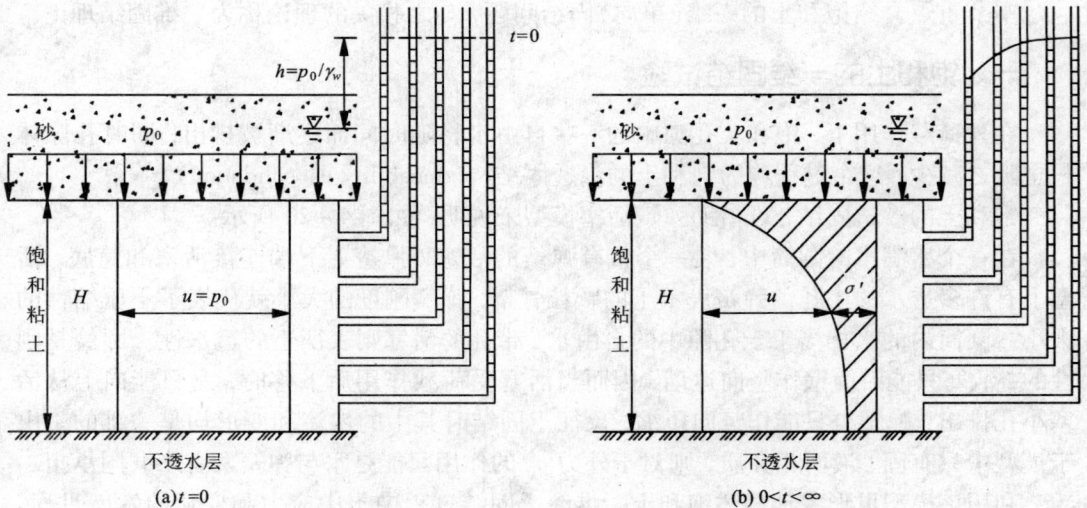

图 4-21 饱和粘土渗透固结示意图

如图 4-21 所示的饱和粘土地基，表层为砂垫层，中间为饱和软粘土，考虑到单面排水，其下设不透水层。表面受瞬时大面积均匀堆载 p_0 后，将在地基中各点产生竖向附

加应力 $\sigma_z = p_0$。加载后的瞬间，作用于饱和土体中各点的附加应力 σ_z 开始完全由土中的水来承担，即超静孔隙水压力 $u = p_0$，这一点可通过设置于地基中不同深度测压管的水头看出，加载前各测压管的水头与地下水位齐平，即各点只有静水压力，而加载后测压管内水头升至地下水位以上最高值 $h = u/\gamma_w = p_0/\gamma_w$，如图 4 – 21（a）所示。随后测压管内的水头开始下降，并且距离砂垫层最近的测压管的水头下降最快，离砂垫层越远，水头下降越慢，如图 4 – 21（b）所示。

由静力平衡原理，作用在饱和粘土地基上的附加荷载 p_0 与地基反作用力大小相等，方向相反。而地基的反作用力由两部分组成，即超孔隙水压力和有效应力。由于 p_0 为常数，因此加载后任意时刻 t 都有如下关系：

$$p_0 = \sigma' + u$$

当 $t = 0$ 时，$u = p_0$；当 $t \to \infty$ 时，$\sigma' = p_0$。在外荷载作用下，土中孔隙水压力上升，与边界处土体产生压力差，引起孔隙中自由水产生流动，进而引起孔隙体积减小，土骨架压缩，附加应力逐渐转嫁给土骨架；当超孔隙水压力 $u = 0$ 时，孔隙水不再渗流，土骨架压缩稳定。因此，土体的固结变形过程就是土中超孔隙水压力转化为土骨架有效应力的过程。

二、太沙基一维渗流固结理论

上述物理模型仅从定性上说明了饱和土一维渗透固结过程中的应力和变形的变化规律，而要从定量上说明，尚需进一步建立相应的数学模型。在整个渗透固结过程中，超静孔隙水压力 u 和附加有效应力 σ' 是深度 z 和时间 t 的函数。为了给出 4 个变量之间的具体关系，太沙基（K. Terzaghi，1925）提出建立渗压微分方程求解。

1. 基本假定

（1）土体是均质的、各向同性和完全饱和的；

（2）土体固结变形是微小的；

（3）土颗粒和孔隙水是不可压缩的；

（4）水的渗出和土的压缩只沿竖向发生；

（5）水的渗流服从达西定律，且渗透系数 k 保持不变；

（6）孔隙比的变化与有效应力的变化成正比，即 $-\mathrm{d}e/\mathrm{d}\sigma' = a$，且压缩系数 a 保持不变；

（7）外部荷载连续均布且一次骤然（瞬时）施加。

2. 固结微分方程的建立

基于以上假定，太沙基建立了饱和土的一维固结方程。考虑图 4 – 22（a）所示饱和正常固结土层受外荷作用而引起的一维固结问题。图中 H 为土层厚度；p_0 为瞬时施加的连续均布荷载；z 为原点取在地表（即土层顶面）的竖向坐标。

从土层中深度 z 处取土微元体（断面积 1，厚度 $= \mathrm{d}z$，土体初始孔隙比为 e_1），如图 4 – 22（b）所示，在此微元体中：

固体体积：

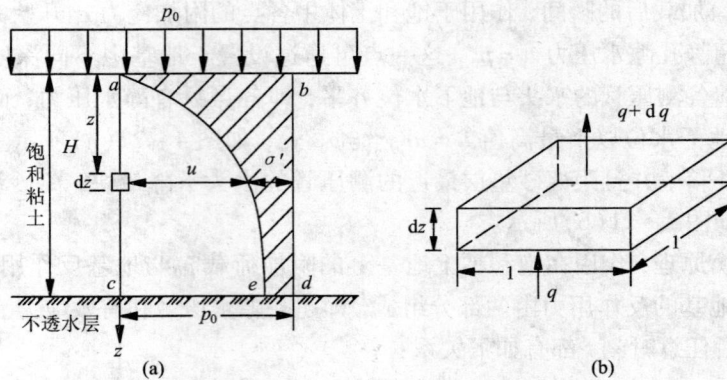

图 4 - 22 饱和粘土一维渗透固结

$$V_s = \frac{1}{1 + e_1} dz = 常数$$

孔隙体积：

$$V_n = eV_s = e\left(\frac{1}{1 + e_1} dz\right)$$

在附加应力作用下，根据微元体的渗流连续条件、变形条件（压缩定律）及渗透水流条件（达西定律）建立微元体的微分方程。

在 dt 时间内，微元体中孔隙体积的变化（减小）等于同一时间内从微元体中流出的水量，亦即

$$\frac{\partial V_n}{\partial t} dt = \frac{\partial q}{\partial z} dz dt$$

式中：q 为单位时间内流过单位横截面积的水量。

由式（4 – 38）得：

$$\frac{\partial V_n}{\partial t} dt = \left(\frac{dz}{1 + e_1}\right) \frac{\partial e}{\partial t} dt$$

代入式（4 – 39）得：

$$\frac{1}{1 + e_1} \frac{\partial e}{\partial t} = \frac{\partial q}{\partial z}$$

由压缩公式 $a = -\dfrac{\partial e}{\partial \sigma'}$，得：$\Delta e = -a \Delta \sigma'$

则：

$$\frac{\partial e}{\partial t} = -a \frac{\partial \sigma'}{\partial t} = a \frac{\partial u}{\partial t}$$

根据达西定律

$$q = ki = \frac{k}{\gamma_w} \frac{\partial u}{\partial z}$$

将式（4 – 42）和式（4 – 43）代入式（4 – 41），得

$$\frac{\partial u}{\partial t} = \frac{k(1+e_1)}{a\gamma_w} \frac{\partial^2 u}{\partial z^2}$$

或

$$C_v \frac{\partial^2 u}{\partial z^2} = \frac{\partial u}{\partial t}$$

其中

$$C_v = \frac{k(1+e_1)}{a\gamma_w}$$

式中：C_v 为土的固结系数(coefficient of permeability，cm^2/s)；

e_1 为渗流固结前土的孔隙比；a 为土的压缩系数；k 为土的渗透系数；i 为水力梯度，$i = \frac{\partial u}{\partial z}$。

式(4-45)即太沙基一维固结微分方程，反映了土中超静孔隙水压力 u 随时间与深度 z 的关系，在一定的初始条件和边界条件下，该方程有解析解，可求得任意时刻的孔隙水压力值。

3. 固结微分方程求解

由图4-22可见：土层顶面为透水边界，即在 $z=0$ 处，超静孔压立即消散为零，故有 $u=0$；土层底面($z=H$)为不透水边界，即通过该边界的水量 q 恒为零，故由式(4-43)有 $\frac{\partial u}{\partial z}=0$。另因连续均布荷载作用下，地基竖向附加应力(竖向总应力)σ_z恒等于 p_0，而当 $t=0$ 时，附加应力全部由孔隙水承担，故此时超静孔压 $u = \sigma_z = p_0$。由此可得初始条件和边界条件为：

初始条件：当 $t=0$ 和 $0 \leqslant z \leqslant H$ 时，$u = p_0 = $ 常数；

当 $0 < t < \infty$ 和 $z=0$ 时，$u=0$；

边界条件：当 $0 < t < \infty$ 和 $z=H$ 时，$\frac{\partial u}{\partial z}=0$；

终止条件：$t \to \infty$ 和 $0 \leqslant z \leqslant H$ 时，$u=0$。

根据以上条件，采用分离变量法求解，解的形式可以用傅立叶级数表示，可得到固结方程的特解为：

$$u_{z,t} = \frac{4p}{\pi} \sum_{m=1}^{\infty} \frac{1}{m} \sin \frac{m\pi z}{2H} e^{-\frac{m^2\pi^2}{4}T_v}$$

$$T_v = \frac{C_v t}{H^2}$$

式中：m 为奇数正整数(1，3，5，…)；e 为自然对数底数；H 为排水最长距离(cm)。当土层为单面排水时，H 等于土层厚度；当土层上下双面排水时，H 采用一半土层厚度，如图4-23所示；T_v 为时间因数，无量纲；C_v 为土层的固结系数(cm^2/s)；T 为固结历时(s)。

按式(4-47)可以绘出不同 t 值时土层中的超静孔隙水压力分布曲线($u-z$ 曲线)，如图4-23所示，图 a 为单面排水情况，图 b 为双面排水情况。从 $u-z$ 曲线随 t(或 T_v)

的变化, 可看出渗流固结过程的进展情况。u–z 曲线上某点的切线斜率反映该点处的水力梯度。

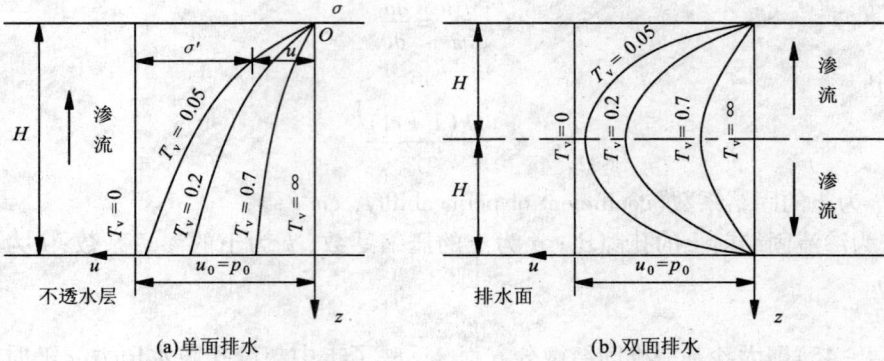

(a)单面排水　　　　　　　　　(b)双面排水

图 4 – 23　不同排水条件下土层在固结过程中超孔隙水压力分布

4. 固结度(degree of consolidation)

(1)基本概念。

①固结度: 指在某一固结压力作用下, 经过时间 t 后土中发生固结或孔隙水压力消散的程度。对于地基中任意深度 z 经过时间 t 后, 其有效应力 σ'_{zt} 与总应力 p_0 的比值, 即超静孔隙水压力的消散部分 $u_0 - u_{zt}$ 与起始孔隙水压力 u_0 的比值, 表达式为:

$$U_{zt} = \frac{\sigma'_{zt}}{p_{zt}} = \frac{u_0 - u_{zt}}{u_0}$$

②土层的平均固结度: t 时刻土层骨架已经承担起来的有效应力图与起始超孔隙水压力(或附加应力)图面积之比, 如图 4 – 22, 表达式为:

$$U_t = \frac{\text{有效应力图面积}}{\text{起始超孔隙水压力图面积}} = \frac{\text{面积 } abed}{\text{面积 } abdc} = \frac{\int_0^H \sigma'(z, t)\,\mathrm{d}z}{\int_0^H p(z)\,\mathrm{d}z}$$

根据有效应力原理, 土的变形只取决于有效应力。因此, 对于一维竖向渗流固结, 土层的平均固结度又可定义为:

$$U_t = \frac{\int_0^H \frac{a}{1+e_1}\sigma'(z, t)\,\mathrm{d}z}{\int_0^H \frac{a}{1+e_1}p(z)\,\mathrm{d}z} = \frac{s_t}{s_\infty}$$

式中: 根据基本假设, $\dfrac{a}{1+e_1}$ 在整个渗流固结过程中为常数; s_t 为 t 时刻地基的固结沉降量; s_∞ 为地基的最终固结沉降量。

（2）大面积堆载情况下土层固结度计算。

实际工程中，真正意义上作用于饱和土层中的起始超孔隙水压力（附加应力）沿深度不变（即为常数）的情况是不存在的。从第 3 章地基中附加应力分布可以知道，附加应力随深度的增加而减小，且呈非线性变化。如果完全按照实际情况进行分析，则土层就不再是一维渗流固结，而是多维固结问题，计算非常复杂。但对于大面积堆载情况，实际的超孔隙水压力基本可简化为沿深度呈线性分布，如图 4 - 24 所示。

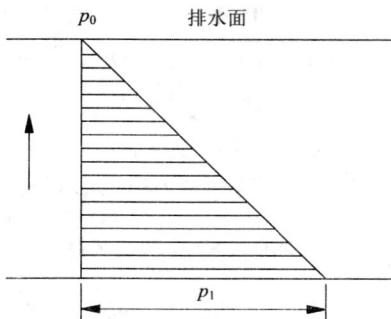

图 4 - 24　起始超孔隙水压力分布（单面排水）

将孔隙水压力随时间和深度的变化函数解式（4 - 47）代入式（4 - 51）积分可得：

$$U_t = 1 - \frac{8}{\pi^2}\Big[e^{-\frac{\pi^2}{4}T_v} + \frac{1}{9}e^{-\frac{9\pi^2}{4}T_v} + \frac{1}{25}e^{-\frac{25\pi^2}{4}T_v} + \cdots\Big]$$

$$= 1 - \frac{8}{\pi^2}\sum_{i=1}^{\infty}\frac{1}{m^2}e^{-\frac{m^2\pi^2}{4}T_v} \quad (m = 1,\ 3,\ 5,\ 7,\ \cdots) \tag{4 - 52}$$

式（4 - 52）中括号内的级数收敛很快，在实用上取式（4 - 52）括号中的第 1 ~ 3 项即可满足要求。当 $U_t \geqslant 30\%$ 时，可近似取其首项，即：

$$U_t = 1 - \frac{8}{\pi^2}e^{-\frac{\pi^2}{4}T_v}$$

当 $U_t \leqslant 60\%$ 时，可用下式替代式，即：

$$U_t = \sqrt{\frac{4}{\pi}T_v} = 1.128\sqrt{T_v}$$

计算时间因数 T_v 时，式（4 - 48）$T_v = \dfrac{C_v t}{H^2}$ 中的 H 值需根据排水情况确定。当单面排水时 H 为压缩土层厚度，当双面排水时 H 为压缩土层厚度的一半。

5. 固结系数（coefficient of consolidation，C_v）的测定

由式（4 - 47）一维固结微分方程可见，固结系数 C_v 是进行固结计算的关键参数，它反映土的固结速率。C_v 值越大，固结速率越快，C_v 固然可按表达式 $C_v = \dfrac{(1+e)k}{\gamma_w a_v}$ 计算，但工程实际上却常借图解法，一般可根据侧限压缩试验来确定饱和土体的 C_v 值。在侧限压缩试验中，试件厚度小，渗流固结试件短，在此期间产生的次固结可以忽略不计。因此，每级荷载作用下测得的变形与时间关系曲线的主固结段可认为只包括固结沉降和试验中不可避免产生的初始压缩。初始压缩包括试件表面不平与加压板接触不良等原因产生的压缩。消除初始压缩的影响后，即符合一维渗流固结理论解。

目前常采用下述两种半经验公式，即时间平方根法和时间对数法，将试验曲线与理论曲线进行拟合来确定 C_v 值。

（1）时间平方根法。

此法由泰勒（Taylor）提出，当 $U_t \leqslant 60\%$ 时，U_t—T_v 近似呈抛物线关系。按式（4 – 53）以固结度 U_t 为纵坐标，$\sqrt{T_v}$ 为横坐标，则式（4 – 53）对应的曲线如图 4 – 25（a）中 OA 所示，式（4 – 54）对应的直线如图 4 – 25（a）中的 OB 所示。对比线 OA 与线 OB 可看出，当 $U_t \leqslant 60\%$ 时，两线近似重合。当 $U_t = 90\%$ 时，由式（4 – 53）可求得 $T_v = 0.848$，而由式（4 – 54）可求得 $T_v' = 0.636$。沿 $C(0, 0.9)$ 点作一水平线分别与 OA 与 OB 交于点 D 与点 E，如图 4 – 25（a）所示。线 CD 与 CE 的长度之比为：$\sqrt{\dfrac{0.848}{0.636}} = 1.15$，这说明：当 $U_t = 0.9$ 时，理论固结曲线上对应的 $\sqrt{T_v}$ 是近似直线上对应的 $\sqrt{T_v'}$ 的 1.15 倍。根据这个关系，则可从实测曲线上按下述方法求解 C_v，做法如下：

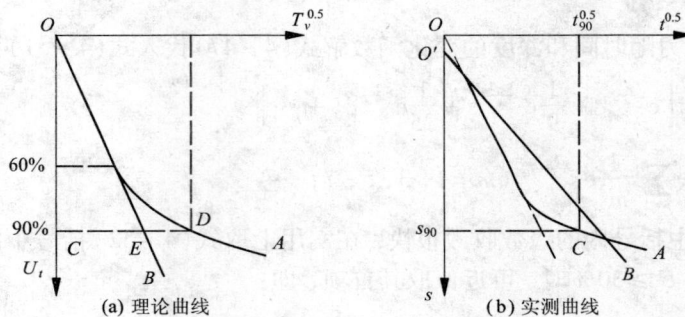

图 4 – 25　时间平方根法测 C_v

①根据侧限压缩试验结果，以土样压缩量 s 为纵坐标，以时间 t 的平方根 $\sqrt{t}$ 为横坐标，绘制 $s - \sqrt{t}$ 曲线，得到实测压缩曲线 OA。需要注意的是，通常试验曲线 OA 的初始部分为直线，延长直线交纵轴于 O' 点，因为试验开始时有初始压缩（瞬时沉降，可参考本章第七节），O' 点一般会偏离坐标原点 O，如图 4 – 25（b）所示；

②过 O' 点作另一直线 $O'B$，其横坐标为曲线 OA 初始直线部分的 1.15 倍，即该线的斜率为 OA 初始直线部分斜率的 $1/1.15 = 0.87$ 倍。直线 $O'B$ 交试验曲线 OA 于 C 点，该点即认为是主固结达 90% 的试验点。其相应的坐标即为固结度达 90% 的变形量 s_{90} 和时间 t_{90}；

③已知 t_{90} 后，由式（4 – 53）计算得 $U_t = 90\%$ 对应的 T_v 为 0.848，可按下式（4 – 55）计算土的固结系数 C_v（单位为 cm^2/s）：

$$C_v = \frac{0.848}{t_{90}} H^2$$

若试样为双面排水，则 H 为某一压力下试样厚度的一半。

（2）时间对数法。

以 U_t 为纵坐标，$\lg T_v$ 为横坐标，将式（4 – 52）绘成曲线，如图 4 – 26 所示。该曲线末端渐近线与反弯点处的切线交于一点，这点对应的纵坐标 $U_t = 100\%$。同时，该曲线的开始段接近一抛物线。根据理论曲线的这些特征，将试验测得的变形量和时间的关系，绘制在半对数坐标上，得到 $s-\lg t$ 曲线。

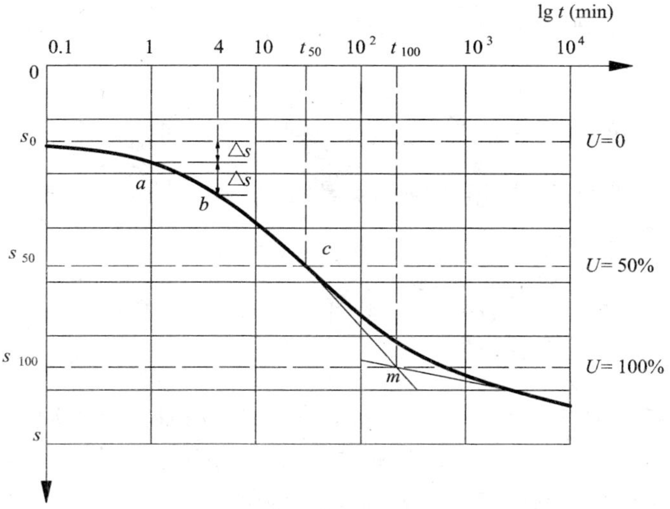

图 4 – 26　时间对数法

如前所述，取曲线下反弯点前后两段曲线的切线的交点 m 作为主固结段和次固结段的分界点，也即渗流固结的结束点（$U_t=100\%$）。根据固结曲线前段符合抛物线的规律，通过公式可知，沉降增大一倍则时间将需要 4 倍。在前段任选两点 a、b，其时间比值为 1:4，固结曲线上 a、b 间的变形量为 Δs，则从 a 点往上再加上一个 Δs，该点的变形量就是主固结开始的变形量 s_0。s_0 至 m 间的变形量就是主固结段的总变形量，s_0 至 m 竖直距离中点 c 的坐标，即为渗流固结完成 50% 的变形量 s_{50} 和时间 t_{50}。由式（4 – 53）计算得相应于 $U_t=50\%$ 时的 $T_v=0.198$，因此：

$$C_v=\frac{0.198}{t_{50}}H^2$$

上述确定固结系数 C_v 的两种方法，都以固结度 U_t 与时间因数 T_v 关系的理论曲线特征值为依据：先找出压缩试验曲线相应的特征值，然后再算固结系数 C_v，因此又可统称为"曲线拟合法"，曲线拟合法是较常用的方法。一般按时间平方根法求得的 C_v 比按时间对数法求得的大。当压缩试验关系线上无明显的直线段时，时间平方根法将无法应用。当压缩关系线上主固结与次固结不能明显分开时，时间对数法也是无法应用的。目前在生产实践中，两种方法都有采用。但要注意，由于这两种方法都是半经验法，无论采用何种方法得出的 C_v 值都只能作为近似值。此外，土在固结过程中密度不断变化，渗透系数 k、压缩系数 a、孔隙比 e 值都在改变，C_v 值会改变，因此选用 C_v 值时，还应考虑实际的荷载增量级。

生产中还曾提出确定 C_v 的一些其他方法，如三点法和三弯点法，详细内容可参阅相关文献。

6. 一维固结理论的应用

利用上面的固结理论可进行以下几个方面的计算（U_t、s_t、t 三者之间的求算关系）：

（1）已知固结度 U_t 求相应的时间 t 和沉降量 s_t。

查 $U_t \sim T_v$ 关系图表，确定 T_v，则 $t = \dfrac{H^2}{C_v} T_v$，$s_t = s_\infty \cdot U_t$，其中最终沉降 s_∞ 和固结系数 C_v 可根据给定的参数（k、e、a、H 等）求得。

（2）已知某时刻的沉降量 s_t 求相应的固结度 U_t 和时间 t。

用 $U_t = \dfrac{s_t}{s_\infty}$ 直接求得 U_t，再用 $U_t \sim T_v$ 关系图表求 T_v，即可求得 t。

（3）已知某时间 t 求相应的沉降量 s_t 与固结度 U_t。

用 $T_v = \dfrac{C_v}{H^2} t$ 求得 T_v，再用 $U_t \sim T_v$ 关系图表求得 U_t，然后用 $U_t = \dfrac{s_t}{s_\infty}$ 即可求得某时刻的沉降量 s_t。

例 4-4 某饱和粘土层的厚度为 10 m，在大面积荷载 $p_0 = 200$ kPa 作用下，土层的初始孔隙比 $e_0 = 0.8$ 未固结，压缩系数 $a = 0.3$ MPa^{-1}，渗透系数 $k = 6.4 \times 10^{-8}$ cm/s。对粘土层在单面排水或双面排水条件下分别求：（1）加荷 1 年的沉降量；（2）加荷后多长时间，地基的固结度 $U_t = 75\%$。

解：（1）求一年后的沉降量。

粘土层的附加应力沿深度是均布的，$\sigma_z = p_0 = 200$ kPa

粘土层的最终沉降量：

$$s_\infty = \frac{a}{1 + e_1} \sigma_z H = \frac{0.25 \times 10^{-3}}{1 + 0.8} \times 200 \times 1000 = 27.8 \, (\text{cm})$$

粘土层的竖向固结系数：

$$C_v = \frac{k(1 + e_1)}{\gamma_w a} = \frac{6.4 \times 10^{-8} \times (1 + 0.8)}{10 \times 0.25 \times 10^{-3} \times 10^{-2}} = 4.61 \times 10^{-3} \, (\text{cm}^2/\text{s})$$

①单面排水条件。

竖向固结时间因数为：

$$T_v = \frac{C_v t}{H^2} = \frac{4.61 \times 10^{-3} \times 86400 \times 365}{1000^2} = 0.145$$

由式（4-53）计算得 $U_t = 0.42$，按 $U_t = \dfrac{s_t}{s_\infty}$，计算加荷一年后的地基沉降量：

$$s_t = s_\infty U_t = 27.8 \times 0.42 = 11.68 \, (\text{cm})$$

②双面排水条件。

$$H = 5 \text{ m}, \quad T_v = \frac{C_v t}{H^2} = \frac{4.61 \times 10^{-3} \times 86400 \times 365}{500^2} = 0.582$$

由式（4-53）计算得 $U_t = 0.81$，加荷一年后的地基沉降量：

$$s_t = s_\infty U_t = 27.8 \times 0.81 = 22.52 \, (\text{cm})$$

（2）求 $U_t = 75\%$ 时所需的时间。

①单面排水条件。

$U_t = 75\%$，由式（4 – 53）计算得 $T_v = 0.472$，按公式 $T_v = \dfrac{C_v t}{H^2}$，可计算所需时间：

$$t = \frac{T_v H^2}{C_v} = \frac{0.472 \times 1000^2}{4.61 \times 10^{-3}} \times \frac{1}{86400 \times 365} = 3.25 \, (\text{年})$$

②双面排水条件。

由式（4 – 53）计算可得，$T_v = 0.472$，同样按公式 $T_v = \dfrac{C_v t}{H^2}$，可计算所需时间：

$$t = \frac{T_v H^2}{C_v} = \frac{0.472 \times 500^2}{4.61 \times 10^{-3}} \times \frac{1}{86400 \times 365} = 0.81 \, (\text{年})$$

第七节　地基变形特征

一、地基变形空间特征

当地基承载力选定了适当的基础底面尺寸，一般可保证建筑物具有足够的安全度。但在荷载作用下，由于不同建筑物的结构类型、整体刚度、使用要求的差异，对地基变形的敏感程度、危害、变形要求也不同。因此，对于各类建筑结构，如何控制其不利的沉降变形特征使之不影响建筑物的正常使用，是地基基础设计必须充分考虑的一个基本问题。地基变形特征可分为沉降量、沉降差、倾斜和局部倾斜四类，见图 4 – 27。

1. 沉降量

指建筑物基础底面某点的绝对沉降，见图 4 – 27（a）。

基础中心点的沉降量 s 计算可采用分层总和法或《建筑地基基础设计规范》所提供的方法。建筑物的沉降量过大时会影响建筑物的使用。

2. 沉降差

指同一建筑的两相邻单独基础沉降差的差值 $\Delta s = s_2 - s_1$，见图 4 – 27（b）。

引起沉降差的主要原因有：地基不均匀、荷载差异性大、相邻结构物影响等。如对于框架结构房屋建筑，由于桩基的不均匀沉降使结构受剪扭曲而损坏（也成为敏感性结构）。《建筑地基基础设计规范》要求框架结构的相邻桩基沉降差不能超过 $0.002l$（l 为桩距）。

3. 倾斜

指基础倾斜方向两端点的沉降差与其距离的比值，$\tan\theta = \dfrac{s_1 - s_2}{b}$，见图 4 – 27（c）。

引起基础倾斜的主要原因有：地基土层的不均匀分布、较大的偏心荷载及邻近建筑物的影响。对于高耸结构以及长高比很小的高层建筑，其地基的主要特征变形是建筑物的整体倾斜。高耸结构的重心高，基础倾斜使重心侧向移动引起的偏心力矩荷载，不仅使基底边缘压力 p_{max} 增加而影响倾覆稳定性，还会导致高烟囱等筒体的结构附加弯矩。《建筑地基基础设计规范》中规定，当高耸结构物高度小于 20 m 时，倾斜值不能超过

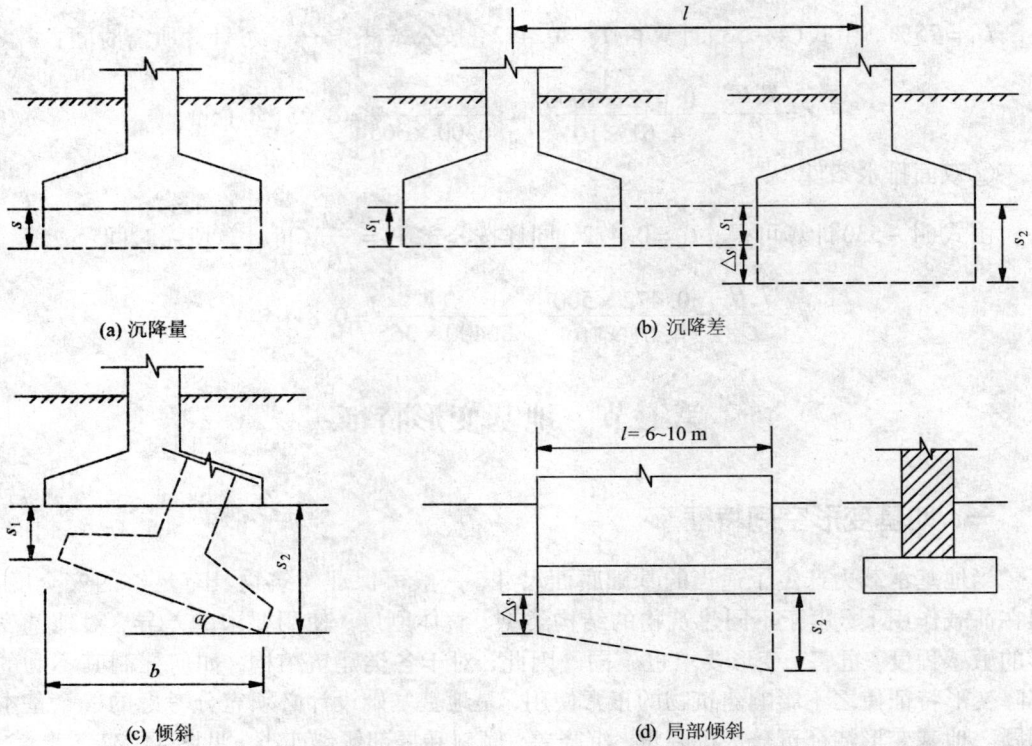

(a) 沉降量　　　　　　　　　　　　　　(b) 沉降差

(c) 倾斜　　　　　　　　　　　　　　　(d) 局部倾斜

图 4 - 27　地基沉降特征

0.008。

4. 局部倾斜

指砌体承重结构沿纵墙 6～10 m 内基础两点间的沉降差与其距离的比值,见图 4 - 27(d)。

一般砌体承重结构房屋的长高比不太大,因地基沉降所引起的损坏,最常见的是房屋外纵墙由于相对挠曲引起的拉应变形成的裂缝(常呈"八"字形)。但是,墙体的相对挠曲不易计算,一般以沿纵墙一定距离范围(6～10 m)倾斜,作为砌体承重墙结构的主要特征变形。

基础的沉降差和倾斜对上部建筑物的影响是很明显的,许多建筑物的破坏,不是由于沉降量过大,而是沉降差或倾斜超过某一限度所致。故沉降差或倾斜的计算是基础设计中的一个重要内容。

计算两相邻基础之间的沉降差,需先求算基础总沉降量,然后求它们的沉降差。至于一个单独基础的沉降差或倾斜,计算比较复杂,但可根据产生倾斜的具体原因采用不同的近似算法。

地挤变形验算的基本要求是:建筑物的地基变形计算值应不大于地基变形允许值。在计算地基变形验算时,针对不同结构应遵守下列规定:

（1）由于地基不均匀、建筑物荷载差异大或体型复杂等因素引起的地基变形，对于砌体承重结构，应由局部倾斜控制；

（2）对于框架结构和单层排架结构，应由相邻桩基的沉降差控制；

（3）对于多层或高层建筑和高耸结构应由倾斜控制。

二、粘土地基沉降时间特征

粘土地基特别是饱和粘土地基，在建（构）筑物荷载作用下，沉降并不是瞬时产生的，而是要经过相当长的一段时间达到最终沉降。根据对粘土地基在局部（基础）荷载作用下的实际变形特征的分析，可将粘性土地基的沉降 s 分为三个部分组成：瞬时沉降 s_d、固结沉降 s_c 和次固结沉降 s_s，如图 4 - 28 所示，可能产生的总沉降可用下式表示：

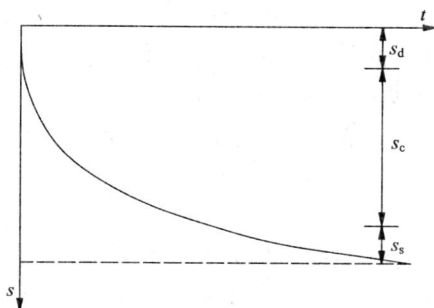

图 4 - 28　粘土地基沉降的组成

$$s = s_d + s_c + s_s$$

（1）瞬时沉降 s_d：地基受荷后立即发生的沉降。对饱和土体来说，受荷的瞬间，孔隙中的水尚未排除，土体的体积没有变化。因此，瞬时沉降是在没有体积变形的条件下发生的，它主要是由于土体的侧向剪切变形引起的，其数值与基础的形状、尺寸及附加应力大小等因素有关，其计算公式如下：

$$s_d = \frac{\omega(1 - \mu^2)p_{cr}b}{E_0}$$

式（4 - 58）中的物理量含义同式（4 - 16）相同，但其中的 E_0 是弹性模量。

（2）固结沉降 s_c：地基受荷后产生的附加应力使土体中的孔隙减小而产生的沉降，通常是地基沉降的主要部分。固结沉降通常用分层总和法或者建筑地基规范法计算。

（3）次固结沉降 s_s：地基受荷经历很长时间后，土体中超孔隙水压力已完全消散，在有效应力不变的情况下，由土的固体骨架长时间缓慢蠕变所产生的沉降称为次固结沉降。公式如下：

$$s_s = \sum_{i=1}^{n} \frac{H_i}{1 + e_{0i}} C_{ai} \lg \frac{t}{t_1}$$

式中：C_{ai} 为第 i 分层土的次固结系数，由试验确定；T 为所求次固结沉降的时间，$t > t_1$；t_1 为相当于主固结度为 100% 的时间，根据次固结曲线求得。

上述将地基沉降分为三部分是从变形机理角度考虑，而不是从时间角度划分的。实际上，地基固结沉降和次固结沉降难以在时间上分开，瞬时沉降和固结沉降在时间上也难以截然分开。地基的初始沉降并不是物理上的瞬时沉降，也需要一定的时间过程。而土体固结变形，特别是邻近排水面的土体的固结，几乎是瞬时发生的。

此外，上述考虑不同变形阶段的沉降计算方法，对粘性土地基是合适的，特别是饱和软粘土，但对于含有较多有机质的粘土，次固结沉降历时较长，实践中只能近似计算。

而对于砂性土地基,由于透水性好,固结完成快,瞬时沉降与固结沉降已分不开,故不适合用此方法估算。

三、减小沉降危害的措施

为减小沉降地基对建筑物可能造成的危害,除采取措施尽量减小差异沉降外,尚应设法尽可能减小基础的绝对沉降量。目前,对可能出现过大沉降或差异沉降,主要通过减小地基沉降量或差异沉降量,或加强上部结构,通常从以下几个方面采取措施:

(1)采用轻型结构、轻型材料,尽量减轻上部结构自重;减少填土,增设地下室,尽量减小基础底面附加应力;

(2)妥善处理局部软弱土层,如暗浜、墓穴、杂填土、吹填土和建筑垃圾、工业废料等;

(3)调整基础形式、大小和埋置深度;必要时采用桩基或深基础;

(4)尽量避免复杂的平面布置,并避免同一建筑物各组成部分的高度以及作用荷载相差过多;

(5)加强基础的刚度和强度,如采用十字交叉形基础、箱型基础;

(6)在可能产生较大差异沉降的位置或分期施工的单元连接处设置沉降缝;

(7)在砖石承重结构墙体内设置钢筋混凝土圈梁(在平面内呈封闭系统,不断开);

(8)防止施工开挖、降水不当恶化地基土的工程性质;

(9)对高差较大、重量差异较多的建筑物相邻部位采用不同的施工进度,先施工荷重大的部分,后施工荷重轻的部分;

(10)控制大面积地基堆载的高度、分布和堆载速率。

设计时,应从具体工程情况出发,因地制宜,选用合理、有效、经济的一种或几种措施。

四、利用沉降观测资料推算后期沉降量

在大多数工程问题中,次固结沉降与主固结沉降相比是不重要的。因此,地基的最终沉降量通常忽视次固结沉降的影响,而仅取瞬时沉降量与固结沉降量之和,相应地,施工期 T 以后某时刻 t 的沉降量为:

$$s_t = s_d + s_{ct} = s_d + U_z s_c$$

使用一维固结理论计算饱和粘土地基沉降量时,计算结果往往与实测成果不相符合,这是因为在建立固结微分方程时,引用了一些与实际有出入的假定,加之各种地基的具体情况很复杂,从而导致了计算结果与实测资料的差异。因此,利用沉降观测资料推算后期沉降量(包括最终沉降量),有其重要的现实意义。以下介绍的是常用的对数曲线法。

不同条件下的固结度 U_z 的计算公式,可用一个普遍表达式来概括,即:

$$U_z = 1 - Ae^{(-Bt)}$$

式中:A 和 B 为待定参数。

由式(4-53)可知 A 为常数值 $8/\pi^2$,B 则与固结参数、排水距离和时间等因素有关。如果 A 和 B 作为实测的变形与时间关系曲线中的参数,则其值是待定的。

将式(4 - 60)代入式(4 - 61)，得：

$$\frac{s_t - s_d}{s_c} = 1 - Ae^{(-Bt)}$$

再将 $s = s_d + s_c$ 代入上式，并以推算的最终沉降量 s_∞ 代替 s，可得：

$$\frac{s_t - s_d}{s_\infty - s_d} = 1 - Ae^{(-Bt)}$$

或

$$s_t = s_\infty [1 - Ae^{(-Bt)}] + s_d Ae^{(-Bt)}$$

如果 s_∞ 和 s_d 也是未知数，加上 A 和 B，则上式共包含 4 个未知数。

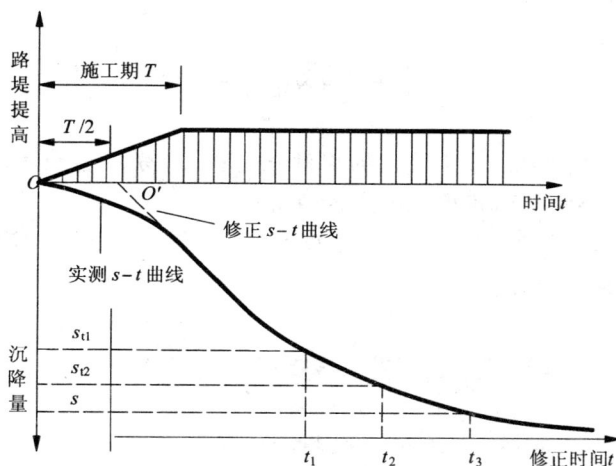

图 4 - 29　沉降与时间的关系曲线(等速加荷情况)

从实测早期的 $s - t$ 曲线上(见图 4 - 29)选择荷载停止施加以后的三个时间 t_1、t_2 和 t_3。3 个时间的间隔应相等，且尽可能大，即：$(t_2 - t_1) = (t_3 - t_2)$ 取较大时间差。同时，t_3 应尽可能取在早期观测 $s - t$ 曲线上的末端，从而可建立如下联立方程：

$$s_{t1} = s_\infty [1 - Ae^{(-Bt_1)}] + s_d Ae^{(-Bt_1)} \\ s_{t2} = s_\infty [1 - Ae^{(-Bt_2)}] + s_d Ae^{(-Bt_2)} \\ s_{t3} = s_\infty [1 - Ae^{(-Bt_3)}] + s_d Ae^{(-Bt_3)}$$

和

$$e^{B(t_2 - t_1)} = e^{B(t_3 - t_2)}$$

由式(4 - 65)和式(4 - 66)有误可解得：

$$e^{B(t_2 - t_1)} = \frac{s_{t2} - s_{t1}}{s_{t3} - s_{t2}}$$

或

$$B = \frac{1}{t_2 - t_1} \ln \frac{s_{t2} - s_{t1}}{s_{t3} - s_{t2}}$$

和

$$s_\infty = \frac{(s_{t2} - s_{t1}) - s_{t2}(s_{t3} - s_{t2})}{(s_{t2} - s_{t1}) - (s_{t3} - s_{t2})}$$

一般 A 值取理论值，如按式(4-53)采用常数值为 $8/\pi^2$，然后可按式(4-64)推算任一时刻的后期沉降量 s_t，加上由实测 s_{t1}、s_{t2} 和 s_{t3} 求得的 B、s_∞ 后，代入式(4-65)即可求得 s_d，即：

$$s_d = \frac{s_{t1} - s_\infty[1 - Ae^{(-Bt_1)}]}{Ae^{(-Bt_1)}} = \frac{s_{t2} - s_\infty[1 - Ae^{(-Bt_2)}]}{Ae^{(-Bt_2)}} = \frac{s_{t3} - s_\infty[1 - Ae^{(-Bt_3)}]}{Ae^{(-Bt_3)}}$$

以上各式中的时间 t 均应由修正后零点 O' 算起，如是一级等速加荷，则 O' 点在加荷期的中点(如图4-29所示)。

重点与难点

重点：(1)土的压缩性指标；(2)土的固结状态；(3)分层总和法计算最终沉降量；(4)建筑地基设计规范法；(5)减少沉降危害的措施。

难点：(1)土的压缩原理；(2)前期固结压力确定；(3)试验方法确定土的变形模量；(4)太沙基一维渗流固结理论。

思考与练习

4-1 什么叫土的压缩性？土的压缩性指标有哪些？

4-2 什么是土的变形模量？比较不同试验方法测定土的变形模量的优缺点？

4-3 什么是地基压缩层深度？如何确定？

4-4 影响地基沉降的因素有哪些？

4-5 试述用规范法和分层总和法计算最终沉降量的区别？

4-6 试说明太沙基建立的一维固结理论中的基本假定。

4-7 在厚度相同的正常固结土和超固结土上，施加同样大小的压力增量，土层压缩量是否相同，为什么？

4-8 试说明软粘土地基在荷载作用下产生初始沉降、固结沉降和次固结沉降的机理。

4-9 试述沉降计算中应该注意的问题。

4-10 某土样压缩试验结果如习题4-10表所示。

习题 4-10 表

垂直压力 p(kPa)	0	50	100	200	400	800
孔隙比 e	0.665	0.627	0.615	0.601	0.581	0.567

(1)试绘制 $e-p$ 曲线，确定 a_{1-2} 并评定该土的压缩性。

（2）试确定上题中相应于压力范围为 200 ~ 400 kPa 的土的压缩系数、压缩模量和体积压缩系数。

4 – 11　地面下 4 ~ 8 m 范围内有一层软粘土，含水率 $w = 42\%$，重度 $\gamma = 17.5 \text{ kN/m}^3$，土粒比重 $G_s = 2.70$，压缩系数 $a = 1.35 \text{ MPa}^{-1}$，4 m 以下为粉质粘土，重度为 16.25 kN/m^3，地下水位在地表处，若地面作用一无限均布荷载 $q = 100 \text{ kPa}$，求软粘土的最终沉降量？

4 – 12　如习题 4 – 12 图所示的墙下单独基础，基底尺寸为 $3.0 \text{ m} \times 2.0 \text{ m}$，传至地面的荷载为 300 kN，基础埋置深度为 1.2 m，地下水位在基底以下 0.6 m，地基土室内压缩试验成果如习题 4 – 12 表所示，用分层总和法求基础中点的沉降量。

习题 4 – 12 表　室内压缩试验 $e – p$ 关系

土名 \ e	$p(\text{kPa})$				
	0	50	100	200	300
粘土	0.651	0.625	0.608	0.587	0.570
粉质粘土	0.978	0.889	0.885	0.809	0.773

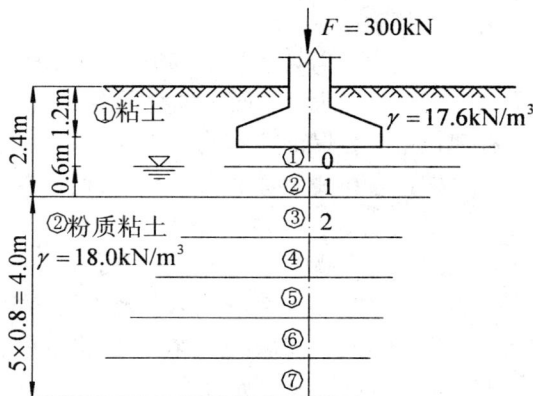

习题 4 – 12 图

4 – 13　已知厚 5 m 的粘土层，从中取厚 10 cm 土样进行室内压缩试验（双面排水），1 小时后固结度达 85%。求：

（1）粘土层在同样条件下（双面排水）固结度达 85% 所需的时间；

（2）若粘土层为单面排水，固结度达 85% 所需的时间？

第 5 章

土的抗剪强度

第一节 概 述

工程建设中除了注意地基不产生有害变形外，还应重视地基的强度足以承受上部结构的荷载。土的强度问题实质上是指土的抗剪强度问题。在外部荷载作用下，土中各点产生法向应力和剪应力，其中法向应力将使土体发生压密，而剪应力将产生剪切变形可使土体发生剪切破坏，土体具有抵抗剪应力的潜在能力——剪阻力或抗剪力。当土体中的剪应力超过土体本身的抗剪强度时土就处于剪切破坏状态，此时的剪应力即到达极限状态，这个极限值就是土的抗剪强度(shear strength，S)。如果土体内某一部分的剪应力达到土的抗剪强度，则在该部分就出现剪切破坏。随着荷载的增加，剪切破坏的范围逐渐扩大，最终在土体中形成连续的滑动面，从而丧失稳定性。

由此可见，在各类工程建设中，为保证建筑物的安全，要求地基必须同时满足：地基的变形条件和强度条件。关于地基变形条件第 4 章已述，本章着重讲述地基强度问题。

在土木工程中，地基承载力、挡土墙侧土压力、土坡稳定等问题都与土的抗剪强度直接有关。实际工程中的地基承载力、挡土墙的压力以及土坡稳定都受土的抗剪强度所控制，建筑物地基的破坏绝大多数属于剪切破坏。在工程建设中，道路边坡或土石坝、基坑等建筑物的地基丧失稳定性的如图 5-1 所示。

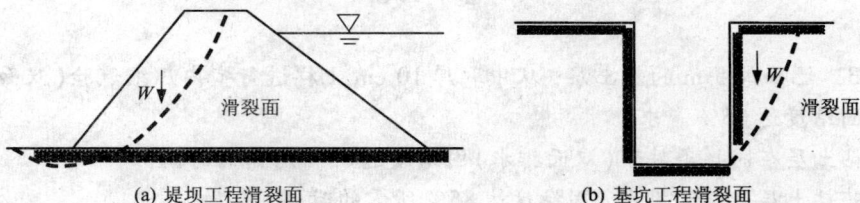

(a) 堤坝工程滑裂面   (b) 基坑工程滑裂面

图 5-1 土坝、基坑失稳示意图

土的抗剪强度主要由粘聚力 c 和内摩擦角 φ 来表示，土的粘聚力 c 和内摩擦角 φ 统称为土的抗剪强度指标。土的抗剪强度指标不仅与土的种类及其性状有关，还与土样的天然结构、抗剪强度试验时的排水条件是否符合现场条件有关。因此，抗剪强度指标并不是固定不变的，有必要结合工程建设开展试验以便合理确定参数。土的抗剪强度指标主要依靠土的室内剪切试验和土体原位测试来确定。为了保证土木工程建设中建（构）筑物的安全和稳定，工程设计时必须选用合适的抗剪强度指标。

本章将介绍主要的抗剪强度指标测试仪器和常规试验方法。另外，还将阐述试验过程中土样排水固结条件对土体抗剪强度指标的影响。

第二节　摩尔－库仑强度理论

土的强度指土的抗剪强度，土体的破坏是剪切破坏。关于材料强度理论有多种，不同的理论适用于不同的材料。通常认为摩尔—库仑理论（Mohr－Coulomb theory criterion）最适合土体的情况。

法国科学家库仑（Coulomb）于 1776 年根据剪切试验，总结出土的抗剪强度规律：砂土的抗剪强度与作用于剪切面上的法向应力 σ 成正比，比例系数为摩擦系数；粘性土的抗剪强度比砂土的抗剪强度增加一项土的粘聚力，如图 5－2 所示。其表达式即为：

$$砂土：\tau_f = \sigma \tan\varphi$$
$$粘性土：\tau_f = \sigma \tan\varphi + c \tag{5-1}$$

式中：τ_f 为剪切破坏面上的剪应力，即土的抗剪强度，kPa；σ 为作用在剪切面上的法向应力，kPa；φ 为土的内摩擦角（angle of internal fraction，°）；c 为土的粘聚力（cohesive，kPa）。对于无粘性土 $c = 0$。

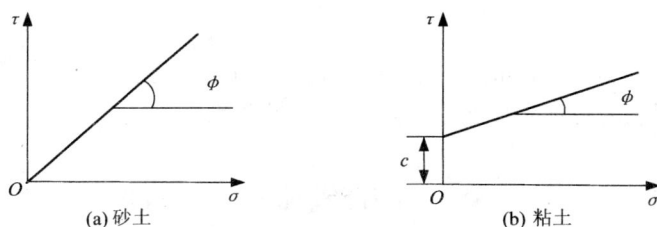

图 5－2　抗剪强度与法向应力之间的关系

上述公式(5-1)称为库仑定律。

摩尔通过分析土受多向应力作用提出强度理论。认为土体受压力荷载发生破坏是剪切破坏，在破坏面上的剪应力 τ_f 是法向应力的函数，可以推广到三维应力状态，即有：

$$\tau_f = f(\sigma_i) \tag{5-2}$$

此函数关系所确定的不同形状抗剪强度线称为抗剪强度包络线，又叫莫尔破坏包络线（Mohr failure envelope）。

实际上库仑定律是摩尔强度理论的特例，即库仑只考虑单向法向应力作用时，摩尔破坏包络线则可简化成一条直线，即：

$$\tau_f = f(\sigma) = \sigma\tan\varphi + c$$

上式中的 c 和 φ 统称为土的抗剪强度指标（parameters of shear strength）。无粘性土（如砂土）的粘聚力 $c=0$，其抗剪强度与作用在剪切面上的法向应力成正比。

这种以库仑定律表示摩尔破坏包络线的理论，称为摩尔—库仑强度理论，在国内外得到广泛应用。

土的 c 和 φ 应理解为只是表达 $\sigma \sim \tau_f$ 关系试验成果的两个数学参数，因为即使是同一种土，其 c 和 φ 也并非常数，均因试验方法和土样的试验条件不同而异。同时，许多土类的抗剪强度线并非都呈直线状，而是随着应力水平有所变化。莫尔 1910 年提出当法向应力范围较大时，抗剪强度线往往呈非线性的曲线形状，其上的抗剪强度指标 c 和 φ 并非恒定值。当剪切面的法向应力为 $\sigma_n = \sigma_{n1}$ 时，其抗剪强度指标为 c_1 和 φ_1；当法向应力增大至 $\sigma_n = \sigma_{n2}$ 时，其抗剪强度指标为 c_2 和 φ_2，如图 5-3。

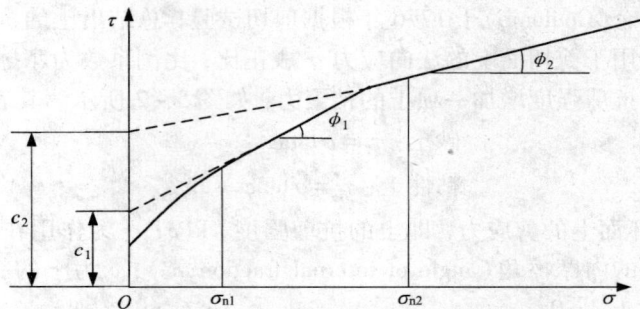

图 5-3　应力水平对强度指标的影响

在应力变化范围不很大的情况下，一般土的莫尔破坏包络线可以用库仑强度公式（5-1）来表示，即土的抗剪强度与法向应力呈线性关系。

第三节　土的极限平衡条件

在 $\sigma \sim \tau_f$ 关系曲线图中，如果代表土体单元中某一个面上法向应力 σ 和剪切应力 τ 的坐标点落在强度包络线下面，表明在该法向应力 σ 下，该面上的剪应力 τ 小于土的抗剪强度 τ_f，土体不会沿该面发生剪切破坏；如果坐标点正好落在曲线上，表明该面上的剪应力正好等于抗剪强度，土体单元处于临界破坏状态；如果代表应力状态的坐标点如果落在曲线以上的区域，表明土已经破坏（实际上这种应力状态是不会存在的，因为剪应力 τ 增加到抗剪强度 τ_f 时，就不可能继续增长）。当然，土体单元中只要有一个面发生破坏，该土体单元就进入破坏状态或称为极限平衡状态（limit equilibration）。

用库仑定律公式作为抗剪强度公式，将土体单元中某一个面上的剪应力是否达到抗剪强度作为破坏标准的理论就称为莫尔—库仑破坏理论。

设单元体 M 在两个相互垂直的面上分别作用着最大主应力 σ_1 和最小主应力 σ_3，如

图 5 -4(a)(b)，可求得任一与最大主应力面成 α 的截面 $m-n$ 上的法向应力 σ 和剪应力 τ：

$$\sigma = \frac{1}{2}(\sigma_1 + \sigma_3) + \frac{1}{2}(\sigma_1 - \sigma_3)\cos 2\alpha \tag{5-3}$$

$$\tau = \frac{1}{2}(\sigma_1 - \sigma_3)\sin 2\alpha \tag{5-4}$$

　　以上 σ、τ 与 σ_1、σ_3 的关系也可用莫尔应力圆来表示，即在 $\sigma-\tau$ 坐标平面内，土体单元的应力状态的轨迹是一个圆，圆心落在 σ 轴上，与坐标原点 O 的距离为 $(\sigma_1 + \sigma_3)/2$，半径为 $(\sigma_1 - \sigma_3)/2$，该圆就称为莫尔应力圆，圆心为 O_1，如图 5 -4(c)所示。

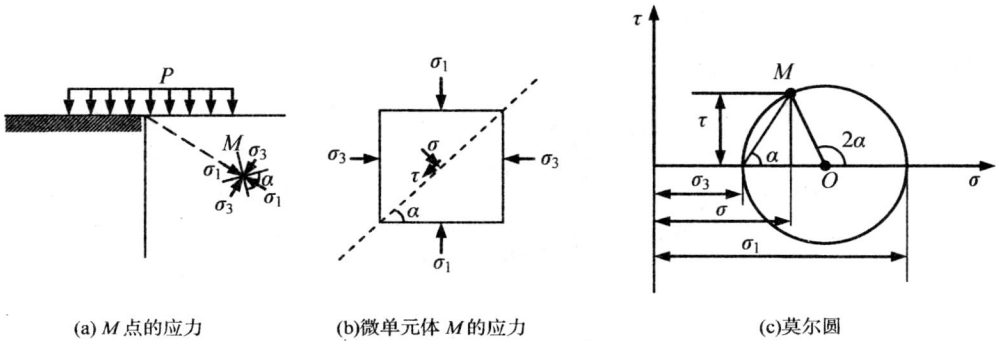

(a) M 点的应力　　　　(b)微单元体 M 的应力　　　　(c)莫尔圆

图 5 -4　土体中任意点 M 点应力

　　由于莫尔应力圆是以 $\sigma-\tau$ 为坐标平面绘出的，因而圆周上任意点的纵、横坐标值均代表某单元土体中与最大主应力面成 α 的截面 $m-n$ 上的法向应力 σ 和剪应力 τ 的大小，其上各点的坐标即表示该点在相应平面上的法向应力和剪应力。

　　为判别 M 点土体是否破坏，可将该点的莫尔应力圆与土的抗剪强度包络线 $\sigma \sim \tau_f$ 绘在同一坐标图上并作相对位置比较，二者之间的关系存在以下三种情况，见图 5 -5。

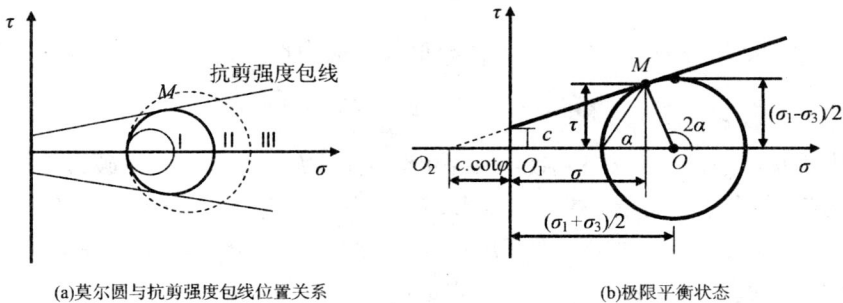

(a)莫尔圆与抗剪强度包线位置关系　　　　　　　(b)极限平衡状态

图 5 -5　莫尔圆与抗剪强度关系

（1）M 点莫尔应力圆整体位于抗剪强度包络线的下方（圆 I），表明该点在任何平面上的剪应力均小于土能发挥的抗剪强度，因而该点未被破坏。

（2）M 点莫尔应力圆与抗剪强度包络线相切（圆 II），说明在切点所代表的平面上剪应力恰好等于土的抗剪强度，该点就处于极限平衡状态，此时的莫尔应力圆称为极限应力圆。由图中切点的位置还可确定 M 点破坏面的方向。

（3）M 点莫尔应力圆与抗剪强度包络线相割（圆 III），则 M 点早已破坏。实际上圆 III 所代表的应力状态是不可能存在的，因为 M 点应力超出了土体的强度。

当土体处于极限平衡状态时，从图 5 − 5(b) 中莫尔圆与抗剪强度包络线的几何关系可推得土的极限平衡条件为：

$$\sin\varphi = \frac{\overline{OM}}{\overline{OO_2}} = \frac{\sigma_1 - \sigma_3}{\sigma_1 + \sigma_3 + 2c\cot\varphi}$$

化简后可得

$$\sigma_1 = \sigma_3 \frac{1 + \sin\varphi}{1 - \sin\varphi} + 2c \frac{\cos\varphi}{1 - \sin\varphi} \qquad [5-5(a)]$$

或：

$$\sigma_3 = \sigma_1 \frac{1 - \sin\varphi}{1 + \sin\varphi} - 2c \frac{\cos\varphi}{1 + \sin\varphi} \qquad [5-5(b)]$$

还可写为：

$$\sigma_1 = \sigma_3 \tan^2(45° + \frac{\varphi}{2}) + 2c \cdot \tan(45° + \frac{\varphi}{2}) \qquad [5-6(a)]$$

或：

$$\sigma_3 = \sigma_1 \tan^2(45° - \frac{\varphi}{2}) - 2c \cdot \tan(45° - \frac{\varphi}{2}) \qquad [5-6(b)]$$

对于无粘性土 $c = 0$，则其极限平衡条件为：

$$\sigma_1 = \sigma_3 \tan^2(45° + \frac{\varphi}{2}) \qquad [5-7(a)]$$

或：

$$\sigma_3 = \sigma_1 \tan^2(45° - \frac{\varphi}{2}) \qquad [5-7(b)]$$

由图 5 − 5(b) 几何关系可得，破坏面与最大主应力作用面间的夹角 α_f 为：

$$\alpha_f = \frac{1}{2}(90° + \varphi) = 45° + \frac{\varphi}{2} \qquad (5-8)$$

在极限平衡状态时，由图 5 − 4(b) 中看出，通过 M 点将产生一对破裂面，它们均与最大主应力作用面成 α_f 夹角，相应地在莫尔应力圆上横坐标上下对称地有两个破裂面 M 和 M'。这对破裂面与最大主应力作用面夹角均为 $(90° + \varphi)/2$，即破裂面与最大主应力方向之间的夹角为：

$$\alpha_f = \frac{1}{2}(90° - \varphi) = 45° - \frac{\varphi}{2} \qquad (5-9)$$

第四节　抗剪强度的确定方法

　　土的抗剪强度是决定建筑物地基承载力和土工建筑物稳定性的关键因素，因而正确测定土的抗剪强度指标对工程建设具有重要的意义。

　　土的强度测试仪器经过多年的不断发展，目前抗剪强度指标的测定方法有多种：室内常用的有直接剪切试验、三轴压缩试验和无侧限抗压试验等。现场原位测试常用的有十字板剪切试验、大型现场直剪试验等。

一、直接剪切试验

1. 试验设备和方法

　　直接剪切试验（direct shear strength test）采用的仪器是直接剪切仪（简称直剪仪），分为控制式与应变控制式两种。两种仪器的区别在于，施加水平剪切荷载方式不同：应力控制式采用砝码与杠杆控制；应变控制式采用手轮加荷、弹性量力环上测微计（百分表）量测位移。

　　应变控制式直剪仪的构造示意如图 5-6 所示。它的主要部分是剪切盒，剪切盒分上下盒，上盒通过量力环固定于仪器架上，下盒放在能沿滚珠槽滑动的底板上。

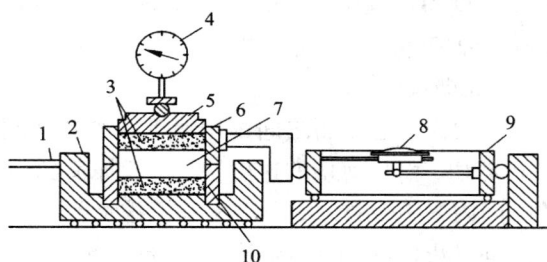

图 5-6　应变控制式直剪仪结构示意图
1—推力杆；2—剪力下盒；3—透水石；4，8—百分表；
5—压力盖；6—剪力上盒；7—土样；9—应力环；10—剪切盒

2. 试验过程及资料分析

　　（1）试件通常是用环刀切出的一块厚为 20 mm 的圆柱形土饼，试验时将土饼推入剪切盒内。

　　（2）在试件上施加垂直压力 P，然后通过推进螺杆推动下盒，使试件沿上下盒间的平面直接受到剪切。剪力 T 由量力环测定。剪切变形 S 由百分表测定。在该级法向压应力（$\sigma_n = P/A$，A 为试件面积）的作用下，逐级增加剪切面上的剪应力 τ（$\tau = T/A$），直至试件破坏。

　　（3）将试验结果绘制成剪应力 τ 与剪切变形 S 的关系曲线，如图 5-7（a）所示。一般将曲线 A 的峰值作为该级法向应力 σ_n 作用下的抗剪强度 τ_f。有些软土或松砂的 $\tau \sim S$

曲线往往不出现峰值，如曲线 B，此时则按某一剪切位移值作为控制破坏的标准，一般取相应于 4 mm 剪切位移量的剪应力作为土的抗剪强度值 τ_f。

（4）要绘制某种土的抗剪强度包络线，至少应取 3 个以上试样，分别施加不同的法向压应力后并逐级增加剪应力，直至试件破坏；从而可获得不同法向应力作用下的抗剪强度 τ_f，如图 5 – 7(b) 所示。

（5）在 $\sigma \sim \tau$ 坐标系上，绘制 $\sigma \sim \tau_f$ 曲线，即为土的抗剪强度曲线，也就是莫尔 – 库仑破坏包络线，如图 5 – 7(c) 所示。

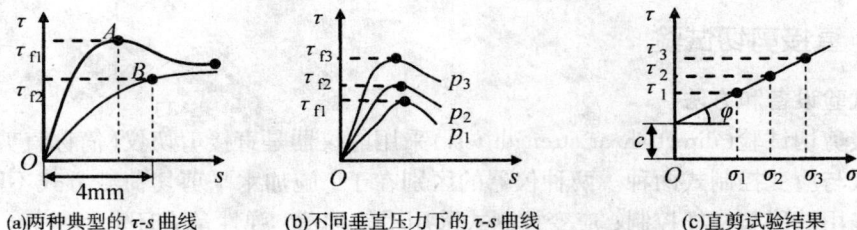

(a)两种典型的 τ-s 曲线　　(b)不同垂直压力下的 τ-s 曲线　　(c)直剪试验结果

图 5 – 7　直接剪切试验

3. 直剪试验方法的分类

为模拟土体在实际工程受力过程中，依据孔隙水压力消散的情况，直剪试验又可分为快剪、固结快剪、慢剪三种条件下的试验方法。

（1）快剪试验（undrained direct shear test）。

试验时在土样的上、下两面与透水石之间都用蜡纸或塑料薄膜隔开，竖向压力施加后立即施加水平剪力进行剪切，而且剪切的速度快，一般加荷到剪坏只用 3 ~ 5 min。可以认为，土样在短暂的时间内来不及排水，所以又称不排水剪。

（2）固结快剪试验（consolidated – undrained direct shear test）。

试验时，土样先在竖向压力作用下使其排水固结。待固结完毕后，再施加水平剪力，并快速将土样剪坏（约 3 ~ 5 min）。因此，土样在竖向压力作用下充分排水固结，而在施加剪力时不让其排水。

（3）慢剪试验（drained direct shear test）。

试验时在土样的上、下两面与透水石之间不放蜡纸或塑料薄膜。在整个试验过程中允许土样有充分的时间排水固结。

对于施工速度快的工程建设应采用快剪试验；若相反（施工速度慢，排水条件又较好），则用慢剪试验；施工速度若介于二者之间，则选用固结快剪试验。

4. 直剪试验的优缺点

（1）直剪试验的优点。

直剪试验已有百年以上的历史，仪器简单，操作方便，工程实践中广泛应用，试件厚度薄，固结快，试验历时短。另外，仪器盒的刚度大，试件没有发生侧向膨胀的可能，根据竖向变形量就能直接算出试验过程中试件体积的变化。

（2）直剪试验的缺点。

直剪试验主要存在以下三个方面的缺陷：

一是试验分析中假设剪切面上剪应力均匀分布，但事实上，并非如此。靠近剪力盒边沿的应变较大，中间部分的应变较小，所以，在剪切过程中应力与应变不是均匀的。

二是这种试验方法不能控制试件的排水，不能测量试验过程中试件内孔隙水压力的变化。只能根据剪切速率，大致模拟实际工程中土体的工作情况。

三是现实土样不一定十分均匀，被剪切盒所固定的剪切面上土的性质不一定具有代表性。因此，用它来研究土的力学性状有可能存在一定误差。不过，因为它已广泛用于工程中，积累了宝贵的经验数据，给出的抗剪强度仍然很有实用价值。

二、三轴压缩试验

三轴压缩试验（traiaxial test），也叫三轴剪切试验，是直接量测试样在不同恒定周围压力下的抗压强度，然后利用莫尔－库仑破坏理论间接推求土的抗剪强度参数，是一种较为完善的测定土抗剪强度参数的试验方法。

三轴试验的主要特点是能严格地控制试样的排水条件，量测试样中孔隙水压力，定量地获得土中有效应力的变化情况，而且试样中的应力分布比较均匀，故三轴试验结果比直剪试验结果更加可靠、准确。

1. 试验仪器和试验原理

三轴压缩仪主要由压力室、加压系统和量测系统三大部分组成。三轴压缩试验的压力室装置如图5－8所示。三轴压缩与上述侧限剪切试验不同的是土样在三轴压力仪中受压时，侧向可以变形。试件直径常用的是38～50 mm，高50～100 mm，用薄橡皮膜封套起来，装在密闭压力室里，通过周围压力系统使试件各个表面承受周围压力 σ_3，进行等压固结，然后保持 σ_3 不变，通过活塞杆对试件顶面分级施加附加竖向压应力 $q =$

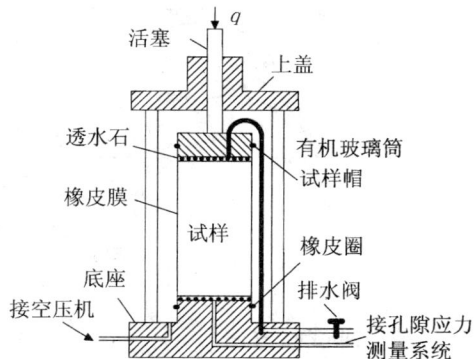

图 5 – 8 三轴压力室装置

$\Delta\sigma_1 = P/A$，P 为作用于活塞杆上的竖向压力，A 为试件的截面积，试件的最大主应力为 $\sigma_1 = \sigma_3 + \Delta\sigma_1$。由于试验中试件饱和，故可通过测读排水阀流出或流入试样的水量，计算得出每级压力作用下的体积应变 ε_V，称为排水试验；也可将排水阀关闭，不让试样在受力过程中把水排出，称为不排水试验，则这时试件的体应变 $\varepsilon_V = 0$。因为不让试件排水，试件内将产生超静孔隙水压力，孔隙水压力的大小可通过安装在试件底座上的孔压传感器测读出来。

2. 试验过程

（1）试验过程中 $\Delta\sigma_1$ 不断增大，而围压 σ_3 维持不变，试样的轴向应力 σ_1 也不断增大，即莫尔应力圆逐渐扩大至极限应力圆，试样最终被剪破［见图5－9（c）中实线圆］。

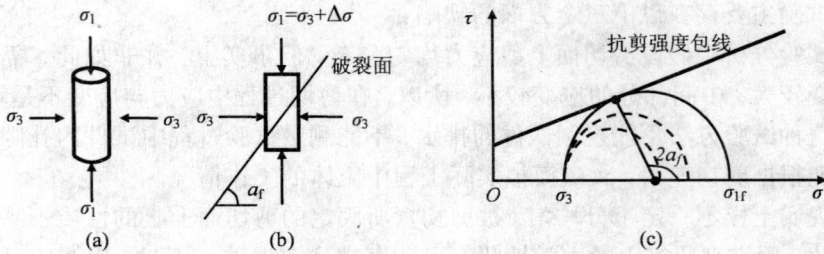

图 5 - 9　三轴压缩试验原理

（2）破坏点的确定：测量相应的轴向应变 ε_1，绘 $\Delta\sigma \sim \varepsilon_1$ 关系曲线，以偏差应力 $\sigma_1 \sim \sigma_3$ 峰值为破坏点[图 5 - 10(a)]，无峰值时，取某一轴向应变（如 $\varepsilon_1 = 15\%$）对应的偏应力值作为破坏点。在给定的周围压力 σ_3 作用下，一个试样的试验只能得到一个极限应力圆。

（3）同样土样至少需要 3 个以上试样在不同的 σ_3 作用下进行试验，从而得到一组极限应力圆，绘极限应力圆的公切线，即为该土样的抗剪强度包络线。它通常呈直线状，其与横坐标的夹角即为土的内摩擦角 φ，与纵坐标的截距即为土的粘聚力 c [图 5 - 10(b)]。

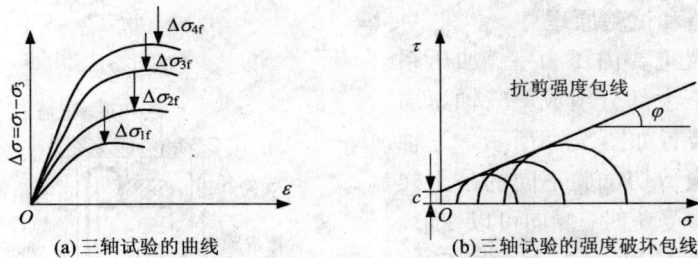

(a)三轴试验的曲线　　　　(b)三轴试验的强度破坏包线

图 5 - 10　三轴压缩试验

3. 三种三轴试验方法

根据试样固结和剪切过程中的排水条件，三轴试验可分为以下三种试验方法：

（1）不固结不排水剪（快剪，Unconsolidated - Undrained triaxial test，UU）。

不固结不排水剪切试验时，无论施加围压 σ_3 还是轴向压力 σ_1，直至剪切破坏均关闭排水阀。整个试验过程自始至终试样不能固结排水，故试样的含水率保持不变。试样在受剪前，围压 σ_3 会在土内引起初始孔隙水压力 u_1，施加轴向偏应力 $\sigma_1 - \sigma_3$ 后，产生附加孔隙水压力 u_2。

（2）固结不排水剪（Consolidated - Undrained triaxial test，CU）。

固结不排水剪切试验时，打开排水阀，让试样在施加围压 σ_3 时排水固结，试样的含水率将发生变化，待固结稳定后（至 $u_1 = 0$）关闭排水阀，在不排水条件下施加轴向偏应力 $\sigma_1 - \sigma_3$，产生附加孔隙水压力 u_2。剪切过程中，试样的含水率保持不变。

（3）固结排水剪（Consolidated – Drained triaxial test，CD）。

固结排水剪切试验时，整个试验过程始终打开排水阀，不但要使试样在围压 σ_3 时充分排水固结（至 $u_1 = 0$），而且在剪切过程中也要让试样充分排水固结（不产生 u_2），因而，剪切速度尽可能缓慢，直至试样破坏。

表 5－1　三轴试验三种排水条件下的剪切试验对比一览表

试验方法	体积或孔隙水压力变化特征	试验过程			说明
		固结	剪切	破坏	
不固结不排水剪（快剪 UU）	体积变化	不变	不变	不变	试验过程中，孔隙水压力不消散。对于饱和粘土 $\varphi = 0$
	孔隙水压力	$u_1 > 0$	$u_2 > 0$	$u = u_1 + u_2$	
	排水控制方法	关闭排水阀开孔隙水压力阀	关闭排水阀开孔隙水压力阀		
固结不排水剪（CU）	体积变化	减小	不变	减小	试验结果可按总应力法和有效应力法整理
	孔隙水压力	$u_1 = 0$	$u_2 > 0$	$u = u_2$	
	排水控制方法	开排水阀开孔隙水压力阀	关闭排水阀开孔隙水压力阀		
固结排水剪（CD）	体积变化	减小	不变	减小	总应力法和有效应力法表达的结果一致
	孔隙水压力	$u_1 = 0$	$u_2 = 0$	$u = 0$	
	排水控制方法	开排水阀开孔隙水压力阀	开排水阀开孔隙水压力阀		

4. 三轴试验优缺点

三轴压缩试验可供在复杂应力条件下研究土的抗剪强度，其突出特点是：

（1）试验中能严格控制试样的排水条件，准确测定试样在剪切过程中孔隙水压力变化，从而可定量获得土中有效应力的变化情况。

（2）与直接剪切试验对比起来，试样中的应力状态相对地较为明确和均匀，不是人为设定破裂面位置。

（3）除抗剪强度指标外，还可测定土的灵敏度、侧压力系数、孔隙水压力系数等力学指标。

但三轴压缩试验也存在试样制备和试验操作比较复杂，试样中的应力与应变仍然不够均匀的缺点。由于试样上下端的侧向变形分别受到刚性试样帽和底座的限制，而在试样的中间不受约束，因此，当试样接近破坏时，试样常被挤成鼓形。

5. 三轴试验的发展

前面所述的是常规三轴剪切试验仪，它的缺点主要是试件所受的力是轴对称的，也即试件所受的三个主应力中，有两个是相等的。因此，测得的土的力学性质只能代表这种特定应力状态下土的性质。实际上，土的应力状态十分复杂，可以是侧限应力状态、

平面应变状态和 $\sigma_1 > \sigma_2 > \sigma_3$ 的各种真三维应力状态。为了模拟更广泛的应力状态,现代土工试验还发展了平面应变试验仪、真三轴试验仪和空心圆柱扭剪试验仪等几种新型的三轴剪力设备。

三、无侧限抗压强度试验

无侧限抗压强度试验(unconfined compression test)实际上是三轴压缩试验的一种特殊情况,即周围压力 $\sigma_3 = 0$ 的三轴试验,其设备如图 5 – 11 所示。

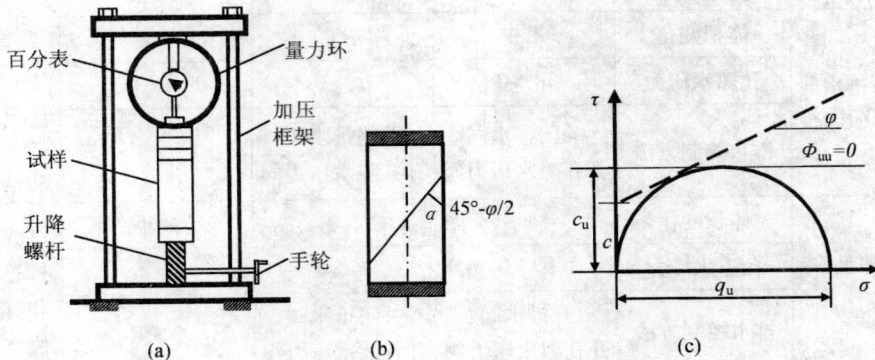

图 5 – 11 无侧限抗压强度仪

试件直接放在仪器的底座上,通过提升底座顶压上部量力环产生轴向压力 q 使试件产生剪切破坏,破坏时的轴向压应力以 q_u 来表示,称为无侧限抗压强度。由于不能改变周围压力 σ_3,所以只能测得一个通过原点的极限应力圆而得不到破坏包络线,如图 5 – 11(b)所示。

饱和粘土在不固结不排水的剪切试验中,破坏包络线近似一条水平线,即 $\varphi_u = 0$。对于这种情况,就可用无侧限抗压强度 q_u 来换算土的不固结不排水强度 c_u。即:

$$\tau_f = \frac{q_u}{2} = c_u \tag{5-10}$$

由于取样过程中土样受到扰动,原位应力被释放,用这种土样测得的不排水强度并不能够完全代表土样的原位不排水强度。

若土样为干硬粘性土,则压坏时有明显的剪切面,如图 5 – 11(b)。测出破裂面与受力方向的夹角 α,利用(5 – 9)式 $\alpha = 45° - \dfrac{\varphi}{2}$,即可求得土体的内摩擦角。依据图 5 – 11(c)中强度线 AB 可求出粘聚力 c。

对原状土和重塑试样进行无侧限抗压强度试验,测得其无侧限抗压强度 q_u 和 q_u',可得该土的灵敏度:$S_t = q_u / q_u'$,前面第一章已述。

四、十字板剪切试验

十字板剪切试验(vane shear test)采用十字板剪切仪,通常在钻孔内进行。

　　十字板剪切仪是一种使用方便的原位测试仪器，通常用以测定饱和粘性土的原位不排水强度，特别适用于均匀饱和软粘土中。因为这种土常因取样操作和试样形成过程中不可避免地受到扰动而使其天然结构破坏，致使室内试验测得的强度值明显低于原位土的强度。

　　十字板剪切仪由板头、加力装置和测量装置组成，设备如图 5－12 所示，板头是两片正交的金属板，厚 2 mm，刃口成 60°，常用尺寸为 D（宽）$\times H$（高）$= 50$ mm $\times 100$ mm。

　　试验通常先将钻孔钻进至要求测试的深度以上 75 cm 左右。清理孔底后，将十字板头压入土中至测试的深度。然后通过安装在地面上的装置施加扭力，旋转钻杆以扭转十字板头，这时十字板周围的土体内形成一个直径为 D，高度为 H 的圆柱形剪切面。剪切面上的剪应力随扭矩的增加而增加，直到最大扭矩 M_{max} 时，土体沿圆柱面破坏，剪应力达到土的抗剪强度 τ_f。

　　分析土的抗剪强度与扭矩的关系。抗扭力矩是由 M_1 和 M_2 两部分所构成。

　　即

$$M_{max} = M_1 + M_2 \qquad (5-11)$$

式中：M_1、M_2 分别为土柱体上下面的抗剪强度及圆柱面上的剪应力对圆心所产生的抗扭力矩，其值为：

$$M_1 = 2\left(\frac{\pi D^2}{4} \times L \times \tau_{fh}\right) \qquad (5-12)$$

$$M_2 = \pi DH \times \frac{D}{2} \times \tau_{fv} \qquad (5-13)$$

式中：L 为上、下面剪应力对圆心的平均力臂（m），取 $L = \frac{2}{3}\left(\frac{D}{2}\right) = \frac{D}{3}$；$\tau_{fh}$ 为水平面上的抗剪强度（kPa）；τ_{fv} 为垂直面上的抗剪强度（kPa）。

　　假定土体为各向同性体，即 $\tau_{fh} = \tau_{fv} = \tau_f$，则得：

$$M_{max} = M_1 + M_2 = \frac{\pi D^2}{2} \times \frac{D}{3} \times \tau_f + \frac{1}{2}\pi D^2 H \tau_f$$

$$\tau_f = \frac{M_{max}}{\dfrac{\pi D^2}{2}\left(\dfrac{D}{3} + H\right)} \qquad (5-14)$$

　　通常认为在不排水条件下，饱和软粘土的内摩擦角 $\varphi_u = 0$，因此测得的抗剪强度也就相当于土的不排水强度或无侧限抗压强度 q_u 的一半。

　　试验时，当扭矩达到 M_{max} 时，土体剪切破坏，这时土所发挥的抗剪强度 τ_f 也就是峰值剪应力 τ_p。剪切破坏后，扭矩即不断减小，剪切面上的剪应力不断下降，最后趋于稳定，稳定时的剪应力称为残余剪应力 τ_r。残余剪应力代表土的结构完全彻底破坏后的抗

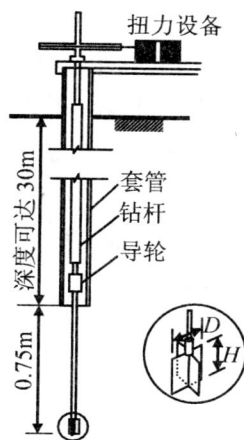

图 5－12 十字板剪切仪

剪强度，所以 $\tau_\text{f}/\tau_\text{r}$ 也可以表示土的灵敏度。

十字板剪切试验因为直接在原位进行试验，不必取土样，故地基土体所受的扰动较小，认为是比较能反映土体原位强度的测试方法。

例 5－1　在某饱和粉质粘土中进行十字板剪切试验，十字板头尺寸为 50 mm × 100 mm($D \times H$)，测得峰值 $M_\text{max} = 0.0115$ kN · m，终值扭矩 $M_\text{r} = 0.0062$ kN · m。求该土的抗剪强度和灵敏度。

解：抗剪强度指峰值强度，用式(5－14)

$$\tau_\text{f} = \frac{M_\text{max}}{\dfrac{\pi D^2}{2}\left(\dfrac{D}{3} + H\right)} = \frac{0.0115}{\dfrac{\pi \times 0.05^2}{2}\left(\dfrac{0.05}{3} + 0.1\right)} = 25.11(\text{kPa})$$

灵敏度：

$$S_\text{t} = \frac{\tau_\text{f}}{\tau_\text{r}} = \frac{M_\text{max}}{M_\text{r}} = \frac{0.0115}{0.0062} = 1.855$$

第五节　粘性土的抗剪强度

抗剪强度指标是土力学计算分析工作中最重要的计算参数。能否正确选择土的抗剪强度指标，是关系到工程设计质量和成败的关键所在。

在实际工程中，若能直接测定土体在剪切过程中的 σ 和 u 的变化，便可利用有效应力法定量评价土的实际抗剪强度及其随土体固结的不断变化。事实上，由于受室内和现场试验设备所限，不可能对所有工程都采用有效应力法，使得有效应力法的广泛应用受到限制。工程中较多的是采用土的总应力强度指标，试验方法是尽可能地接近模拟现场土体在受剪时的固结和排水条件，而不必测定土在剪切过程中 u 的变化。

一、饱和粘性土在不同固结和排水条件下的抗剪强度指标

在工程实践中，通常采用的做法是统一规定三种不同的标准试验方法，控制试样不同的固结和排水条件。目前只有三轴压缩试验才能严格控制试样固结和剪切过程中的排水条件，而直剪试验因限于仪器条件只能近似模拟工程中可能出现的固结和排水情况。

1. 固结不排水抗剪强度(CU)

土在形成过程中的抗剪强度在一定程度上受到应力历史的影响。天然土体受到上覆土压力作用而固结。因此，分析饱和粘性土的固结不排水强度时，要区分试样是正常固结还是超固结。以三轴压缩试验为例，试验中常用各向等压的周围压力($\sigma_3 = p_\text{c}$)来代替和模拟历史上曾对试样所施加的先期固结压力，当试样所受到的周围压力 $\sigma_3 < p_\text{c}$ 试样就处于超固结状态，反之，当 $\sigma_3 \geqslant p_\text{c}$ 试样就处于正常固结状态。试验结果表明，这两种不同固结状态的试样，其抗剪强度性状是不同的。

为简便起见，针对饱和粘性土来研究土的强度规律。

饱和粘性土的 CU 试验中，试样在 σ_3 作用下充分排水固结，$\Delta\sigma_3 = 0$，在不排水条件下施加偏应力剪切时，孔隙水压力随偏应力的增加而不断变化，$u_1 = A(\Delta\sigma_1 - \Delta\sigma_3)$。对于正常固结土，试样剪切时体积有减小的趋势(减缩)，由于不允许排水，产生正的孔隙

压力。而对于超固结试样，在剪切时体积有增加的趋势(剪账)，在剪切破坏过程中开始产生正的孔隙水压力，之后转为负值(如图 5 – 13 所示)。

(1)正常固结土。

图 5 – 14 为正常固结饱和粘性土的固结不排水试验结果，图中实线表示总应力圆和总应力破坏包络线。

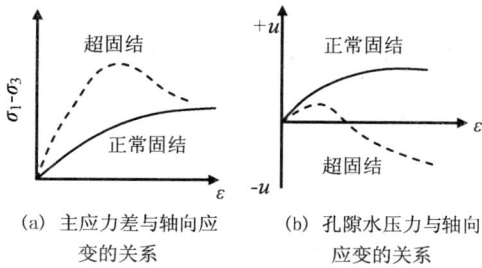

图 5 – 13　固结不排水试验的孔隙水压力

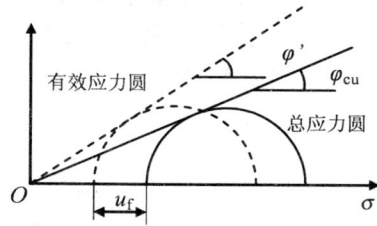

图 5 – 14　饱和固结粘土 CU 试验

若试验过程时量测了孔隙水压力则可用有效应力原理取得有效应力圆和有效应力破坏包络线，u_f 为剪切破坏时的孔隙水压力，由于 $\sigma_1' = \sigma_1 - u_f$，$\sigma_3' = \sigma_3 - u_f$，故 $\sigma_1' - \sigma_3' = \sigma_1 - \sigma_3$，即有效应力圆与总应力圆直径相等，但位置不同，两者之间的距离为 u_f。总应力破坏包络线和有效应力破坏包络线都通过原点，这也说明没受任何固结压力的土不具有抗剪强度。总应力破坏包络线的倾角 φ_{cu} 一般在 $10° \sim 20°$ 之间，有效应力破坏包络线的倾角 φ' 称为有效内摩擦角。

(2)超固结土。

超固结土的固结不排水总应力破坏包络线如图 5 – 15(a)所示是一条平缓曲线，可近似用直线 ab 代替，与正常固结破坏包络线 bc 相交，bc 的延长线仍通过原点，实用上将 abc 折线取为一条直线如图 5 – 15(b)所示，总应力强度指标为 c_{cu}、φ_{cu}，于是固结不排水剪的总应力破坏线可表示为：

$$\tau_f = c_{cu} + \sigma \tan\varphi_{cu} \qquad (5 – 30)$$

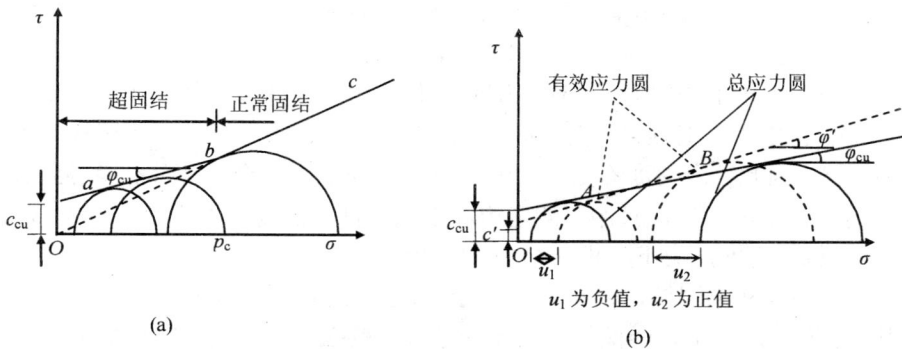

(a)

(b)

u_1 为负值，u_2 为正值

图 5 – 15　超固结土的 CU 试验结果

　　若用有效应力表示，有效应力圆和有效应力破坏包络线如图中虚线所示。由于超固结土在剪切破坏时产生负的孔隙水压力，有效应力圆在总应力圆的右方（图中圆 A），正常固结试样在剪切破坏时产生正的孔隙水压力，故有效应力圆在总应力圆的左方（图中圆 B），有效应力强度包络线可表达为：

$$\tau_{\mathrm{f}} = c' + \sigma' \tan\varphi' \tag{5-31}$$

式中：c'、φ' 为固结不排水试验得出的有效应力强度参数，通常 $c' < c_{\mathrm{cu}}$，$\varphi' > \varphi_{\mathrm{cu}}$

2. 不固结不排水抗剪强度（UU）

　　不固结不排水试验即在施加围压和轴向压力直至剪切破坏的整个过程中都不允许排水，试验结果如图 5-16 所示。

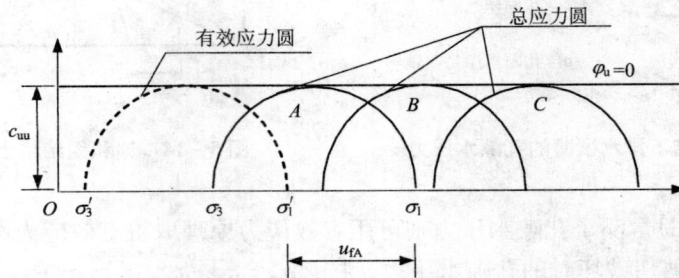

图 5-16　饱和粘性土的不固结不排水试验结果

　　图中三个实线半圆 A、B、C 分别表示三个试样在不同的 σ_3 作用下破坏时的总应力圆，虚线是有效应力圆。结果表明，虽然三个试件的周围压力 σ_3 不同，但破坏时的主应力差相等，在 $\tau - \sigma$ 图上表现出三个总应力圆直径相同，破坏包络线是一条水平线，即

$$\varphi_{\mathrm{uu}} = 0 \tag{5-32}$$

$$\tau_{\mathrm{f}} = c_{\mathrm{u}} = \frac{1}{2}(\sigma_1 - \sigma_3) \tag{5-33}$$

式中：φ_{uu} 或 φ_{u} 为不排水内摩擦角，°；c_{uu} 或 c_{u} 为不排水抗剪强度，kPa。

　　在试验中如果分别测量试样破坏时的孔隙水压力 u_{f}，则试验结果表明，三个试件只能得到同一个有效应力圆，并且有效应力圆的直径与三个总应力圆直径相等。即

$$\sigma_1' - \sigma_3' = (\sigma_1 - \sigma_3)_A = (\sigma_1 - \sigma_3)_B = (\sigma_1 - \sigma_3)_C$$

　　这是由于在不排水条件下，试样在试验过程中含水率不变，体积不变，改变周围压力增量只能引起孔隙水压力的变化，而没有改变试样中的有效应力，各试样在剪切前的有效应力相等，因此抗剪强度不变。因为有效应力圆是同一个，因而不能得到有效应力强度包络线的 c' 和 φ'。一般只用于测定饱和土的不排水强度。不固结不排水试验的"不固结"是在三轴压力室压力下不再固结，而保持试样原来的有效应力不变。

　　对于饱和粘土从未固结过，将是一种泥浆状土，抗剪强度也必为零。对于一般天然土样，相当于某一压力下已经固结，总有一定的天然强度，其有效固结应力是随深度变化的，所以不排水抗剪强度 c_{uu} 也随深度变化，均质的正常固结土不排水强度大致随有效固结应力成线性增大。

对于超固结饱和粘土，其不固结不排水强度包络线也是一条水平线，由于超固结土的先期固结压力的影响，其 c_{uu} 值比正常固结大。c_{uu} 反映的正是试样原始有效固结压力作用所产生的强度。

3. 固结排水抗剪强度(CD)

固结排水试验即在整个试验过程中孔隙水压力始终为零，总应力最后全部转化为有效应力，所以总应力圆就是有效应力圆，总应力破坏包络线就是有效应力破坏包络线。图 5 – 17 为固结排水试验过程中的应力 – 应变关系和体积变化曲线。可见在剪切过程中正常固结土发生剪缩，而超固结土则是先压缩，继而呈现剪胀的特性。土体在不排水剪中孔隙水压力值的变化趋势，也可根据其在排水剪中的体积变化规律得到验证。如正常固结土在排水剪中有剪缩趋势，因而当它进行不排水剪时，由于孔隙水排不出来，剪缩趋势就转化为试验中的孔隙水压力不断增长；反之，超固结土在不排水剪中不但不排出水分，反而因剪胀有吸水趋势，但它在不排水过程中无法吸水，于是就产生负的孔隙水压力。

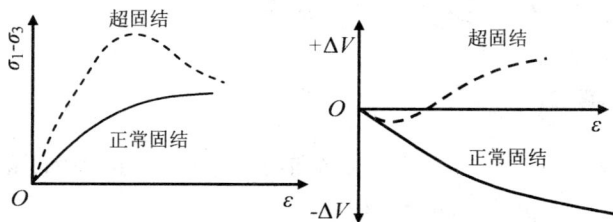

图 5 – 17　固结排水试验的应力应变关系及体积变化

(1)正常固结土。

对于正常固结土，其破坏包络线通过原点，如图 5 – 18(a)所示。其破坏包络线通过原点，粘聚力 $c_d = 0$，内摩擦角 φ_d 约在 20° ~ 40° 之间。

(2)超固结土。

对于超固结土，其破坏包络线略弯曲，实用上近似取为一条直线代替，如图 5 – 18(b)所示。φ_d 比正常固结的内摩擦角小，而 $c_d \geqslant c_{cu}$。试验证明：c_d、φ_d 与固结不排水试验得到的 c'、φ' 很接近，由于固结排水时间太长，故实用上用 c'、φ' 代替 c_d、φ_d，但两者的试验条件是有差别的，固结不排水试验在剪切过程中试样的体积保持不变，而固结排水试验在剪切过程中试样的体积则要发生变化。

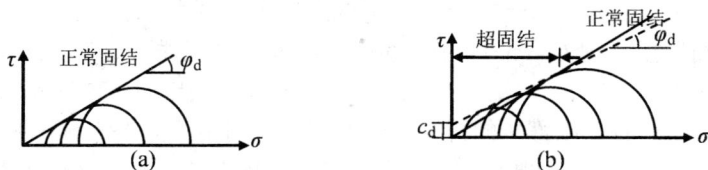

图 5 – 18　固结排水试验结果

4. 三种试验对比分析

图 5 – 19 表示同一种粘性土分别在三种不同排水条件下的试验结果。若采用总应力表示，将得出完全不同的试验结果，而以有效应力表示则不论采用那种试验方法，都得到近乎同一条有效应力破坏包络线（如图中虚线所示）。由此可见，土的抗剪强度与有效应力有唯一的对应关系。

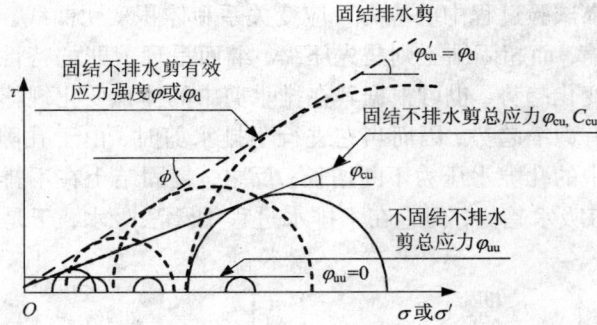

图 5 – 19 三种试验的比较

上述三种三轴试验方法中，试样在固结和剪切过程中的孔隙水压力变化、剪破时的应力条件和所得到的强度指标如表 5 – 2。

表 5 – 2 不同三轴试验方法的孔隙水压力变化特征和相应强度指标

试验方法	孔隙水压力 u 的变化		破坏时的压力条件		强度指标
	剪切前	剪切过程中	总应力	有效应力	
CU 试验	$u_1 = 0$	$u = u_1 \neq 0$ （不断变化）	$\sigma_{1f} = \sigma_3 + \Delta\sigma$ $\sigma_{3f} = \sigma_3$	$\sigma'_{1f} = \sigma_3 + \Delta\sigma - u_f$ $\sigma'_{3f} = \sigma_3 - u_f$	c_{cu}, φ_{cu}
UU 试验	$u_1 > 0$	$u = u_1 + u_2 \neq 0$ （不断变化）	$\sigma_{1f} = \sigma_3 + \Delta\sigma$ $\sigma_{3f} = \sigma_3$	$\sigma'_{1f} = \sigma_3 + \Delta\sigma - u_f$ $\sigma'_{3f} = \sigma_3 - u_f$	c_{uu}, φ_{uu}
CD 试验	$u_1 = 0$	$u = u_1 = 0$ （任意时刻）	$\sigma_{1f} = \sigma_3 + \Delta\sigma$ $\sigma_{3f} = \sigma_3$	$\sigma'_{1f} = \sigma_3 + \Delta\sigma$ $\sigma'_{3f} = \sigma_3$	c_d, φ_d

在工程应用中，土的抗剪强度指标的选取在很大程度上取决于抗剪强度试验方法和抗剪强度的正确选择。例如当土体内的超静孔隙水压力能通过计算或其他方法确定时，则宜采用有效应力法。当土体内的超静孔隙水压力难以确定时，才使用总应力法。采用总应力法时，应该按照土体可能的排水固结情况，分别用不固结不排水强度（快剪强度）或固结不排水强度（固结快剪强度）。对于施工工期特别长，土质含粉砂质粘土时可取固结排水强度。表 5 – 3 中列出了各种剪切试验方法实用范围，可供参考。

表 5 – 3　各种剪切试验方法适用范围

试验方法	适用范围
排水剪	加荷速率慢，排水条件好，适于透水性较好的低塑粘性土作填土、超压密土的蠕变分析等
固结不排水剪	建筑物竣工后较长时间，突遇荷载增大时稳定性分析等。如房屋加层、天然土坡上堆载，或地基条件等介于其余两种情况之间
不排水剪	透水性较差的粘性土地基，且施工速度快，主要用于施工期的强度和稳定性验算。

例 5 – 2　已知地基中某一单元体上的大主应力 $\sigma_1 = 420$ kPa，小主应力 $\sigma_3 = 180$ kPa。通过试验测得土的抗剪强度指标 $c = 18$ kPa，$\varphi = 20°$。试问：（1）该单元土体处于何种状态？（2）是否会沿剪应力最大的面发生？

解：（1）单元土体所处状态的判断。

设达到极限平衡状态时所需小主应力为 σ_{3f}，则由式[5 – 6（b）]得：

$$\sigma_{3f} = \sigma_1 \tan^2\left(45° - \frac{\varphi}{2}\right) - 2c\tan\left(45° - \frac{\varphi}{2}\right)$$

$$= 420 \times \tan^2\left(45° - \frac{20°}{2}\right) - 2 \times 18 \times \tan\left(45° - \frac{20°}{2}\right) = 180.7 \text{ kPa}$$

因为 σ_{3f} 大于该单元土体的实际最小主应力 σ_3，则极限应力圆半径将小于实际应力圆半径，所以该单元土体处于剪破状态。

若设达到极限平衡状态时的大主应力为 σ_{1f}，则由式[5 – 6（a）]得：

$$\sigma_{1f} = \sigma_3 \tan^2\left(45° + \frac{\varphi}{2}\right) + 2c\tan\left(45° + \frac{\varphi}{2}\right)$$

$$= 180 \times \tan^2\left(45° + \frac{20°}{2}\right) + 2 \times 18 \times \tan\left(45° + \frac{20°}{2}\right) = 419 \text{ kPa}$$

按照将极限应力圆半径与实际应力圆半径相比较的判别方式同样可得出上述结论。

（2）判断是否沿最大剪应力面剪破。

最大剪应力为：

$$\tau_{max} = \frac{1}{2}(\sigma_1 - \sigma_3) = \frac{1}{2}(420 - 180)\text{kPa} = 120 \text{ kPa}$$

剪应力最大面上的正应力：

$$\sigma = \frac{1}{2}(\sigma_1 + \sigma_3) + \frac{1}{2}(\sigma_1 - \sigma_3)\cos 2\alpha$$

$$= \frac{1}{2}(420 + 180) + \frac{1}{2}(420 - 180)\cos 90° = 300 \text{ kPa}$$

该面上的抗剪强度：

$$\tau_f = c + \sigma\tan\varphi = 18 + 300 \times \tan 20° = 127 \text{ kPa}$$

因为在剪应力最大面上 $\tau_f > \tau_{max}$，所以不会沿该面发生剪破。

二、粘性土的残余强度指标

坚硬粘土在剪切过程中，剪应力随着位移的增加而呈现剪切力不断增大，当达到一定值时则不再增大甚至变小，则出现最大剪力值，即为土的峰值抗剪强度（peak shear strength，τ_f）。一般将峰后强度随着剪切位移的增大而降低的现象，称应变软化。当剪切位移较大时，其强度最终也逐渐降低至某一稳定值，这种终值强度称为残余强度（residual shear strength，τ_r），见图 5 – 20。残余强度的测定方法是采用环剪仪或在直剪仪中进行反复剪切试验，以达到大应变的效果。

试验证明，粘性土的残余强度同峰值抗剪强度一样也符合库仑定律公式，即

$$\tau_r = c_r + \sigma\tan\varphi_r \tag{5 – 34}$$

式中：τ_r 为土的残余抗剪强度，kPa；σ 为作用在剪切面上的法向应力，kPa；c_r 为土的残余粘聚力，kPa；φ_r 为土的残余内摩擦角，°。

对于普通粘土而言，其残余强度和峰值抗剪强度的关系，如图 5 – 21 所示。残余强度包络线在纵坐标上的截距 $c_r \approx 0$，残余内摩擦角 φ_r 略小于其峰值内摩擦角 φ，残余强度的降低主要表现为粘聚力的下降。

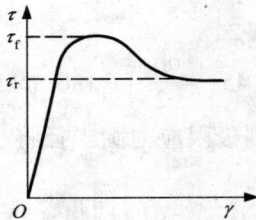

图 5 – 20   应变软化型剪应力 – 剪应变曲线   图 5 – 21   粘性土的峰值强度与残余强度

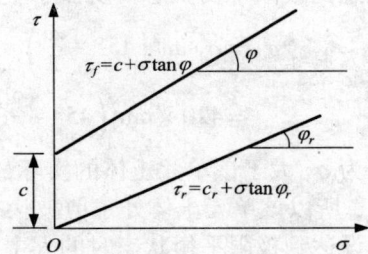

试验表明，从同一种土的重塑试验求得的残余强度与原状土样的残余强度基本相同，说明残余强度与土的结构性关系不大，而主要取决于土的矿物成分和有效法向应力的影响。粘性土的残余强度现象可解释为沿剪切面两侧非定向性排列的薄层微粒结构，随着剪应变的增加而逐渐转化为沿剪切方向定向性排列，因而土的抗剪强度随之降低。

残余强度对研究天然粘性土滑坡具有十分重要的实际意义。由于土坡沿滑动面剪应变的发展不是各处均衡，往往在该面上某些点发生较大的剪应变，而在其他地方剪应变发挥得较小，造成沿滑动面上的剪应力分布也不均匀，使得沿滑动面上各部分的抗剪强度不可能同时达到峰值。故在抗滑工程设计中可依据滑坡滑动特征确定不同滑坡地段采用不同的抗剪强度指标，从而达到安全经济地实施滑坡防治。

第六节   砂土的抗剪强度

砂性土的透水性一般较强，可采用排水剪（或慢剪）试验测定其强度指标。砂土的抗剪强度线为通过坐标原点的直线。

一、砂土的强度的来源

目前主要有泰勒(Taylor,1958)两种分量说和罗(Rowe,1964)三种分量说。

1. 两种分量说

泰勒认为砂土的抗剪强度由两部分组成：

(1)摩擦分量：由颗粒的滑动和滚动摩擦提供的阻力，与颗粒粗糙程度有关；

(2)剪胀分量：由粒间咬合作用引起的剪阻力，与砂土的松紧程度和颗粒的形状有关。

对于密砂，剪胀分量在它的强度中占显著比例。但对于松砂则剪胀一般不发生，内摩擦角主要取决于摩擦分量。

剪胀分量主要来源于密砂克服咬合作用所消耗的能量，可用密砂在剪切试验过程中的位移——剪力和试样高度的变化来分析。图 5 – 22 所示为密砂直接慢剪试验的结果，图中 τ_d 即为密砂强度中为克服咬合作用所需的那部分剪应力(即剪胀分量)。如果剪位移为 $d\gamma$，并假定试验中试样剪切面面积 A 不变，则：

$$\tau_d A d\gamma = \sigma_n A dh \quad \text{或} \quad \tau_d = \sigma_n \frac{dh}{d\gamma} \qquad (5-10)$$

于是，经剪胀校正后由摩擦分量产生的摩擦角(剩余摩擦角)φ_r 可由下式求得：

$$\tan\varphi_r = \frac{\tau_f - \tau_d}{\sigma_n} = \frac{\tau_f}{\sigma_n} - \frac{dh}{d\gamma} \quad \text{或} \quad \tan\varphi_r = \tan\varphi_d - \frac{dh}{d\gamma} \qquad (5-11)$$

式中，τ_f 为峰值强度；σ_n 为剪破面上的法向应力；dh 为与 $d\gamma$ 相应的试样厚度变化；φ_d 为峰值强度时的内摩擦角。

因此，由剪胀分量产生的摩擦角为$(\varphi_d - \varphi_r)$。这即说明内摩擦角不仅取决于摩擦分量，而且还取决于剪胀分量。

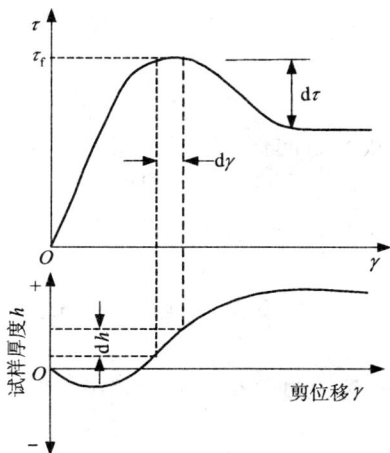

图 5 – 22　紧密砂慢剪试验结果　　　　图 5 – 23　强度分量随干密度变化

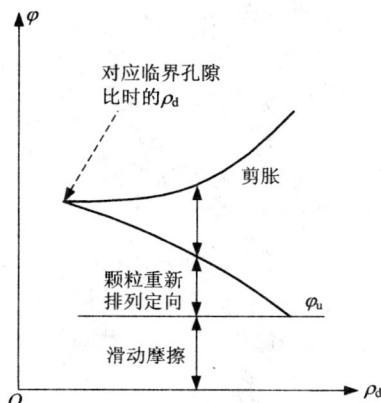

2. 三种分量说

1964 年 Rowe 在三轴压缩试验中发现经剪胀校正后的内摩擦角 $\varphi_f \gtreqless$ 粒间滑动摩擦角 φ_u。于是他把砂土的强度分成三个分量：

(1)由粒间纯滑动摩擦提供的剪阻力；

(2)颗粒重新排列和重新定向所需的剪阻力；

(3)克服咬合作用所需的剪阻力。

各个分量(以 φ 表示)随试样干密度 ρ_d 的变化曲线如图 5-23 所示。可见，对于密砂，强度主要来源于摩擦阻力和剪胀效应，这是由于峰值强度可在颗粒发生显著移动之前到达。而对于松砂，强度主要来源于摩擦阻力和颗粒重新排列、定向效应。但不论砂土松密和颗粒大小、形状如何，粒间滑动摩擦角 φ_u 可视为常数。

必须指出，上述强度分量学说是定性的，为了便于阐明砂土强度的机理。至于对强度分量的分离，决不是对实测强度所必需的折减。

二、影响砂土的强度的因素

砂粒的比表面积比粘粒小得多，故砂土的亲水性弱，不具有塑性。除稍湿的粉、细砂由于毛细压力的存在显示某些假凝聚力外，在静荷载作用下含水率的变化对砂土工程特性的影响是不大的。影响砂土强度特性的因素主要如下：

1. 内部因素

包括颗粒的大小、形状、排列、级配及沉积条件等。

(1)颗粒矿物成分、颗粒形状和级配。

砂土矿物成分对强度的影响，主要来自矿物表面摩擦力，例如石英、长石的表面摩擦角为 26°，而云母仅为 13.5°，故石英、长石颗粒组成砂的强度较云母高。颗粒形状和级配对强度的影响也很明显，如多棱角的颗粒和级配良好的颗粒，会增加颗粒之间的咬合作用，从而能提高砂土的内摩擦角 φ。级配良好的土要比级配差的土有较小的初始孔隙比和较好的咬合力。

(2)沉积条件。

天然沉积的砂土都是水平向沉积，颗粒排列大致有定向性，适于承受垂直压力，这就给土层带来各向异性性质，除了垂直向压缩性小于水平向外，垂直截面上的抗剪强度也较水平截面高，因为垂直截面上的颗粒咬合作用大于水平截面。

2. 外界因素

(1)初始孔隙比(或初始孔隙率)、周围压力、应力和应变条件以及排水条件、加荷速率等，其中最重要的因素是初始孔隙比和周围压力。

关于初始孔隙比、围压大小等的影响，前面已经讨论过。至于加荷速率，对于干砂强度没有大的影响，但对于饱和砂，由于剪切时造成孔隙变化，产生孔隙水压等因素，从而促使孔隙水的流动，这就需要剪应力提供一定能量。加荷速度愈大，则能量要求愈高，因此测出的强度也愈高，即排水剪切强度较不排水剪切强度高。

(2)试验条件。

试验条件对砂土强度有一定影响。例如对于密砂，用直剪仪测得的 φ 值较用常规三轴仪所测得的大 4°左右。对于松砂，则仅大 0.5°左右。其原因在于密砂具有较强的咬合作用，在直剪仪上需要较常规三轴仪付出更大的能量克服它，松砂咬合作用较弱，其测出的 φ 差别就小些。至于中主应力 σ_2 的影响，一般认为影响不大。

三、砂土的强度与砂土孔隙比的关系

砂土强度取决于试样剪前的有效固结压力和剪破时的孔隙比。对于砂土，在低压下的峰值摩擦角则取决于试样的初始孔隙比，而受周围压力的影响相对较小。

1. 砂土应力－应变－体变曲线特性

图 5－24 表示不同初始孔隙比的同一种砂土在相同周围压力 σ_3 下受剪时的应力应变特性。由图可见，密砂初始孔隙比较小，应力－应变关系有明显的峰值，超过峰值后，随应变的增加应力逐步降低，呈应变软化型。体积变化是开始稍有减小，而后增加，表现为剪胀，这是由于较密实的砂土颗粒之间排列比较紧密，剪切时砂粒之间产生相对滚动，土颗粒之间的位置重新排列的结果。密砂由于咬合颗粒的滚动，体积开始迅速增加，最后保持不变。达到峰值后，试样变松，咬合作用削弱，强度随应变逐渐减小，最后保持剩余强度。

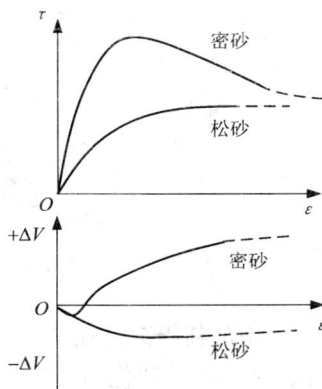

图 5－24　砂土受剪时的应力－应变－体变曲线

松砂受剪的应变曲线不出现峰值或略带峰值，其应力－应变关系呈应变硬化型，松砂受剪其体积减小，表现为剪缩。同一种土，无论密砂或松砂，在相同周围压力 σ_3 作用下最终强度总是趋向同一值。当然密砂松砂只是相对一定的周围压力 σ_3 而言。例如一般讲砂土的强度都是指低压下（小于 1 MPa），相当于一般建筑物基底下压力。对于当压力达到 10 MPa 时，则密砂也相对成为松砂，也出现剪缩现象。

2. 临界孔隙比及其测定方法

从图 5－24 中可以看出，密砂受剪体积增加，在不排水剪切试验中密砂将诱发负孔隙水压力，有效应力增加，因而获得强度。而松砂受剪切时其体积减小，表现为剪缩。按理论，应该存在初始孔隙比使得砂土在受剪切破坏时体积既不增大也不变小，即存在一不引起体积改变的初始孔隙比，称为临界孔隙比 e_{cr}（critical pore ratio），如图 5－25 所示。

临界孔隙比可由 CD 试验或常体积试验（CU）试验测定。

其中 CD 试验是由不同初始孔隙比的试样在相同围压 σ_{3c} 下进行剪切试验，依据试样剪破时的体积应变 $\varepsilon_{vf}(\Delta V/V)$，然后绘制初始孔隙比与剪破时的体积应变关系曲线 $e_0-\varepsilon_{vf}$，相应于体积变化为零即 $\varepsilon_{vf}=0$ 时的初始孔隙比称为该 σ_3 作用下的临界孔隙比 e_{cr}，如图 5－25 所示。这里应注意在三轴试验中，临界孔隙比 e_{cr} 不是常数，与围压 σ_{3c} 有关，不同的 σ_{3c} 可以得出不同的 e_{cr} 值。

而 CU 试验，采用在相同 σ_{3c} 情况下，测出试样剪破时的孔隙水压力并绘制初始孔隙比 e_0 与 u 或 $\sigma'_{3f}(\sigma_{3c} - u)$ 关系曲线，对应 $u = 0$ 时，即 $\sigma'_{3f} = \sigma_{3c}$ 时的初始孔隙比即为临界孔隙比 e_{cr}，如图 5 – 26 所示。

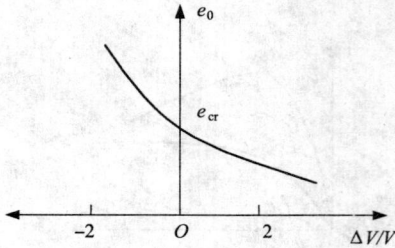

图 5 – 25　砂土的临界孔隙比

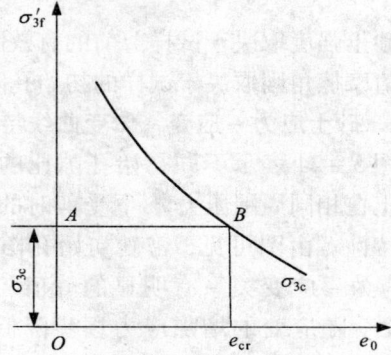

图 5 – 26　e_{cr} 的确定

3. 砂土液化及临界孔隙比的关系

液化被定义为物质转化为液体的行为过程。对于大多数砂土，当受到剪切时，一般都能在短时间内排水固结，因此砂土的抗剪强度应相当于固结排水剪或慢剪试验的结果。但对于饱和粉土，当突然受振动荷载作用时，特别是初始孔隙比 e_0 大于临界孔隙比 e_{cr} 表现为松土时，则往往造成在反复的动剪力作用下孔隙水压力突增，由于饱和松散粉土或粉砂孔隙水来不及排出，有可能使有效应力降低到零，从而造成粉土、粉砂土像流体那样完全失去抗剪强度，此时粉土的抗剪强度可表达为：

$$\tau_f = \sigma' \tan\varphi' = (\sigma - u)\tan\varphi'$$

由上式可见，当动荷载引起的超孔隙水压力达到 σ 时，则有效应力 $\sigma' = 0$，其抗剪强度 $\tau_f = 0$，这时土体强度丧失而像流体一样流动的现象称为砂土液化（sand liquefaction）。

上述试验也表明，若饱和砂土其初始孔隙比 e_0 小于临界孔隙比 e_{cr} 时，即在相对密实状态下，剪应力作用下土体会发生剪胀使粒间孔隙水压力较小甚至出现负值，则砂土有效应力增大，致使其抗剪强度降低很小甚至增大，加上砂土中孔隙水易于排出，一般不会发生砂土液化。因此，在路基工程或地基处理施工中，换填砂土要严格按照规范，选择合适填料并填筑密实，可避免地基发生砂土液化。

4. 高围压下砂土强度特征

在低围压下，围压对砂土摩擦角的影响较小，在高围压下砂土受剪时有些颗粒将破碎，从而导致砂土原有级配的改变，将有较多的细颗粒去充填较粗颗粒形成的孔隙。因此，即使制备砂样的相对密度已达 100%，在高围压作用下体积仍会减小。已有试验表明砂土在高压三轴排水剪试验时存在剪缩现象，如图 5 – 27 所示。高围压下砂土强度的共同特征如下：

（1）密砂在高压下受剪像延性材料那样破坏，应力–应变–体变曲线具有松砂在低压下类似的形状，脆性削弱，剪胀消失；

（2）不论砂土松紧程度如何，轴向应变 ε_{af} 和体积应变 ε_{vf} 随围压的增加稳定增加，但在极高的围压下 ε_{af} 和 ε_{vf} 反随围压的增加而减小。即在较低压力范围内强度线为上凸的曲线，在较高压力范围内强度线为通过坐标原点的直线。

总之，无粘性土的抗剪强度决定于有效法向应力和内摩擦角。密实砂土的内摩擦角与初始孔隙比、土颗粒表面的粗糙度以及颗粒级配等因素有关。初始孔隙比小、土颗粒表面粗糙、级配良好的砂土，其内摩擦角较大。近年来研究表明，实际上无粘性土的强度性状也十分复杂，它还受各向异性、土体的沉积形式、应力历史等因素影响。

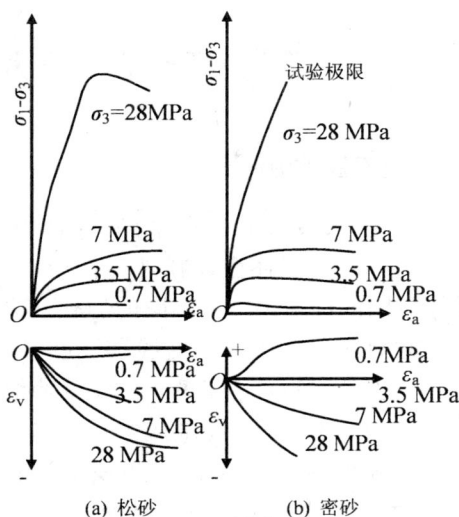

图 5-27　高压三轴排水试验结果

例 5-3　已知一砂土层中某点应力达到极限平衡状态时，过该点的最大剪应力平面上的法向应力和剪应力分别为 320 kPa 和 160 kPa。试求：

（1）该点处的最大和最小主应力？

（2）该砂土的内摩擦角？

（3）过该点剪切破裂面上的法向应力和剪应力？

（4）若试验过程中排水不畅，破坏时测得孔隙水压力为 40 kPa，则有效内摩擦角多大？

解：

（1）$\sigma_3 = \sigma - \tau_{max} = 320 - 160 = 160（kPa）$

$\sigma_1 = \sigma + \tau_{max} = 320 + 160 = 480（kPa）$

（2）根据图中的几何关系得：

$\sin\varphi = \dfrac{R}{320} = \dfrac{\tau_{max}}{\sigma} = 0.5$，则 $\varphi = 30°$

（3）$\tau_b = \tau_{max} \times \cos\varphi = 160.\cos60 = 138.568（kPa）$

$\sigma_b = \sigma - \tau_{max} \times \sin\varphi = 320 - 160 \times 0.5 = 240（kPa）$

（4）$\sigma_1' = \sigma_1 - u = 450（kPa）$　　　$\sigma_3' = \sigma_3 - u = 130（kPa）$

$\sin\varphi' = \dfrac{\tau max}{0.5（\sigma_1' + \sigma_3'）} = 16/29$　　$\varphi' = 33.49°$

可见，砂土采用有效内摩擦角其强度得到了提高；也说明施工过程注意排水具有重要作用。

第七节 应力路径及其影响

一、应力路径的概念

应力路径(stress path)是指在外力作用下,土中某一点的应力变化过程在应力坐标图中的轨迹。它是描述土体在外力作用下应力发生变化过程的一种表达方法。同一种土,采用不同的试验手段和不同的加载方法使之剪破,其应力变化过程是不同的。

工程设计中仅凭土的强度线和强度参数是不能反映土在受剪过程中强度特性全貌的。因此,为了较深入地了解土的强度特性和合理地选择设计参数,试验室提供的资料除强度参数外,还应包括土的应力 – 轴向应变 – 体变或应力 – 轴向应变 – 孔隙水压力等关系曲线。就不排水剪而言,土在受剪过程中的强度特性可通过应力路径来综合反映。

1. 最大剪应力面上的应力路径

在三轴试验中试样的应力状态可通过某些特定平面上的应力路径来反映。常用的平面为与大主应力面成45°的平面,即最大剪应力面。因为在这个平面上的应力路径比较简单且实用,所以本章只涉及最大剪应力面上的应力路径。

例如,在三轴压缩试验中,试样是在周围压力保持不变的条件下逐渐增加轴向应力而被剪破。因此,试样剪切前的应力状态可用一点圆来表示,而在受剪过程中的应力状态则可由一套摩尔总应力圆来反映,如图 5 – 28 所示。通过这套总应力圆顶点的连线,如图中的 AB 线,即为三轴压缩试验中最大剪应面上的总应力路径(Total stress Path,简写 TSP),它是一条与坐标横轴逆时针成45°的直线。

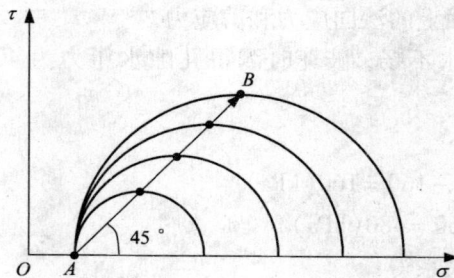

图 5 – 28   以最大剪应力面上之应力表示应力路径

同样,通过剪切过程中一套有效应力圆顶点的连线即为有效应力路径(effective stress path,ESP),不过它不一定是直线。

表示应力路径的坐标系除了 $\tau \sim \sigma$ 直角坐标系外,还常用 $q \sim p$ 直角坐标系。其中 $p = \dfrac{\sigma_1 + \sigma_3}{2}$, $q = \dfrac{\sigma_1 - \sigma_3}{2}$,用以表示最大剪应力 τ_{max} 面上的应力变化的应力路径。

2. k_f 线或 k_f' 线

不同初始固结压力的极限应力圆顶点的连线为 k_f 线。若采用有效应力表示则为 k_f' 线，如图 5 - 29 所示。它也是一种强度线，与强度线有内在联系，最大剪应力面上的应力路径必过该线。

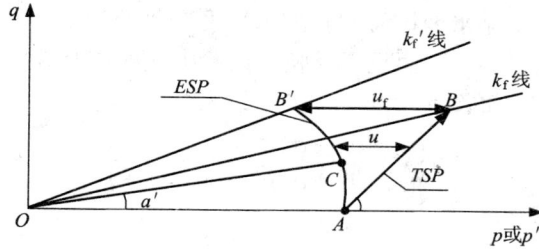

图 5 - 29　CU 试验中的应力路径

因此，可以通过应力路径来确定 k_f 线或 k_f' 线。

二、三轴试验不同条件下的应力路径

1. CD 试验中不同加荷方法的应力路径

在 CD 试验中应力路径比较简单，因为试验中孔隙水压力始终保持零，所以 TSP 也就是 ESP。图 5 - 30 为试样在各向等压固结后，以不同加荷方式进行三轴排水试验的几种 ESP（或 CU 试验的 TSP）。

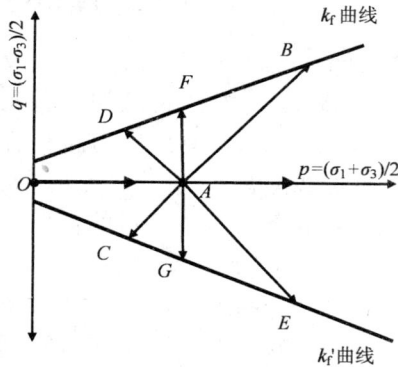

图 5 - 30　CD 试验中不同加荷方法的应力路径

图中，AB 和 AC 分别为三轴被动压缩和三轴主动伸长试验的应力路径，试验中径向应力保持不变，增减轴向应力。试样在这种应力和应变条件作用下大体相当于圆形基础和圆形基坑中心线上土体单元的受剪情况；

AD 和 AE 分别为三轴主动压缩和三轴被动伸长试验的应力路径，试验中轴向应力保持不变、减小径向应力。试样在这种应力和应变条件作用下近似于挡土墙后土体单元受主动破坏和被动破坏的情况；

AF 和 AG 分别为三轴等 p 压缩和三轴等 p 伸长试验的应力路径；试验中轴向应力增加（或减小），径向应力等量减小（或增加）。

AI 和 AJ 为三轴各向等压固结和各向等压回弹试验的应力路径。

2. CU 试验中的应力路径

在三轴不排水剪试验中，试样内将产生孔隙水压力，因此，试验中的 TSP 与 ESP 是不同的。图 5 - 29 为正常固结试样（NC）在常规固结不排水试验（CU）中受剪阶段的应力路径。TSP 为与坐标横轴逆时针成 45°的直线。从 A 点至 B 点剪破；而有效应力路径 ESP 则为曲线，从 A 点至 B' 点剪破。两种路径间的水平距离表示试样在受剪过程中的孔隙水压力变化。由于极限总应力圆与极限有效应力圆同样大小，所以 B 点与 B' 点同高。

ESP 反映了试样在不排水剪试验中孔隙水压力变化的特征，可以间接地反映试样在排水剪试验中体积变化的特征，而且还反映了试验中强度和有效应力变化的特征。

从 ESP 上任取一点，如图 5 - 29 中 C 点，设它与坐标原点连线的倾角为 α'，则

$$\tan\alpha' = \frac{\sigma_1' - \sigma_3'}{\sigma_1' + \sigma_3'} = \frac{(\sigma_1'/\sigma_3') - 1}{(\sigma_1'/\sigma_3') + 1}$$

于是

$$\frac{\sigma_1'}{\sigma_3'} = \frac{1 + \tan\alpha'}{1 - \tan\alpha'} \qquad (5 - 35)$$

由式（5 - 35）可见，倾角 α' 与有效主应力比相对应，在 ESP 上具有最大倾角 α'_{max} 的点就是有效主应力比最大的点。显然，在图 5 - 29 中 B' 点是主应力差最大的点，也是有效主应力比最大的点。也就是说，对于正常固结粘土，试样破坏时采用最大主应力差表达与采用最大有效主应力比来表达土体破坏的标准是一致的。

三、路基分级加荷施工优点的应力路径分析法

路堤填土是分级堆载施工的，假设地基土属于正常固结土时，每级荷载加载后允许地基土充分排水固结，则其有效应力路径可绘制成图 5 - 31 的曲线形态。

其中 a 点表示地基中某点的初始应力状态（例如在自身重力作用下的状态）。第一级荷载时有效应力路径为图中的 $a - 1$ 曲线形状；加荷后地基土充分排水固结，则应力路径为水平线 1

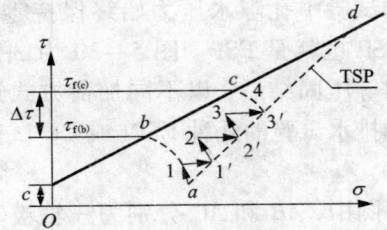

图 5 - 31　路堤分级加荷的应力路径

- $1'$。以后的各级荷载均按第一级加荷的方法加荷，则应力路径为 $1' - 2 - 2' - 3 - 3' - 4$，达到 c 点。

通过应力路径图 5 - 31 可以明显看到：地基由于固结获得的强度（c），较一次连续加荷而不让土体固结所可能有的强度破坏值（b）增长了 $\Delta\tau = \tau_f(c) - \tau_f(b)$。通过这种分级加荷的施工方法，可使地基土得以有效的排水固结，从而大大提高了土的抗剪强度。

应力路径图形象而清晰地把土中强度变化过程表现了出来，而且还说明了由于应力路径的不同，强度不是一个单一的确定值。

重点：(1)土的极限平衡条件；(2)莫尔－库仑强度理论及影响土的抗剪强度的因素；(3)直剪试验及三轴试验的原理和试验方法；(4)粘性土抗剪强度；(5)砂土的抗剪强度。

难点：(1)不同三轴试验方法中应力条件、孔隙水压力变化和强度指标特征；(2)砂土的强度与砂土孔隙比的关系；(3)应力路径对土的抗剪强度影响。

思考与练习

5-1　什么是土的抗剪强度？什么是土的抗剪强度指标？试说明砂土的抗剪强度来源有哪些？

5-2　对一定类型的土其抗剪强度指标是否为一个定值？为什么？

5-3　土的极限平衡条件与莫尔－库仑强度理论之间是如何联系的？对于实际工程有何指导意义？

5-4　土体中首先发生剪切破坏的平面是否就是剪应力最大的平面？为什么？在何种情况下剪切破坏面与最大剪应力面是一致的？

5-5　分别简述直剪试验和三轴压缩试验的原理，并比较二者之间的优缺点和适用范围。

5-6　在排水不良的软粘土地基上为什么不宜快速施工？

5-7　什么是土的无侧限抗压强度？它与土的不排水强度有何关系？

5-8　试比较粘性土在不同固结和排水条件下的三轴试验中，其应力条件和孔隙水压力变化有何特点？并说明所得的抗剪强度指标的各自适用范围。

5-9　什么是应力路径？试说明饱和粘性土在固结不排水试验中用总应力或用有效应力表示时有何区别？

5-10　某砂土试样在法向应力 $\sigma = 100$ kPa 作用下进行直剪试验，测得其抗剪强度 $\tau_f = 60$ kPa。试求：(1)用作图方法确定该土样的抗剪强度指标 φ 值；(2)如果试样的法向应力增至 $\sigma = 250$ kPa，则土样的抗剪强度是多少？

5-11　对饱和粘性土试样进行无侧限抗压试验，测得其无侧限抗压强度 $q_u = 120$ kPa。求(1)该土样的不排水抗剪强度；(2)与圆柱型试样轴呈60°交角面上的法向应力和剪应力是多少？

5-12　某完全饱和土样，已知土的抗剪强度指标为：$c_{uu} = 35$ kPa，$\varphi_{uu} = 0$；$c_{cu} = 12$ kPa，$\varphi_{cu} = 12°$；$c' = 3$ kPa，$\varphi' = 28°$。若该土样在 $\sigma_3 = 150$ kPa 作用下进行三轴固结不排水压缩实验，则破坏时的 σ_1 约为多少？

5-13　已知一砂土层中某点应力达到极限平衡状态时，过该点的最大剪应力平面上的法向应力和剪应力分别为 400 kPa 和 200 kPa。

试求：(1)该点处的最大和最小主应力？(2)过该点剪切破裂面上的法向应力和剪

应力?(3)该砂土的内摩擦角?(4)若试验过程中排水不畅,破坏时测得孔隙水压力为40 kPa,则有效内摩擦角多大?

5-14 在某地基土的不同深度进行十字板剪切试验,设十字板的高度 H 和宽度 D 分别为 10 cm 和 5 cm,剪测得的最大扭矩如习题 5-14 表。试求不同深度处的抗剪强度。

习题 5-14 表

深度(m)	最大扭矩(kN·m)
5	120
10	150
15	180

5-15 在 $q\sim p$ 坐标上画出下列四种常见的三轴试验应力路径(试件先在周围压力 σ_3 下固结):

(1)σ_3 等于常数,增大 σ_1 直至试件剪切破坏;

(2)σ_1 等于常数,减小 σ_3 直至试件剪切破坏;

(3)保持 p 等于常数,增大偏差应力 $\Delta\sigma_1$ 直至试件剪切破坏;

(4)保持 $\Delta\sigma_1/\Delta\sigma_3$ 等于常数,增大偏差应力 $\Delta\sigma_1$ 直至试件剪切破坏。

第 **6** 章

天然地基承载力

第一节　概　述

土木工程在服役期内要求地基不致因承载力不足、渗流破坏而失去稳定性，也不致因变形过大而影响正常使用。地基承载力(bearing capacity)是指单位面积上承受荷载的能力，通常可以分为两种：一种称为极限承载力，即地基即将丧失稳定性时的承载力；另一种称为容许承载力，即地基稳定有足够的安全度并且变形在建筑物容许范围内时的承载力。

一、地基土的承载性状

地基承载力是土的抗剪强度的一种宏观表现。地基受荷后剪切破坏的过程及性状，可以通过现场载荷试验来分析。载荷板的尺寸一般为 $0.5\,m \times 0.5\,m \sim 1.0\,m \times 1.0\,m$，通过在载荷板上逐级施加荷载，得到载荷板下地基土各级压力 p 与相应的稳定沉降量 s 间的关系，如图 6-1 所示，其中 p-s 曲线中 A 最典型。试验表明，地基的变形破坏一般经历了弹性变形阶段、弹塑性变形阶段和破坏阶段。

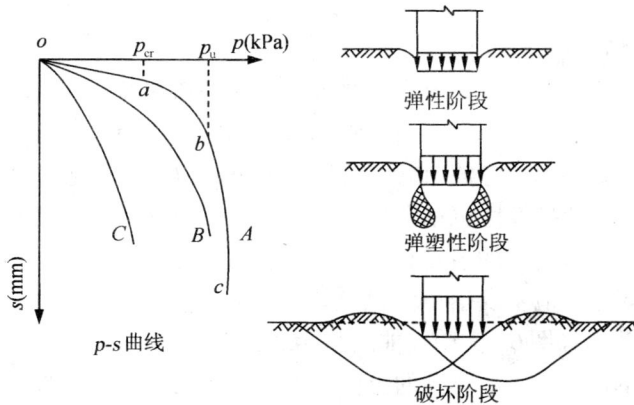

图 6-1　地基变形破坏的三个阶段

（1）弹性变形阶段，又称压密阶段，对应 $p-s$ 曲线的 oa 段。在这一阶段，外加荷载较小，地基土以压密变形为主，压力与变形基本呈线弹性关系。地基中的应力尚处在弹性平衡阶段，土中任一点的剪应力均小于该点的抗剪强度。$p-s$ 曲线上相应于 a 点的荷载称为比例界限 p_{cr}。

（2）弹塑性变形阶段，又称剪切阶段，对应 $p-s$ 曲线的 ab 段，是地基中塑性区的发生与发展阶段。在这一阶段，$p-s$ 曲线呈现非线性的变化，沉降变形速率随荷载的增大而增加。地基中部分区域（从基础两侧底边缘开始）的剪应力达到土的抗剪强度，进入塑性状态，此时塑性区并未连成一片，地基仍有一定的稳定性，但安全度则随着塑性区的扩大而降低。随着荷载的增加，土中塑性区的范围也逐步扩大，直到形成连续滑动面。$p-s$ 曲线上相应于 b 点的荷载称为极限荷载 p_u。

（3）破坏阶段，又称塑性流动阶段，对应 $p-s$ 曲线的 bc 段。当荷载超过极限荷载后，载荷板急剧下沉，两侧土体隆起。这时变形主要是由地基土的塑性流动引起，是一种随时间不稳定的变形，地基发生剪切破坏。

二、地基的典型破坏形态

地基的破坏形式和土的性质、基础埋深及加荷速率等有密切的关系。由于实际工程所处的条件千变万化，所以地基的破坏形式是多种多样的。但归纳起来可分为三种典型形态：整体剪切破坏、局部剪切破坏和刺入剪切破坏，如图 6-2 所示。

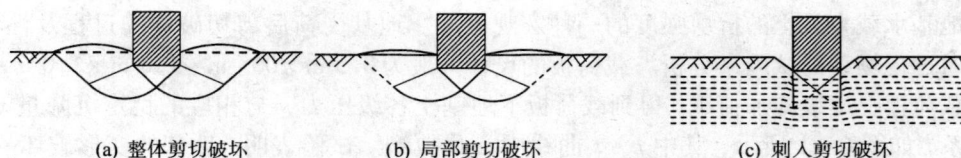

(a) 整体剪切破坏　　　　(b) 局部剪切破坏　　　　(c) 刺入剪切破坏

图 6-2　地基的典型破坏形式

1. 整体剪切破坏

整体剪切破坏一般发生在密砂和坚硬的粘土中，是指在荷载作用下地基发生连续剪切滑动的破坏模式，如图 6-2(a) 所示。它的破坏特征：在较小荷载作用下，地基呈近似线弹性变形；当荷载达到一定数值时，在基础的边缘以下土体首先发生剪切破坏，随着荷载的继续增加，剪切破坏区也逐渐扩大，$p-s$ 曲线由线性开始弯曲；当剪切破坏区在地基中形成一片，成为连续的滑动面时，基础就会急剧下沉并向一侧倾斜、倾倒，基础两侧的地面向上隆起，地基发生整体剪切破坏，失去承载能力。描述这种破坏模式的典型的荷载-沉降关系如图 6-1 中 A 曲线所示，曲线具有明显的转折点，破坏前建筑物一般不会发生过大的沉降，属于典型的土体强度破坏，破坏有一定的突然性。

2. 局部剪切破坏

局部剪切破坏一般发生在中等密实砂土中，是指在荷载作用下地基某一范围内发生剪切滑动的破坏模式，如图 6-2(b) 所示。它的破坏特征：在荷载作用下，地基在基础边缘以下开始发生剪切破坏；随着荷载的继续增大，地基变形增大，剪切破坏区继续扩大，基础两侧土体有部分隆起，但剪切破坏区滑动面没有发展到地面。基础由于产生过大的沉降而丧失继续承载能力，但没有明显的倾斜和倒塌。描述这种破坏模式的典型的荷载－沉降关系如图 6－1 中 B 曲线所示，曲线一般没有明显的转折点，其直线段范围较小，是一种以变形为主要特征的破坏模式。

3. 刺入剪切破坏

刺入剪切破坏一般发生在压缩性较大的松砂、软土地基中，是指在荷载作用下地基土体发生垂直剪切破坏，从而使基础产生过大沉降的一种破坏模式。它的破坏特征：在荷载作用下基础产生较大沉降，基础周围的部分土体也产生下陷，破坏时基础好像"刺入"地基土层中，不出现明显的破坏区和滑动面，基础没有明显的倾斜。描述这种破坏模式的典型的荷载－沉降关系如图 6－1 中 C 曲线所示，曲线没有转折点，没有明显的比例界限及极限荷载。

地基发生何种形式的破坏，既取决于地基土的类型和性质，又与基础的特性和埋深以及受荷条件等有关。如密实的砂土地基，多出现整体剪切破坏，但当基础埋深很大时，也会因较大的压缩变形，发生冲剪破坏。对于软粘土地基，当加荷速率较小，容许地基土发生固结变形时，往往出现冲剪破坏；但当加荷速率很大时，由于地基土来不及固结压缩，就可能发生整体剪切破坏；加荷速率处于以上两种情况之间时，则可能发生局部剪切破坏。

三、确定地基承载力的方法

确定地基承载力的方法一般有原位试验法、理论公式法、规范法、工程地质类比经验法四种。

（1）原位试验法是一种通过现场直接试验确定承载力的方法，主要方法有：载荷试验、静力触探试验、标准贯入试验、旁压试验等，其中以载荷试验法最为直接、可靠。

（2）理论公式法主要有两种，一种是根据土体极限平衡条件导出的临塑（界）荷载计算公式；另一种是根据地基土刚塑性假设而导得的极限承载力计算公式。工程实践中，可以根据建筑的不同要求，可以用临塑（界）荷载或用极限承载力并除以一定的安全系数作为地基承载力。

（3）规范法是根据室内试验指标、现场测试指标或野外鉴别指标，通过查规范得到承载力的方法。但并不是所有规范都给出了地基承载力建议值，如《建筑地基基础设计规范》（GB 50007—2011）基于变形控制已是地基设计的重要原则，取消了用土的物理指标确定地基承载力的方法。

（4）工程地质类比经验法是一种基于地区的使用经验，进行工程地质条件类比判断确定承载力的方法。上海、北京和天津等地编制了地区性的工程地质图。这些地图集根据以往的工程勘察和观测资料，通过综合分析对比，给出各小区的地基承载力，对于新建筑物地基土承载力的确定，具有一定的参考价值。

确定地基承载力时，应结合当地建筑经验按下列方法综合考虑。

（1）对一级建筑物采用原位测试方法及理论公式计算综合确定。

（2）对二级建设物可按有关规范查表，结合原位试验确定。有些二级建筑物尚应结合理论公式计算确定。

（3）对三级建筑物可根据邻近建筑物的经验确定。

第二节　地基临塑荷载和临界荷载

一、塑性区边界方程的推导

假设地基为弹塑性半无限体，在均质地基表面上，作用一均布条形荷载 p_0，如图 6-3（a）所示。根据弹性理论，它在地表下任一点 M 处产生的最大、最小主应力可按下式表达：

$$\frac{\sigma_1}{\sigma_3} = \frac{p_0}{\pi}(\alpha \pm \sin\alpha) \tag{6-1}$$

作用在 M 点的应力，除了地基附加应力外，还有土的自重应力。实际工程中，基础一般有一定的埋深 d，如图 6-3（b）所示，则 M 点的土自重应力为 $\gamma_0 d + \gamma z$。

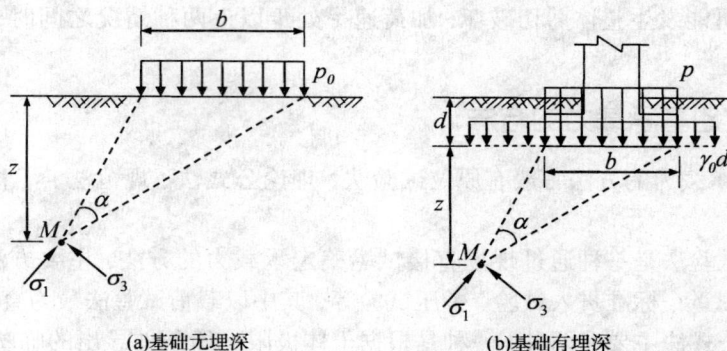

图 6-3　均布条形荷载下的地基中的主应力

为了推导方便，假定自重应力场处于静水压力状态，即静止侧压力系数 $K_0 = 1$，地基土的自重应力不会影响 M 点的附加主应力大小和方向，因此，地基中任一点 M 的最大、最小主应力为：

$$\frac{\sigma_1}{\sigma_3} = \frac{p - \gamma_0 d}{\pi}(\alpha \pm \sin\alpha) + \gamma_0 d + \gamma z \tag{6-2}$$

式中：γ_0、γ 分别为基础底面以上、以下土的容重。

当 M 点应力达到极限平衡状态时，该点的最大、最小主应力应满足极限平衡条件：

$$\sin\varphi = \frac{\sigma_1 - \sigma_3}{\sigma_1 + \sigma_3 + 2c \cdot \cot\varphi} \tag{6-3}$$

将式（6-2）代入上式可得：

$$z = \frac{p - \gamma_0 d}{\gamma \pi}\left(\frac{\sin\alpha}{\sin\varphi} - \alpha\right) - \frac{1}{\gamma}(c \cdot \cot\varphi + \gamma_0 d) \tag{6-4}$$

式(6-4)即为满足极限平衡条件的地基塑性区边界方程,其给出了塑性区边界上任意点的坐标 z 与 α 的关系,由此可得到条形均布荷载作用下土中塑性区的边界线。

二、临塑荷载和临界荷载的确定

在条形均布荷载作用下,塑性区的最大深度 z_{max} 可通过对塑性区边界方程求极值而得到,即

$$\frac{\mathrm{d}z}{\mathrm{d}\alpha} = \frac{p - \gamma_0 d}{\pi\gamma}\left(\frac{\cos\alpha}{\sin\varphi} - 1\right) = 0 \tag{6-5}$$

由此解得:

$$\alpha = \frac{\pi}{2} - \varphi \tag{6-6}$$

代入塑性区边界方程可得出 z_{max} 的表达式:

$$z_{max} = \frac{p - \gamma_0 d}{\pi\gamma}\left(\cot\varphi - \frac{\pi}{2} + \varphi\right) - \frac{1}{\gamma}(c \cdot \cot\varphi + \gamma_0 d) \tag{6-7}$$

由此可得到塑性区展开最大深度 z_{max} 时的基底均布荷载 p 的表达式:

$$p = \frac{\pi}{\cot\varphi - \frac{\pi}{2} + \varphi}\gamma z_{max} + \frac{\cot\varphi + \frac{\pi}{2} + \varphi}{\cot\varphi - \frac{\pi}{2} + \varphi}\gamma_0 d + \frac{\pi\cot\varphi}{\cot\varphi - \frac{\pi}{2} + \varphi}c \tag{6-8}$$

若令 $z_{max} = 0$,代入式(6-8),则此时基底压力 p 称为临塑荷载(critical edge pressure)。即:

$$p_{cr} = N_q \cdot \gamma_0 d + N_c \cdot c \tag{6-9}$$

式中: N_q、N_c 为承载力系数,其值为:

$$N_q = \frac{\cot\varphi + \frac{\pi}{2} + \varphi}{\cot\varphi - \frac{\pi}{2} + \varphi} = 1 + N_c\tan\varphi \tag{6-10}$$

$$N_c = \frac{\pi\cot\varphi}{\cot\varphi - \frac{\pi}{2} + \varphi} \tag{6-11}$$

大量工程实践表明,用 P_{cr} 作为地基承载力设计值是比较保守和不经济的。即使地基中出现一定范围的塑性区,也不致危及建筑物的安全和正常使用。工程中允许塑性区发展到一定范围,这个范围的大小是与建筑物的重要性、荷载性质以及土的特征等因素有关的。一般中心受压基础可取 $z_{max} = b/4$,偏心受压基础可取 $z_{max} = b/3$,与此相应的地基承载力用 $P_{1/3}$、$P_{1/4}$ 表示,称为临界荷载,这时的荷载,

$$P_{1/4} = \frac{\pi(\gamma d + c \cdot \mathrm{ctan}\varphi + \frac{1}{4}\gamma b)}{\mathrm{ctan}\varphi - \frac{\pi}{2} + \varphi} = \gamma b N_{\gamma 1/4} + \gamma_0 d N_q + c N_c \tag{6-12}$$

$$P_{1/3} = \frac{\pi(\gamma d + c \cdot ctan\varphi + \frac{1}{3}\gamma b)}{ctan\varphi - \frac{\pi}{2} + 2} = \gamma b N_{\gamma 1/3} + \gamma_0 d N_q + c N_c \qquad (6-13)$$

式(6-12)与式(6-13)中,第一项中的 γ 为基底面以下地基土的重度;第二项中的 γ_0 为基础埋置深度范围内土的加权平均容重。另外,如地基中存在地下水时,则位于水位以下的地基土取浮重度 γ',对于不透水土,如致密的粘性土,则取饱和重度 γ_{sat}。其余的符号意义同前。

上述临塑荷载与临界荷载计算公式均由条形基础均布荷载推导得来。

$P_{1/4}$ 这个公式在设计中常被应用,写进了地基设计规范。为了应用上的方便,将这个公式改写为如下的形式

$$P_{1/4} = \gamma b M_b + \gamma_0 d M_d + c_k M_c \qquad (6-14)$$

式中 $M_b = \dfrac{\frac{1}{4}\pi}{cot\varphi - \frac{\pi}{2} + \varphi}$, $M_d = \dfrac{cot\varphi + \frac{\pi}{2} + \varphi}{cot\varphi - \frac{\pi}{2} + \varphi}$, $M_c = \dfrac{\pi cot\varphi}{cot\varphi - \frac{\pi}{2} + \varphi}$

可见这三个承载力系数均为土的内摩擦角 φ 的函数,可查规范相应系数表。

例 6-1 某工程为粉质粘土地基,已知土的容重为 $\gamma = 17.5$ kN/m³,粘聚力 $c = 20$ kPa,内摩擦角 $\varphi = 12°$,如果设置一条形基础,宽 $b = 1.2$ m,埋深 $d = 2$ m,试求 p_{cr}。

解:土的内摩擦角 $\varphi = 12° = \pi/15$

$$N_q = \frac{cot\varphi + \frac{\pi}{2} + \varphi}{cot\varphi - \frac{\pi}{2} + \varphi} = \frac{cot\frac{\pi}{15} + \frac{\pi}{2} + \frac{\pi}{15}}{cot\frac{\pi}{15} - \frac{\pi}{2} + \frac{\pi}{15}} = 1.94$$

$$N_c = \frac{\pi cot\varphi}{cot\varphi - \frac{\pi}{2} + \varphi} = \frac{\pi cot\frac{\pi}{15}}{cot\frac{\pi}{15} - \frac{\pi}{2} + \frac{\pi}{15}} = 4.42$$

$$p_{cr} = N_q \cdot \gamma_0 d + N_c \cdot c = 1.94 \times 17.5 \times 2 + 4.42 \times 20 = 156.3 (kPa)$$

第三节 地基极限承载力

极限承载力(ultimate loading)是指地基剪切破坏发展到即将失稳时所能承受的最大荷载,相当于地基土中应力状态从弹塑性阶段过渡到破坏阶段时的界限荷载。地基的极限承载力与建筑物的安全和经济密切相关,尤其对重大工程或承受倾斜荷载的建筑物更为重要。

在土力学的发展中,地基极限承载力的理论公式很多,大都是按整体破坏模式推导,而用于局部剪切或刺入剪切破坏情况时根据经验加以修正。极限承载力求解方法有两类:

(1)根据土体极限平衡方程,由已知边界条件求解,由于数学上的困难,只有少数

情况可得到解析解，如普朗特尔公式，而多数情况需用数值方法；

（2）根据模型试验，研究地基滑动面形状，作必要地简化后，再根据滑动面上的静力平衡条件求解，如太沙基公式。

一、地基承载力的一般公式

某条形基础受均布荷载，基础的宽度为 b，埋深为 d，地基土的天然容重为 γ，内摩擦角为 φ，粘聚力 c，以基础底面为计算地面，此时地基受力简化为二维平面应变状态，如图 6-4 所示。假定：

（1）基底土体呈压剪破坏，地基滑裂面折线 $AB+BC$，其中 AB 与大主应力面即基础底面的夹角为 $\alpha=45°+\varphi/2$，如图 6-4 所示；

（2）基底以上土层的自重压力等代为大小为 $q=\gamma d$ 的竖向均布荷载；

（3）滑裂体的重量为 $\gamma z=\gamma b\tan\alpha$，平均作用于滑裂体的上、下两面，各为 $\gamma b\tan\alpha/2$；

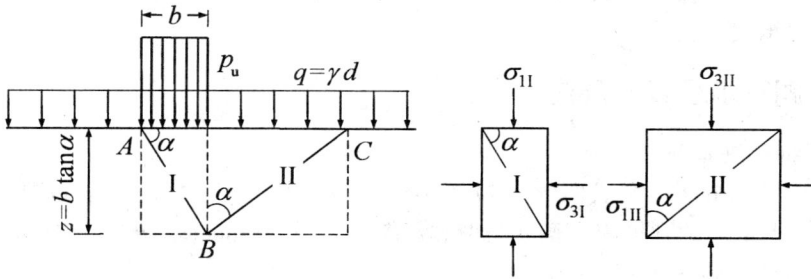

图 6-4　地基极限荷载分析

在极限荷载 p_u 作用下，Ⅰ区地基土产生压剪破坏，并推动Ⅱ区滑动。在Ⅰ区，p_u 引起的竖向应力 $\sigma_{1Ⅰ}$ 为最大主应力，水平应力 $\sigma_{3Ⅰ}$ 为最小主应力；在Ⅱ区，水平应力 $\sigma_{1Ⅱ}$ 为最大主应力，其值与Ⅰ区的水平应力 $\sigma_{3Ⅰ}$ 相等，竖向应力 $\sigma_{3Ⅱ}$ 为最小主应力。

对于Ⅱ区地基，根据极限平衡条件，得：

$$\sigma_{1Ⅱ}=\sigma_{3Ⅱ}\tan^2\left(45°+\frac{\varphi}{2}\right)+2c\tan\left(45°+\frac{\varphi}{2}\right)$$

由假设可知：

$$\alpha=45°+\frac{\varphi}{2}$$

$$\sigma_{3Ⅱ}=q+\frac{\gamma b\tan\alpha}{2}$$

代入，得：

$$\sigma_{1Ⅱ}=\left(q+\frac{\gamma b\tan\alpha}{2}\right)\tan^2\alpha+2c\tan\alpha$$

对于Ⅰ区地基，根据极限平衡条件，得：

$$\sigma_{1Ⅰ}=\sigma_{3Ⅰ}\tan^2\left(45°+\frac{\varphi}{2}\right)+2c\tan\left(45°+\frac{\varphi}{2}\right)$$

由假设可知：

$$\sigma_{1\text{II}} = \sigma_{3\text{I}}$$

$$\sigma_{1\text{I}} = p_u + \frac{\gamma b \tan\alpha}{2}$$

代入，化简得：

$$p_u = \frac{1}{2}\gamma b(\tan^5\alpha - \tan\alpha) + 2c(\tan^3\alpha + \tan\alpha) + q\tan^4\alpha$$

令：

$$N_\gamma = \tan^5\alpha - \tan\alpha; \quad N_c = 2(\tan^3\alpha + \tan\alpha); \quad N_q = \tan^4\alpha$$

则：

$$p_u = \frac{1}{2}\gamma b N_\gamma + c N_c + q N_q \tag{6-15}$$

式(6-15)即为地基承载力的一般公式，N_γ、N_q 和 N_c 均为承载力系数。虽然各种极限承载力公式的假设和参数有所不同，但均可以写成式(6-14)的形式。下面介绍常见的几个极限承载力公式。

二、普朗特尔承载力公式

1. 普朗特尔基本解

假定条形基础置于地基表面($d=0$)，不考虑土的重力($\gamma=0$)，且基础底面光滑无摩擦力，当基础下土体达到极限平衡状态时，普朗特尔(L. Prandtl，1920)根据塑性理论得到地基滑动面形状如图6-5所示。

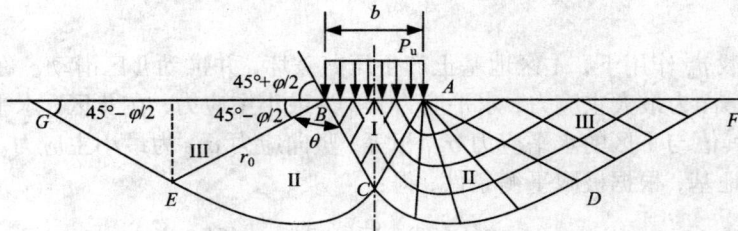

图6-5 普朗特尔公式中地基滑动面形状

地基的极限平衡区由五个部分组成，即一个 I 区，左右对称的两个 II 和两个 III 区。由于基底是光滑的，因此 I 区中的最大主应力面为基底平面，两组滑动面与水平面成 $(45° + \varphi/2)$ 角，称为朗肯主动区。III 区最小主应力面是水平面，滑动面与水平面成 $(45° - \varphi/2)$，称为朗肯被动区。II 区称为过渡区，滑移线有两组，一组是以 A 点和 B 点为起点的辐射线，另一组是对数螺线 CD 和 CE。

对以上情况，普朗特尔得出极限承载力解析解为

$$p_u = c N_c \tag{6-16}$$

式中：N_c 为承载力系数，是仅与 φ 有关的无量纲系数，其表达式为

$$N_c = \left[e^{\pi\tan\varphi} \cdot \tan^2\left(\frac{\pi}{4} + \frac{\varphi}{2}\right) - 1 \right]\cot\varphi \qquad (6-17)$$

2. 瑞斯纳对普朗特尔公式的修正

普朗特尔假设基础置于地基表面，但实际工程中，基础一般均有一定的埋深。当基础埋深不大时，瑞斯纳(H. Reissner，1924)将基础底面以上土体简化为分布在基础两侧的均布载荷 $q = \gamma_0 d$，如图 6-6 所示，忽略基础底面以上土体的抗剪强度，对普朗特尔公式进行了修正。基础底面以上土体产生的载荷限制了塑性区的滑动隆起，使地基极限承载力提高。这部分超载(即载荷 $q = \gamma_0 d$)引起的地基极限承载力的增量为：

$$p_u' = qN_q \qquad (6-18)$$

式中：N_q 为承载力系数，是仅与 φ 有关的无量纲系数，其表达式为

$$N_q = e^{\pi\tan\varphi} \cdot \tan^2\left(\frac{\pi}{4} + \frac{\varphi}{2}\right)$$

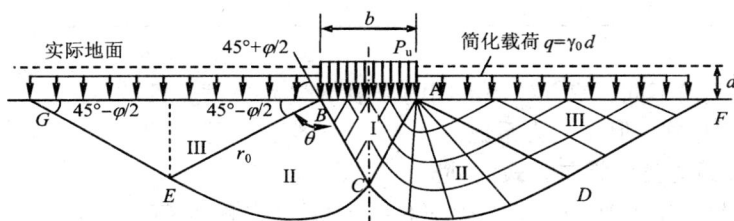

图 6-6 基础有埋深时的计算简图(瑞斯纳解)

将式(6-16)与式(6-18)相加，得到当不考虑重力时，埋深为 d 的条形基础的极限荷载公式，即普朗特尔-瑞斯纳公式：

$$p_u = cN_c + qN_q \qquad (6-20)$$

对比式(6-17)与式(6-19)，可以看出，承载力系数 N_c 和 N_q 有如下关系：

$$N_c = (N_q - 1)\cot\varphi \qquad (6-21)$$

上述普朗特尔及瑞斯纳推导的极限承载力公式，均假设土的容重 $\gamma = 0$。然而，由于土的强度很小，同时内摩擦角 $\varphi > 0$，因此，不考虑土的重力作用是不恰当的。若考虑重力影响，则地基滑动面的形式就变得非常复杂，目前尚无法按极限平衡理论求出其解析解。但是，普朗特尔-瑞斯纳公式奠定了极限承载力理论的基础，后继学者在他们研究成果的基础上，对该公式作了不同程度的修正与发展，从而使极限承载力理论逐步得以完善。

3. 泰勒对普朗特尔公式的修正

泰勒(D. W. Taylor，1948)考虑持力层土的重量对强度的影响，得到了土的容重引起的极限承载力为：

$$p_u'' = \frac{1}{2}\gamma b N_\gamma \qquad (6-22)$$

式中：N_γ 为无量纲的承载力系数。其表达式为：

$$N_\gamma = (N_q - 1)\tan\left(\frac{\pi}{4} + \frac{\varphi}{2}\right) \tag{6-23}$$

对于 c、q、γ 都不为零的情况，将式(6-19)与式(6-17)相加，即可得到极限承载力的一般表达式：

$$p_u = \frac{1}{2}\gamma b N_\gamma + q N_q + c N_c \tag{6-24}$$

式中：N_γ、N_q、N_c 为均为承载力系数，可根据 φ 值查表 6-1。

表 6-1　普朗特尔-瑞斯纳(泰勒)公式承载力系数表(条形基础)

φ	0°	5°	10°	15°	20°	25°	30°	35°	40°	45°
N_γ	0.00	0.62	1.75	3.82	7.71	15.2	30.1	62.0	135.5	322.7
N_q	1.00	1.57	2.47	3.94	6.40	10.7	18.4	33.3	64.2	134.9
N_c	5.14	6.49	8.35	11.0	14.8	20.7	30.1	46.1	75.3	133.9

由于简化假设不同，就有各种不同的极限承载力公式。只是不论哪种公式，都可写成式(6-24)的形式，但承载力系数 N_γ、N_q、N_c 各不相同。

4. 斯凯普顿对普朗特尔公式的补充

对于饱和软粘土地基($\varphi=0$)，则图 6-6 中 II 区滑移线 CE 和 CD 蜕变为圆弧，斯凯普顿据此推导了饱和软粘土地基在条形荷载作用下的极限承载力公式(普朗特尔-瑞斯纳公式 $\varphi=0$ 的特例)：

$$p_u = 5.14c + q = 5.14c + \gamma_0 d \tag{6-25}$$

饱和软粘土地基在矩形荷载作用下的极限承载力公式：

$$p_u = 5c\left(1 + \frac{b}{5l}\right)\left(1 + \frac{d}{5b}\right) + \gamma_0 d \tag{6-26}$$

式中：c 为地基土内聚力，kPa。取基底以下 0.707b 深度范围内的平均值；考虑饱和粘土和粉土在不排水条件下短期承载力时，应采用土的不排水抗剪强度 c_u；b、l 为矩形荷载的宽和长，m；γ_0 为基础埋深 d 范围内土的加权容重，kN/m³；工程实践表明，用斯凯普顿公式计算软土地基承载力时，与实际情况是比较接近的，安全系数可取 1.1~1.3。

例 6-2　粘性土地基上条形基础宽度 $b=2$ m，埋置深度 $d=1.5$ m，地基土的天然容重 $\gamma=17.6$ kN/m³，$c=10$ kPa，$\varphi=20°$，按普朗特尔-瑞斯纳公式，求地基的极限承载力。

解：按式(6-17)，求极限承载力 p_u；

$$p_u = q N_q + c N_c$$

$$q = \gamma d = 17.6 \times 1.5 = 26.4 \text{ kPa}$$

$$N_q = \tan^2\left(45° + \frac{\varphi}{2}\right) \cdot e^{\pi\tan\varphi} = \tan\left(45° + \frac{20°}{2}\right) \cdot e^{\pi\tan20°} = 6.4$$

$$N_c = (N_q - 1)\cot\varphi = (6.4 - 1)\cot 20° = 14.8$$

故　　　　　　$$p_u = 26.4 \times 6.4 + 10 \times 14.8 = 317 \text{ kPa}$$

三、太沙基极限承载力公式

实际上基础底面并不光滑，基底与地基表面之间存在着摩擦力，地基破坏时滑裂面的形状复杂。太沙基（K. Terzaghi, 1943）在假设了滑裂面形状的基础上，利用极限平衡概念和隔离体的平衡条件，推导了条形浅基础的极限荷载公式。

1. 基本假定

（1）地基土的容重 $\gamma \neq 0$，但基础底面以上土的抗剪强度为 0，以均布荷载 $q = \gamma d$ 代替；

（2）基础底面粗糙，地基中滑动面的形状如图 6 – 7 所示，也分为三个区：Ⅰ区为基础底面下的土楔 ABC，AB 面上具有很大的摩擦力，不会发生剪切位移；土体处于弹性平衡状态，称为弹性核；滑动面 AC 和 BC 与水平面成 φ 角。Ⅱ区假定与普朗特尔相同，滑动面一组是通过 A 点或 B 点的辐射线，另一组是对数螺旋线 CD、CE；滑动面 AC 与 CD 的夹角为 $(45° + \varphi)$。Ⅲ区是朗肯被动区，滑动面 AD、DF 与水平面成 $(45° - \varphi/2)$ 角。

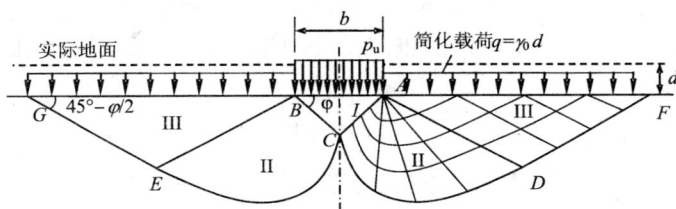

图 6 – 7　太沙基公式滑动面形状

2. 极限荷载公式推导

当作用在基础底部的荷载达到极限荷载 p_u 时，土体发生整体剪切破坏。此时，基础底面下的土楔 ABC（Ⅰ区）将贯入土中，向两侧挤压，土体 $ACDF$ 和 $BCEG$ 达到被动破坏。

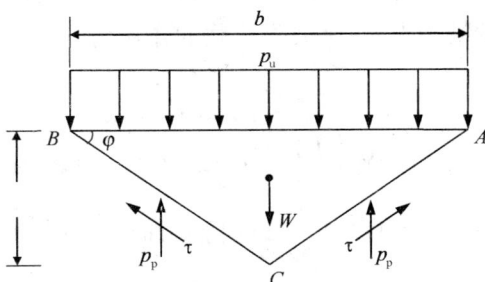

图 6 – 8　土楔 ABC 受力示意图

以土楔 ABC 为研究对象，AC 与 BC 面上将作用有被动力 p_p 和切向力 τ，p_p 与作用面的法线方向夹角与土的内摩擦角 φ 相等，故 p_p 是竖直向的，如图 6 – 8 所示。考虑单位长度基础，根据静力平衡条件得：

$$p_u b = 2\tau\sin\varphi + 2p_p - W \qquad (6-27)$$

式中：τ 为 AC 与 BC 面上土内聚力的合力，其表达式为：

$$\tau = c \cdot \overline{AC} = \frac{c \cdot b}{2\cos\varphi} \qquad (6-28)$$

式中：c 为地基土的内聚力；φ 为地基土的内摩擦角；W 为土楔体 ABC 的重力，其表达式为：

$$W = \frac{1}{2}\gamma H b = \frac{1}{4}\gamma b^2 \tan\varphi \qquad (6-29)$$

式中：b 为基础宽度；γ 为地基土容重；p_p 为作用于土楔边界面 AC 或 BC 的被动土压力合力。

被动力 p_p 是由土的容重 γ、内聚力 c 及超载 q（即基底以上土的重力荷载）三种因素引起的总值，三种因素相互影响，要精确地确定其值是很困难的。为简化计算，太沙基分别计算单个因素引起的被动土压力及其对于极限荷载的作用。

（1）计算时假设地基无容重、粘聚力和内摩擦角不为零、没有超载，即 $\gamma = 0$、$c \neq 0$、$\varphi \neq 0$、$q = 0$，此时对应的被动力 p_{pc} 对极限荷载的作用为 p_{uc}（即滑裂面上的粘聚力产生的抗力），表达式为：

$$p_{uc} = c \times \left\{ \frac{1}{2}\left[\frac{e^{\left(\frac{3}{4}\pi - \frac{\varphi}{2}\right)\tan\varphi}}{\cos\left(\frac{\pi}{4} + \frac{\varphi}{2}\right)} \right]^2 - 1 \right\}\cot\varphi \qquad (6-30)$$

（2）计算时假设地基无容重、无粘聚力、内摩擦角不为0，地面有超载，即 $\gamma = 0$、$c = 0$、$\varphi \neq 0$、$q \neq 0$，此时对应的被动力 p_{pq} 对极限荷载的作用为 p_{uq}（即基底以上土体自重荷载 γd 产生的抗力），表达式为：

$$p_{uq} = q \times \frac{1}{2}\left[\frac{e^{\left(\frac{3}{4}\pi - \frac{\varphi}{2}\right)\tan\varphi}}{\cos\left(\frac{\pi}{4} + \frac{\varphi}{2}\right)} \right]^2 \qquad (6-31)$$

（3）计算时假设地基有容重、无粘聚力、有内摩擦角，没有超载，即 $\gamma \neq 0$、$c = 0$、$\varphi \neq 0$、$q = 0$，此时对应的被动力 $p_{p\gamma}$ 对极限荷载的作用为 $p_{u\gamma}$（即滑动土体自重产生的抗力），表达式为：

$$p_{u\gamma} = 0.9\gamma b\left\{ \frac{1}{2}\left[\frac{e^{\left(\frac{3}{4}\pi - \frac{\varphi}{2}\right)\tan\varphi}}{\cos\left(\frac{\pi}{4} + \frac{\varphi}{2}\right)} \right]^2 - 1 \right\}\tan\varphi \qquad (6-32)$$

将式（6-30）、式（6-31）和式（6-32）相加，即得地基的极限承载力公式：

$$p_u = \frac{1}{2}\gamma b N_\gamma + c N_c + q N_q \qquad (6-33)$$

式中：
$$N_q = \frac{1}{2}\left[\frac{e^{\left(\frac{3}{4}\pi - \frac{\varphi}{2}\right)\tan\varphi}}{\cos\left(\frac{\pi}{4} + \frac{\varphi}{2}\right)} \right]^2$$

$$N_c = (N_q - 1)\cot\varphi$$

地基承载力系数 N_γ、N_c、N_q 的值只决定于土的内摩擦角 φ，并由表 6-2 查得。

表 6-2　太沙基公式承载力系数表

φ	0°	5°	10°	15°	20°	25°	30°	35°	40°	45°
N_γ	0.00	0.51	1.20	1.80	4.00	11.0	21.8	45.4	125	326
N_q	1.00	1.64	2.69	4.45	7.42	12.7	22.5	41.4	81.3	173.3
N_c	5.71	7.32	9.58	12.9	17.6	25.1	37.2	57.7	95.7	172.2

式(6-33)只适用于条形基础，对于圆形或方形基础，太沙基提出了半经验的极限公式：

圆形基础：

$$p_u = 0.6\gamma R N_\gamma + q N_q + 1.2 c N_c \tag{6-34}$$

式中：R 为圆形基础的半径。

方形基础：

$$p_u = 0.4\gamma b N_\gamma + q N_q + 1.2 c N_c \tag{6-35}$$

式(6-33)至式(6-35)只适用于地基整体剪切破坏的情况，对于局部剪切破坏情况，太沙基建议用经验方法调整抗剪强度指标 c 和 φ，即：

$$\left.\begin{array}{l} c' = \dfrac{2}{3}c \\[2mm] \varphi' = \arctan\left(\dfrac{2}{3}\tan\varphi\right) \end{array}\right\} \tag{6-36}$$

对局部剪切破坏的地基，可根据 φ' 值计算或从表 6-2 中查承载力系数，并将 c' 代入式(6-33)计算极限承载力。太沙基公式因为考虑了基底摩擦力和土体自重，因此计算结果比普朗特-瑞斯纳承载力公式偏大，在计算地基承载力时，安全系数 K 可取 3.0。

四、汉森极限承载力公式

针对工程实际情况，考虑非条形基础、埋深范围内土体抗剪强度、基底荷载倾斜、地面倾斜及基底倾斜的影响，汉森(B. Hanson，1961，1970)分别提出了修正系数，并提出了极限承载力修正公式：

$$p_u = \frac{1}{2}\gamma b N_\gamma S_\gamma d_\gamma i_\gamma q_\gamma b_\gamma + q N_q S_q d_q i_q q_q b_q + c N_c S_c d_c i_c q_c b_c \tag{6-37}$$

式中：N_γ、N_q、N_c 为地基承载力系数；在汉森公式中取 $N_q = \tan^2(\pi/4 + \varphi/2)\,e^{\pi\tan\varphi}$，

$N_c = (N_q - 1)\cot\varphi$，$N_\gamma = 1.8(N_q - 1)\tan\varphi$；

S_γ，S_q，S_c 为基础形状修正的修正系数；

d_γ，d_q，d_c 为考虑埋深范围内土强度的深度修正系数；

i_γ，i_q，i_c 为荷载倾斜的修正系数；

q_γ，q_q，q_c 为地面倾斜的修正系数；

b_{γ}，b_q，b_c 为基础底面倾斜的修正系数。

汉森提出上述各系数的计算公式如表 6-3 所示。

表 6-3　汉森承载力公式中的修正系数

形状修正系数	深度修正系数	荷载倾斜修正系数	地面倾斜修正系数	基底倾斜修正系数
$S_c = 1 + \dfrac{N_q b}{N_c l}$	$d_c = 1 + 0.4\,\dfrac{d}{b}$	$i_c = i_q - \dfrac{1 - i_q}{N_q - 1}$	$q_c = 1 - \beta/14.7°$	$b_c = 1 - \overline{\eta}/14.7°$
$S_q = 1 + \dfrac{b}{l}\tan\varphi$	$d_q = 1 + 2\tan\varphi\,(1 - \sin\varphi)^2\,\dfrac{d}{b}$	$i_q = \left(1 - \dfrac{0.5 P_h}{P_V + A' \cdot c \cdot \cot\varphi}\right)^5$	$q_q = (1 - 0.5\tan\beta)^5$	$b_q = \exp(-2\overline{\eta}\tan\varphi)$
$S_{\gamma} = 1 - 0.4\,\dfrac{b}{l}$	$d_{\gamma} = 1.0$	$i_{\gamma} = \left(1 - \dfrac{0.7 P_h}{P_V + A' \cdot c \cdot \cot\varphi}\right)^5$	$q_{\gamma} = (1 - 0.5\tan\beta)^5$	$b_{\gamma} = \exp(-2\overline{\eta}\tan\varphi)$

表中符号：A' 为基础的有效接触面积 $A' = b' \cdot l'$；

b' 为基础的有效宽度 $b' = b - 2e_b$；

l' 为基础的有效长度 $l' = l - 2e_1$；

d 为基础的埋置深度；

e_b、e_1 为相对于基础面积中心而言的荷载偏心距；

b 为基础的宽度；

l 为基础的长度；

c 为地基土的粘聚力；

φ 为地基土的内摩擦角；

P_h 为平行于基础的荷载分量；

P_V 为垂直于基础的荷载分量；

β 为地面倾角；

$\overline{\eta}$ 为基底倾角；

汉森公式因为考虑了诸多因素的影响，在计算地基承载力时，安全系数 K 可取 2.0。

例 6-3　某矩形基础剖面如例图 6-1 所示，基础底边宽 $b = 5$ m，长 $l = 8$ m，埋置深度 $d = 3$ m；地基为软粘土，天然容重 $\gamma = 16.5$ kN/m³，饱和容重 $\gamma_{sat} = 18.3$ kN/m³，$c = 6$ kPa，$\varphi = 5°$；地下水位在地面下 2 m 处；作用在基底的竖向荷载 $P_v = 600$ kN/m，其偏心距 $e_b = 0.4$ m，水平荷载 $P_h = 13$ kN/m，试求其极限承载力。

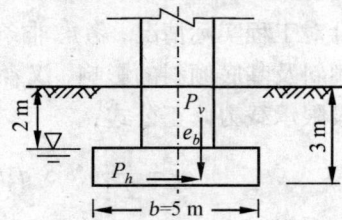

例图 6-1

解：当 $\varphi = 5°$ 时，查表 6-1 可得：$N_q = 1.57$，$N_c = 6.49$；

$$N_{\gamma} = 1.8(N_q - 1)\tan\varphi = 1.8(1.57 - 1) \times \tan5° = 0.09$$

（1）基础有效面积计算。

有效宽度：$b' = b - 2e_b = 5 - 2 \times 0.4 = 4.2 (\text{m})$

基础有效面积：$A' = b'l' = 4.2 \times 8 = 33.6 (\text{m}^2)$

（2）荷载倾斜系数。

$$i_\gamma = \left(1 - \frac{0.7 P_h}{P_V + A' \cdot c \cdot \cot\varphi}\right)^5 = \left(1 - \frac{0.7 \times 13}{600 + 33.6 \times 6 \times \cot 5°}\right)^5 = 0.928$$

$$i_q = \left(1 - \frac{0.5 P_h}{P_V + A' \cdot c \cdot \cot\varphi}\right)^5 = \left(1 - \frac{0.5 \times 13}{600 + 33.6 \times 6 \times \cot 5°}\right)^5 = 0.948$$

$$i_c = i_q - \frac{1 - i_q}{N_q - 1} = 0.948 - \frac{1 - 0.948}{1.57 - 1} = 0.857$$

（3）形状系数。

$$S_c = 1 + \frac{N_q b}{N_c l} = 1 + \frac{1.57 \times 5}{6.49 \times 8} = 1.933$$

$$S_q = 1 + \frac{b}{l}\tan\varphi = 1 + \frac{5}{8}\tan 5° = 1.055$$

$$S_\gamma = 1 - 0.4\frac{b}{l} = 1 - 0.4 \times \frac{5}{8} = 0.75$$

（4）深度系数。

$$d_c = 1 + 0.4\frac{d}{b} = 1 + 0.4 \times \frac{3}{5} = 1.24$$

$$d_q = 1 + 2\tan\varphi (1 - \sin\varphi)^2 \frac{d}{b} = 1 + 2\tan 5° (1 - \sin 5°) \times \frac{3}{5} = 1.096$$

$$d_\gamma = 1.0$$

（5）超载 q 计算。

$$q = \gamma_0 d = 16.5 \times 2 + (18.3 - 10) \times 1 = 41.3 (\text{kPa})$$

（6）极限承载力计算。

$$p_u = \frac{1}{2}\gamma' b N_\gamma S_\gamma d_\gamma i_\gamma q_\gamma b_\gamma + q N_q S_q d_q i_q q_q b_q + c N_c S_c d_c i_c q_c b_c$$

$$= 0.5 \times (18.3 - 10) \times 5 \times 0.75 \times 0.09 \times 1 \times 0.928 \times 1 \times 1 + 41.3 \times 1.57$$

$$\times 1.055 \times 1.096 \times 0.948 \times 1 \times 1 + 6 \times 6.49 \times 1.933 \times 1.24 \times 0.857 \times 1 \times 1$$

$$= 152.4 (\text{kPa})$$

第四节　规范法确定地基承载力

对于大多数桥涵和房屋建筑的地基基础，在无条件利用上述方法时，还可采用各地区和有关产业部门所制订的《建筑地基基础设计规范》，这些规范所提供的数据和方法，大多是根据土工试验、工程实践和地基荷载试验总结出来的，具有一定的安全储备。

一、《建筑地基基础设计规范》地基承载力特征值计算

当荷载增加时，随着地基变形的相应增长，地基承载力也在逐渐变大，很难界定出

一个真正的"极限值";另一方面,建筑物的使用有一个功能要求,就是变形不得达到或超过按正常使用的限值。因此,《建筑地基基础设计规范》在 2011 年修订时,将地基设计时选用的承载力指标改为特征值,与国际标准《结构可靠性总原则》ISO 2394 中相应的术语(characteristic value)一致。所谓地基承载力特征值是指由载荷试验测定的地基土压力变形曲线线性变形段内规定的变形所对应的压力值,其最大值为比例界限值,它表示正常使用极限状态计算时采用的地基承载力的值,其涵义即为在发挥正常使用功能时所允许采用的抗力设计值。

《建筑地基基础设计规范》(1974)建立了土的物理力学性指标与地基承载力关系,《规范》(1989)仍保留了地基承载力表,但在使用上加以适当限制。承载力表是用大量的试验数据,通过统计分析得到的。承载力表的主要优点是使用方便,在大多数地区可能基本适合或偏保守,但也不排除个别地区可能不安全。由于我国幅员辽阔,土质条件各异,用几张表格很难概括全国的规律。随着设计水平的提高和对工程质量要求的趋于严格,变形控制已是地基设计的重要原则,因此《规范》(2011)中取消了承载力表,但仍保留了根据土的抗剪强度指标确定地基承载力的计算公式。

1. 按照土的抗剪强度指标确定地基承载力

当偏心距 e 小于或等于 0.033 倍基础底面宽度时,可根据土的抗剪强度指标确定地基承载力特征值,并满足变形要求可按下式计算:

$$f_a = M_b \gamma b + M_d \gamma_0 d + M_c c_k \tag{6-38}$$

式中:f_a 为由土的抗剪强度指标确定的地基承载力特征值;M_b、M_d、M_c 为承载力系数,按表 6-4 确定;b 为基础地面宽度,大于 6 m 时按 6 m 取值,小于 3 m 时,按 3 m 取值;c_k 为基底下方一倍短边宽深度内土的粘聚力标准值;d 为基础的埋深。

表 6-4 承载力系数 M_b、M_d、M_c

φ_k	M_b	M_d	M_c	φ_k	M_b	M_d	M_c
0	0	1.00	3.14	2	0.03	1.12	3.32
4	0.06	1.25	3.51	6	0.10	1.39	3.71
8	0.14	1.55	3.93	10	0.18	1.73	4.17
12	0.23	1.94	4.42	14	0.29	2.17	4.69
16	0.36	2.43	5.00	18	0.43	2.72	5.31
20	0.51	3.06	5.66	22	0.61	3.44	6.04
24	0.80	3.87	6.45	26	1.10	4.37	6.90
28	1.40	4.93	7.40	30	1.90	5.59	7.95
32	2.50	6.35	8.55	34	3.40	7.21	9.22
36	4.20	8.25	9.97	38	5.80	10.84	11.73
40	7.20	10.84	11.73				

注:φ_k 为基底下方一倍短边宽深度内土的内摩擦角标准值。

2. 土的抗剪强度指标标准值确定方法

土的抗剪强度指标可采用原状土室内剪切试验、无侧限抗压强度试验、现场剪切试验、十字板剪切试验等方法测定。当采用室内剪切试验确定时，应选择三轴压缩试验中的不固结不排水试验。经过预压固结的地基可采用固结不排水试验，每层土的试验数量不得少于六组。室内试验抗剪强度指标按下式计算：

（1）抗剪强度指标标准值计算。

$$\varphi_k = \psi_\varphi \varphi_m \tag{6-39}$$

$$c_k = \psi_c c_m \tag{6-40}$$

式中：φ_m、c_m 分别为内摩擦角和粘聚力的试验平均值。

（2）内摩擦角和粘聚力的统计修正系数 ψ_φ、ψ_c：

$$\psi_\varphi = 1 - \left(\frac{1.704}{\sqrt{n}} + \frac{4.678}{n^2}\right)\delta_\varphi \tag{6-41}$$

$$\psi_c = 1 - \left(\frac{1.704}{\sqrt{n}} + \frac{4.678}{n^2}\right)\delta_c \tag{6-42}$$

式中：δ_φ、δ_c 分别为内摩擦角和粘聚力的变异系数。

（3）根据室内 n 组三轴压缩试验的结果，计算某一土性指标的变异系数 δ、试验平均值 μ 和标准差 σ：

$$\delta = \sigma/\mu \tag{6-43}$$

$$\mu = \frac{\sum\limits_{i=1}^{n} \mu_i}{n} \tag{6-44}$$

$$\sigma = \sqrt{\frac{\sum\limits_{i=1}^{n} \mu_i^2 - n\mu^2}{n-1}} \tag{6-45}$$

式中：μ_i 为第 i 组试验结果值。

二、《铁路桥涵地基基础设计规范》地基容许承载力的确定

对于中小型桥、涵洞，当受现场条件限制，或载荷试验和原位测试有困难时，现行的公路（JTG D63—2007）与铁路（TB 10002.5—2005）桥涵地基基础设计规范仍保留了地基承载力表，供技术人员查阅。表中数据为基本承载力，系指当基础宽度 $b \leqslant 2$ m，埋置深度 $h \leqslant 3$ m 时地基的容许承载力，以 σ_0 表示。当基础宽度大于 2 m、深度大于 3 m 时，则基本承载力 σ_0 须进行宽度和深度修正，以求容许承载力 $[\sigma]$。由于我国幅员辽阔，自然条件复杂，表中的基本承载力数据不能广泛适用。对于具体工点若进行专门研究，或当地已有成熟经验，确定地基容许承载力时将不受表中数据限制。对于重要桥梁或地质条件复杂的桥梁应根据载荷试验或其他原位测试的方法确定。

1. 基本承载力 σ_0 表

（1）碎石类土：根据土的类别和密实程度确定基本承载力，见表 6-5。

表 6-5 碎石类土地基的基本承载力 σ_0

σ_0(kPa) 密实程度 / 土名	松散	中密	密实
卵石土	300~500	600~1000	1000~1200
碎石土	200~400	500~800	800~1000
圆砾土	200~300	400~600	600~800
角砾土	200~300	300~500	500~700

注：①由硬质岩组成，填充砂土者取高值；由软质岩组成，填充粘性土者取低值。

②半胶结的碎石土，可按密实的同类土的 σ_0 值提高 10%~30%。

③松散的碎石土在天然河床中很少遇见，需特别注意鉴定。

④漂石、块石的 σ_0 值，可参照卵石、碎石适当提高。

（2）砂性土：根据土的密实度和湿度情况确定基本承载力，见表 6-6。

表 6-6 砂类土地基的基本承载力 σ_0

密实度 σ_0(kPa) / 土名 湿度	稍松（松散）	稍密	中密	密实
砾砂、粗砂	与湿度无关	200	370	430	550
中砂	与湿度无关	150	330	370	450
细砂	稍湿或潮湿（水上）	100	230	270	350
细砂	饱和（水下）	–	190	210	300
粉砂	稍湿或潮湿（水上）	–	190	210	300
粉砂	饱和（水下）		90	110	200

注：括号中表述为公路桥涵地基基础设计规范中的表述。

（3）粉土地基：根据土的天然孔隙比 e 和天然含水率 w 确定基本承载力，见表 6-7。

表 6-7 粉土地基的基本承载力 σ_0

e \ $w(\%)$ σ_0(kPa)	10	15	20	25	30	35
0.5	400	380	355	–	–	–
0.6	300	290	280	270	–	–
0.7	250	235	225	215	205	–
0.8	200	190	180	170	165	–
0.9	260	150	145	140	130	125

（4）Q_3 及以前冲、洪积粘性土（老粘性土）地基：根据压缩模量 E_s 确定基本承载力，见表 6 – 8。

表 6 – 8　Q_3 及其以前冲、洪积粘性土地基的基本承载力 σ_0

压缩模量 E_s（MPa）	10	15	20	25	30	35	40
σ_0（kPa）	380	430	470	510	550	580	620

注：当老粘土 $E_s < 10$ MPa 时，基本承载力按一般粘性土确定。

（5）Q_4 冲、洪积粘性土（一般粘性土）地基：根据液性指数 I_L 和天然孔隙比 e 确定基本承载力，见表 6 – 9。

表 6 – 9　Q_4 冲（洪）积粘性土地基的基本承载力 σ_0（kPa）

e ＼ I_L	0	0.1	0.2	0.3	0.4	0.5	0.6	0.7	0.8	0.9	1.0	1.1	1.2
0.5	450	440	430	420	400	380	350	310	270	240	220	—	—
0.6	420	410	400	380	360	340	310	280	250	220	200	180	—
0.7	400	370	350	330	310	290	270	240	220	190	170	160	150
0.8	380	330	300	280	260	240	230	210	180	160	150	140	130
0.9	320	280	260	240	220	210	190	180	160	140	130	120	100
1.0	250	230	220	210	190	170	160	150	140	120	110		
1.1	—	—	160	150	140	130	120	110	100	90	—	—	—

注：当土中含有粒径大于 2 mm 的颗粒，且重量占全土重 30% 以上时，σ_0 可酌量提高。

另外，对于残积粘性土、冻土、黄土及新近沉积的粘性土，规范亦给出了参考值，使用时可参阅相关规范。

2. 地基容许承载力的确定

当基础宽度 $b > 2$ m，埋深 $h > 3$ m，且 $h/b \leqslant 4$ 时，地基的容许承载力需在基本承载力的基础上进行深宽修正：

$$[\sigma] = \sigma_0 + k_1 \gamma_1 (b - 2) + k_2 \gamma_2 (h - 3) \tag{6 – 46}$$

式中：$[\sigma]$ 为地基的容许承载力（kPa）；σ_0 为地基的基本承载力（kPa）；b 为基础宽度（m），当大于 10 m 时，按 10 m 计算；h 为基础埋置深度（m），对于一般受水流冲刷的墩台，由一般冲刷线算起，不受水流冲刷者，由天然地面算起；位于挖方内时，由开挖后的地面算起；γ_1 为基底以下持力层土的天然容重（kN/m³），若持力层在水面以下且为透水者，应取浮容重；γ_2 为基底以上土的加权平均容重（kN/m³），换算时若持力层在水面以下，且不透水时，不论基底以上土的透水性质如何，一律取饱和容重；当透水时，水中部分土层则应取浮容重；k_1、k_2 为宽度、深度修正系数，按持力层土的类型决定，可参看表 6 – 10。

表 6 – 10　宽度、深度修正系数

土类 \ 系数	粘性土				砂类土								碎石类土			
	Q_4冲、洪积土		Q_3及以前的冲洪积土	残积土、粉土、黄土	粉砂		细砂		中砂		砾砂粗砂		碎石圆砾角砾		卵石	
	$I_L<0.5$	$I_L\geqslant0.5$			中密	密实	中密	密实	中密	密实	中密	密实	中密	密实	中密	密实
k_1	0	0	0	0	1	1.2	1.5	2	2	3	3	4	3	4	3	4
k_2	2.5	1.5	2.5	1.5	2	2	3	4	4	5.5	5	6	5	6	6	10

注：对于稍密和松散状态的砂、碎石土，k_1、k_2值可采用表列中数值的 50%。

例 6 – 4　某鱼塘中的铁路桥基础尺寸 4.5 m $\times 2.8$ m，鱼塘中水深约 1.0 m，塘底下有厚度为 0.4 m 的淤泥层，淤泥层下有深度为 8 m 的 Q_4 洪积土，$\gamma = 18.5$ kN/m^3，粘土 $I_L = 0.24$。基础埋置深度在塘底下 4.0 m，持力层承载力基本容许值 $\sigma_0 = 180$ kPa，则该基础经修正后的地基承载力容许值为多少？

解：根据《铁路桥涵地基与基础设计规范》，$I_L = 0.24 < 0.25$，对 Q_4 洪积土，基底宽度、深度修正系数 k_1、k_2 分别为 0、0.25。

$[\sigma] = \sigma_0 + k_1\gamma_1(b-2) + k_2\gamma_2(h-3) = 180 + 0 \times 18.5 \times (2.8-2) + 2.5 \times 18.5 \times (4-3) = 226.25$（kPa）

地基不透水，容许承载力按平均常水位至一般冲刷线的水深每米再增大 10 kPa。

$[\sigma] = [\sigma] + 1.0 \times 10 = 226.5 + 10 = 236.5$（kPa）

第五节　原位试验法确定地基承载力

原位试验法是一种通过现场直接试验确定承载力的方法，主要方法有：载荷试验、静力触探试验、动力触探试验、标准贯入试验、旁压试验和十字板剪切试验等，这些方法在我国已有丰富经验，其中以载荷试验法最为直接、可靠。《建筑地基基础设计规范》（GB 50007—2011）明确指出：载荷试验是确定岩土地基承载力的主要方法。

一、载荷试验法确定地基承载力

载荷试验（loading test）是一种地基土的原位测试方法，可用于测定承压板下应力主要影响范围内岩土的承载力和变形特性。载荷试验可分为浅层平板载荷试验、深层平板载荷试验和螺旋板载荷试验三种。浅层平板载荷试验适用于浅层地基土；深层平板载荷试验适用于埋深大于 3 m 和地下水位以上的地基土；螺旋板载荷试验适用于深层地基土或地下水位以下的地基土。其中平板载荷试验最为常用，以下介绍其试验要点。

1. 浅层平板载荷试验

（1）适用范围及基本要求。

适用于确定浅部地基土层的承压板下应力主要影响范围内的承载力。承压板面积不应小于 0.25 m²，对于软土不应小于 0.5 m²。

试验基坑宽度不应小于承压板宽度 b 或直径 d 的 3 倍，且应保持试验土层的原状结构和天然湿度。在拟试压表面宜用粗砂或中砂层找平，其厚度不超过 20 mm。

（2）试验加荷要求。

试验加荷分级不应少于 8 级，最大加载量不应小于设计要求的 2 倍。每级加载后按间隔 10 min、10 min、10 min、15 min、15 min，以后每隔半小时测读一次沉降量。当在连续两小时内每小时的沉降量小于 0.1 mm 时，则认为已趋稳定，可加下一级荷载。

（3）终止加载条件。

①承压板周围的土明显地侧向挤出（砂土）或产生裂纹（粘性土和粉土）；

②沉降 s 急剧增大，荷载 – 沉降（p–s）曲线出现陡降段；

③在某一荷载下，24 h 内沉降速率不能达到稳定标准；

④s/b 或 $s/d \geqslant 0.06$（b、d 为承压板宽度或直径）。

满足终止加载前四种情况之一时，其对应的前一级荷载定为极限荷载 p_u。

（4）地基容许承载力的确定。

根据各级荷载及其相应的沉降量观测数值，可绘制承压板底面压力 p 与沉降量 s 的关系曲线，即 p–s 曲线。p–s 曲线的开始部分往往接近于直线，与直线段终点 a 对应的荷载 p_{cr} 称为地基的比例界限荷载，相当于地基的临塑荷载，见图 6 – 9（a）。

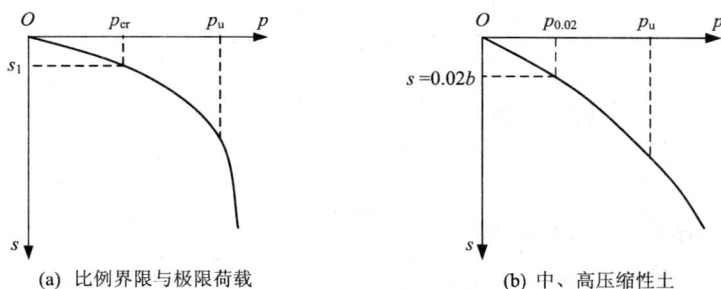

图 6 – 9　荷载试验的 p – s 曲线

地基承载力的容许值可按下述方法确定：

①当 p–s 曲线上有明确的比例界限时，取该比例界限所对应的荷载值 p_{cr} 作为承载力基本值，如 6 – 9（a）所示；

②当极限荷载小于对应比例界限的荷载值的 2 倍时，取极限荷载值的一半；

③不能按上述两点确定时，当承压板面积为 0.25 ~ 0.50 m²，可取 s/b（或 s/d）= 0.01 ~ 0.015 所对应的荷载，但其值不能大于最大加载量的一半。

同一土层参加统计的试验点不应少于 3 点，当实测值的极差（最大值与最小值之差）不超过平均值的 30%，取其平均值作为地基承载力基本容许值 σ_0（或特征值 f_{ak}）。再经过实际基础的宽度、埋置深度的修正，即可得到地基的容许承载力。

(5)《建筑地基基础设计规范》(GB 50007—2011)地基承载力的修正方法。

需要注意的是,《建筑地基基础设计规范》中对地基承载力的修正及桥梁地基基础设计规范中的不同。对于采用第四节中理论公式计算的特征值[见式(6-38)]一般不做修正,但从载荷试验或其他原位测试、经验值等方法确定的地基承载力特征值,当基础宽度大于 3 m 或埋置深度大于 0.5 m 时,尚应按下式修正:

$$f_a = f_{ak} + \eta_b \gamma (b - 3) + \eta_d \gamma_0 (d - 0.5) \qquad (6-47)$$

式中:f_a 为修正后的地基承载力设计值;f_{ak} 为地基承载力特征值;η_b、η_d 为基础宽度和埋深的修正系数,按基底处土的类别查表 6-11 取值;γ 为基底以下土的容重,地下水位以下取浮容重;γ_0 为基底以上土的加权平均容重,地下水以下取浮容重;b 为基础底面宽度(m),当 $b < 3$ m 时按 3 m 计算;当 $b > 6$ m 按 6 m 计算;d 为基础的埋深(m),一般从室外地面起算。在填方整平地区,可自填土地面标高算起。但填土在上部结构施工后完成后,应从天然地面标高算起。对于地下室如采用箱形基础或筏基时,基础埋置深度自室外地面标高算起。当采用独立基础或条形基础时,应从室内地面标高算起。

表 6-11　承载力修正系数

土的类别			η_b	η_d
淤泥和淤泥质土			0	1.0
人工填土 e 或 $I_L \geq 0.85$ 的粘性土			0	1.0
红粘土	含水比 $a_w > 0.8$		0	1.2
	含水比 $a_w \leq 0.8$		0.15	1.4
大面积压实填土	压实系数大于 0.95、粘粒含量大于等于 10% 的粉土、		0	1.5
	最大干密度大于 2.1 g/cm³ 的级配砂石		0	2.0
e 及 I_L 均小于 0.85 的粘性土			0.3	1.6
粉砂、细砂(不包括很湿与饱和时的稍密状态)			2.0	3.0
中砂、粗砂、砾砂和碎石土			3.0	4.4

注:①强风化和全风化的岩石,可参照所风化成的相应土类取值,其他状态下的岩石不修正;

②含水比 $a_w = \dfrac{w}{w_L}$;

③按深层平板载荷试验确定地基承载力特征值时,η_d 取 0。

2. 深层平板载荷试验

(1)适用范围及基本要求。

适用于确定深部地基土层及大直径桩桩端土层在承压板下应力主要影响范围内的承载力。承压板采用直径为 0.8 m 的刚性板,紧靠承压板周围外侧的土层高度应少于0.8 m。

(2)试验加荷要求。

加荷等级可按预估极限承载力的 1/15~1/10 分级施加。每级加荷后,第一个小时内按间隔 10 min、10 min、10 min、15 min、15 min，以后每隔 30 min 测读一次沉降。当在连续 2 h 内沉降量小于 0.1 mm/h 时，则认为已趋稳定，可加下一级荷载。

（3）终止加载条件。

①沉降 s 急剧增大，荷载－沉降（$p \sim s$）曲线上有可判定极限承载力的陡降段，且沉降量超过 $0.04d$（d 为承压板直径）；

②在某级荷载下，24 h 内沉降速率不能达到稳定；

③本级沉降量大于前一级沉降量的 5 倍；

④当持力层土层坚硬，沉降量很小时，最大加载量不小于设计要求的 2 倍。

（4）地基容许承载力的确定。

①当 $p \sim s$ 曲线上有比例界限时，取该比例界限所对应的荷载值；

②满足前三条终止加载条件之一时，其对应的前一级荷载定为极限荷载，当该值小于对应比例界限的荷载值的 2 倍时，取极限荷载值的一半；

③不能按上述二款要求确定时，可取 $s/d = 0.01 \sim 0.015$ 所对应的荷载值，但其值不应大于最大加载量的一半。

同一土层参加统计的试验点不应少于 3 点，当实测值的极差（最大值与最小值之差）不超过平均值的 30% 时，取其平均值作为地基承载力基本容许值 σ_0（或特征值 f_{ak}）。再经过实际基础的宽度、深度的修正，即可得到地基的容许承载力。

例 6 - 5　某粘性土层的孔隙比 e 及液性指数 I_L 均小于 0.85，采用静载荷试验确定的地基承载力特征值分别为 $f_{01} = 233$ Pa，$f_{02} = 260$ Pa，$f_{03} = 254$ kPa，已知基础埋深为 $d = 1.5$ m，基础宽度为 $b = 3.5$ m，地下水位距地表 3 m，基底以上土的加权容重 $\gamma_0 = 17.5$ kN/m³，基底下土的容重为 $\gamma = 18$ kN/m³，试用《建筑地基基础设计规范》所述方法确定修正后的地基承载力设计值。

解：f_{ak} 的平均值为

$$f_{ak} = \frac{1}{3}(233 + 260 + 254) = 249(kPa)$$

极差：$260 - 233 = 27 < 249 \times 30\% = 74.7(kPa)$

故该粘性土层承载力的特征值：$f_{ak} = 249(kPa)$

从而，该粘性土层修正后地基承载力的设计值为：

$$f = f_{ak} + \eta_b \gamma (b - 3) + \eta_d \gamma_0 (d - 0.5)$$
$$= 249 + 0.3 \times 18 \times (3.5 - 3) + 1.6 \times 17.5 \times (1.5 - 0.5) = 279.7(kPa)$$

3. 岩石地基承载力

对于完整、较完整、较破碎的岩石地基承载力特征值可按岩石地基载荷试验方法确定；对破碎、极破碎的岩石地基承载力特征值，可根据平板载荷试验确定。对完整、较完整、较破碎的岩石地基承载力特征值，也可根据室内饱和单轴抗压强度按下式进行计算：

$$f_a = \psi f_{rk} \qquad\qquad (6 - 48)$$

式中：f_a 为岩石地基承载力特征值（kPa）；f_{rk} 为岩石饱和单轴抗压强度标准值（kPa），可按建筑地基规范取值；ψ_r 为折减系数。根据岩体完整程度以及结构面的间距、宽度、产状和组合，由地方经验确定。无经验时，对完整岩体取 0.5；对较完整岩体可取 0.2 ~ 0.5；对较破碎岩体可取 0.1 ~ 0.2。

  注：①上述折减系数值未考虑施工因素及建筑物使用后风化作用的继续；②对于粘土质岩，在确保施工期及使用期不致遭水浸泡时，也可采用天然湿度的试样，不进行饱和处理。

二、静力触探

  静力触探（Dutch cone penetrometer）是采用静力触探仪反映不同土层阻力大小的一种设备，通过静压力将探头以一定的速率压入土中，利用探头内的力传感器，通过电子量测仪器将探头受到的贯入阻力记录下来。由于贯入阻力的大小与土层的性质有关，因此通过量测贯入阻力的变化情况，可以了解土层的工程性质。静力触探试验宜与钻探相配合，与常规的勘探手段比较，它能快速、连续地探测土层及其性质的变化。

1. 静力触探仪构造

  该仪器的构造形式是多样的，总的说来，大致可分成三部分，即探头、钻杆和加压设备。探头是静力触探仪的关键部件，是土层阻力的传感器，有严格的规格与质量要求。目前国内外使用的探头主要有三种：单桥探头、双桥探头、孔压探头。

  （1）单桥探头。

  单桥探头是我国所特有的一种探头类型。它的锥尖与外套筒是连在一起的，使用能测取一个参数。它的优点是结构简单、坚固耐用而且价格低廉；缺点是测试参数少，规格与国际标准不统一，不利于国际交流，故其应用受到限制。

图 6 - 10　静力触探仪探头

  单桥探头测得包括锥尖阻力和侧壁的摩阻力在内的总贯入阻力 $P(\text{kN})$。将其除以探头截面积就称为比贯入阻力 $p_s(\text{kPa})$：

$$p_s = \frac{P}{A} \tag{6-45}$$

式中：A 为探头截面积，m^2。

  （2）双桥探头。

  双桥探头的锥尖与摩擦套筒是分开的，可同时测定锥尖阻力 $Q_c(\text{kN})$ 和筒壁的总摩擦阻力 $P_f(\text{kN})$。通常以锥尖阻力 $q_c(\text{kPa})$ 和侧壁摩阻力 $f_s(\text{kPa})$ 来表示：

$$q_c = \frac{Q_c}{A} \tag{6-49}$$

$$f_s = \frac{P_f}{A_s} \tag{6-50}$$

式中：A_s 为外套筒的总表面积，m^2。

  根据锥尖阻力 q_c 和侧壁摩阻力 f_s 可计算同一深度处的摩阻比 n 如下：

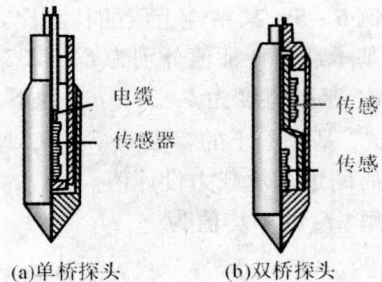

$$n = \frac{f_s}{q_c} \times 100\% \qquad (6-51)$$

（3）孔压探头。

孔压探头是在双桥探头的基础上发展起来的一种新型探头，它具备双桥探头的功能，并能测定触探时的孔隙水压力，这对于粘土中的测试成果分析有很大的便利。

2. 静力触探试验的技术要求

（1）探头圆锥锥底截面积应采用 10 cm² 或 15 cm²，单桥探头侧壁高度应分别采用 57 mm 或 70 mm，双桥探头侧壁面积应采用 150～300 cm²，锥尖锥角应为 60°。

（2）探头应匀速垂直压入土中，贯入速率为 1.2 m/min。

（3）探头测力传感器应连同仪器、电缆进行定期标定，室内探头标定测力传感器的非线性误差、重复性误差、滞后误差、温度漂移、归零误差均应小于 1% FS，现场试验归零误差应小于 3%，绝缘电阻不小于 500 MΩ。

（4）深度记录的误差不应大于触探深度的 ±1%。

（5）当贯入深度超过 30 m 或穿过厚层软土后再贯入硬土层时，应采取措施防止孔斜或断杆，也可配置测斜探头，量测触探孔的偏斜角，校正土层界线的深度。

（6）孔压探头在贯入前，应在室内保证探头应变腔为已排除气泡的液体所饱和，并在现场采取措施保持探头的饱和状态，直至探头进入地下水位以下的土层为止。在孔压静探试验过程中不得上提探头。

（7）当在预定深度进行孔压消散试验时，应量测停止贯入后不同时间的孔压值，其计时间隔由密而疏合理控制；试验过程中不得松动探杆。

根据经验，探头截面尺寸对贯入阻力 p_s(kPa) 的影响不大。贯入速度一般在 0.5～2.0 m/min 之间，每贯入 0.1～0.2 m 在记录仪器上读数一次，也可采用自动记录仪，并绘出阻力 – 贯入深度 $(p_s - z)$ 曲线。

静力触探一般适用于粘性土和砂土。对于碎石土以及夹有较多砖瓦、贝壳、姜结石等的土层，由于受触探设备贯入能力的限制，将因不能贯穿或者使贯入阻力严重失真而不适用。根据贯入能量的大小，目前国内采用的静力触探仪有 20 kN、50 kN、100 kN、200 kN 等多种规格，可适应各种状态土层的需要。单桥探头试验结果可用来划分土层。这主要是根据 p_s 的大小和 $p_s - z$ 曲线的特征：粘性土的 p_s 值一般较小，$p_s - z$ 曲线较平缓；而砂土的 p_s 值较大，且 $p_s - z$ 曲线高低起伏大。双桥探头试验成果可用来估计单桩承载力。

现在国内外的经验公式很多，但都是地区性的，而我国地域辽阔，地质条件复杂，使用时须参考当地经验或相关规范。例如，1980 年铁道部门制订出《静力触探使用技术暂行规定》，供设计者参考。在规定中，提出如下经验公式，由 p_s(kPa) 换算 σ_0(kPa)。

对于 Q_3 及以前沉积的老粘土地基，贯入阻力 p_s(kPa) 在 3000～6000 kPa 的范围内，基本承载力 σ_0(kPa) 按贯入阻力的十分之一计算，即

$$\sigma_0 = 0.1 p_s \qquad (6-52)$$

对于软土及一般粘土、亚粘土地基的基本承载力 σ_0，可按下式求得：

$$\sigma_0 = 5.8\sqrt{p_s} - 46 \qquad (6-53)$$

对于一般亚砂土及饱和砂土的基本承载力 σ_0，可按下式求得：

$$\sigma_0 = 0.89p_s^{0.63} + 14.4 \qquad (6-54)$$

当确认该地基在施工及竣工后，均不会达到饱和时，则上式求得的 σ_0 可提高 25% ~ 50%。如把上述各类土的 σ_0 值用于基础设计，尚需按基础实际宽度和埋深进行深、宽修正。

三、动力触探

当土层较硬，用静力触探无法贯入土中时，可采用圆锥动力触探法，简称动力触探。动力触探(dynamic penetration test, DPT)是利用一定的落锤能量，将一定尺寸、一定形状的探头打入土中，根据打入的难易程度(可用贯入度、锤击数或单位面积动贯入阻力来表示)判定土层性质的一种原位测试方法。动力触探依照探头的型式分为圆锥动力触探和标准贯入，前者采用圆锥形探头，后者则用标准贯入器靴，如图 6-11 所示。

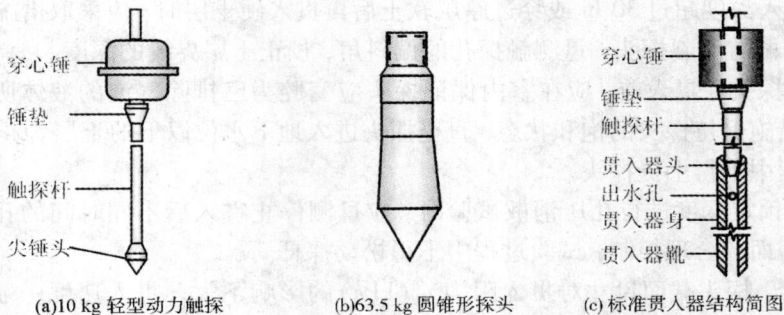

(a)10 kg 轻型动力触探　　　(b)63.5 kg 圆锥形探头　　　(c)标准贯入器结构简图

图 6-11　圆锥动力触探仪

1. 圆锥动力触探

圆锥动力触探根据落锤质量又可分轻型、中型、重型和超重型，如表 6-12 所示。其中重型和超重型常用于粗中砂与碎石土层。

表 6-12　圆锥动力触探类型

类型		轻型	重型	超重型
落锤	锤的质量(kg)	10	63.5	120
	落距(cm)	50	76	100
探头	直径(mm)	40	74	74
	锥角(°)	60	60	60
探杆直径(mm)		25	42	50 ~ 60
指标		贯入 30 cm 的读数 N_{10}	贯入 10 cm 的读数 $N_{63.5}$	贯入 10 cm 的读数 N_{120}
适用范围		浅部的填土、砂土、粉土、粘性土	砂土、中密以下的碎石土、极软岩	密实和很密的碎石土、软岩、极软岩

圆锥动力触探试验技术要求应符合下列规定：

（1）采用自动落锤装置；

（2）触探杆最大偏斜度不应超过 2%，锤击贯入应连续进行；同时防止锤击偏心、探杆倾斜和侧向晃动，保持探杆垂直度；锤击速率每分钟宜为 15 ~ 30 击；

（3）每贯入 1 m，宜将探杆转动一圈半；当贯入深度超过 10 m，每贯入 20 cm 宜转动探杆一次；

（4）对轻型动力触探，当 $N_{10} > 100$ 或贯入 15 cm 锤击数超过 50 时，可停止试验；对重型动力触探，当连续三次 $N_{63.5} > 50$ 时，可停止试验或改用超重型动力触探。

根据圆锥动力触探试验指标和地区经验，可进行力学分层，评定土的均匀性和物理性质（状态、密实度）、土的强度、变形参数、地基承载力、单桩承载力、查明土洞、滑动面、软硬土层界面，检测地基处理效果等。

2. 标准贯入试验

标准贯入试验是将质量为 63.5 kg 的穿心锤以 760 mm 的落距自由下落，先将贯入器竖直打入土中 150 mm（此时不计锤击数），然后记录每打入土中 300 mm 的锤击数。该法适用于砂土、粉土和一般粘性土。标准贯入试验的设备应符合表 6 – 13 的规定。

表 6 – 13　标准贯入试验设备规格

落锤		锤的质量（kg）	63.5
		落距（cm）	76
贯入器	对开管	长度（mm）	>500
		外径（mm）	51
		内径（mm）	35
	管靴	长度（mm）	50 ~ 76
		刃口角度（°）	18 ~ 20
		刃口单刃厚度（mm）	2.5
钻杆		直径（mm）	42
		相对弯曲	<1/1000

标准贯入试验的技术要求应符合下列规定：

（1）标准贯入试验孔采用回转钻进，并保持孔内水位略高于地下水位。当孔壁不稳定时，可用泥浆护壁，钻至试验标高以上 15 cm 处，清除孔底残土后再进行试验；

（2）采用自动脱钩的自由落锤法进行锤击，并减小导向杆与锤间的摩阻力，避免锤击时的偏心和侧向晃动，保持贯入器、探杆、导向杆联接后的垂直度，锤击速率应小于 30 击/min；

（3）贯入器打入土中 15 cm 后，开始记录每打入 10 cm 的锤击数，累计打入 30 cm 的锤击数为标准贯入试验锤击数 N。当锤击数已达 50 击，而贯入深度未达 30 cm 时，可记录 50 击的实际贯入深度, 按式(6-49)换算成相当于 30 cm 的标准贯入试验锤击数 N, 并终止试验。

$$N = 30 \times \frac{50}{\Delta S} \qquad (6-55)$$

式中: ΔS 为 50 击时的贯入度(cm)。

标准贯入试验锤击数 N 值, 可对砂土、粉土、粘性土的物理状态, 土的强度、变形参数、地基承载力、单桩承载力, 砂土和粉土的液化, 成桩的可能性等做出评价。

需要注意的是, 采用贯入试验时, 随着钻杆入土长度的增加, 杆侧土体的摩阻力以及其他形式的能量消耗增大了, 因而使得锤击数 N 值偏大。应用 N 值时是否修正和如何修正, 应根据建立统计关系时的具体情况确定, 修正方法宜参考相关规范。

四、旁压试验

旁压试验(pressuremeter test, PMT)是将圆柱形旁压器竖直放入土中, 通过旁压器在竖直的孔内加压, 使旁压膜膨胀, 并由旁压膜将压力传给周围的土体(岩体), 使土体(岩体)产生变形直至破坏, 通过量测施加的压力和土变形之间的关系, 即可得到地基土在水平方向的应力应变关系。

根据将旁压器置入土中的方法, 可以分为预钻式旁压仪、自钻式旁压仪和压入式旁压仪。预钻式旁压仪一般需要有竖向钻孔, 自钻式旁压仪利用自转的方式钻到预定试验位置后进行试验, 压入式旁压仪以静压的方式压到预定试验位置后进行旁压试验。旁压仪由旁压器、加压稳压装置和变形测量装置及导管等部分组成, 其结构框图如图 6-12 所示。

和静载荷试验相比, 旁压试验设备轻便、测试时间短等特点, 但其精度受成孔质量的影响较大。

旁压试验应在有代表性的位置和深度进行, 旁压器的测量腔应在同一土层内, 试验的操作及数据处理应参考相关规范进行。成孔质量是预钻式旁压试验成败的关键, 应保证成孔的质量, 不宜在软弱土层中使用。它主要适用于测定粘性土、粉土、砂土、碎石土、残积土、极软岩和软岩的承载力、旁压模量和应力应变关系。

五、十字板剪切试验法确定地基承载力

饱和软粘土多数呈流塑状态或液态, 含水率大、灵敏度高, 很难取得原状土样进行室内试验。十字板剪切试验(vane shear test), 是用十字板仪在原位测定饱和软粘土($\varphi \approx 0$)的不排水抗剪强度和灵敏度。根据所测出的抗剪强度, 进一步推算地基承载力。仪器简单, 操作方便, 对原状土的结构扰动较小, 在我国软土地带使用较广。

十字板剪切仪可以直接测定土体的强度, 检测原理及操作方法详见第 4 章。测出软土的抗剪强度指标后, 可按地区经验, 确定地基承载力、单桩承载力、计算边坡稳定, 判定软粘性土的固结历史。

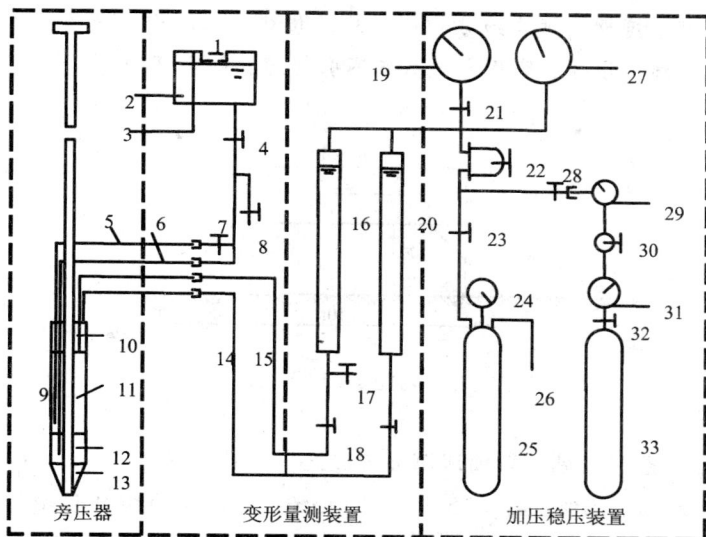

图 6 - 12　旁压仪结构框图

1—安全阀；2—水箱；3—水箱加压；4—注水阀；5—注水管2；6—注水管1；7—中腔注水；8—排水阀；9—旁压器；10—上腔；11—中腔；12—下腔；13—导水管；14—导压管；15—导压管；16—量管；17—调零阀；18—测压阀；19—600 kPa 压力表；20—辅管；21—低压表阀；22—调压器；23—手动加压阀；24—2500 kPa 压力表；25—贮气罐；26—手动加压；27—1600 kPa 压力表；28—氮气加压器；29—2500 kPa 压力表；30—减压阀；31—25000 kPa 压力表；32—氮气源阀；33—高压氮气源；34—辅管阀

重点与难点

重点：(1)地基的临塑荷载与极限荷载的概念，其理论公式的基本假设；(2)地基的典型破坏形式及其特点；(3)普朗特尔公式与太沙基公式的基本假设的差异；(4)采用太沙基理论公式分析地下水位升降对地基承载力有什么影响；(5)不同行业规范确定地基承载力方法的异同；(6)原位测试的方法及适用范围。

难点：(1)普朗特尔公式与太沙基公式的基本假设的差异；(2)采用太沙基理论公式分析地下水位升降对地基承载力有什么影响。

思考与练习

6-1　某条形基础，基底宽度 $b = 4$ m，埋深 $d = 2$ m，建于均质粘土地基上，粘土的 $\gamma = 18.5$ kN/m³，$c = 15$ kPa，$\varphi = 15°$，试求：(1)临塑荷载；(2)用普朗特尔公式计算地基的极限承载力。

6-2　某路堤尺寸如习题 6-2 图所示，已知路堤填土性质 $\gamma_1 = 18.3$ kN/m³，地基为饱和粘土，$\gamma_{sat} = 18.3$ kN/m³，土的不排水抗剪强度指标为：$c_{uu} = 23.0$ kPa，$\varphi_{uu} = 0°$，土的固结排水抗剪强度指标为：$c_d = 3.0$ kPa，$\varphi_d = 23°$，试用太沙基公式分别验算按下述

两种情况施工时,路堤下地基承载力是否满足?

(1)路堤填筑速度比荷载在地基中所引起的超孔隙水压力消散的速率快;

(2)路堤填筑速度很慢,地基土中基本不引起超孔隙水压力。

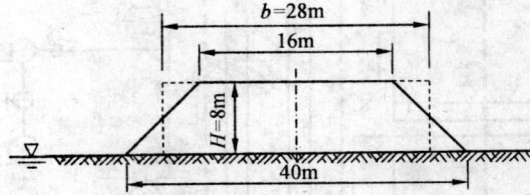

习题 6-2 图

6-3 某楼房条形基础,基础埋深 $d=1.20$ m,地基土质为粉土 $I_p=10$, $\gamma=17.4$ kN/m^3, $d_s=2.69$, $w=20\%$, $w_L=25\%$, $w_P=15\%$,求地基的基本承载力 σ_0。

第**7**章

土压力计算

第一节　土压力概述

在交通、房屋建筑、水利建设等土建工程中，为防止土体失稳破坏，产生滑坡或坍塌等现象，常采用各种类型的支挡结构限制土体的位移，这样的支挡结构体称为挡土结构物（多为挡土墙）。如图 7-1 所示的隧道侧墙、路坡围护、地下室边墙、基坑围护、桥台都是挡土结构物。

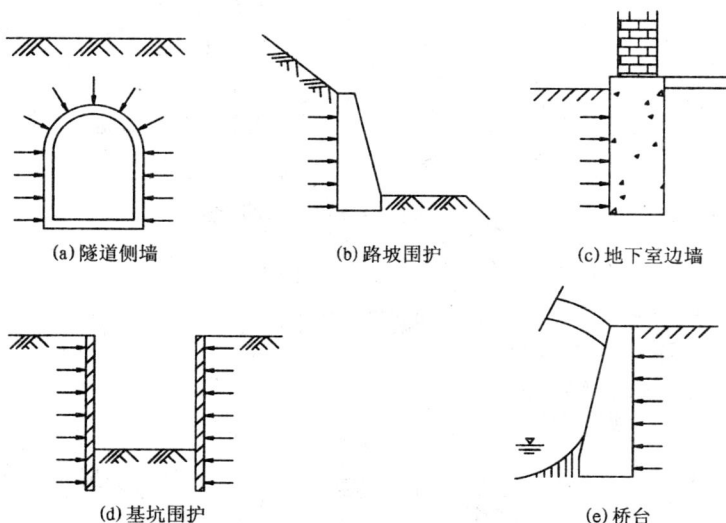

(a)隧道侧墙　　　　　(b)路坡围护　　　　　(c)地下室边墙

(d)基坑围护　　　　　　　(e)桥台

图 7-1　挡土结构物

挡土墙有重力式、悬臂式、扶臂式、锚杆式以及加筋式等多种结构型式。当挡土墙刚度大，所支挡土体仅能发生整体平移或转动，而不能发生挠曲变形时称为刚性挡土墙；当挡土墙结构物自身在土压力作用下发生挠曲变形时称为柔性挡土墙。挡土墙的稳定性验算通常包括地基承载力验算、墙身强度验算、抗倾覆和抗滑移稳定性验算。

由土体自重及作用于土体上的各种荷载共同作用，而对挡土结构产生的侧向压力，称为土压力。当挡土结构在土压力的作用下，仅发生极小的变形和位移，土体处于弹性平衡状态时，土压力称为静止土压力，用 E_0 表示；当挡土结构在自重或外力的作用下，向背离土体的方向发生位移，随着位移的增大，作用在挡土结构上的土压力逐渐减小，土体渐渐达到失稳破坏的临界状态，此时作用在挡土结构上的土压力称为主动土压力，用 E_a 表示；当挡土结构在自重或外力的作用下，向着土体的方向发生位移，逐渐压紧土体，随着位移的增大，作用在挡土结构上的土压力逐渐增大，土体渐渐达到被压剪破坏的临界状态，此时作用在挡土结构上的土压力称为被动土压力，用 E_p 表示（如图 7－2 所示）。静止土压力是土体处于弹性平衡状态时，作用在支护结构上的压力，主动土压力、被动土压力都是土体处于极限平衡状态时土体作用于支护结构上的压力（如图 7－3 所示），而实际情况中，土压力多介于三者之间。

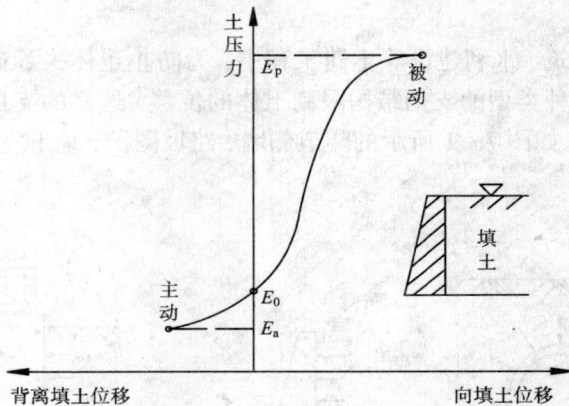

图 7－2　土压力与墙位移的关系

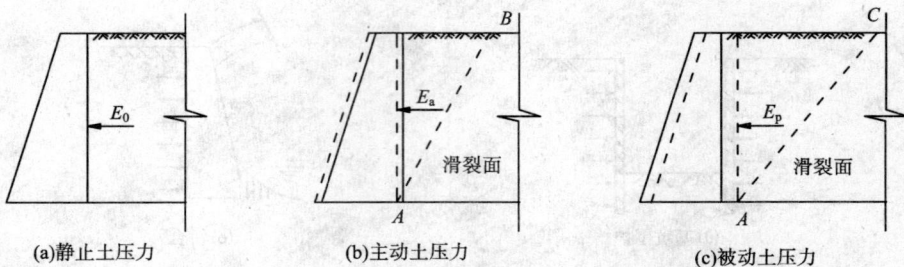

(a)静止土压力　　　(b)主动土压力　　　(c)被动土压力

图 7－3　三种土压力的存在形式

　　以上所述的土压力在计算时，通常假定为平面应变问题，即不考虑沿结构长度方向的应变，通过实践检验，此简化计算能满足一般工程上的计算要求。对于主动土压力和被动土压力，比较常用的经典算法是 1776 年法国的库伦提出的库伦土压力理论和 1875 年英国的朗肯提出的朗肯土压力理论，这也是本章的重点。

第二节　静止土压力

一、静止土压力的产生条件

静止土压力是在挡土墙刚度很大，基本不发生任何变形或位移的情况下，土体对结构建筑物产生的土压力。在实际工程中，修筑在高强度地基上，断面很大的挡土墙所受的土压力可近似看作静止土压力，还有就是深基础侧墙或者 U 形渡槽，因为其两边同样受力，不发生移动，只要其自身刚度足够大，其所受的土压力也可以认为是静止土压力。

二、墙背竖直时的静止土压力的计算

根据弹性半无限体的应力应变理论，z 深度处的竖向应力为土的自重应力 γz，水平应力即为静止土压力 p_0。假定墙背竖直，墙后土体为均质体，则单位面积上的静止土压力为

$$p_0 = K_0 \gamma z \tag{7-1}$$

式中：K_0 为静止侧压力系数（也称静止土压力系数或侧压力系数）；γ 为土的容重，kN/m^3；z 为计算点的深度，m。

由上式可以看出，静止土压力计算的关键是静止侧压力系数 K_0 的确定。K_0 可通过室内三轴仪或现场原位自钻旁压仪等测得，但目前这些仪器设备和方法还不够完善，测得的结果往往并不是很理想。

K_0 的弹性理论公式为

$$K_0 = \frac{\mu}{1-\mu} \tag{7-2a}$$

式中：μ 为土体泊松比。一般土体的泊松比值如表 7-1 所示。

表 7-1　一般土体泊松比 μ 与理论侧压力系数 K_0 的对照

材料	理想刚体	砂土	粘性土	液体
泊松比值 μ	0	0.2~0.25	0.25~0.40	0.5
K_0 值	0	0.25~0.67		1

在缺乏试验资料时，可以用下述经验公式估算 K_0：

砂性土　　　　　　　　　$K_0 = 1 - \sin\varphi'$ $\tag{7-2b}$

粘性土　　　　　　　　　$K_0 = 0.95 - \sin\varphi'$ $\tag{7-2c}$

超固结粘土　　　　　　　$K_{0(OC)} = K_{0(NC)} \cdot (OCR)^m$ $\tag{7-2d}$

式中：φ' 为土的有效内摩擦角，°；OCR 为土的超固结比；$K_{0(OC)}$ 为超固结土的 K_0 值；$K_{0(NC)}$ 为正常固结土的 K_0 值；m 为经验系数，一般可取 $m = 0.41$。

我国《公路桥涵地基与基础设计规范》（JTGD63—2007）给出了静止土压力系数的参

考值, 如表 7 - 2 所示。

表 7 - 2 静止土压力系数 K_0 值

土体种类	砾石、卵石	砂土	粉土	粉质粘土	粘土
K_0	0.20	0.25	0.35	0.45	0.55

由式(7 - 1)可见, 在均质土体中, 静止土压力与深度 z 成正比, 沿墙高呈三角形分布(如图 7 - 4 所示)。

墙顶部 $z = 0$, $p_{0(0)} = 0$;

墙底部 $z = H$, $p_{0(H)} = K_0 \gamma H$。

沿墙长度方向取一延米计算, 即单位长度的挡土墙上的静止土压力合力 E_0 为:

$$E_0 = \frac{1}{2} \gamma \cdot H^2 \cdot K_0 \qquad (7-3)$$

式中: H 为挡土墙的高度, m。

即总的静止土压力为三角形分布图的面积。E_0 的作用点位于墙底面以上 $H/3$ 处。

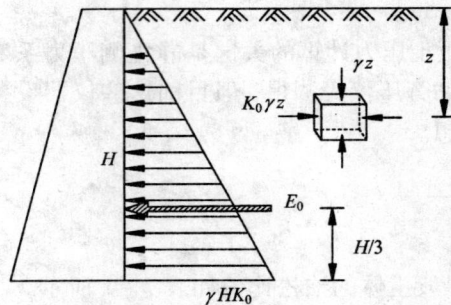

图 7 - 4 静止土压力分布

例题 7 - 1 某公路边坡挡墙如图 7 - 5 所示, 已知土体重度 $\gamma = 18$ kN/m³, 饱和重度 $\gamma_{sat} = 19$ kN/m³, 有效内摩擦角 $\varphi' = 37°$, 粘聚力 $c = 10$ kPa, 地下水位深度 $H_1 = 3$ m, 挡土墙高 $H = 7$ m, 墙背竖直, 墙后填土表面水平, 求挡土墙上静止土压力分布及其合力 E_0。

解 静止侧压力系数

$K_0 = 1 - \sin\varphi' = 1 - \sin 37° = 0.4$

土中各折点静止土压力值为:

a 点: $p_{0a} = K_0 \gamma \cdot 0 = 0$ kPa

b 点: $p_{0b} = K_0 \gamma H_1 = 0.4 \times 18 \times 3 = 21.6$ kPa

c 点: $p_{0c} = K_0(\gamma H_1 + \gamma' H_2) = 0.4 \times [18 \times 3 + (19 - 9.8) \times 4] = 36.32$ kPa

每延米静止土压力的合力为: $E_0 = \frac{1}{2} p_{0b} H_1 + \frac{1}{2}(p_{0b} + p_{0c}) H_2 = 148.24$ kN/m

静止土压力合力的作用点距离墙底的距离(即土压力分布多边形的形心 y 轴坐标)为:

$$y_0 = \frac{1}{E_0}\left[\frac{1}{2}p_{0b}H_1\left(H_2 + \frac{H_1}{3}\right) + p_{0b}\times\frac{H_2^2}{2} + \frac{1}{2}(p_{0c} - p_{0b})\frac{H_2^2}{3}\right] = 2.523 \text{ m}$$

作用在每延米墙上的静止水压力合力为: $P_w = \frac{1}{2}\gamma_w H_2^2 = 78.4$ kN/m, 作用点距离墙脚 $\frac{4}{3}$ m 处。

综上所得,静止土压力和水压力的分布图,如图 7 - 5 所示。

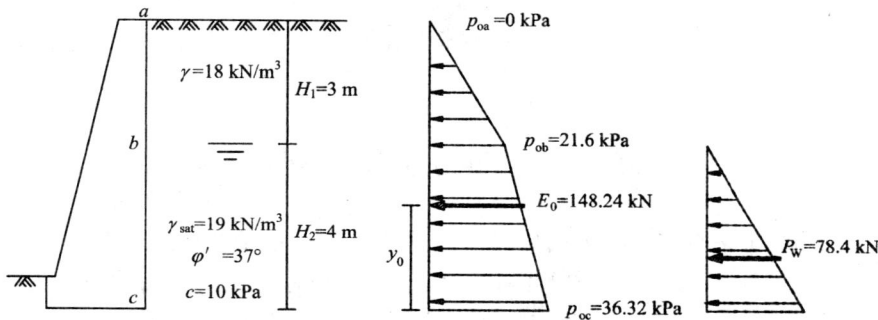

图 7 - 5　例题 7 - 1 附图

三、墙背倾斜时的静止土压力的计算

当墙背与竖直方向夹角为 δ 时(如图 7 - 6 所示),可假定一竖直面为墙背,求出作用在假设面上的土压力,然后根据楔体 $AA'B$ 的静力平衡条件求得真实墙背 AB 上的压力。

作用在假设面 $A'B$ 上的静止土压力按(7 - 3)式计算得:

$$E'_0 = \frac{1}{2}\cdot\gamma\cdot h^2\cdot K_0, \text{方向水平向左;}$$

土楔体 $AA'B$ 的自重为:

$$G_0 = \frac{1}{2}\cdot\gamma\cdot h^2\cdot\tan\delta, \text{方向竖直向下;}$$

根据土楔体的静力平衡条件可得:

$$E_0 = \sqrt{G_0^2 + E'^2_0} = \frac{1}{2}\cdot\gamma\cdot h^2\cdot\sqrt{K_0^2 + \tan^2\delta},$$

根据几何关系,可得 E_0 与水平方向的夹角 $\alpha = \arctan\dfrac{G_0}{E'_0} = \arctan\dfrac{\tan\delta}{K_0}$, 作用点距墙底 $\dfrac{h}{3}$。

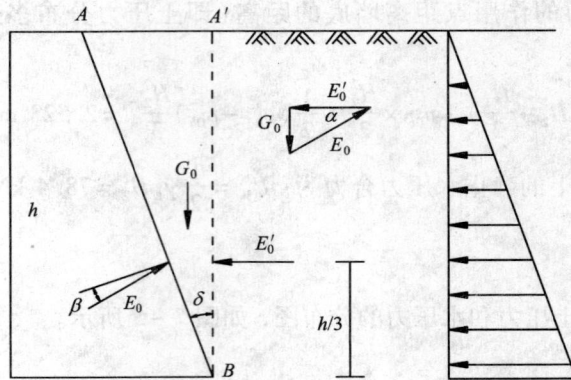

图 7 - 6　墙背倾斜时的静止土压力

第三节　朗肯土压力理论

朗肯在 1857 年研究了半无限土体在极限平衡状态时的应力情况。他认为当墙后土体达到极限平衡状态时,与墙背接触的任一土单元体都处于极限平衡状态,然后根据土单元体处于极限状态时应力所满足的条件来建立土压力的计算公式。朗肯理论最初是针对均质无粘性土提出的,后来将这一理论推广到粘性土和有水的情况。

一、朗肯土压力理论基本假定

朗肯土压力理论假设墙体是刚性的,墙背竖直光滑,墙后土体是具有水平表面的半无限体。这样假设的目的是使墙后土单元体在水平方向和竖直方向为主应力方向,竖直截面和水平截面上的剪应力为 0,墙后深度为 z 处的土单元体所受的应力如图 7 - 7 所示。

在墙后土体均匀且无上覆荷载时,z 深度处,土单元体竖直方向的应力恒为 $\sigma_z = \gamma \cdot z$,如果挡土墙不发生位移,土压力即为静止土压力:

$$p_0 = \sigma_x = K_0 \cdot \gamma \cdot z \qquad\qquad (同 7 - 1)$$

二、朗肯主动土压力

如果墙体向离开填土的方向移动,随着位移量的增加,竖向应力 σ_z 保持不变,充当大主应力 σ_1,水平应力 σ_x 则逐渐减小,充当小主应力 σ_3。当该点处于极限平衡状态时(如图 7 -8 所示),由第五章可知,大小主应力满足以下关系式

$$\sigma_3 = \sigma_1 \tan^2\left(45° - \frac{\varphi}{2}\right) - 2c \cdot \tan\left(45° - \frac{\varphi}{2}\right)$$

即

$$\sigma_x = \sigma_3 = \sigma_1 \tan^2\left(45° - \frac{\varphi}{2}\right) - 2c \cdot \tan\left(45° - \frac{\varphi}{2}\right) = \sigma_z \tan^2\left(45° - \frac{\varphi}{2}\right) - 2c \cdot \tan\left(45° - \frac{\varphi}{2}\right)$$

式中：c 为土体的粘聚力，kPa；φ 为土体的内摩擦角，（°）；γ 为土的容重，kN/m³；z 为计算点的深度，m。

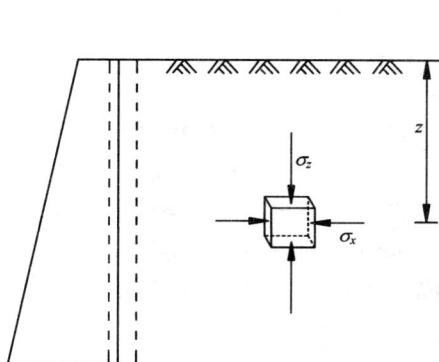

图 7－7　土单元体应力

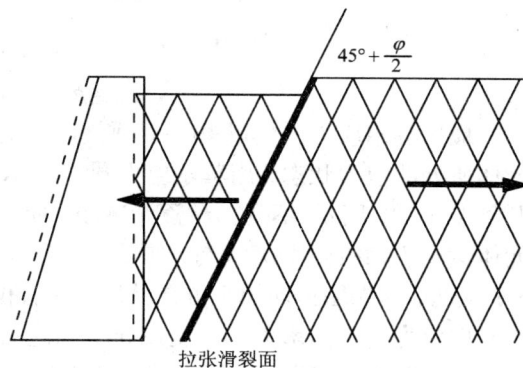

图 7－8　土体主动破坏形式

令 $K_a = \tan^2(45° - \dfrac{\varphi}{2})$ 以简化公式，K_a 称为主动土压力系数，可得主动土压力计算公式

$$p_a = p_x = \sigma_z K_a - 2c\sqrt{K_a} \tag{7-4}$$

三、朗肯被动土压力

如果墙体向填土的方向挤压，随着位移量的增加，竖向应力 σ_z 保持不变，σ_z 充当小主应力 σ_3，水平应力 σ_x 则逐渐增大直至墙后土体破坏，σ_x 充当大主应力 σ_1。当该点达到极限平衡状态时（如图 7－9 所示），由第 5 章可知，大小主应力满足以下关系式：

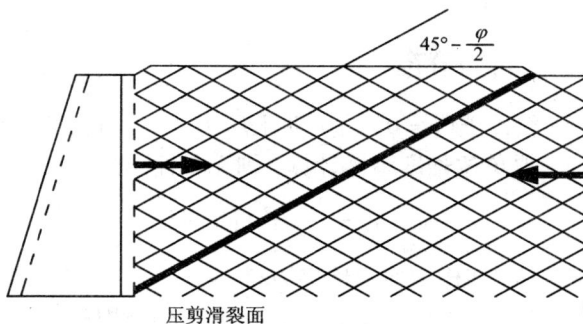

图 7－9　土体被动破坏形式

$$\sigma_1 = \sigma_3 \tan^2(45° + \dfrac{\varphi}{2}) + 2c \cdot \tan(45° + \dfrac{\varphi}{2})$$

即

$$\sigma_x = \sigma_1 = \sigma_3 \tan^2\left(45° + \frac{\varphi}{2}\right) + 2c \cdot \tan\left(45° + \frac{\varphi}{2}\right) = \sigma_z \tan^2\left(45° + \frac{\varphi}{2}\right) + 2c \cdot \tan\left(45° + \frac{\varphi}{2}\right)$$

令 $K_p = \tan^2\left(45° + \frac{\varphi}{2}\right)$ 以简化公式，K_p 称为被动土压力系数，可得被动土压力计算公式：

$$p_p = p_x = \sigma_z K_p + 2c\sqrt{K_p} \tag{7-5}$$

应用莫尔应力圆(如图 7-10 所示)说明上述过程：挡土墙不发生位移时，墙后土单元体所处的应力状态，用莫尔应力圆 C 表示，此时 $\sigma_1 = \sigma_z$，$\sigma_3 = \sigma_x = K_0 \sigma_z$；若挡土墙离开填土移动，则 σ_1 不变，σ_3 逐渐减小，应力圆 A 逐渐增大到与强度包络线相切时，该单元体达到主动极限平衡状态，作用在墙上的土压力就等于该单元体的最小水平应力值 p_a；反之，如果墙体向填土方向挤压，随着位移量的增加，竖向应力 σ_z 保持不变，随着水平向应力的逐渐增大，σ_z 变成 σ_3，当应力圆 B 增大到与强度包线相切时，该单元体达到被动极限平衡状态，作用在墙上的土压力大小就等于该单元体的最大水平应力值 p_p。

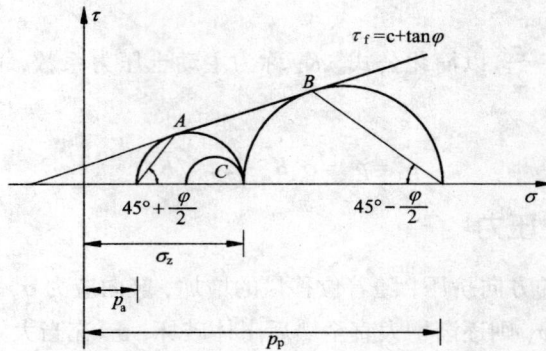

图 7-10 极限平衡状态的莫尔应力圆

四、朗肯主动土压力的分布

由式 7-4 可知，无粘性土($c=0$)的主动土压力与 z 成正比，沿墙高呈三角形分布[如图 7-11(b)所示]，取单位长度墙体计算，则无粘性土的主动土压力合力 E_a 为：

$$E_a = \frac{1}{2}\gamma H^2 K_a = \frac{1}{2}\gamma H^2 \tan^2\left(45° - \frac{\varphi}{2}\right) \tag{7-5}$$

E_a 通过三角形的形心，即作用在离墙底 $H/3$ 处。

对于粘性土($c\neq0$)，此时则会出现由粘聚力引起的负侧压力[如图 7-11(c)所示]，但实际上土体不能对墙背产生拉力，故在计算朗肯主动土压力时，出现的负侧压力应归为 0，实际作用于墙背上的压力分布如图中 Δbcd 部分所示。

产生负压力的范围高度 z_0 常被称为临界深度，在填土表面无荷载作用时，令

$$p_a = \sigma_z K_a - 2c\sqrt{K_a} = \gamma z K_a - 2c\sqrt{K_a} = 0$$

可得

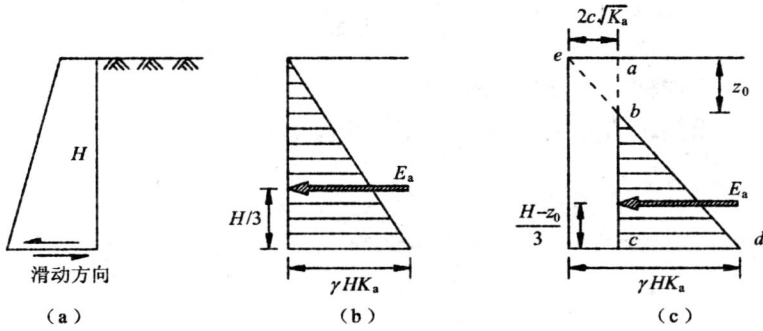

图 7-11 朗肯主动土压力分布

$$z_0 = \frac{2c}{\gamma \sqrt{K_a}} \qquad (7-6)$$

取单位长度的墙体计算，则粘性土的主动土压力合力为：

$$E_a = \frac{1}{2}(H - z_0)(\gamma H K_a - 2c \sqrt{K_a}) \qquad (7-7)$$

E_a 通过三角形 bcd 的形心，即作用在离墙底 $(H - z_0)/3$ 处，如图 7-11(c) 所示。将 z_0 代入(7-7)式可得：

$$E_a = \frac{1}{2}K_a\gamma(H - z_0)^2 \qquad (7-8)$$

五、朗肯被动土压力的分布

由式 7-5 可知，无粘性土的朗肯被动土压力分布呈三角形分布[如图 7-12(b) 所示]，粘性土的被动土压力呈梯形分布[如图 7-12(c) 所示]。

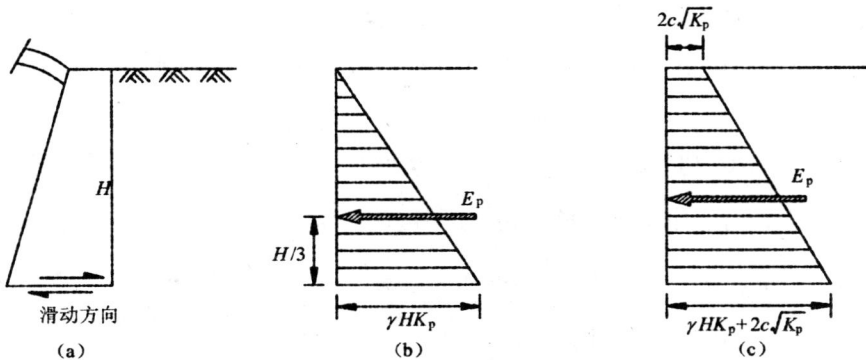

图 7-12 朗肯被动土压力分布

取单位长度墙体计算,可得朗肯被动土压力合力为:

$$E_p = \frac{1}{2}\gamma H^2 K_p + 2cH\sqrt{K_p} \qquad (7-9)$$

E_p 通过三角形或梯形分布图的形心。

例题 7 - 2　求例题 7 - 1 中的主动土压力和被动土压力的分布及作用点的位置。

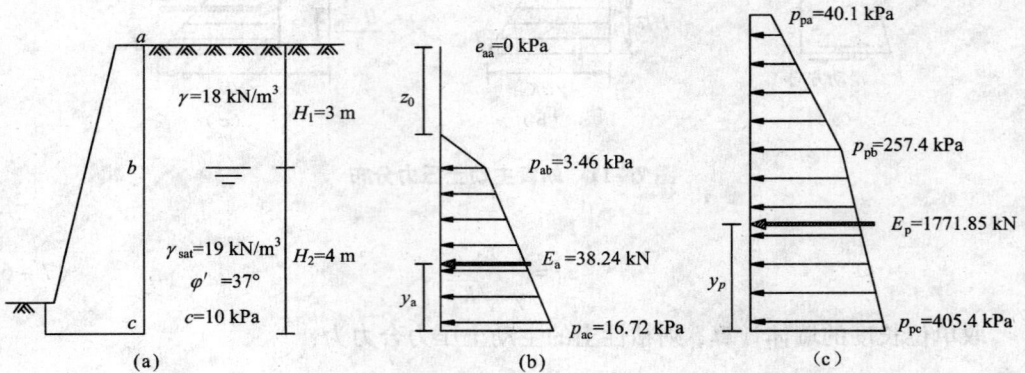

图 7 - 13　例题 7 - 2 附图

解　(1) 填土的主动土压力系数为

$$K_a = \tan^2\left(45° - \frac{\varphi}{2}\right) = \tan^2\left(45° - \frac{37°}{2}\right) = 0.249$$

因为存在粘聚力 c,所以需计算土压力为 0 的深度范围。由式(7 - 6)得

$$z_0 = \frac{2c}{\gamma\sqrt{K_a}} = \frac{2\times10}{18\sqrt{0.249}} = 2.227 \text{ m}$$

土中各折点主动土压力值为

b 点:$p_{ab} = K_a\gamma H_1 - 2c\sqrt{K_a} = 0.249\times18\times3 - 2\times10\times\sqrt{0.249} = 3.46$ kPa

c 点:$p_{ac} = K_a(\gamma H_1 + \gamma' H_2) - 2c\sqrt{K_a} = 0.294\times[18\times3 + 9.2\times4] - 2\times10\times\sqrt{0.249}$
$= 16.72$ kPa

每延米主动土压力的合力为:$E_a = \frac{1}{2}p_{ab}(H_1 - z_0) + \frac{1}{2}(p_{ab} + p_{ac})H_2 = 38.24$ kN/m

主动土压力合力的作用点距离墙底的距离:

$$y_a = \frac{1}{E_a}\left[\frac{1}{2}p_{ab}(H_1 - z_0)\left(H_2 + \frac{H_1 - z_0}{3}\right) + p_{ab}\times\frac{H_2^2}{2} + \frac{1}{2}(p_{ac} - p_{ab})\frac{H_2^2}{3}\right] = 1.797 \text{ m}$$

其水压力分布同例 7 - 1,主动土压力的分布如图 7 - 13(b)所示。

(2) 填土的被动土压力系数为

$$K_p = \tan^2\left(45° + \frac{\varphi}{2}\right) = \tan^2\left(45° + \frac{37°}{2}\right) = 4.023$$

土中各折点主动土压力值为

a 点：$p_{pa} = K_p \gamma \cdot 0 + 2c \sqrt{K_p} = 2 \times 10 \times \sqrt{4.023} = 40.1$ kPa

b 点：$p_{pb} = K_p \gamma H_1 + 2c \sqrt{K_p} = 4.023 \times 18 \times 3 + 2 \times 10 \times \sqrt{4.023} = 257.4$ kPa

c 点：$p_{pc} = K_p (\gamma H_1 + \gamma' H_2) + 2c \sqrt{K_p} = 4.023 \times [18 \times 3 + 9.2 \times 4] + 20 \times \sqrt{4.023}$
$\qquad = 405.4$ kPa

每延米被动土压力的合力为：$E_p = \frac{1}{2}(p_{pa} + p_{pb})H_1 + \frac{1}{2}(p_{pb} + p_{pc})H_2 = 1771.85$ kN/m

被动土压力合力的作用点距离墙底的距离：

$$y_p = \frac{1}{E_p}\left[p_{pa} \cdot \frac{H^2}{2} + \frac{1}{2}(p_{pb} - p_{pa})H_1(H_2 + \frac{H_1}{3}) + (p_{pb} - p_{pa})\frac{H_2^2}{2} + \frac{1}{2}(p_{pc} - p_{pb})\frac{H_2^2}{3} \right]$$
$\qquad = 2.678$ m

所以其被动土压力的分布如图 7－13(c)所示

由本例可见，同一点的被动土压力比主动土压力要大，对于某些土体(c、φ 值比较大)，同一点的被动土压力可能比主动土压力大很多，所以在工程中，根据具体情况采取合理的土压力值才能达到既安全又经济的效果。

第四节　库伦土压力理论

法国工程师库伦通过研究挡土墙墙后回填砂土滑动楔体的静力平衡条件，于 1776 年提出计算土压力的经典理论——库伦土压力理论。库伦土压力理论能适用于各种复杂情况，并且计算结果比较接近实际值，我国的土建类规范大多都规定挡土墙、桥梁墩台所承受的土压力，应按库伦土压力理论计算。

一、库伦土压力理论基本假定

库伦土压力理论假定刚性挡土墙墙后的填土是均匀的无粘性土，当墙背挤压土体或远离土体时，墙后土体即达到极限平衡状态，沿着墙背和通过墙脚的滑动面滑动，滑动土楔体视为刚体。库伦从研究滑动土楔体的静力平衡条件出发，求解滑动土楔体对挡土墙的作用力。该土压力理论计算土压力时，墙背可以是倾斜的，填土面可以是倾斜平面，墙背面是粗糙的，墙背与填土间存在摩擦(如图 7－14 所示)。

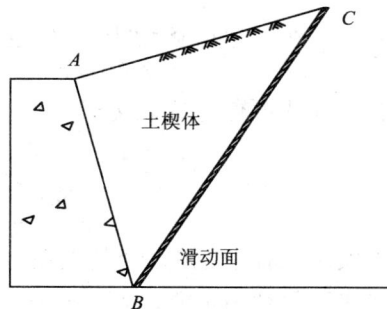

图 7－14　库伦土压力理论

二、库伦主动土压力

当挡土墙远离土体移动时，ABC 土楔体斜向下滑动[如图 7－15(a)所示]，假设墙背与竖直方向的夹角为 ε，墙后填土面与水平面的夹角为 α，则滑动土楔体 ABC 的重量 G 可由滑动面与水平面的夹角 β 来确定；ABC 土楔体 AB 面上受作用反力与向上摩擦力的合力为 E；ABC 土楔体 BC 面上受作用反力和向上摩擦力的合力为 R。根据静力平衡条件有：G、R、E 应相交于一点，且矢量和为 0[如图 7 - 15(b)所示]。

根据正弦定理有：$\dfrac{E}{\sin(\beta-\varphi)} = \dfrac{G}{\sin(\frac{\pi}{2}+\varepsilon+\theta-\beta+\varphi)}$

其中土楔体自重 $G = \gamma \cdot \dfrac{1}{2} \cdot \sin\angle ABC \cdot \overline{AB} \cdot \overline{BC}$

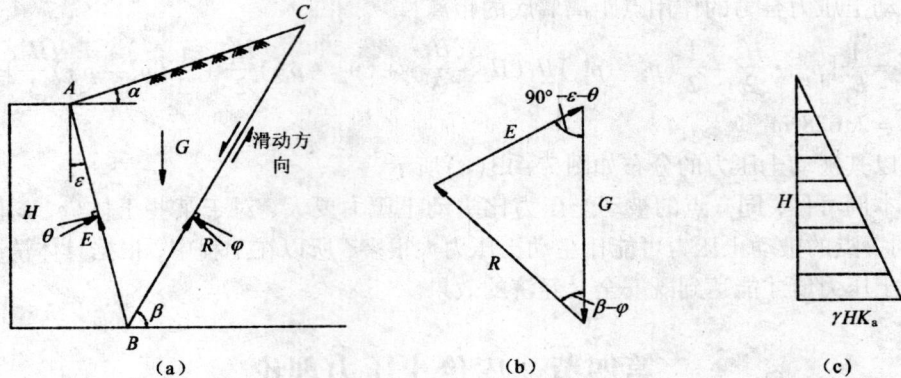

图 7 - 15　无粘性土的库伦主动土压力

又 $\angle ABC = \dfrac{\pi}{2}+\varepsilon-\beta$，$\overline{AB} = \dfrac{H}{\cos\varepsilon}$，$\overline{BC} = AB\dfrac{\sin(\frac{\pi}{2}-\varepsilon+\alpha)}{\sin(\beta-\alpha)} = H\dfrac{\sin(\frac{\pi}{2}-\varepsilon+\alpha)}{\cos\varepsilon\sin(\beta-\alpha)}$

故 $G = \dfrac{\gamma H^2}{2} \cdot \dfrac{\cos(\beta-\varepsilon)\cos(\alpha-\varepsilon)}{\cos^2\varepsilon\sin(\beta-\alpha)}$

代入前式可得 E 的表达式：

$$E = \dfrac{\gamma H^2}{2} \cdot \dfrac{\sin(\beta-\varphi)\cos(\beta-\varepsilon)\cos(\alpha-\varepsilon)}{\sin(\frac{\pi}{2}+\varepsilon+\theta-\beta+\varphi)\cos^2\varepsilon\sin(\beta-\alpha)}$$

在实际工程中，滑动面是未知的，因此上式中，BC 面与水平面的夹角 β 是待定的，其余各参数可视为定值，所以 E 是关于 β 的函数。E 的最大值 E_{max} 即为墙背所受的主动土压力，其对应的滑动面即是最危险的滑动面。

令 $\dfrac{dE}{d\theta}=0$，解得 β 值，代回上式可得：

$$E_a = \dfrac{\gamma H^2}{2} \cdot \dfrac{\cos^2(\varphi-\varepsilon)}{\cos^2\varepsilon\cos(\theta+\varepsilon)\left[1+\sqrt{\dfrac{\sin(\theta+\varphi)\sin(\varphi-\alpha)}{\cos(\theta+\varepsilon)\cos(\varepsilon-\alpha)}}\right]^2} \qquad (7-10)$$

式中 γ 为墙后填土的重度；H 为挡土墙的高度；φ 为墙后填土的内摩擦角；ε 为墙背与竖直方向夹角；θ 为土与挡土墙背的摩擦角，取值可参考表 7 - 3；α 为填土面的倾斜角。

引入主动土压力系数 K_a，上式简化为 $E_a = \frac{1}{2}\gamma H^2 K_a$，库伦主动土压力分布如图 7 – 15(c)所示。

当引入墙背竖直光滑、填土面水平的假设条件时，$\alpha = \varepsilon = \theta = 0$，代入式(7 – 10)可得：

$$E_a = \frac{\gamma H^2}{2} \cdot \tan^2\left(45° - \frac{\varphi}{2}\right)$$

该式与朗肯主动土压力公式在墙后填土为无粘性土的情况下($c = 0$)的公式相同。可知朗肯主动土压力是库伦主动土压力的一个特例。

表 7 – 3　　土与挡土墙背的摩擦角 θ

挡土墙情况	墙背光滑，排水不良	墙背粗糙，排水良好	墙背很粗糙，排水良好	墙背填土不滑动
θ	$(0 \sim 0.33)\varphi$	$(0.33 \sim 0.5)\varphi$	$(0.5 \sim 0.67)\varphi$	$(0.67 \sim 1.0)\varphi$

三、库伦被动土压力

当挡土墙受外力作用推向填土，达到极限平衡状态时，土楔体 ABC 会有沿着滑动面 BC 向上滑动的趋势[如图 7 – 16(a)所示]，土楔体的静力平衡状态如图 7 – 16(b)所示，同主动土压力计算原理相似，E 值是随着滑动面 BC 与水平面夹角 β 而变化的，不同之处在于，此时土楔体在墙推力的作用下向上滑动，所以 E 的最小值 E_{min} 即为墙背所受的被动土压力。

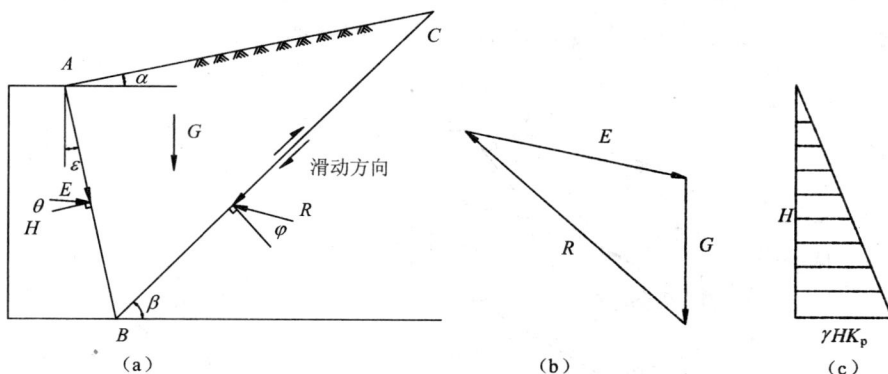

图 7 – 16　无粘性土的库伦被动土压力

令 $\frac{\mathrm{d}E}{\mathrm{d}\theta} = 0$，解得 β 值，可得：

$$E_P = E_{min} = \frac{1}{2}\gamma H^2 K_P \tag{7 – 11}$$

式中被动土压力系数 $K_p = \dfrac{\cos^2(\varepsilon + \varphi)}{\cos^2\varepsilon\cos(\varepsilon - \theta)\left[1 - \sqrt{\dfrac{\sin(\varphi + \theta)\sin(\varphi + \alpha)}{\cos(\varepsilon - \theta)\cos(\varepsilon - \alpha)}}\right]^2}$

其余各符号意义均同式 7-10，被动土压力的分布如图 7-16(c)所示。

同库伦主动土压力，当引入墙背竖直光滑、填土面水平的假设条件时，将 $\alpha = \varepsilon = \theta = 0$ 代入式(7-11)可得：

$$E_p = \frac{\gamma H^2}{2} \cdot \tan^2\left(45° + \frac{\varphi}{2}\right)$$

该式与朗肯被动土压力公式在墙后填土为无粘性土的情况下($c = 0$)的公式相同。可知朗肯被动土压力也是库伦被动土压力的一个特例。

四、库尔曼图解法

上述库伦土压力理论是在墙后填土为无粘性土且填土面为平面的基础上建立的，当填土为粘性土或填土面为非平面时，就不能直接应用上述公式进行计算，而需要借助图解法进行分析，土压力的图解法有多种，目前比较常用的是库尔曼图解法。

根据库伦土压力理论，当墙后填土达到极限平衡状态，土楔体将有沿着某一滑动面滑动的趋势，此时作用在滑动土体上的力构成力矢三角形。在这三个力中，土楔体重力 G 方向是竖直向下的，对于主动土压力，墙背面反力 E(土压力的反作用力)方向与竖直方向夹角为 $\dfrac{\pi}{2} - \theta - \varepsilon$，此时土楔体重力 G 大小和破坏面下土体反力 R 的方向将由破坏面的位置确定。若假定一系列的滑动面，分别作出相应的力矢三角形，可以直接通过作图确定相应的 E 值，则所有 E 值中，最大的值就是主动土压力合力 E_a。同样对于被动土压力，用同样的方法，需要注意的是，摩擦力的方向相反，被动土压力合力是最小的 E 值。

库尔曼图解法如图 7-17 所示，具体作图步骤如下：

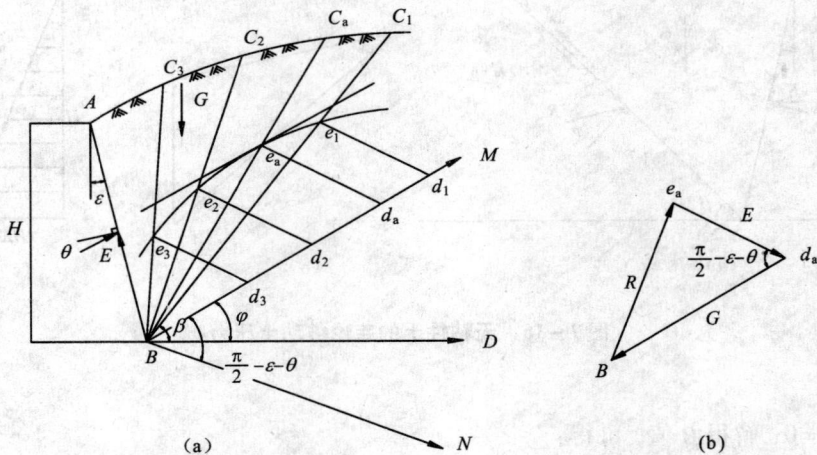

图 7-17　库尔曼图解法示意图

（1）过墙角 B 作辅助线 BM 与水平面的夹角为 φ，再作辅助线 BN，与 BM 夹角为 $\frac{\pi}{2} - \theta - \varepsilon$（$BN$ 的反向延长线与 BA 夹角为 $\varphi + \theta$）；

（2）假定一破坏面 BC_1，计算滑动土楔体 ABC_1 的重力 G_1，并按一定比例在 BM 线上截取线段 Bd_1 等于 G_1，自 d_1 点引 BN 的平行线交 BC_1 于 e_1 点，则 d_1e_1 的长度就表示破坏面为 BC_1 时的土压力 E_1；

（3）假定其他破坏面 BC_2，BC_3，$\cdots$，BC_n，$\cdots$，重复上述步骤，得到 d_2，d_3，$\cdots$，d_n，$\cdots$及 e_2，e_3，$\cdots$，e_n，$\cdots$；

（4）将 e_1、e_2、$e_3 \cdots e_n \cdots$连成曲线，作该曲线与 BM 平行的切线，得到切点 ea，过 ea 点作与 BN 平行的直线交 BM 于 da 点，则 $eada$ 的长度就是表示所求的主动土压力合力 Ea；

（5）连接 Bea 并延长，则 Bea 所在平面即为真正的破坏面。

五、库伦土压力对于粘性土的图解法

当填土为粘性土时，采用库伦土压力理论对滑动土楔体进行受力分析时，则土楔体的静力平衡中除了前述的 G，E，R 外，还应包括墙背和滑动面上的粘聚力，这五个力将构成闭合的力矢多边形，按照同样的思路，确定摩擦力和粘聚力作用的方向，求出土楔体下滑时最大的 E 值即为主动土压力，土楔体上移时的最小 E 值即为被动土压力。

以图 7-18 为例，利用库伦土压力理论求主动土压力合力，则对于粘性填土，当墙后填土达到主动极限平衡时，在某一深度范围内可能产生拉裂缝，在拉裂面上不考虑力的作用。拉裂区深度可按照朗肯理论近似确定为：$z_0 = \dfrac{2c}{\gamma} \sqrt{\dfrac{1}{K_a}}$。

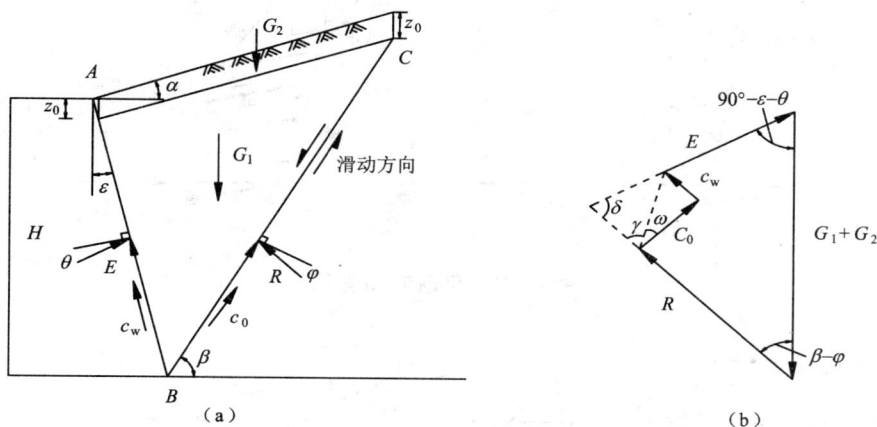

图 7-18   粘性土的库伦主动土压力

此时滑动土楔体上多增加两个作用力：

BC 面上的总粘聚力 $c_0 = c(H - z_0) \dfrac{\cos(\varepsilon - \alpha)}{\cos\varepsilon \sin(\beta - \alpha)}$ ，与 R 的夹角为 $\dfrac{\pi}{2} + \varphi$；

墙背 BA 面上的总粘聚力 $c_w = \dfrac{c'(H - z_0)}{\cos\varepsilon}$ ，与 E 的夹角为 $\dfrac{\pi}{2} + \theta$；

式中 c、c' 分别为填土粘聚力、墙背和填土接触面上的单位粘着力，其余符号意义同前。

各力的方向已知，作滑动土楔体的闭合力矢多边形，主动土压力合力如图 7 – 18(b) 中 E 所示，通过几何关系可得：

$$E = \frac{(G_1 + G_2)\sin(\beta - \varphi)}{\sin\left(\beta - \varphi + \dfrac{\pi}{2} - \theta - \varepsilon\right)} - \frac{cH\cos(\varepsilon - \alpha)\cos\varphi + c'H\sin(\beta - \varphi - \varepsilon)\sin(\beta - \alpha)}{\cos\varepsilon\sin(\beta - \alpha)\cos(\beta - \varphi - \varepsilon - \theta)}$$

$$(7 - 12)$$

可知 E 仅是 β 的函数，可假定不同的滑裂面，进行试算得到主动土压力。

库伦土压力理论对于粘性土的计算方法应用起来比较复杂，因此工程上常通过修改内摩擦角 φ 的办法来消除粘聚力的影响，这种方法称为等代内摩擦角，φ 角依据实验数据或工程经验进行换算，不能通过理论推导得到。

例题 7 – 3 某铁道路段的挡土墙如图 7 – 19 所示，墙背与竖直方向夹角为 $\varepsilon = 17°$，墙后填土为无粘性土，土体重度 $\gamma = 18$ kN/m³，有效内摩擦角 $\varphi' = 37°$，墙背与填土摩擦角为 $\theta = 30°$，利用库伦土压力理论求主动土压力和被动土压力的分布及作用点的位置。

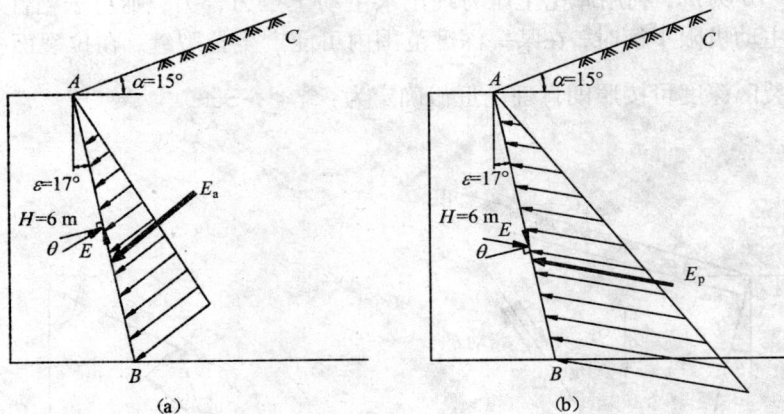

图 7 – 19 例题 7 – 3 附图

解 (1)由式(7 – 10)知：

库伦主动土压力系数 $K_a = \dfrac{\cos^2(\varphi - \varepsilon)}{\cos^2\varepsilon\cos(\theta + \varepsilon)\left[1 + \sqrt{\dfrac{\sin(\theta + \varphi)\sin(\varphi - \alpha)}{\cos(\theta + \varepsilon)\cos(\varepsilon - \alpha)}}\right]^2} = 0.483$

每延米墙背上的主动土压力合力：$E_a = \dfrac{1}{2}\gamma H^2 K_a = 156.492$ kN/m

Ea 方向与水平面的夹角为 $\theta + \varepsilon = 47°$，作用点距墙脚的距离 $y_a = \dfrac{H}{3} = 2$ m，库伦主动土压力的分布如图 7 – 19(a) 所示。

（2）由式（7 – 11）知：

库伦被动土压力系数 $K_p = \dfrac{\cos^2(\varepsilon + \varphi)}{\cos^2\varepsilon\cos(\varepsilon - \theta)\left[1 - \sqrt{\dfrac{\sin(\varphi + \theta)\sin(\varphi + \alpha)}{\cos(\varepsilon - \theta)\cos(\varepsilon - \alpha)}}\right]^2} = 20.68$

每延米墙背上的被动土压力合力：$E_p = \dfrac{1}{2}\gamma H^2 K_p = 6700.32$ kN/m

E_p 方向与水平面的夹角为 $\theta - \varepsilon = 13°$，作用点距墙脚的距离 $y_a = \dfrac{H}{3} = 2$ m，库伦被动土压力的分布如图 7 – 19(b) 所示。

第五节　几种特殊情况下的土压力计算

在工程实际中，经常会遇到填土面有超载、分层填土、填土中存在地下水等情况，需要经过简化处理后方可用朗肯土压力理论和库伦土压力理论求解。

一、填土面有连续均布荷载作用

当墙背竖直，填土面水平时，适用朗肯土压力理论，以朗肯土压力主动土压力为例，当连续均布荷载 q 自墙后无限分布时，深度 z 处土单元体所受竖向应力应为 $\sigma_z = \gamma z + q$，此时的土压力由两部分组成：一部分是由均布荷载引起的，与深度无关，沿墙高呈矩形分布；另一部分则由土体自重引起，与深度成正比，沿墙高呈三角形分布。二者进行叠加即可（如图 7 – 20 所示）。

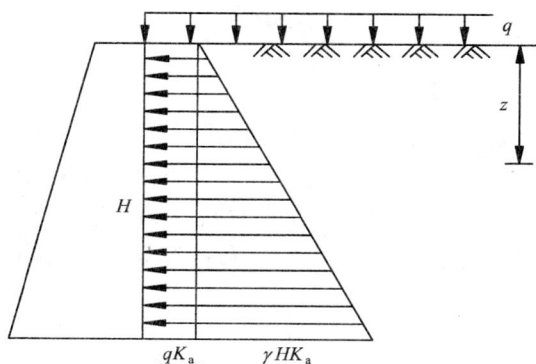

图 7 – 20　有无限连续均布荷载的土压力

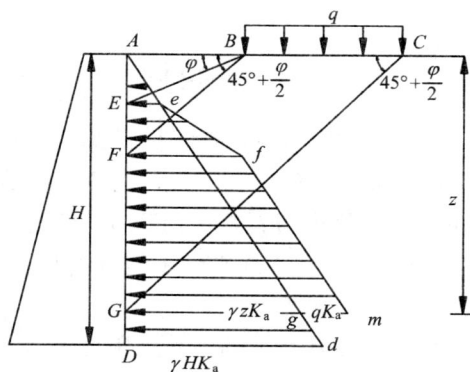

图 7 – 21　有局部连续均布荷载的土压力

运用朗肯土压力理论分析，此时土压力为零的范围深度为：

$$z_0 = \frac{2c}{\gamma} \frac{1}{\sqrt{K_a}} - \frac{q}{\gamma} \qquad (7-13)$$

当填土表面有局部连续均布荷载时(如图 7-21 所示),自均布荷载起点 B 引两条辅助线 BE、BF 交墙背于 E 点和 F 点,与水平线的夹角分别为 φ 和 $45° + \dfrac{\varphi}{2}$,再自均布荷载的终点 C 引辅助线 CG 交墙背于 G 点,与水平线的夹角为 $45° + \dfrac{\varphi}{2}$。则可认 E 点以上和 G 点以下完全不受荷载作用影响,F 和 G 点之间的土压力按以上无限连续均布荷载情况计算,E 点和 F 点之间通过直线渐变,即可得墙背上的主动土压力分布如图所示。

当墙背倾斜或填土面倾斜时,适用库伦土压力理论。对于无粘性土,当挡土墙后填土表面有连续均布荷载 q 作用时,可将均布荷载 q 换算成当量的土重(如图 7-22 所示),其中 $h' = q/\gamma \cdot \cos\alpha \cdot \cos\varepsilon$,则可按照墙高为 $H + h'$ 时的库伦土压力理论进行计算。

对于墙后填土为粘性土或填土表面荷载为非连续均布荷载时,则可采用图解法,将作用在土楔体上的荷载增加到土楔体的自重 G 上进行计算。

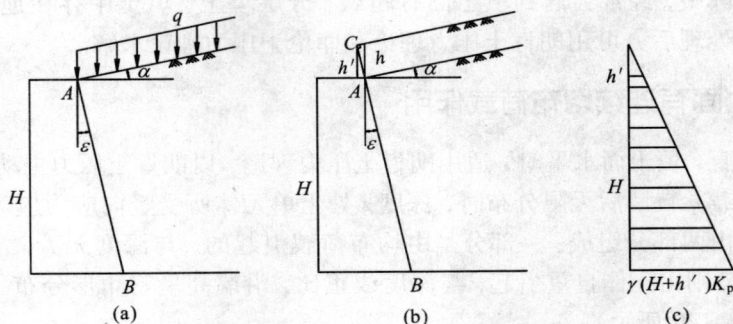

图 7-22　墙背与填土面倾斜且有无限连续均布荷载的土压力

二、墙后填土分层的情况

在工程实际中,一般情况下墙后土体会由几层不同性质(重度、粘聚力、内摩擦角)的土层组成(如图 7-23 所示)。在确定成层土的土压力时,需采用各点所在土层的粘聚力和内摩擦角进行计算,所以填土竖向应力分布在土层交界面上可能出现突变。如图 7-23 所示,两层无粘性土的重度和内摩擦角不同时,土压力的分布在交界面处会出现不同形式的突变。

在交界面 B 点上的主动土压力为

$$(p_a)_{B上} = (\sigma_z)_B K_{a1} = \gamma_1 H_1 K_{a1}$$

在交界面 B 点之下的主动土压力为

$$(p_a)_{B下} = (\sigma_z)_B K_{a2} = \gamma_1 H_1 K_{a2}$$

C 点以上的主动土压力为

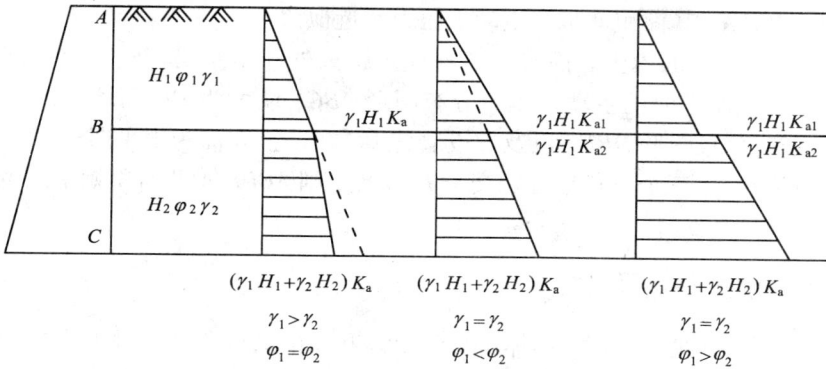

图 7 - 23　填土为成层土时的主动土压力分布

$$(p_a)_{C上} = (\sigma_z)_C K_{a2} = (\gamma_1 H_1 + \gamma_2 H_2) K_{a2}$$

式中 K_{a1}，K_{a2} 分别为第一层与第二层的主动土压力系数。

主动土压力的合力的为

$$E_a = \frac{1}{2} \gamma_1 H_1^2 K_{a1} + \gamma_1 H_1 H_2 K_{a2} + \frac{1}{2} \gamma_2 H_2^2 K_{a2} \qquad (7-14)$$

E_a 的作用点位于图形的形心处。

三、填土表面不规则

图 7 - 24 给出了填土表面不规则的几种情况。对于此类问题，常按填土表面为水平或倾斜的情况分别进行计算，然后再组合。

图 7 - 24(a)的情况可分别计算墙背 AB 在填土表面为倾斜时的主动土压力强度分布图形 ABE，以及虚设墙背 BC 而在填土表面为水平时的主动土压力强度分布图形 BCD。两个三角形相交于 F 点，则 $ABDFA$ 图形面积就是总主动土压力的近似值。

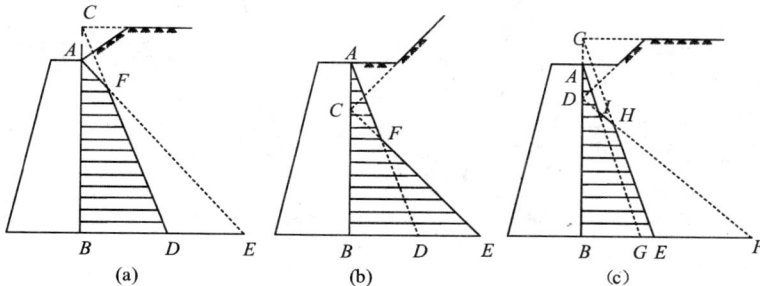

图 7 - 24　填土表面不规则时的主动土压力计算

对于图 7 - 24(b)所示的情况，可延长倾斜面交墙背于 C 点，分别计算出墙背为 AB 而填土表面水平时的主动土压力强度分布图 ABD，以及墙背为 BC 而填土表面倾斜时的主动土压力强度分布图 CBE。这两个图形交于 F 点,则实际主动土压力强度分布图形可近似取图中 $ABEFA$,其面积就是总主动土压力的近似值。

图 7-24(c)所示的填土表面自距墙背一定距离处开始倾斜。此时应分别计算墙背为 AB 而填土表面水平时的主动土压力分布图形 ABG,墙背为 BD 而填土表面倾斜时的主动土压力强度分布图形 DBF,以及虚设墙背 BC 在填土表面为水平时的主动土压力强度分布图形 CBE。这三个三角形分别交于 I、H 点,则 $ABEHIA$ 的面积就是总主动土压力的近似值。

四、墙后填土有地下水

当挡土墙后存在地下水时,墙体将受到土体和水的共同作用,对于渗透性较好的无粘性土体(粉土、砂土、碎石土),水以"自由水"的形式存在于土颗粒空隙间,水和土体分别作用于墙体。计算土压力时,土的重度采用浮重度(γ'),计算水压力时,可近似地按静水压力计算 $P_w = \frac{1}{2}\gamma_w H^2$,其中 H 为水层厚度,γ_w 为水的重度。墙体所受的压力,通过土压力和水压力叠加得到,此法称为"水土分算"法[如图 7-25(a)所示]。

对于渗透性较差的粘性土体(淤泥质土),可认为水以"结合水"的形式存在于土体中,在计算土压力时,水压力不再单独计算,而是将地下水位以下的土体重度取为饱和重度(γ_{sat}),墙体所受压力即为饱和土压力,此法称为"水土合算"法[如图 7-25(b)所示]。

在工程实际中,还需要考虑水的存在引起土的抗剪强度降低的情况,采用合适的抗剪强度指标(c,φ),如果墙后填土中有稳定渗流,还应考虑渗流力的作用。

由上述计算理论可知,对于同一土体,水土分算较为保守,水土合算较为经济,一般认为,当渗透系数较大时(砂、砾石土体),需选用水土分算法;当渗透系数较小时,若是短期的支护设计,可选用水土合算法,若是长期或永久性的支护设计应采用水土分算法。在工程实际中,应视具体的地质条件和地方规定进行确定。

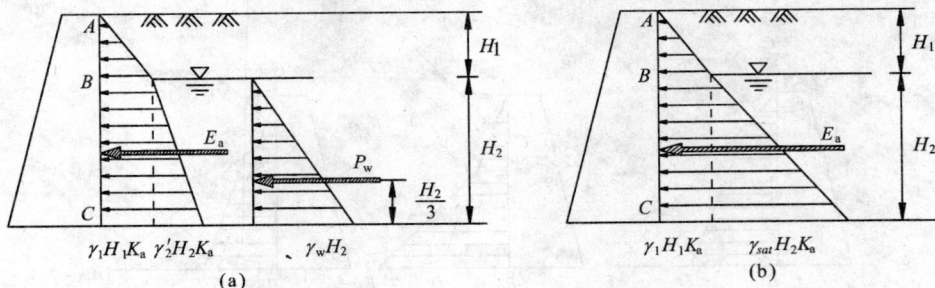

图 7-25 墙后有地下水时墙体所受压力计算

例题 7-4 如图 7-26 所示的边坡,土层的各参数如图中所示,墙后上覆 $q = 12$ kPa 的无限连续均布荷载,求挡土墙所受的压力分布?

解：因为该挡土墙可能发生的位移方向是背离土体的，故土压力应按照主动土压力来计算，又因为边坡为永久性支护结构，故地下水位以下，采用水土分算法较为安全：

土层一的主动土压力系数：

$$K_{a1} = \tan^2\left(45° - \frac{\varphi_1}{2}\right) = \tan^2\left(45° - \frac{10°}{2}\right) = 0.704$$

土层二的主动土压力系数：

$$K_{a2} = \tan^2\left(45° - \frac{\varphi_2}{2}\right) = \tan^2\left(45° - \frac{15°}{2}\right) = 0.589$$

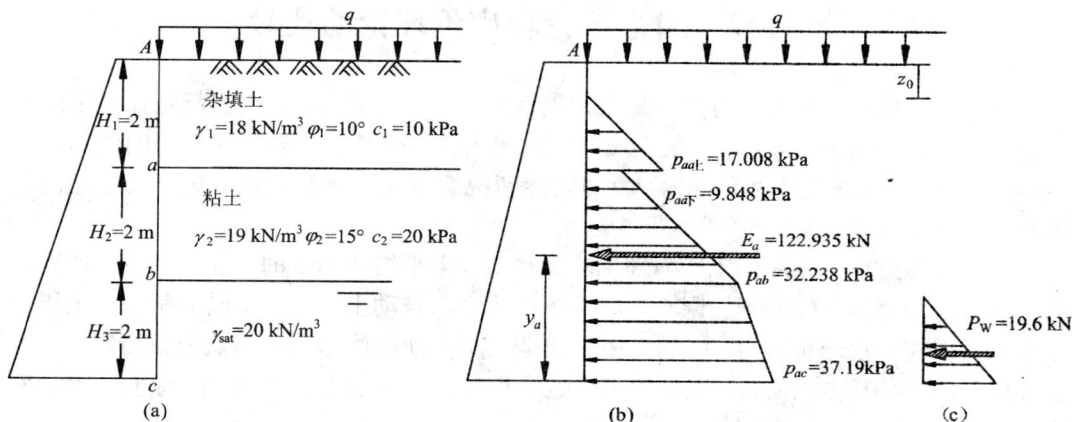

图 7 – 26　例题 7 – 4 附图

土压力为 0 的深度范围为：

$$z_0 = \frac{2c_1}{\gamma_1} \frac{1}{\sqrt{K_{a1}}} - \frac{q}{\gamma_1} = \frac{2 \times 10}{18} \frac{1}{\sqrt{0.704}} - \frac{12}{18} = 0.657 \text{ m}$$

因 $z_0 \leqslant 2$ m，故土压力为 0 的范围全在第一层土体范围内，否则需验算第二层土体。

土中各折点主动土压力值为

a 点上：

$p_{aa\text{上}} = K_{a1}(\gamma_1 H_1 + q) - 2c_1 \sqrt{K_{a1}} = 0.704 \times (18 \times 2 + 12) - 2 \times 10 \times \sqrt{0.704} = 17.008$ kPa

a 点下：

$p_{aa\text{下}} = K_{a2}(\gamma_1 H_1 + q) - 2c_2 \sqrt{K_{a2}} = 0.589 \times (18 \times 2 + 12) - 2 \times 12 \times \sqrt{0.589} = 9.848$ kPa

b 点：$p_{ab} = K_{a2}(\gamma_1 H_1 + \gamma_2 H_2 + q) - 2c_2 \sqrt{K_{a2}} = 32.238$ kPa

c 点：$p_{ac} = K_{a2}(\gamma_1 H_1 + \gamma_2 H_2 + \gamma'_2 H_3) - 2c_2 \sqrt{K_{a2}} = 37.19$ kPa

每延米墙的总的主动土压力为：

$$E_a = \frac{1}{2} p_{aa\text{上}}(H_1 - z_0) + \frac{1}{2}(p_{aa\text{下}} + p_{ab}) H_2 + \frac{1}{2}(p_{ab} + p_{ac}) H_3 = 122.935 \text{ kN/m}$$

E_a 的作用点距墙脚的距离为

$$y_a = \frac{\frac{1}{2}p_{aa\pm}\cdot(H_1-z_0)\cdot(\frac{H_1-z_0}{3}+H_2+H_3)+p_{aa\mp}\cdot H_2\cdot(\frac{H_2}{2}+H_3)+(p_{ab}-p_{aa\mp})\cdot H_2\cdot(\frac{H_2}{3}+H_3)+p_{ab}\cdot\frac{H_3^2}{2}+(p_{ac}-p_{ab})\frac{H_3^2}{6}}{E_a}$$

$=2.417$ m

挡土墙后有地下水作用，故还应考虑水压力，每延米墙的受到的水压力为：

$$P_w = \frac{1}{2}\gamma_w H_3^2 = \frac{1}{2}\cdot 9.8 \cdot 2^2 = 19.6 \text{ kN/m}$$

P_w 的作用点距墙脚的距离为 $\frac{H_3}{3}$，整个墙体所受压力如图 7-26 所示。

第六节　朗肯理论和库伦理论的比较

朗肯和库伦这两种土压力理论是两种最常用的土压力理论，但它们都是在一定的假设前提下得出的理论，与实际工程会有一定的出入。对于这两种理论存在的问题和误差做到心中有数，在解决工程问题时，针对实际情况合理选择计算理论，对于安全经济施工具有非常重要的意义。

朗肯土压力理论与库伦土压力理论均是基于极限平衡状态下的土压力理论，计算出的土压力都是墙后土体处于极限平衡状态下的主动与被动土压力。不同的是朗肯土压力是采用极限应力法分析所得，库伦土压力则是采用滑动楔体静力平衡法分析所得，二者虽是由不同的分析方法所得，但由第四节也可以看出，对于无粘性土，朗肯土压力是库伦土压力的一个简化计算特例。

朗肯土压力理论适用于填土表面水平($\alpha=0$)，墙背竖直($\varepsilon=0$)，墙背面光滑($\theta=0$)的情况，对于粘性土和无粘性土均适用；库伦土压力适用于墙背形状复杂、墙后填土与荷载条件都较复杂的情况($\alpha\neq0$，$\varepsilon\neq0$，$\theta\neq0$)，但一般只适用于无粘性土，对于粘性土，则需借助库尔曼图解法。

朗肯土压力直接忽略了墙背的摩擦影响，计算的主动土压力较真实值偏大，被动土压力较真实值偏小。库伦土压力假定滑动面为平面，但实际上最容易滑动的面是产生土压力最大的滑动面，沿平面滑动比沿理论复合面滑动困难，因此库伦主动土压力较真实值偏小；相反，对于被动土压力，最容易滑动的面就是能够承受最小推力的滑动面，实际上接近于一个对数螺旋面，假设为平面，使阻力增大，推力加大，所以计算的被动土压力偏大。

苏联学者索科洛夫斯基(1960)用极限平衡理论对水平填土面的挡土墙，求出理论解的主动土压力系数 K_a 和被动土压力系数 K_p 与朗肯土压力理论和库伦土压力理论所得 K_p、K_p 比较如表 7-4 所示。由此可知，当墙背与土的摩擦角 θ、土体的内摩擦角 φ 较小的时候，这两种经典土压力理论计算的误差都比较小，但当 θ、φ 较大时，两种理论误差都很大，所以在工程中，要根据具体实际情况来确定土压力，不可生搬硬套。

表 7 - 4　土压力系数的比较

计算方法	土压力系数	$\varphi/(°)$											
		10			20			30			40		
		$\theta/(°)$											
		0	5	10	0	10	20	0	15	30	0	20	40
极限平衡理论	K_a	0.70	0.67	0.65	0.49	0.45	0.44	0.33	0.30	0.31	0.22	0.20	0.22
	K_p	1.42	1.56	1.66	2.04	2.55	3.04	3.00	4.62	6.55	4.60	9.69	18.2
朗肯土压力理论	K_a	6.704			0.49			0.333			0.217		
	K_p	1.420			2.03			3.00			4.60		
库伦土压力理论	K_a	0.70	0.66	0.64	0.49	0.45	0.43	0.33	0.30	0.30	0.22	0.20	0.21
	K_p	1.42	1.57	1.73	2.04	2.63	3.52	3.00	4.98	10.10	4.60	11.7	92.60

重点与难点

重点：(1)土压力分类；(2)土压力的计算理论；(3)两种土压力理论的比较及适用条件；(4)土压力的图解法。

难点：(1)库伦土压力公式的推导；(2)两种土压力理论计算结果的误差分析；(3)特殊情况的土压力计算。

思考与练习

7 - 1　土压力有哪几种？各自产生的条件是什么？各自适用哪些工程情况？

7 - 2　影响土压力大小的因素有哪些什么？各因素的变化将产生什么样的影响？

7 - 3　朗肯土压力理论和库伦土压力理论的异同点有哪些？

7 - 4　挡土墙后积水对挡土墙有何影响？

7 - 5　已知某挡土墙高度 6.0 m，墙背竖直光滑，墙后填土表面水平，填土重度 $\gamma = 18.0$ kN/m³，粘聚力 $c = 10$ kPa，内摩擦角 $\varphi = 37°$，试计算作用在此挡土墙上的静止土压力、主动土压力、被动土压力的大小及作用点位置，并绘出土压力分布图。

7 - 6　挡土墙高 4 m，墙背倾斜角（俯斜）$\varepsilon = 15°$，填土倾角 $\beta = 15°$，填土重度 $\gamma = 19.0$ kN/m³，$c = 0$ kPa，$\varphi = 25°$，填土与墙背的摩擦角 $\delta = 20°$，试用库伦土压力理论计算主动土压力的大小方向及作用点位置，并绘出土压力的分布图。

7 - 7　挡土墙高 7 m，墙背垂直、光滑，墙后土体表面水平，在填土表面作用均布荷载 $q = 19.0$ kN/m²。第一层土为砂土，厚度 3 m，土层物理力学指标为：$\gamma_1 = 18.0$ kN/m³，$\varphi_1 = 25°$，第二层为粘性土，厚度 4 m，土层物理力学指标为：$\gamma_2 = 18.0$ kN/m³，$c_2 = 10$ kPa，$\varphi_2 = 20°$，试求主动土压力的大小方向及作用点位置，并绘出墙体所受压力的分布图。

第 8 章
土坡稳定分析

第一节 概 述

一、基本概念

土坡(soil slope):指具有倾斜坡面的土体。工程实际中的土坡有天然土坡,也有人工土坡。其中天然土坡指由于地质作用自然形成的土坡,如山坡、江河湖海的岸坡等;人工土坡指经过人工开挖、填筑的土工建筑物,如修建地铁站开挖的基坑边坡、修建公路铁路造成的路堑边坡和路堤边坡等。下面以简单土坡来阐明其外形特征。

简单土坡假设土坡的顶面和底面都是水平的,并延伸至无穷远,并且坡体由均质土组成。如图 8-1 给出了简单土坡的外形和各部分名称。

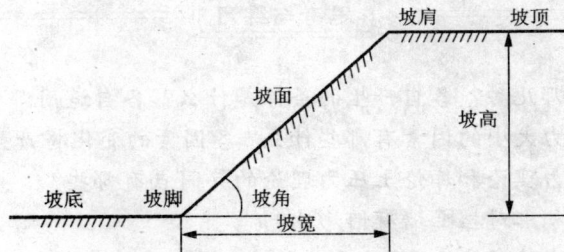

图 8-1 简单土坡的外形和各部分名称

坡率:坡角可以表示坡的陡缓,工程上习惯上用坡高与坡宽的比值并化简成 1 m 的形式来表示坡度,其中 m 称为坡率。

二、影响土坡稳定的因素

土坡在各种内力和外力的共同作用下,有可能产生剪切破坏或土体的移动超过了允许值称边坡失稳。其根本原因在于土体内部某个面上的剪应力达到了抗剪强度,使稳定平衡遭到破坏。土坡在发生滑动之前,一般在坡顶首先开始明显下降并出现裂缝,坡脚附近的地面则有较大的侧向的位移并微微隆起。随着坡顶裂缝的开展和坡脚侧向位移的增加，部分土体突然沿着某一个滑动面急剧下滑，造成滑坡。

影响土坡稳定的因素多而复杂多变，主要包括土坡的边界条件、土质条件和外界条件。具体因素包括：

（1）土坡坡角。坡角越小越利于土坡稳定，但在铁路和公路修建中不经济。

（2）坡高。试验研究表明，其他条件相同的土坡，坡高越小，土坡越稳定。

（3）土的工程性质。土的工程性质越好，土坡越稳定。如土的抗剪强度指标值大的土坡比抗剪强度指标值小的土坡更安全。

（4）地下水的渗透力。当土坡中存在与滑动方向一致的渗透力时，对土坡稳定不利。如水库土坝下游土坡就易于发生渗透破坏。

（5）震动作用。如强烈地震、工程爆破和车辆震动等均会使土的强度降低，对土坡稳定性产生不利影响。

（6）人类活动和生态环境的影响。持续的降雨或地下水渗入土层中，使土中含水量增大，土质变软、强度降低；还可使土的重度增加，以及孔隙水压力增高，在有动、静水压力作用下易于使土体失稳。人类不合理地开挖，特别是开挖坡脚；或开挖基坑、沟渠、道路边坡时将弃土堆在坡顶附近；在斜坡上建房或堆放重物时，都可引起坡体变形破坏。

在土木工程建筑中经常遇到土坡稳定问题，如果土坡失去稳定造成塌方或滑坡，不仅影响工程进度，还可能导致工程事故甚至危及生命安全，应当引起重视。为了有效地控制不良变形，除了在设计时采取合理的断面外，还应根据场地的工程地质和水文地质条件进行调查与评价，判断其是否存在失稳的可能。加固具有潜在威胁不稳定山坡地带。

通常防止边坡滑动的措施有：

（1）加强岩土工程勘查，查明边坡地区工程地质、水文地质条件，尽量避开滑坡区或古滑坡区、掩埋的古河道、冲沟口等不良地质地段。

（2）根据当地经验，参照同类土（岩）体的稳定情况，选择适宜的坡型和坡角。

（3）对于土质边坡或易于软化的岩质边坡，在开挖时应采取相应的排水措施和适宜的坡角。

（4）开挖土石方时，宜从上到下依次进行，并防止超挖；挖、填土宜求平衡，尽量分散处理弃土，如必须在坡顶或山腰大量弃土时，应进行坡体稳定性验算。

（5）若边坡稳定性不足时，可采取放缓坡角、设置减载平台、分级加载及设置相应的支挡结构等措施。

（6）对软土，特别是灵敏度较高的软土，应注意防止对土的扰动，控制加载速率。

（7）为防止振动等对土坡的影响，桩基施工宜采取压桩、人工挖孔或重锤低击、低频锤击等施工方式。

三、土坡稳定性分析

土建工程中经常遇到土坡稳定问题，如果处理不当，土坡则失稳产生滑动，不仅影响工程进展，甚至危及生命安全，应当引起重视，因此研究边坡的稳定性（stability of soil slope）意义重大。

天然斜坡、堤坝以及基坑放坡开挖等，都要分析斜坡的稳定性。目前土坡稳定分析方法有极限平衡法、极限分析法和有限元法等。这里主要讲解极限平衡方法。极限平衡方法分析的一般步骤是：假定斜坡破坏是沿着土体内某一确定的滑裂面滑动，根据滑裂土体的静力平衡条件和莫尔—库伦强度理论，可以计算出沿该滑裂面滑动的可能性，即土坡稳定安全系数的大小。稳定系数最低的就是可能性最大的滑动面。

本章将介绍土坡稳定性的基本原理和方法。

第二节　无粘性土坡稳定分析

一般土坡的纵向长度远较其横向宽度大，故在分析土坡稳定性时，可沿长度方向取单位长度按平面问题来计算。实际调查证明，由砂卵石以及风化砾石构成的无粘性土土坡，滑动面近于平面，在横断面上则为一条直线。

如图 8 - 2 为一坡角为 β 的无粘性土坡。无粘性土坡是由粗颗粒土所堆筑的土坡，颗粒之间没有粘聚力，只有摩擦力。只要土坡坡面上的土颗粒在重力作用下能够保持稳定，那么，整个土坡就是稳定的。

一、坡面土颗粒受力分析

在无粘性土坡表面取一小单元体，如图 8 - 2 所示。该单元体受力如下：

单元体自重 W，铅直向下，其法向分力 $N = W \cdot \cos\beta$，切向分力（即下滑力）$T = W \cdot \sin\beta$；

单元体受坡面法向反力 N'；

单元体受坡面摩擦力 F，即抗滑力，其值为 $F = W \cdot \cos\beta \cdot \tan\varphi$。

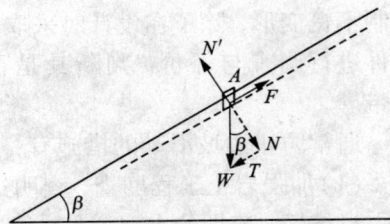

图 8 - 2　无粘性土土坡稳定分析图

二、土坡稳定系数 F_s

当土坡抗滑力等于下滑力时，土坡处于极限平衡状态。当土坡抗滑力大于下滑力时，土坡处于稳定状态。

土坡的抗滑力与下滑力比值叫土坡稳定系数（（stability factor of soil slope, F_s），即：

$$F_s = \frac{F}{T} = \frac{W\cos\beta \cdot \tan\varphi}{W\sin\beta} = \frac{\tan\varphi}{\tan\beta} \tag{8-1}$$

式中：φ 为土体的内摩擦角。

由上式可知：无粘性土坡的稳定性与坡高无关，仅取决于坡角 β 的大小。

当 $\beta \leqslant \varphi$ 时，$F_s \geqslant 1$，土坡处于稳定状态或极限稳定状态；

当 $\beta > \varphi$ 时，$F_s < 1$，土坡处于失稳状态，无粘性土将发生溜滑。

通常，为了保证土坡具有足够的安全储备，可取 $F_s = 1.3 \sim 1.5$。

由此可见，对于均匀无粘性土坡，只要坡角 β 小于土的内摩擦角 φ，土坡总是稳定的，且与坡高无关。当 $F_s = 1.0$ 时，坡角 β 等于土的内摩擦角 φ，称为自然休止角，此时土坡处于极限平衡状态，自然界中坡积物及岩堆的坡角大多达到了自然休止角。

三、有渗流作用时的无粘性土坡稳定性分析

当斜坡中存在地下水时，会发生顺坡稳定渗流（如图 8-3 所示）。此时土体自重取浮容重 γ'，渗透力为向下的有效力，此时：

下滑力由两部分组成：

（1）由单元体自重引起的下滑力：

$$T = W \cdot \sin\beta = \gamma' \cdot \sin\beta$$

（2）由渗透力引起的下滑力：

$$J = \gamma_w \cdot i = \gamma_w \cdot \sin\beta$$

抗滑力由无粘性土的摩擦力组成：$T' = N' \cdot \tan\varphi = \gamma' \cdot \cos\beta \cdot \tan\varphi$

则此时的安全系数：

$$F_s = \frac{T'}{T + J} = \frac{\gamma'\cos\beta\tan\varphi}{\gamma'\sin\beta + \gamma_w\sin\beta} = \frac{\gamma'\cos\beta\tan\varphi}{\gamma_{sat}\sin\beta} = \frac{\gamma'\tan\varphi}{\gamma_{sat}\tan\beta} \qquad (8-2)$$

对比式（8-1）和式（8-2）可以看出，有顺坡渗流时的安全系数与无渗流时相比，相差了 γ'/γ_{sat} 倍，有渗流时的安全系数约是无渗流时的一半。所以实际工程中，排除无粘性土坡内的地下水可以有效的加大土坡的安全系数，是提高边坡稳定性非常有效的方法之一。

例 8-1　均质无粘性土土坡，饱和重度 $\gamma_{sat} = 20.2 \ \mathrm{kN/m^3}$，内摩擦角 $\varphi = 30°$，若要求这个土坡的稳定系数为 1.2。

试问：（1）在干坡或完全浸水情况下，坡角应为多少？

（2）坡面有顺坡渗流时，坡角应为多少？

解：（1）由于无粘性土在没有渗流时，安全系数与容重和坡高无关，根据公式（8-1）得：

$$\tan\beta = \frac{\tan\varphi}{Fs} = \frac{\tan30°}{1.2} = 0.481$$

则要使土坡稳定，坡角 $\beta < \arctan(0.481) = 25.7°$

（2）当有地下水时，存在顺坡渗流时，根据式（8-2）可得：

$$\tan\beta = \frac{\gamma'\tan\varphi}{\gamma_{sat}F_s} = \frac{(20.2 - 9.81) \times \tan30°}{20.2 \times 1.2} = 0.247$$

则要使土坡稳定，坡角 $\beta < \arctan(0.247) = 13.9°$

由此可见，当逸出段为顺坡渗流时，土坡稳定安全系数降低 γ'/γ_{sat}。因此，要保持同样的安全度，有渗流逸出时的坡角比没有渗流逸出时要平缓得多。

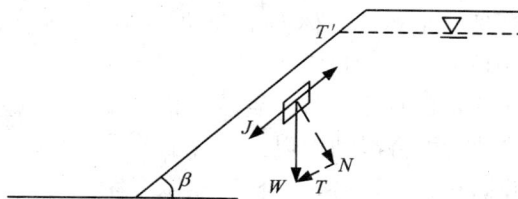

第三节　粘性土坡稳定分析圆弧法

粘性土由于颗粒之间存在粘结力，发生滑坡时是整块土体向下滑动，坡面上任一单元土体的稳定条件不能用来代表整个土坡的稳定条件。若按平面应变问题考虑，可将滑动面以上土体看作刚体，并以它为脱离体，分析在极限平衡条件下其上各种作用力。粘性土土坡由

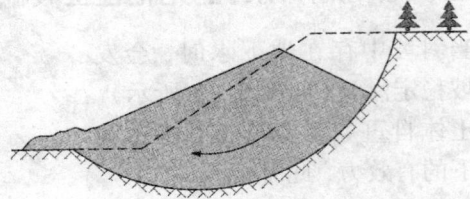

图 8-4　粘性土土坡滑动面

于剪切而破坏的滑动面大多为一曲面，通常近似地假定为圆弧滑动面，如图 8-4 所示。可采用圆弧法分析土坡的稳定。

圆弧法最初是由瑞典科学家贺尔汀（H. Hultin）和裴德逊（Petterson）首先提出，后由费伦纽斯（W. Fellenius）修改的一种土坡稳定分析的基本方法。它不但可以用来检算简单土坡，也可以用于检算各种复杂情况土坡，如不均匀的土坡、分层土坡、有水渗流的土坡及坡顶有荷载的土坡等，它在工程中得到广泛应用。

一、基本原理

1. 基本假设

如图 8-5 所示，均质粘性土坡滑动面假定为圆弧形状，假定滑动面以上的土体为刚性体，即不考虑滑动土体内部的相互作用力，假定土坡稳定属于平面应变问题。

2. 基本公式

取圆弧滑动面以上滑动体为脱离体进行分析，土体沿滑弧 $\overset{\frown}{AC}$ 下滑，滑动体 ABC 也整体绕圆心 O 转动。

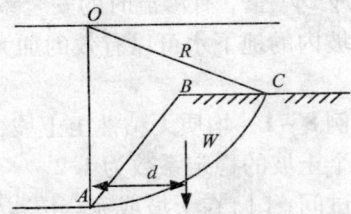

图 8-5　粘性土坡稳定分析图

（1）滑动力矩 M_s，由滑动土体 ABC 的自重产生。对于图 8-5 中土坡，$M_s = W \cdot d$。

（2）抗滑力矩 M_R，滑弧 $\overset{\frown}{AC}$ 上的抗滑力等于土的抗剪强度 τ_f 与滑弧 $\overset{\frown}{AC}$ 长度 L 的乘积，滑弧的半径为 R，故其抗滑力矩为 $M_R = \tau_f \cdot L \cdot R$。

取滑弧上的一个微段 $\mathrm{d}l$，则：

抗滑力矩为：$M_R = \int_0^e \tau_f \mathrm{d}e \cdot R = \int_0^L (c + \sigma_n \tan\varphi) \mathrm{d}l \cdot R = \left[cL + \int_0^L \sigma_n \tan\varphi \mathrm{d}l \right] \cdot R$

其中 $\sigma_n = \sigma_n(l)$，是个未知函数

3. 土坡稳定系数 F_s

$$F_s = \frac{M_R}{M_S} = \frac{[cL + \int_0^L \sigma_n \tan\varphi dl] \cdot R}{W \cdot d} \tag{8-3}$$

$\varphi = 0$(饱和粘土不排水强度)时,$c = c_u$,$M_R = c_u \cdot L \cdot R$。

$$F_s = \frac{M_R}{M_S} = \frac{\tau_f \cdot L \cdot R}{W \cdot d} = \frac{c_u \cdot L \cdot R}{W \cdot d} \tag{8-4}$$

稳定系数 F_s 的取值宜根据建筑物的规模、等级、土的工程性质、土的强度指标(c、φ)值的可靠程度及地区经验等因素综合考虑,实际应用时可按相关行业规范要求取值。如重要工程密云水库大坝 $F_s = 1.5$,临时性小工程 $F_s = 1.1$。

4. 确定稳定系数 F_s 最小的滑动面

上述滑弧 $\overset{\frown}{AC}$ 是任意的,不一定是最危险的真正滑动面。由此,取一系列圆心 O_1,O_2,O_3,…和相应的半径 R_1,R_2,R_3,…,计算出各自的稳定系数 F_1,F_2,F_3,…,取其中最小的值 F_{min},其对应的滑裂面为最危险的滑裂面。最危险滑裂面又称临界圆弧。

二、瑞典条分法(Fellenius or Swedish solution)及计算步骤

1. 基本原理

在使用瑞典圆弧法分析土坡稳定时,如果土体外形复杂,滑体重心很难确定,而且滑体受力一般比较复杂,滑面土体强度也不均匀,分析就存在一定困难。由此,在用瑞典圆弧法分析土坡稳定时,费伦纽斯将滑动土体分成若干竖直土条(见图8-6),计算各土条对滑动圆心的抗滑力矩和滑动力矩,根据各土条总的抗滑力矩和滑动力矩之比求得土坡稳定系数,再经试算,确定最危险的滑裂面及其稳定系数 F_s,条分法的实质是一种离散化的方法,该法古老且简单,故也称为简单条分法。

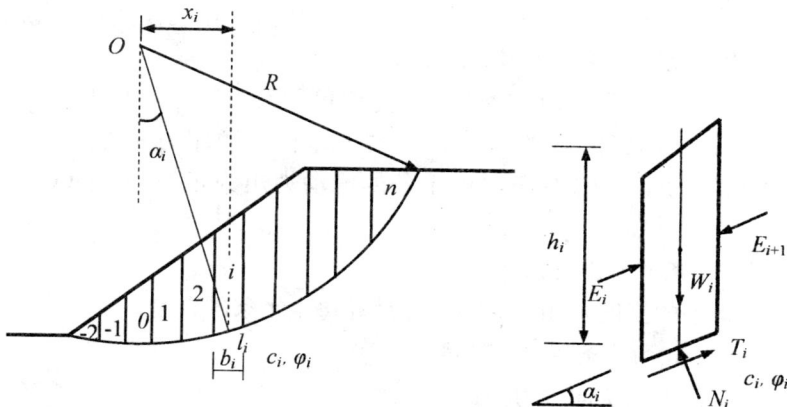

图 8-6 瑞典条分法条块受力分析

图 8-6 所示的土坡和滑弧,将滑坡体分成 n 个土条,其中第 i 条宽度为 b_i,条底弧线长为 l_i,重力为 W_i,土条底的抗剪强度参数为 c_i、φ_i,该土条的受力如图 8-6 所示。由土条的受力与力矩平衡可知,未知数的个数大于方程的个数,此类问题是个超静定问题,所以费伦纽斯假定 $E_i = E_{i+1}$,即土条两边的力大小相等,方向相反,对土条的平衡计算抵消。根据第 i 条上各力对 O 点力矩平衡条件,考虑到法向力 N_i 通过圆心,不出现在平衡方程中,假设土坡的整体安全系数与土条的安全系数相等,然后对 n 个土条的力矩平衡方程求和得:

$$F_s = \frac{\sum T_i R}{\sum W_i R \sin\alpha_i} \tag{8-5}$$

式中:F_s 为土坡抗滑动安全系数;T_i 为第 i 条土条底部受到的滑面抗滑力,$T_i = c_i \cdot l_i + N_i \cdot \tan\varphi_i$;$N_i$ 为第 i 土条底部的法向力,$N_i = W_i \cdot \cos\alpha_i$。

将 T_i 和 N_i 代入公式(8-5)得:

$$F_s = \frac{\sum (c_i l_i + W_i \cos\alpha_i \tan\varphi)}{\sum W_i \sin\alpha_i} \tag{8-6}$$

式中:$\sin\alpha_i = \dfrac{x_i}{R}$。

2. 计算步骤

如图 8-7 所示为一土坡,假设地下水位很深,不考虑孔隙水压力的影响。

条分法的计算步骤如下:

(1)按一定比例尺绘制土坡剖面图,如图 8-7 所示;

(2)初选一个可能的滑动面 $\overset{\frown}{AC}$,确定圆心 O 和半径 R,画弧 $\overset{\frown}{AC}$;

(3)将滑动土条竖向分条并编号,土条

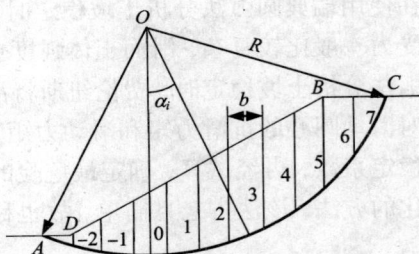

图 8-7 瑞典条分法分析图

宽度 b 一般取 2~4 m。为了计算方便,土条宽度可取滑弧半径的 0.1 倍,即 $b = 0.1R$。以圆心 O 为垂直线,向上顺序编为 0,1,2,3,…,向下顺序为 -1,-2,-3,…,这样,0 号土条的滑动力矩为 0,0 条以上土条的滑动力矩为正值,0 条以下滑动力矩为负值;

(4)计算每个土条的自重。

测量每一个土条的高度 h_i 和宽度 b_i,并计算每个土条的自重,即:

$W_i = \gamma \cdot b_i \cdot h_i$($h_i$ 为土条的平均高度)

土条自重在滑面上的法向分力为:

$$N_i = W_i \cdot \cos\alpha_i \tag{8-7}$$

在滑动面上的切向分力为:

$$T_i = W_i \cdot \sin\alpha_i \tag{8-8}$$

式中：α_i 为法向应力与垂直线的夹角。

（5）计算各土条在滑面上的抗滑力 T_i'。

抗滑力 T_i' 与滑面相切，其方向与滑动方向相反。根据库仑强度理论，抗滑力 T_i' 为：

$$T_i' = N_i \cdot \tan\varphi + c \cdot l_i \tag{8-9}$$

式中：l_i 为第 i 个土条的弧长。

（6）计算滑动力矩。

$$M_\mathrm{T} = T_1 R + T_2 R + \cdots = R \sum_{i=1}^{n} W_i \sin\alpha_i \tag{8-10}$$

式中：n 为土条的数目。

（7）计算抗滑力矩。

$$M_\mathrm{R} = R \sum (W_i \cos\alpha_i \cdot \tan\varphi + c \cdot l_i) = R \cdot \tan\varphi \sum_{i=1}^{n} W_i \cos\alpha_i + R \cdot c \cdot L \tag{8-11}$$

式中：L 为滑弧 AC 的总长。

（8）计算稳定系数 F_s。

$$F_\mathrm{s} = \frac{M_\mathrm{R}}{M_\mathrm{T}} = \frac{\tan\varphi \sum\limits_{i=1}^{n} W_i \cos\alpha_i + cL}{\sum\limits_{i=1}^{n} W_i \sin\alpha_i} \tag{8-12}$$

（9）求最小安全系数 F_min。

重复步骤（2）～（8），选择不同的滑弧，得到相应的稳定系数 F_1，F_2，F_3，$\cdots$，取其中最小的值，即为所求的稳定系数 F_min，对应的滑裂面即为临界圆弧。

确定临界圆弧的计算工作量比较大，一般宜编制程序用计算机进行计算。

3. 简单土坡最危险滑面确定的经验法

以上介绍的是计算某个位置已经确定的滑动面稳定系数的计算方法。这一稳定系数并不代表边坡的真正稳定性，真正代表边坡稳定程度的稳定系数应该是稳定系数中的最小值，相应于边坡最小的稳定系数的滑动面称为最危险滑动面。

确定土坡最危险滑动面圆心的位置和半径大小是土坡稳定分析中最繁琐、工作量最大的工作，需要通过多次的计算才能完成。在此主要介绍费伦纽斯提出的经验方法。

费伦纽斯（Fellenius）和泰勒（Taylor）对均质简单土坡做了大量的计算分析，提出了确定最危险滑面圆心的经验方法。

（1）对于 $\varphi = 0$ 的均质土坡，最危险的圆弧滑面一般通过坡脚，其圆心 O 位于图 8-8 中 AC 与 BO 两线的交点，图中 β_1、β_2 角可由表 8-1 确定。

（2）对 $\varphi > 0$ 的均质土坡，随着 φ 的增大，其最危险的圆弧滑面圆心位置将从 O 点沿 EO 线向上移动，EO 线可用来表示圆心的轨迹线。

E 点的确定方法：如图 8-9 所示，E 点离坡脚的水平距离为 $4.5H$，E 点离坡脚的垂直距离为 H。H 为土坡高度。

（3）在 EO 的延长线上选 3～5 点，作为圆心 O_1，O_2，O_3，$\cdots$，计算各自的土坡稳定系数 F_1，F_2，F_3，$\cdots$，并按一定比例在各自圆心处画出代表各稳定系数 F_1，F_2，F_3，$\cdots$ 数

值的线段，然后将各线段端头连成一条光滑的曲线，即为 F 的轨迹线，其中最小 F_{min} 对应的圆心 O_m 可作为最危险滑动面的圆心。

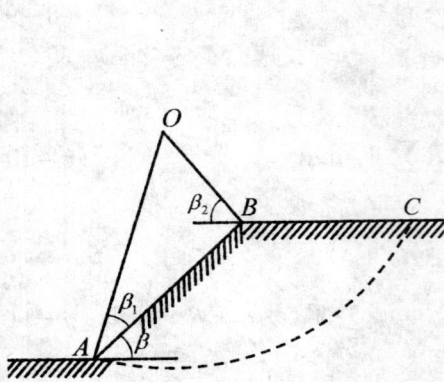

图 8 – 8 $\varphi = 0$ 时最危险滑动面圆心位置确定

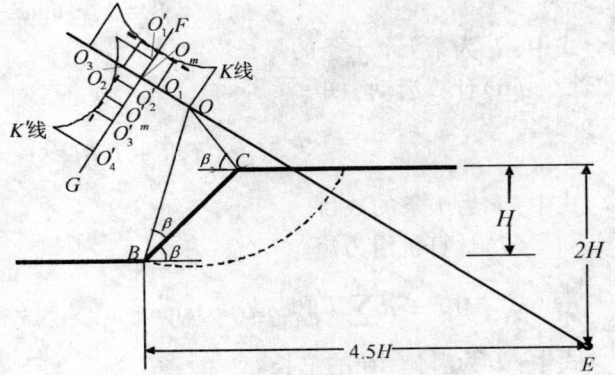

图 8 – 9 最危险滑动面圆心位置确定

（4）实际上土坡的最危险滑动面圆心位置有时并不一定在 EO 的延长线上，而可能在其左右附近，因此圆心 O_m 可能并不是最危险滑动面的圆心，这时可以通过 O_m 点作 EO 线的垂线 FG，在 FG 上取几个试算滑动的圆心 O'_1，O'_2，O'_3，…，求得其相应的滑动稳定系数 F'_1，F'_2，F'_3，…，绘得 F' 的轨迹线，对应于最小 F'_{min} 圆心 O'_m 才是最危险滑动面的圆心。

随着计算机技术的发展，实际上图 8 – 9 中的方法已不常用，现在大多采用程序计算。

表 8 – 1　不同边坡的 β_1、β_2 数据表

坡比	坡角	β_1	β_2	坡比	坡角	β_1	β_2
1:0.6	60°	29°	40°	1:3	18.43°	25°	35°
1:1	45°	28°	37°	1:4	14.04°	25°	37°
1:1.5	33.79°	26°	25°	1:5	11.32°	25°	37°
1:2	26.57°	25°	25°				

三、土坡中有水渗流时的稳定性分析

如图 8 – 10 所示，当土坡内有地下水渗流作用时，渗流水将对坡体产生渗透压力，对土坡稳定会产生一定的影响。

例如河滩路堤两侧水位不同时，水将由水位高的一侧向低的一侧渗流。如图 8 – 10 中，efg 为渗流面或浸润线，土坡稳定分析要考虑以下问题。

（1）计算土体的自重时，渗流水面以上的土体应取天然重度，而渗流水面以下部分

应取浮重度。

（2）计算土体滑动力矩时，应计算水渗流产生的渗透力 D 所产生的滑动力矩 $D \cdot r$。

①渗透力 D 的计算方法。

采取近似的计算方法。以 g、f 两点的连线的斜率作为渗流土体中水流的平均水力梯度 i，则作用在浸润线以下渗流土体中的渗透力 D 为：

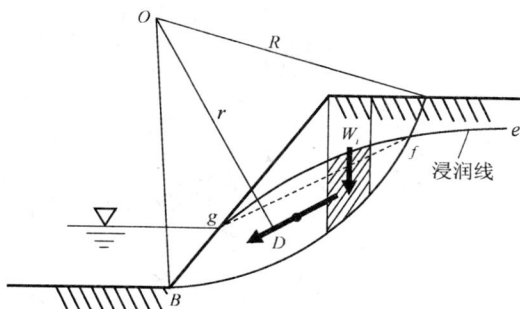

图 8-10　有水渗流时的土坡稳定计算

$$D = \gamma_w \cdot i_A \cdot A$$

式中：γ_w 为水的重度；A 为浸润线与滑面之间渗流土体的面积；

②渗透力 D 所产生的滑动力矩。

渗透力 D 的作用点可认为作用在浸润线与滑面之间渗流土体面积的形心，方向与 gf 线平行，渗透力 D 所产生的滑动力矩为 $D \cdot r$。

则土坡稳定系数公式为：

$$F_s = \frac{M_R}{M_T} = \frac{\tan\varphi \sum_{i=1}^{n} W_i \cos\alpha_i + cL}{\sum_{i=1}^{n} W_i \sin\alpha_i + \dfrac{D \cdot r}{R}} \tag{8-13}$$

式中：r 为渗透力 D 对滑动圆弧圆心的力臂。

由于瑞典条分法忽略条间力，所以有些平衡条件不能满足，所计算的安全系数 F_s 偏小；瑞典条分法假定滑裂面是圆弧，与实际滑裂面有差别使 F_s 偏大；但综合起来，结果是 F_s 偏小。一般情况下，F_s 偏小 10% 左右，在工程应用中偏于安全。

第四节　毕肖普条分法

瑞典条分法由于忽略了条间力，严格地说，它对每一土条力的平衡条件是不满足的，对土条本身的力矩平衡也不满足，只满足整个滑动土体的力矩平衡。1955 年毕肖普（Bishop）提出了考虑土条侧面作用力的稳定性分析方法，称为毕肖普条分法（Bishop solution）。

毕肖普条分法与瑞典圆弧条分法不同之处在于，条间力的假设和土坡稳定系数的定义。如图 8-11 所示，取土条 i 分析其受力。作用在土条 i 上有重力 W_i，滑动面上法向力 N_i 和切向力 T_i，土条侧面分别有切向力 V_i、V_{i+1} 和法向力 H_i、H_{i+1}。当土条 i 处于极限平衡状态时，由竖向力平衡条件，有：

$$W_i + \Delta V_i = N_i \cos\alpha_i + T_i \sin\alpha_i \tag{8-14}$$

毕肖普法将稳定系数定义为土坡滑动面上的抗滑力与滑动面上的实际剪力之比，并假定各土条底部滑动面的稳定安全系数是相同的，则土条 i 滑动面上 T_i 和 N_i 之间满足如下关系：

$$T_i = \frac{1}{F_s}(c_i l_i + N_i \tan\varphi_i) \qquad (8-15)$$

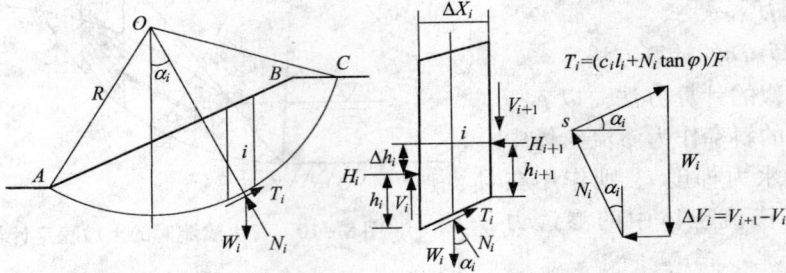

图 8 - 11　毕肖普条分法土条受力图

将式(8 - 15)代入式(8 - 14)得:

$$N_i = \frac{W_i + \Delta V_i - \dfrac{c_i l_i \sin\alpha_i}{F_s}}{\cos\alpha_i + \dfrac{\sin\alpha_i \tan\varphi_i}{F_s}} = \frac{1}{m_i}\left(W_i + \Delta V_i - \frac{c_i l_i \sin\alpha_i}{F_s}\right) \qquad (8-16)$$

式中:

$$\frac{1}{m_i} = \cos\alpha_i + \frac{\sin\alpha_i \tan\varphi_i}{F_s} \qquad (8-17)$$

考虑整个滑动土体的整体力矩平衡条件,V_i 和 H_i 成对出现,大小相等,方向相反,相互抵消,各土条作用力对滑弧圆心的力矩之和为零,得

$$\sum T_i R = \sum W_i R \sin\alpha_i \qquad (8-18)$$

将式(8 - 14)至式(8 - 17)代入式(8 - 18)中整理得:

$$F_s = \frac{\sum \dfrac{1}{m_i}[c_i b_i + (W_i + \Delta V_i)\tan\varphi_i]}{\sum W_i \sin\alpha_i} \qquad (8-19)$$

式(8 - 19)即毕肖普条分法稳定计算的一般公式。式中 $\Delta V_i = V_{i+1} - V_i$,需要进一步假设,式(8 - 19)才能求解。毕肖普假定 $\Delta V_i = 0$,即假设条间切向力的大小相等方向相反,则可化简为:

$$F_s = \frac{\sum \dfrac{1}{m_i}[c_i b_i + W_i \tan\varphi_i]}{\sum W_i \sin\alpha_i} \qquad (8-20)$$

式(8 - 20)称为毕肖普简化条分法计算公式,其等式两端均有安全系数 F_s,稳定系数的求解需要试算。计算时,可以先假定 $F_s = 1$,然后求出 m_i,代入式(8 - 20)中求 F_s,如果计算得到的 $F_s \neq 1$,可以利用计算得到的 F_s 再计算出新的 m_i 及 F_s,如此反复迭代,直至前后两次得到的 F_s 非常接近为止。计算经验表明,迭代通常都是收敛的,迭代 3 ~

4 次即可满足工程精度要求。毕肖普法计算仍要假定不同的圆心和滑动面，直至寻求到稳定系数的最小值。

研究表明，毕肖普简化法计算有足够的精度。

例 8 - 2　已知土质边坡的几何条件如图，已知边坡土的容重为 $\gamma = 19$ kN/m³，粘聚力为 $c = 5$ kPa，内摩擦角为 $\varphi = 20°$，边坡中无地下水，试用毕肖普条分法求解边坡的安全系数 F_s。（要求迭代精度为 0.01）

解：假定一圆心，绘制假定滑面圆弧。对假定滑体条分，条分图如例 8 - 2 图 1 所示。按例 8 - 2 图 2 程序流程图编制程序进行计算。

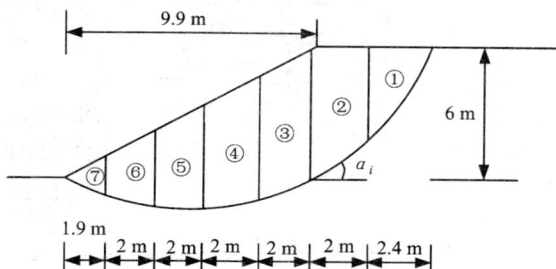

例 8 - 2 图 1　边坡条分

本例采用 Visual Basic6.0 编写程序，运行结果如例 8 - 2 图 3 所示。

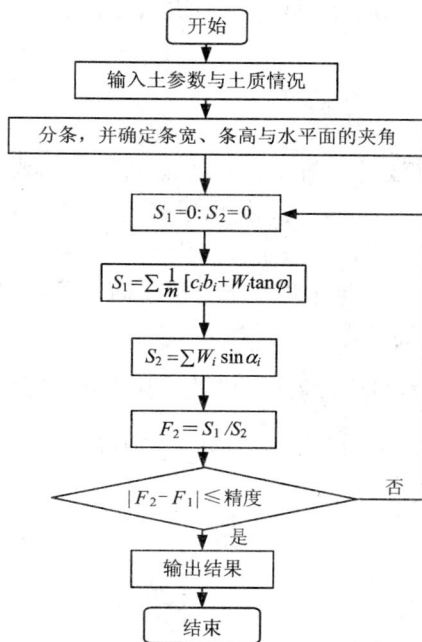

例 8 - 2 图 2　毕肖普法程序设计流程图

本例只给出了对一个假定滑面的计算结果，为了寻找最危险滑面，还需要对若干个假定滑面进行试算，最后找到的稳定系数最小的滑面——最危险滑动面，其稳定系数即为该边坡的稳定系数。

例 8 - 2 图 3　毕肖普法程序运行界面

第五节　泰勒分析法

一、基本原理

由上节费伦纽斯的条分法可以看出，土坡稳定分析需要经过试算，计算工作量很大。为此，泰勒对此作了进一步的研究，提出了确定均质粘性土坡稳定系数的图表法。

泰勒验算简单土坡的稳定性时，假定滑动面上土的摩擦力首先得到充分发挥，然后才由土的粘聚力补充。在求得满足土坡稳定时滑动面上所需要的粘聚力与土的实际粘聚力进行比较，从而求得土坡的稳定安全系数。

图 8 - 12 是泰勒法(摩擦圆法)的计算模式，其中弧 $\overset{\frown}{AC}$ 为计算的圆弧面，弧 ab 是弧 $\overset{\frown}{AC}$ 上的一个微段，其长度为 $\mathrm{d}l$，作用在微段 $\overset{\frown}{ab}$ 上的力有：

(1)粘聚力 $c \cdot \mathrm{d}l$；

(2)法向反力 $\mathrm{d}P_n$；

(3)摩擦力 $\mathrm{d}P_n \cdot \tan\varphi$；

(4)土体施加给微段 ab 一部分下滑力 $\mathrm{d}P_t$。

当达到极限平衡状态时，下滑力 $\mathrm{d}P_t$ 必定与微段 ab 上的抗滑力相平衡，即：

$$\mathrm{d}P_t = c \cdot \mathrm{d}l + \mathrm{d}P_n \cdot \tan\varphi \tag{8-21}$$

图 8 - 12 表示了上述各力的作用情况。$\mathrm{d}P_n$ 和 $\mathrm{d}P_n \cdot \tan\varphi$ 的合力 $\mathrm{d}P$ 与该微段的法线(即与滑面圆心的连线)成 φ 角。如过滑面圆心 O 作半径为 $R \cdot \sin\varphi$ 的圆，则任一微段的 $\mathrm{d}P$ 必与该圆相切。通常称该圆为摩擦圆或 φ 圆。

在整个滑动体 ABC 达到极限平衡时，作用在圆弧 $\overset{\frown}{AC}$ 上的力有：

(1)粘聚力 c_r 的合力 F_c，其方向与 $\overset{\frown}{AC}$ 弦平行，如图 8 - 12(d)所示。作用点离滑面

圆心 O 的距离 l_c 可由力矩相等原理计算确定：

$$F_c = \int_{AC} c_r \mathrm{d}l = c_r \cdot \overline{AC} \tag{8-22}$$

$$F_c \cdot l_c = c_r \cdot \overline{AC} \cdot l_c = c_r \cdot \overset{\frown}{AC} \cdot R \tag{8-23}$$

故得：

$$l_c = \frac{\overset{\frown}{AC}}{\overline{AC}} \cdot R \tag{8-24}$$

（2）重力 W，其作用线与 F_c 力交于 M 点，如图 8-12（a）所示。

（3）圆弧面上摩擦力与法向反力的合力 P 亦应通过 M 点，其作用方向与摩擦圆相切。

由于滑动土体 ABC 处于平衡状态，W、P 和 F_c 三个力应围成一个闭合的力的矢量三角形，如图 8-12（c）所示。

已知上述三力的方向和 W 的大小，即可求得粘聚力 c_r 合力 F_c 的大小。

上述从假定的滑面平衡条件出发，由力的矢量三角形可求得要维持土坡稳定所需的粘聚力 c_r 的合力 F_c 的大小，则由式（8-22）可得维持土坡稳定所需的粘聚力 c_r 的大小：

$$c_r = \frac{F_c}{AC} \tag{8-25}$$

即 c_r 为满足土坡稳定时滑动面上所需要的粘聚力，与土的实际粘聚力 c 进行比较，即可求得土坡的稳定系数：

$$K_c = \frac{c}{c_r} \tag{8-26}$$

若 K_c 大于 1 时，说明粘聚力还有储备，土坡不会发生滑动。

若假定土坡土体粘聚力 c 全部发挥作用，则可确定土坡所能维持的土体的最大重度 γ_r 或最大坡高 H_r，分别与土坡的实际土体的重度 γ 或坡高 H 进行比较，即可求得土坡的稳定系数为：

$$K_\gamma = \frac{\gamma_r}{\gamma} \tag{8-27}$$

或：

$$K_H = \frac{H_r}{H} \tag{8-28}$$

二、简单粘性土坡稳定分析

1. 滑面形式

土坡在滑动时形成的滑动面一般可形成如下三种形式：

（1）坡脚圆：圆弧滑动面通过坡脚 B 点，如图 8-13（a）所示；

（2）坡面圆：圆弧滑动面通过坡面上 E 点，如图 8-13（b）所示；

（3）中点圆：圆弧滑动面发生在坡角以外的 A 点，且圆心位于坡面中点的垂直线上，如图 8-13（c）所示。

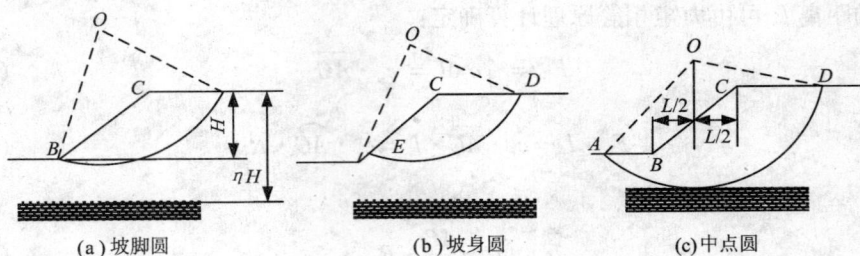

图 8 – 13 圆弧滑面形式

2. 滑面形式与土的内摩擦角 φ、坡角 β 关系

泰勒通过大量计算分析后认为圆弧滑动面的形式与土的内摩擦角 φ、坡角 β 有关。并提出：

（1）当 $\varphi > 3°$ 时，滑动面为坡脚圆，如图 8 – 13(a)所示；

（2）当 $\varphi = 0°$，且 $\beta > 53°$ 时，滑动面也是坡脚圆，如图 8 – 13(a)所示；

（3）当 $\varphi = 0°$，且 $\beta < 53°$ 时，滑动面可能是中点圆，也有可能是坡脚圆或坡面圆，它取决于硬层的埋藏深度。设土坡高度为 H，硬层的埋藏深度为 ηH，η 即为硬层的埋藏深度与土坡高度的比值。如图 8 – 14 中 $\varphi = 0°$ 的曲线在 $\beta = 53°$ 处分出了 $\eta = 1$、1.5、2、4 及 ∞ 等 5 条支线，并标出了不同滑面位置的区间。$\varphi > 53°$ 时，最危险滑动面也是坡脚圆；$\beta < 53°$ 时，图中的阴影线区为中点圆区，散点区为坡脚圆区，与散点区相邻的空白区则为坡身圆区。根据大量的计算结果表明，当土的 $\varphi > 3°$ 时，最危险滑动面均属坡脚圆。

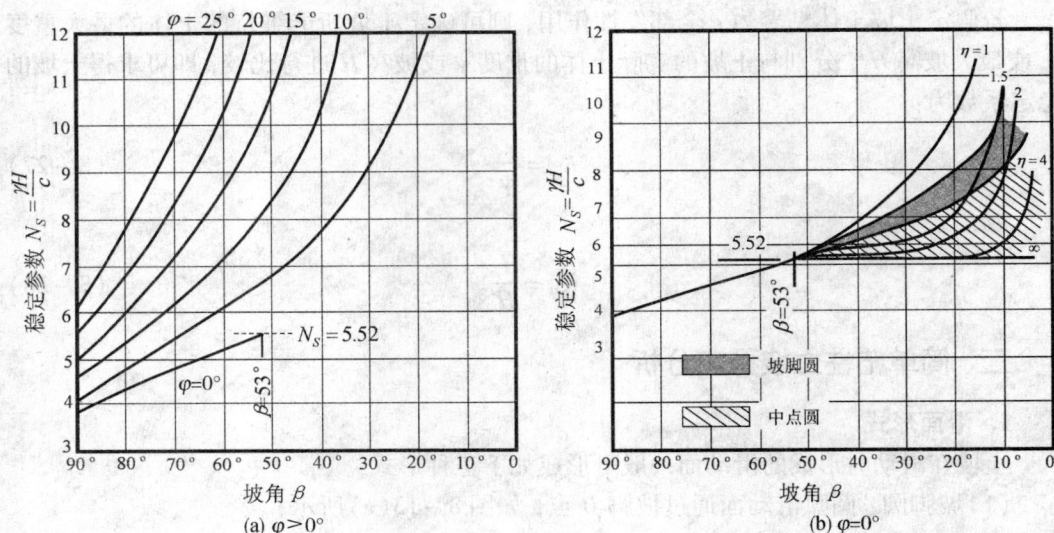

图 8 – 14 泰勒的稳定参数 N_s 与坡角 β 的关系曲线

3. 泰勒图表法

泰勒认为在土坡稳定分析中共有 5 个计算参数，即土的抗剪强度指标 c 和 φ，重度 γ、土坡高度 H 及坡角 β。

将式(8-26)、式(8-27)、式(8-28)三式相乘，可得：

$$K_c \cdot K_\gamma \cdot K_H = \frac{c}{\gamma H} \cdot \frac{\gamma_r H_r}{c_r}$$

用一个综合稳定系 K 来表示上式：

$$K = \frac{c}{\gamma H} \cdot \frac{\gamma_r H_r}{c_r}$$

式中：$\dfrac{\gamma_r H_r}{c_r}$ 综合代表土坡维持稳定的能力，通常用 N_s 表示。泰勒(Taylor)根据计算资料整理得到的极限状态时均质土坡内摩擦角 φ、坡角 β 与稳定参数 N_s 之间关系曲线，如图 8-14 所示。

从图 8-14 可以看出，当坡角 β 一定时，稳定参数 N_s 随内摩擦角 φ 增大而增大；当内摩擦角 φ 一定时，坡角 β 随稳定参数 N_s 增大而减小。

例 8-3 已知某简单土坡高度 $H = 10$ m，坡角 $\beta = 50°$，土的重度 $\gamma = 19.5$ kN/m³，$\varphi = 10°$，$c = 28$ kPa，试用泰勒的稳定参数曲线计算土坡的稳定系数。

解： 当 $\varphi = 10°$，$\beta = 50°$时，由图 8-14(b)查得 $N_s = 8.4$。

由公式(8-5)可求得此时滑动面上所需要的粘聚力：

$$c_r = \frac{\gamma \cdot H}{N_s} = \frac{19.5 \times 10}{8.4} = 23.2 \,(\text{kPa})$$

土坡稳定系数：

$$K = \frac{c}{c_r} = \frac{28}{23.2} = 1.21$$

第六节　折线型滑面稳定性分析

在实际工程中常常会遇到非圆弧滑动面的土坡稳定分析问题，如土坡下面有软弱夹层，或土坡位于倾斜岩层面上，滑动面形状受到夹层或硬层影响而呈非圆弧形状。此时若采用前述圆弧滑动面法分析就不再适用。

传递系数法是我国铁路与工民建等部门在进行土坡稳定检算中经常使用的方法，这种方法适用于任意形状的滑面。计算原理介绍如下。

传递系数法假定每侧条间力的合力与上一土条的底面相平行，即图 8-15 中的 E_i 的偏角为 α_i，E_{i-1} 的偏角为 α_{i-1}。然后根据力的平衡条件，逐条向下推求。

对于第 i 个土条，只考虑第 $i-1$ 条块传递过来的力，则土条的受力情况为：

土条的下滑力：$T_i + E_{i-1} \cdot \cos(\alpha_{i-1} - \alpha_i)$

土条的抗滑力有两部分组成：$[N_i + E_{i-1} \cdot \sin(\alpha_{i-1} - \alpha_i)] \cdot \tan\varphi_i + c_i \cdot L_i$

考虑土条的安全系数，则第 i 土条剩余的下滑力为：

$$E_i = [T_i + E_{i-1}\cos(\alpha_{i-1} - \alpha_i)] - \frac{1}{K}\{[N_i + E_{i-1}\sin(\alpha_{i-1} - \alpha_i)]\tan\varphi_i + c_i L_i\}$$

$$(8-30)$$

式中：E_i 为第 i 条块剩余下滑力；K 为假设安全系数；E_{i-1} 为第 $i-1$ 条块剩余下滑力，并传递给第 i 条块。

分条之间不能承受拉力，所以任何土条的推力如果为负，则推力不再向下传递，而对下一土条取推力为零。

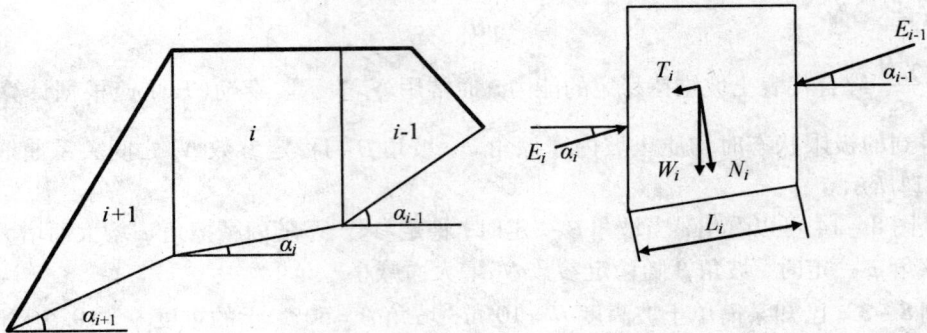

图 8-15　传递系数法计算原理图

传递系数法可以解决两类问题，一类为计算某一安全系数下最后条块剩余的下滑力。当该下滑力为负时，表示边坡在该全系数下稳定，为正时，表时边坡失衡。第二类问题是计算边坡的安全系数，假定不同的安全系数进行试算，直至最后条块的剩余下滑力为 0，此时假设的安全系数就是边坡的安全系数。

例 8-5：已知某路堤的横断面如例图 8-5 所示，路堤上作用均布荷载 $q = 10$ kN/m，土体的粘聚力 $c = 10$ kPa，内摩擦角 $\varphi = 15°$，土的重度为 $\gamma = 18$ kN/m³，尺寸如图所示，单位 m，试求：（1）安全系数 $K = 1.25$ 时的边坡稳定性；（2）边坡的安全系数。

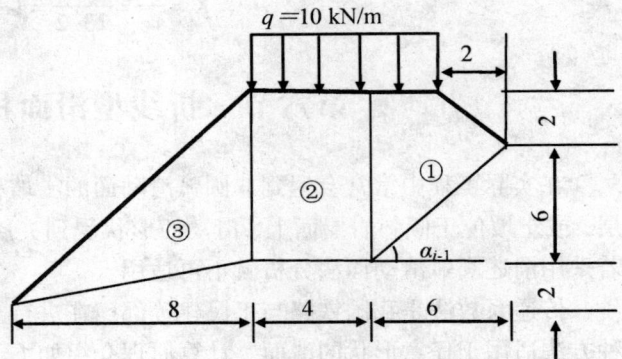

例 8-5 图　传递系数法计算

解：（1）首先计算土块①的剩余下滑力。

土块①的面积：$S_1 = 1/2(4+6) \times 2 + 1/2 \times 6 \times 6 = 28$ m²

土块①的重量：$G_1 = 28 \times 18 = 504$ kN/m

土块①的抗滑力：$R_1 = 1/K[(G_1 + q \cdot b_1)\cos\alpha_1 \times \tan\varphi + cL_1]$

$= 1/1.25[544 \times 0.707 \times 0.268 + 10 \times 6.0/0.707$

$$= 150.36 \text{ kN/m}$$

土块①的下滑力：$T_1 = (G_1 + qb_1)\sin\alpha_1 = 544 \times 0.707 = 384.608 \text{ kN/m}$

所以：土块①的剩余下滑力为：$E_1 = T_1 - R_1 = 234.25 \text{ kN/m}$

（2）计算土块②的剩余下滑力。

此时 E_1 当作外力

土块②的重量 $G_2 = \gamma S_2 = 576 \text{ kN/m}$

土块②的抗滑力 $R_2 = 1/K\{[(G_2 + q \cdot b_2) \times \cos 0° + E_1 \times \sin 45°] \times \tan\varphi + cL_2\}$

$$= 1/1.25(781.61 \times 0.268 + 10 \times 4) = 199.58 \text{ kN/m}$$

土块②的下滑力：$T_2 = E_1\cos 45° = 234.25 \times 0.707 = 165.61 \text{ kN/m}$

土块②的剩余下滑力：$E_2 = T_2 - R_2 = -33.97 \text{ kN/m}$

也即①和②两个土条可以自平衡，所以令 $E_2 = 0$，不代入下块计算。

（3）计算土块③的剩余下滑力。

土块③的重量 $G_3 = \gamma S_3 = 576 \text{ kN/m}$

土块③的抗滑力 $R_3 = 1/K\{G_3 \times \cos\alpha_3 \tan\varphi + cL_3\}$

$$= 1/1.25(576 \times 0.97 \times 0.268 + 10 \times 8.0/0.97) = 185.8 \text{ kN/m}$$

土块③的下滑力：$T_3 = G_3\sin\alpha_3 = 576 \times 0.242 = 139.4 \text{ kN/m}$

土块③的剩余下滑力：$E_3 = T_3 - R_3 = -46.4 \text{ kN/m} < 0$

所以在安全系数为 1.25 设定下，折线路堤满足抗滑要求。

（4）求边坡的安全系数。

安全系数一般采用试算法，把假设的安全系数代入公式（8 - 30），当最后条块剩余下滑力接近于 0 时，假定的安全系数就是实际的安全系数。试算法一般计算工作量较大，一般采用程序列举法计算。例如本例中，计算安全系数为 $K = 1.662$ 时，剩余的下滑力为 -0.0069 kN/m。

传递系数法只考虑了力的平衡而没有考虑力矩平衡的问题，这是它的一些缺陷。但由于该法计算简捷，所以为广大工程技术人员所乐于采用。

第七节 土坡稳定分析的几个问题讨论

一、常用条分法比较

由于圆弧滑动条分法在计算中均引入了一些计算假设，例如：假设滑动面为圆弧面，不考虑条间力作用，安全系数用滑裂面上全部抗滑力矩与滑动力矩之比来定义。这些假定都会造成计算有一定的误差。

表 8 - 2 是几种条分法的比较。

表 8－2　几种条分法的比较

方法	滑裂面形状	假设条件	计算条件	误差分析
瑞典圆弧法	圆弧	刚性滑动体，滑动面上极限平衡	软粘土不排水	—
瑞典条分法	圆弧	忽略条间力	一般均质土	F_s 偏小 10%
毕肖普法	圆弧	考虑条间力	一般均质土简化($\Delta H_i = 0$)	简化法误差 20%~70%

二、土坡稳定分析方应注意的几个问题

1. 挖方边坡与天然边坡

天然地层的土质与构造比较复杂，这些土坡与人工填筑土坡相比，性质上有所不同。对于正常固结粘土土坡，按上述的稳定分析方法得到的安全系数比较符合实测结果。但对于超固结裂隙粘性土土坡，采用上述分析方法误差较大。

2. 土体抗剪强度指标的选用

土坡稳定分析成果的可靠性，很大程度上取决于土体抗剪强度的正确选取。工程实践表明，计算时取的抗剪强度指标值过高，有发生滑坡的可能，工程中偏危险；指标值过低，没有充分发挥土的强度，就工程而言偏安全，但不经济。试验方法不同引起抗剪强度指标的选取差别对土坡稳定安全系数的影响远超过不同计算方法之间的差别，尤其是软粘土。所以土体抗剪强度指标选取的正确与否是影响土坡稳定分析成果可靠性的主要因素。

实际工程中，应结合边坡的实际加荷情况，填料的性质和排水条件等，合理的选用土的抗剪强度指标。

在测定土的抗剪强度时，原则上应使试验的模拟条件尽量符合现场土体的实际受力和排水条件，保证试验指标具有一定的代表性。如验算土坡施工结束时的稳定情况，若土坡施工速度较快，填土的渗透性较差，则土中孔隙水压力不易消散，这时宜采用快剪或三轴不排水剪试验指标，用总应力法分析。如验算土坡长期稳定性时，应采用排水剪试验或固结不排水剪试验强度指标，用有效应力法分析。

3. 坡顶开裂时的土坡稳定性

如图 8－16 所示，由于土的收缩及张力作用，在粘性土坡的坡顶附近可能出现裂缝，雨水或相应的地表水渗入裂缝后，将产生一静水压力为 $P_w = \gamma_w \cdot h_0^2/2$，它是促使土坡滑动的作用力，故在土坡稳定分析中应该考虑进去。

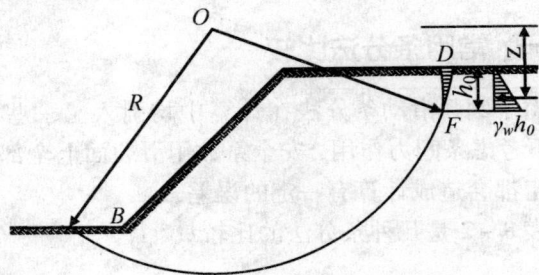

图 8－16　坡顶开裂时的土坡稳定计算

坡顶裂缝的开展深度 h_0 可近似按挡土墙后为粘性填土时，在墙顶产生的拉力区高度公式计算：

$$h_0 = \frac{2c}{\gamma} \frac{1}{\sqrt{K_a}} \tag{8-31}$$

式中：K_a 为朗肯主动土压力系数。

裂缝内因积水产生的静水压力对最危险滑动面圆心 O 的力臂为 z。在按前述各种方法分析土坡稳定时，应考虑 P_w 引起的滑动力矩，同时土坡滑动面的弧长也将由 BD 减短为 BF。

4. 土坡稳定的允许坡度

边坡的坡度允许值应根据当地经验，参照同类土层的稳定坡度进行综合确定。

由于边坡稳定分析方法选择的不同，目前对土坡稳定的允许坡度的取值，不同行业对边坡稳定的允许安全系数有不完全相同的要求。目前在《建筑地基基础设计规范》（GB 50007—2011）规定了土质边坡挖方坡度允许值（见表 8 - 3）和压实填土边坡坡度的允许值（见表 8 - 4）的方法。

表 8 - 3　土质边坡允许值

土的类别	密实度或状态	坡度允许值（高宽比）	
		坡高 5 m 以内	坡高 5 ~ 10 m
碎石土	密实	1 : 0.35 ~ 1 : 0.50	1 : 0.50 ~ 1 : 0.75
	中密	1 : 0.50 ~ 1 : 0.75	1 : 0.75 ~ 1 : 1.00
	稍密	1 : 0.75 ~ 1 : 1.00	1 : 1.00 ~ 1 : 1.25
粘性土	坚硬	1 : 0.75 ~ 1 : 1.00	1 : 1.00 ~ 1 : 1.25
	硬塑	1 : 1.00 ~ 1 : 1.25	1 : 1.25 ~ 1 : 1.50

注：①表中碎石土的充填物为坚硬至硬塑状态的粘性土；
　　②对于砂土或充填物为砂土的碎石土，其边坡坡度允许值均按自然休止角确定。

表 8 - 4　压实填土的边坡允许值

填料类别	压实系数 λ_c	边坡允许值（高宽比）	
		坡高在 8 m 以内	坡高为 8 ~ 15 m
碎石、卵石		1 : 1.50 ~ 1 : 1.25	1 : 1.75 ~ 1 : 1.50
砂夹石（其中碎石、卵石占全重的 30% ~ 50%）		1 : 1.50 ~ 1 : 1.25	1 : 1.75 ~ 1 : 1.50
土夹石（其中碎石、卵石占全重的 30% ~ 50%）	0.94 ~ 0.97	1 : 1.50 ~ 1 : 1.25	1 : 2.00 ~ 1 : 1.50
粉质粘土、粘粒含量 $\rho_c \geq$ 10% 的粉土		1 : 1.75 ~ 1 : 1.50	1 : 2.25 ~ 1 : 1.75

注：当压实填土厚度大于 20 m 时，可设计成台阶进行压实填土的施工。

重点与难点

重点：(1)无粘性土土坡稳定性分析及计算；(2)粘性土土坡稳定分析的瑞典条分法和毕肖普条分法；(3)简单土坡稳定性分析的泰勒分析法；(4)折线型滑面稳定性分析的传递系数法。

难点：粘性土土坡稳定分析的瑞典条分法和毕肖普条分法。

思考与练习

8-1 影响土坡稳定的因素有哪些？何谓坡脚圆、中点圆及坡面圆，其产生的条件与土质、土坡形状及土层构造有何关系？

8-2 砂性土土坡的稳定性只要坡角不超过其内摩擦角，坡高可不受限制，而粘性土坡的稳定性还同坡高有关，试分析其原因？

8-3 土坡圆弧滑动面的整体稳定分析的原理是什么？如何确定最危险圆弧滑动面？

8-4 简述条分法的基本原理及计算步骤。对瑞典条分法、毕肖普条分法的异同进行比较。

8-5 从土力学观点看，你认为土坡稳定计算的主要问题是什么？

8-6 有一土坡坡高 $H=5$ m，已知土的重度 $\gamma=19$ kN/m³，土的强度指标 $\varphi=10°$、$c=12.5$ kPa，要求土坡的稳定安全系数 $K\geqslant1.25$，试用泰勒图表法(见图8-14)确定土坡的允许坡角 β 值及最危险滑动面圆心位置。

8-7 已知某工程基础开挖土坡，地表土的物理力学指标为 $\gamma=18.5$ kN/m³，$\varphi=12°$，$c=14$ kPa，若取安全系数 $K=1.4$，试问：(1)将坡角做成 $\beta=50°$ 时，边坡的最大高度；(2)若挖方的开挖高度为 6 m，坡角最大能做成多大？

8-8 某均质粘性土坡，$H=20$ m，坡比为 1:2，填土重度 $\gamma=18$ kN/m³，$\varphi'=28°$，$c'=14$ kPa，试用简化的毕肖普条分法计算该土坡的稳定安全系数。

8-9 砂砾土坡，其饱和重度 $\gamma=19$ kN/m³，内摩擦角 $\varphi=28°$，坡比为 1:3，试问在干坡或完全浸水时，其稳定安全因数为多少？又问当有顺坡向渗流时土坡还能保持稳定吗？若坡比改成 1:4，其稳定性又如何？

参考文献

［1］中华人民共和国建设部. GB/T 50145—2007 土的工程分类标准. 北京：中国计划出版社，2008
［2］中华人民共和国建设部. GB 50021—2009 岩土工程勘察规范. 北京：中国建筑工业出版社，2009
［3］中国建筑科学研究院. JGJ 79—2012 建筑地基处理技术规范. 北京：中国建筑工业出版社，2012
［4］中华人民共和国建设部. GB 50007—2011 建筑地基基础设计规范. 北京：中国建筑工业出版社，2011
［5］中华人民共和国行业标准. JTG E40—2007 公路土工试验规程. 北京：人民交通出版社，2007
［6］中华人民共和国行业标准. TB 10002.5—2005 铁路桥涵地基和基础设计规范. 北京：中国铁道出版社，2005
［7］中华人民共和国行业标准. TB 10102—2010 铁路工程土工试验规程. 北京：中华人民共和国铁道部，2010
［8］中华人民共和国行业标准. JTG D63—2007 公路桥涵地基和基础设计规范. 北京：人民交通出版社，2007
［9］陈希哲. 土力学与地基基础. 北京：清华大学出版社，2004
［10］陈洪江. 工程地质与地基基础. 武汉：武汉理工大学出版社，2014
［11］陈仲颐，周景星，王洪瑾. 土力学. 北京：清华大学出版社，1994
［12］党进谦，李法虎. 土力学. 北京：水利水电出版社，2013
［13］方云，林彤，谭松林. 土力学. 武汉：中国地质大学出版社，2003
［14］高大钊. 土力学与基础工程. 中国建筑工业出版社，1998
［15］高大钊，袁聚云. 土质学与土力学. 第二版. 北京：人民交通出版社，2002
［16］郭莹. 土力学. 北京：中国建筑工业出版社，2014
［17］龚晓南. 高等土力学. 杭州：浙江大学出版社，1996
［18］黄文熙. 土的工程性质. 北京：水利电力出版社，1983
［19］华南理工大学. 地基与基础. 北京：中国建筑工业出版社，1991
［20］洪毓康. 土质学与土力学. 北京：人民交通出版社，1987
［21］刘建坤，杨军. 路基工程. 北京：中国建筑工业出版社，2014
［22］刘成宇. 土力学. 北京：中国铁道出版社，2006
［23］卢廷浩. 土力学. 南京：河海大学出版社，2004
［24］莫海鸿，杨小平. 基础工程. 北京：中国建筑工业出版社，2014
［25］马建林. 土力学. 北京：中国铁道出版社，2011
［26］钱家欢. 土力学. 南京：河海大学出版社，1988
［27］钱家欢，殷宗泽. 土工原理与计算. 第二版. 北京：中国水利水电出版社，1996
［28］松岗元. 土力学. 北京：中国水利水电出版社，2001

[29] 王正宏. 沉降计算. 水工设计手册, 第三卷. 北京: 水利电力出版社, 1984

[30] 谢康和. 双层地基一维固结理论与应用. 岩土工程学报, 1994

[31] 徐至钧, 赵锡宏. 地基处理技术与工程实例. 北京: 科学出版社, 2008

[32] 薛禹群, 吴吉春. 地下水动力学. 第三版. 北京: 地质出版社, 2010

[33] 叶观宝, 叶书麟. 地基处理. 北京: 中国建筑工业出版社, 2009

[34] 殷宗泽. 土工原理. 北京: 中国水利电力出版社, 2010

[35] 殷永安. 土力学及基础工程. 北京: 中央广播电视大学出版社, 1986

[36] 张克恭. 土力学. 北京: 中国建筑工业出版社, 2010

[37] 赵树德, 廖红建. 土力学. 北京: 高等教育出版社, 2011

[38] 周景星. 基础工程. 北京: 清华大学出版社, 2007

[39] 赵成刚. 土力学原理. 北京: 清华大学出版社, 2006

[40] 郑明新. 土力学. 南京: 河海大学出版社, 2010

[41] 玲木音彦著. 唐业清, 吴庆荪合译. 藤家禄校. 工程土力学计算实例. 北京: 中国铁道出版社, 1982

[42] 龚晓南主编. 土力学. 杭州: 浙江大学出版社, 1996

[43] 高大钊主编. 土力学及基础工程. 北京: 中国建筑工业出版社, 1998

[44] 钱家欢主编. 土力学. 南京: 河海大学出版社, 1988

[45] 洪毓康主编. 土质学与土力学(第二版). 北京: 人名交通出版社, 1987

[46] 殷永安编. 土力学及基础工程. 北京: 中央广播电视大学出版社, 1986

[47] Terzaghi, K. Theoretical Soil Mechanics. John Wiley and Sons, New York, 1943

[48] Robert D. Holtz, William D. Kovaces. An introduction to geotechnical engineering[M]. Prentice – Hall, Inc. , 1981

[49] Gibson R E, Schiffman R L. Theory of one Dimensional Consolidation of Saturated Clays. Finite Non – linear Consolidation of Thick Homogeneous Layers. Canadian Geotechnical Journal, 1981